普通高等教育公共基础课系列教材

微积分学习指导教程

王　霞　何国亮　编著

科学出版社

北　京

内 容 简 介

本书为《微积分》配套的学习辅导教材，共分十章，章节的划分与教材完全一致．每章内容由六部分组成：基本概念、性质与结论（或基本概念与解法）；典型例题分析；疑难问题解答；同步训练题；自测题；参考答案与提示．

本书可作为理、工、农、经、管等院校本科生学习微积分的辅导书以及微积分习题课的参考书，还可作为学生考研的系统复习用书．

图书在版编目（CIP）数据

微积分学习指导教程 / 王霞，何国亮 编著．—北京：科学出版社，2020.10
（普通高等教育公共基础课系列教材）
ISBN 978-7-03-066201-9

Ⅰ.①微…　Ⅱ.①王…　②何…　Ⅲ.①微积分-高等学校-教学参考资料
Ⅳ.①O172

中国版本图书馆 CIP 数据核字（2020）第 177525 号

责任编辑：宋　丽　袁星星 / 责任校对：王万红
责任印制：吕春珉 / 封面设计：东方人华平面设计部

科 学 出 版 社 出版
北京东黄城根北街 16 号
邮政编码：100717
http://www.sciencep.com

三河市良远印务有限公司印刷
科学出版社发行　　各地新华书店经销
*
2020 年 10 月第　一　版　　开本：787×1092 1/16
2020 年 10 月第一次印刷　　印张：20 1/4
字数：586 000
定价：60.00 元
（如有印装质量问题，我社负责调换〈良远〉）

销售部电话 010-62136230　　编辑部电话 010-62135120-2047

前　言

微积分是一门重要的基础课程，为了帮助广大学生学好这门课程，我们根据几十年的教学经验，编写了本书，作为《微积分》配套的学习指导书，以加深学生对基本概念的理解，加强对基本解题方法与技巧的掌握，并尽可能地结合经济领域中的实际问题，培养学生掌握运用数学工具去解决实际问题的能力.

本书共十章，每章内容由六部分组成：第一部分为基本概念、性质与结论（或基本概念与解法），主要对本章内容进行精练总结和归纳，既简洁又翔实. 第二部分为典型例题分析，对每节内容的知识点进行逐个剖析，同时注重方法技巧的指导和归纳. 精心选编和命制的例题，有介绍基本概念和基本运算的计算题或证明题，有初学者容易在计算中出现错误或不易理解的澄清题，有一题多解的开拓思路题，也有较为灵活的综合题. 本书题型多，覆盖面广，基本涵盖了本章各节典型的重、难点内容，旨在让读者深化对数学知识的理解，增长见识，并把它们内化成自己的解题能力. 第三部分为疑难问题解答，对每节的疑难问题给出了详细的解答. 第四部分为同步训练题，旨在帮助读者通过训练，巩固基础，掌握基本知识、解题方法与技巧. 建议读者独立完成这些精选试题，这样既可检验自己的学习成果，又可培养自己独立解题的能力. 其中带"*"的习题多为综合试题或近年来的考研试题，供学有余力和有志于考研的读者练习使用，旨在帮助读者在学习的同时备战考研，达到考研的能力和要求. 第五部分为自测题，重在覆盖面，基本涵盖了本章每一个知识点，难度略高于期中、期末试题，这样有助于检验读者对本章内容的掌握情况，且能够查漏补缺，从而为完成全部课程的学习奠定基础. 第六部分为参考答案与提示，包括同步训练题和自测题的答案或提示，较难的试题给出了解题的思路及方法.

本书一大特色是对多数典型例题作了详细的评注：或对问题进行深入分析，或指出问题的源与流，或揭示问题的实质，或提出问题并进一步推广和研究，或阐明问题的意义，或就容易产生的错误问题给出辨析等. 这些精心撰写的评注以及第三部分的疑难问题解答，都是作者多年来教学的经验和体会.

本书结构严谨，条理清晰，综合性强，并有较强的针对性和可操作性，深入浅出，便于自学，本书可作为高等院校理、工、农、经、管本科生学习"微积分"课程的辅导读物和同步训练教程. 对青年教师来说，本书是一本较好的教学参考书；对报考研究生的大学生来说，本书也是一本较好的系统复习用书和基础训练教程.

本书由郑州轻工业大学数学学院的王霞、何国亮主持编著. 参加编著工作的还有（排名不分先后）赵玲玲、李春等. 在编写的过程中，编者融入了许多近年来的教育教学研究成果，博采众长，汲取了多本教学参考书的精华，在此向各位作者表示感谢. 另外，郭卫华先生认真审阅了书稿，并提出了一些建设性的意见，在此一并致谢.

鉴于编者水平有限，加之编写时间仓促，本书不足之处在所难免，殷切希望广大读者提出宝贵意见，以便改进和修正.

目　　录

第一章 函 数

 一、基本概念、性质与结论

1. 概念

（1）函数、分段函数.

（2）反函数、复合函数.

（3）基本初等函数、初等函数.

（4）经济学中常用的函数. 在经济学中，常用 Q 表示需求量（或销售量），P 表示单位产品的价格，即单价.

1）需求函数：即某产品的需求量 Q 依赖于价格 P 的函数，记作 $Q=Q(P)$，一般它是价格 P 的单调减少函数，即价格越高，需求量越少.

2）供给函数：即某产品的供给量依赖于价格 P 的函数，记作 $S = S(P)$，一般它是价格 P 的单调增加函数，即价格越高，供给量越多.

3）收益函数（或收入函数）：常用 R 表示，它是销售量 Q 与产品单价 P 的乘积，即 $R = R(Q) = PQ$.

4）成本函数：即生产产品的总投入，记作 $C = C(Q)$.

5）利润函数：利润=收益－成本，即 $L(Q) = R(Q) - C(Q)$.

2. 性质与结论

（1）有界函数 $f(x)$：$x \in X \subset D$，存在 $M>0$，使 $|f(x)| \leqslant M$.

（2）单调增加（或单调减少）函数 $f(x)$：$x_1, x_2 \in X \subset D$，当 $x_1 < x_2$ 时，$f(x_1) < f(x_2)$ $[$或 $f(x_1) > f(x_2)]$.

（3）奇（或偶）函数 $f(x)$：$x \in X \subset D$, D 关于原点对称，$f(-x) = -f(x)$ $[$或 $f(-x) = f(x)]$.

（4）周期函数 $f(x)$：$x \in (-\infty, +\infty)$，存在 $T>0$，使 $f(x+T) = f(x)$.

 二、典型例题分析

1. 求函数的定义域

例 1.1 （1）求函数 $f(x) = \sqrt{2-x} + \arccos \dfrac{x-3}{3}$ 的定义域；

（2）若函数 $f(x) = \sqrt{mx^2 + mx + 1}$ 的定义域为 $\mathbf{R}$，求实数 m 的取值范围；

（3）求函数 $f(x)=\dfrac{\sqrt{2-x^2}}{x}+\ln(x^2-x)$ 的定义域；

（4）设函数 $f(x)$ 的定义域为 $[1,2]$，求函数 $f\left(\dfrac{1}{x+1}\right)$ 的定义域.

解　（1）由题意，$y=f(x)$ 的定义域应满足 $\begin{cases}2-x\geqslant 0\\-1\leqslant \dfrac{x-3}{3}\leqslant 1\end{cases}$，解不等式可得 $0\leqslant x\leqslant 2$，

故函数 $f(x)$ 的定义域为 $D=[0,2]$.

（2）本小题分以下两种情况讨论 m 的取值.

① 若 $m=0$ 时，$f(x)=1$，显然 $f(x)$ 的定义域为 **R**；

② 若 m 满足 $\begin{cases}m>0\\\Delta=m^2-4m\leqslant 0\end{cases}$，解得 $0<m\leqslant 4$.

综上可知，当实数 m 满足 $0\leqslant m\leqslant 4$ 时，$f(x)$ 的定义域为 **R**.

（3）由题意，$y=f(x)$ 的定义域应满足 $\begin{cases}2-x^2\geqslant 0,\ x\neq 0\\x^2-x>0\end{cases}$，解不等式可得 $\begin{cases}-\sqrt{2}\leqslant x\leqslant \sqrt{2},x\neq 0\\x<0\ \text{或}\ x>1\end{cases}$. 整理得函数 $f(x)$ 的定义域为 $D=\left(-\sqrt{2},0\right)\cup\left(1,\sqrt{2}\right)$.

（4）由题意，$y=f\left(\dfrac{1}{x+1}\right)$ 的定义域应满足 $1\leqslant \dfrac{1}{x+1}\leqslant 2,x\neq -1$，解不等式得定义域为 $D=\left[-\dfrac{1}{2},0\right)$.

评注　求初等函数的定义域有以下原则：

（1）分式的分母不能为零.

（2）根式中负数不能开偶次方.

（3）对数的真数不能为零和负数.

（4）$\arcsin x$ 或 $\arccos x$ 的定义域为 $|x|\leqslant 1$；$\tan x$ 的定义域为 $x\neq k\pi+\dfrac{\pi}{2}$，$k\in\mathbf{Z}$；$\cot x$ 的定义域为 $x\neq k\pi$，$k\in\mathbf{Z}$.

（5）复合函数的定义域，通常将复合函数看成一系列初等函数的复合，然后考察每个初等函数的定义域和值域，得到对应的不等式组，通过联立求解不等式组，就可得到复合函数的定义域.

（6）对于应用问题中的函数，其定义域由实际问题的具体含义确定.

2. 复合函数

例 1.2　把下列函数分解为最简单的函数.

（1）$y=\sin^2(a^{2x+1}),a>0$；（2）$y=\ln[\arcsin^2(1+2x)]$.

解　由外向里进行分解.

（1）$y=u^2,\ u=\sin v,\ v=a^w,\ w=2x+1$；

（2）$y = \ln u$，$u = v^2$，$v = \arcsin w$，$w = 1 + 2x$．

例1.3 问函数 $y = \ln u$ 与 $u = -e^x$ 能否构成复合函数？为什么？

解 两个函数能否构成复合函数，取决于外层函数的定义域和内层函数的值域有没有公共部分．这里外层函数 $y = \ln u$ 的定义域为 $D = \{u \mid u > 0\}$，内层函数 $u = -e^x$ 的值域为 $R_u = \{u \mid u < 0\}$，由于交集为空集，即 $D \bigcap R_u = \varnothing$，所以函数 $y = \ln u$ 与 $u = -e^x$ 不能构成复合函数．

3. 求反函数

例1.4 求函数 $y = f(x) = \begin{cases} 1 + x, & x < 2 \\ x^2 - 1, & x \geqslant 2 \end{cases}$ 的反函数 $y = f^{-1}(x)$．

解 当 $x < 2$ 时，$y = 1 + x$，得 $x = y - 1$，$y < 3$；

当 $x \geqslant 2$ 时，$y = x^2 - 1$，得 $x = \sqrt{y + 1}$，$y \geqslant 3$．

所以 $x = \begin{cases} y - 1, & y < 3 \\ \sqrt{y + 1}, & y \geqslant 3 \end{cases}$．对换 x 和 y 的位置，得反函数为

$$y = f^{-1}(x) = \begin{cases} x - 1, & x < 3 \\ \sqrt{x + 1}, & x \geqslant 3 \end{cases}.$$

评注 反函数的求解方法比较固定，由 $y = f(x)$ 解出 $x = f^{-1}(y)$，对换自变量与因变量的位置，即得所求的反函数 $y = f^{-1}(x)$．对分段函数要注意所求函数表达式所在的区间．

4. 函数的奇偶性

例1.5 讨论函数 $f(x) = \varphi(x) \cdot \dfrac{a^x - 1}{a^x + 1}$ 的奇偶性，其中 $\varphi(x)$ 为奇函数．

解 因为

$$f(-x) = \frac{a^{-x} - 1}{a^{-x} + 1} \varphi(-x) = -\frac{a^x(a^{-x} - 1)}{a^x(a^{-x} + 1)} \varphi(x) = \frac{a^x - 1}{a^x + 1} \varphi(x) = f(x),$$

所以 $f(x)$ 为偶函数．

例 1.6 设 $f(x)$ 的定义域为 $(-\infty, +\infty)$，对任意 $x, y \in (-\infty, +\infty)$，都有 $f(x + y) + f(x - y) = 2f(x)f(y)$，且 $f(x) \neq 0$，证明 $f(x)$ 为偶函数．

证明 在等式 $f(x + y) + f(x - y) = 2f(x) \cdot f(y)$ 中，将 y 换成 $-y$ 得

$$f(x - y) + f(x + y) = 2f(x) \cdot f(-y),$$

比较两式得

$$2f(x) \cdot f(y) = 2f(x) \cdot f(-y).$$

又因为 $f(x) \neq 0$，故 $f(y) = f(-y)$，所以 $f(x)$ 为偶函数．

评注 判定函数奇偶性的方法如下：

（1）根据奇偶性的定义或利用奇偶函数的运算性质．例如，奇（或偶）函数的代数和仍为奇（或偶）函数；奇（或偶）函数的积为偶函数；奇函数与偶函数的积为奇函数等．

（2）证明 $f(-x) = -f(x)$ 或 $f(-x) = f(x)$．

5. 函数的周期性

例 1.7 试判定函数 $f(x) = x - [x]$ 的周期性.

解 任取 $x \in \mathbf{R}$，当 $n \leqslant x < n+1$ 时，$[x] = n$，$f(x) = x - n$，$n+1 \leqslant x+1 < n+2$，此时 $f(x+1) = x+1-[x+1] = x+1-(n+1) = x-n = f(x)$，故函数 $f(x) = x - [x]$ 的周期为 1.

评注 判定函数 $f(x)$ 为周期函数的方法主要有以下两种：①从定义出发，找到 $T > 0$，使得 $f(x+T) = f(x)$；②利用周期函数的运算性质证明.

6. 函数的有界性

例 1.8 指出下列函数是否有界.

（1） $y = \dfrac{1}{x^2}$，$a \leqslant x \leqslant 1$，其中 $0 < a < 1$；

（2） $y = x\cos x$，$x \in \mathbf{R}$.

解 （1）因为 $a \leqslant x \leqslant 1 (0 < a < 1)$，所以 $a^2 \leqslant x^2 \leqslant 1$，故有 $1 \leqslant \dfrac{1}{x^2} \leqslant \dfrac{1}{a^2}$．令 $M = \dfrac{1}{a^2}$，则对任意 $x \in [a,1]$，有 $|y| = y = \dfrac{1}{x^2} \leqslant M$，故 $y = \dfrac{1}{x^2}$ 在 $[a,1]$ 上有界 $(a \leqslant x \leqslant 1)$.

（2）对任意 $M > 1$，取 $x = (2[M]+1)\pi$，则 $\cos x = -1$，此时

$$|y(x)| = |(2[M]+1)\pi \cos(2[M]+1)\pi| = (2[M]+1)\pi > M,$$

由函数无界的定义知 $y = x\cos x$ 在 $\mathbf{R}$ 上无界.

评注 证明函数有界的常用方法如下：①利用函数有界性的定义，对函数取绝对值，然后对不等式进行放缩处理；②利用导数求最值的方法；③利用函数连续的性质.

7. 经济函数问题

例 1.9 某化肥厂生产某产品 1000 吨，每吨定价为 130 元，销售量在 700 吨以内时，按原价出售，超过 700 吨时，超过的部分需打 9 折出售，试将销售总收益与总销售量的函数关系用数学表达式表示.

解 设总销售量为 x 吨，总收益为 R 元，依题意得

当 $0 \leqslant x \leqslant 700$ 时，$R = 130x$；

当 $700 < x \leqslant 1000$ 时，$R = 130 \times 700 + (x-700) \times 130 \times 0.9 = 9100 + 117x$，所以

$$R = \begin{cases} 130x, & 0 \leqslant x \leqslant 700 \\ 9100 + 117x, & 700 < x \leqslant 1000 \end{cases}.$$

例 1.10 某厂生产一种产品，该厂设计的生产能力为日产 100 件，每日的固定成本为 150 元，每件的平均可变成本为 10 元.

（1）试求该厂此产品的日总成本函数及日平均成本函数；

（2）若每件售价为 14 元，且生产的产品可以全部售出，求收益函数；

（3）求利润函数及保本点.

解 （1）设日产量为 Q 件时的日成本为 C 元，由题设知，$0 \leqslant Q \leqslant 100$，则

$$C = C(Q) = C_1 + C_2(Q) = 150 + 10Q.$$

日平均成本函数为

$$\overline{C}(Q)=\frac{C(Q)}{Q}=\frac{150+10Q}{Q}=\frac{150}{Q}+10,\ 0\leqslant Q\leqslant 100.$$

（2）设收益为 R，显然它与销售量有关. 由题意可知生产的产品可以全部售出，即日产量与销售量相同，均为 Q，则

$$R=R(Q)=14Q,\ 0\leqslant Q\leqslant 100.$$

（3）设利润为 L，则

$$L=R(Q)-C(Q)=-150Q+4Q,\ \ 0\leqslant Q\leqslant 100.$$

令 $L(Q)=0$，即 $-150+4Q=0$，得 $Q=37.5$（件），即保本点为 $Q=37.5$，这意味着每天至少生产 38 件产品才不亏本.

三、疑难问题解答

1. 何谓代数函数？何谓超越函数？

答 从多项式出发，由代数运算（加、减、乘、除和求方根）构成的函数称为代数函数.

易知任何有理函数 $y=\dfrac{P(x)}{Q(x)}$ [其中 $P(x),Q(x)$ 都是多项式函数]、无理函数都是代数函数.

非代数函数又称超越函数，超越函数的集合包括三角函数、反三角函数、指数函数、对数函数及幂指函数.

2. 单调函数必有单值反函数，不单调的函数是不是一定没有单值反函数？

答 不是的. 一个函数是否存在单值反函数，取决于它的对应规律 f 在定义域 D 与值域 U 之间是否构成一一对应的关系. 如果是一一对应的，那么必有单值反函数. 函数在区间 I 上单调只是一种特殊的一一对应关系，因此单调仅是存在单值反函数的充分条件，而不是必要条件.

四、同步训练题

1.1 函数的概念与性质

1. 选择题.

（1）设 $f(x)$ 是定义在 $(-\infty,+\infty)$ 内的任意函数，则 $f(x)-f(-x)$ 是（ ）.

    A. 奇函数　　　　　　　　　　B. 偶函数

    C. 非奇非偶函数　　　　　　　D. 非负函数

（2）函数 $f(x) = (\sin 3x)^2$ 在 $(-\infty, +\infty)$ 上是（　　　）.

    A. 周期为 3π 的函数　　　　　　　　B. 周期为 $\dfrac{\pi}{3}$ 的函数

    C. 周期为 $\dfrac{2\pi}{3}$ 的函数　　　　　　D. 非周期函数

（3）下列两个函数相同的是（　　　）.

    A. $f(x) = \ln^2 x$, $g(x) = 2\ln x$　　　　B. $f(x) = x$, $g(x) = \sqrt{x^2}$

    C. $f(x) = 2x + 1$, $g(t) = 2t + 1$　　　　D. $f(x) = \begin{cases} 1, & x \geqslant 0 \\ -1, & x < 0 \end{cases}$, $g(x) = \dfrac{|x|}{x}$

（4）函数 $y = \sqrt{2 + x - x^2}$ 的定义域与值域分别为（　　　）.

    A. $[-1,2], [0,+\infty)$　　B. $[1,2], \left[0, \dfrac{3}{2}\right]$　　C. $[1,2], [0,+\infty)$　　D. $[-1,2], \left[0, \dfrac{3}{2}\right]$

（5）函数 $f(x) = \dfrac{\cos(x-2)}{1+x^2}$ 在 $(-\infty, +\infty)$ 上是（　　　）.

    A. 周期函数　　　　B. 有界函数　　　　C. 奇函数　　　　D. 偶函数

2. 填空题.

（1）设 $f(x) = \begin{cases} 1+x, & x \leqslant 0 \\ 2^x, & x > 0 \end{cases}$，则 $f(-2) = $ _____，$f(0) = $ _____，$f(2) = $ _____ .

（2）设 $f(x) = ax + b$，且 $f(-1) = 2$, $f(1) = -2$，则 $f(x) = $ _____ .

（3）函数 $y = \dfrac{1}{x} - \sqrt{1-x^2}$ 的定义域为 _____ .

（4）$y = |\sin x|$ 在 $(-\infty, +\infty)$ 上的周期为 _____ .

（5）函数 $f(x) = \sin x + \dfrac{1}{2}\sin 2x + \dfrac{1}{3}\sin 3x$ 的最小正周期为 _____ .

3. 设 $f(x) = \ln\dfrac{2-x}{2+x}$，求 $f(x) + f\left(\dfrac{1}{x}\right)$ 的定义域.

4. 设 $f(x) = \begin{cases} 0, & -1 \leqslant x \leqslant 0 \\ x+1, & 0 < x \leqslant 1 \\ 2-x, & 1 < x < 2 \end{cases}$，求 $f(x)$ 的定义域和值域.

5. 设 $f\left(x + \dfrac{1}{x}\right) = \dfrac{x^3 + x}{x^4 + 3x^2 + 1}$ $(x \neq 0)$，求 $f(x)$.

6*. 设实数 $a < b$，若对任意的 x，函数 $f(x)$ 满足 $f(a-x) = f(a+x)$，$f(b-x) = f(b+x)$，试证：$f(x)$ 是以 $T = 2(b-a)$ 为周期的周期函数.

7*. 设 $f(x)$ 在 $(-\infty, +\infty)$ 内有定义，对一切实数 x, y 成立 $f(xy) = f(x)f(y)$，且 $f(0) \neq 0$，求证：$f(x) \equiv 1$.

8. 农林专业的实验小组要用篱笆围成一个形状是直角梯形的苗圃（图 1.1），它的相邻两面借用夹角为 $135°$ 的两面墙（图 1.1 中 AD 和 DC），另外两面用篱笆围住，篱笆的总长是 30m，将苗圃的面积表示成 AB 的边长 x 的函数.

9. 等腰直角三角形的腰长为 l（图 1.2），试将其内接矩形的面积表示成矩形的底边长 x 的函数.

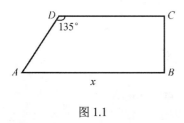

图 1.1

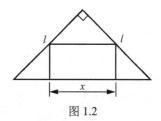

图 1.2

1.2 反函数、复合函数和初等函数

1. 选择题.

（1）已知 $f(x) = \sin x$，$f[\phi(x)] = 1 - x^2$，$|\phi(x)| \leqslant \dfrac{\pi}{2}$，则 $\phi(x)$ 的定义域为（　　）.

    A. $(-\infty, +\infty)$　　　　B. $[-1,\ 1]$　　　　C. $\left[-\sqrt{2}, \sqrt{2}\right]$　　　　D. $\left[-\dfrac{\pi}{2}, \dfrac{\pi}{2}\right]$

（2）已知 $f[\varphi(x)] = 1 + \cos x$，$\varphi(x) = \sin \dfrac{x}{2}$，则 $f(x) = $（　　）.

    A. $2(1 - x^2)$　　　　B. $-2(1 - x^2)$　　　　C. $2 - x^2$　　　　D. $2 + x^2$

（3）已知 $f(x) = 1 + \ln x$，$\varphi(x) = \sqrt{x} - 1$，则 $f[\varphi(x)] = $（　　）.

    A. $1 + \ln\left(\sqrt{x} + 1\right)$　　B. $1 + \ln\left(\sqrt{x} - 1\right)$　　C. $1 - \ln\left(\sqrt{x} - 1\right)$　　D. $1 - \ln\left(\sqrt{x} + 1\right)$

（4）已知 $f(x)$ 的定义域为 $[0,1)$，则 $f\left(\dfrac{x}{x+1}\right)$ 的定义域为（　　）.

    A. $(-\infty, +\infty)$　　　B. $(0, +\infty)$　　　C. $(-\infty, 0)$　　　D. $[0, +\infty)$

（5）已知 $y = f(x) = \mathrm{e}^{x-1} - 2$，则 $y = f(x)$ 的反函数 $y = f^{-1}(x) = $（　　）.

    A. $y = 1 + \ln(x + 2)$　　　　　　B. $y = 1 + \ln(x - 2)$

    C. $y = 1 - \ln(x + 2)$　　　　　　D. $y = 1 - \ln(x - 2)$

2. 填空题.

（1）函数 $y = \arcsin \dfrac{2x - 1}{2}$ 的定义域用区间表示为_____.

（2）函数 $y = \sqrt{\ln \dfrac{5x - x^2}{4}}$ 的定义域为_____.

（3）设 $f\left(\cos \dfrac{x}{2}\right) = 1 + \cos x$，则 $f\left(\sin \dfrac{x}{2}\right) = $_____.

（4）函数 $y = \sin\left(x + \dfrac{\pi}{4}\right)$ $\left(-\dfrac{3\pi}{4} \leqslant x \leqslant \dfrac{\pi}{4}\right)$ 的反函数为_____.

（5）设 $f\left(\dfrac{1 - x}{x}\right) = \dfrac{1}{x} + \dfrac{x^2}{2x^2 - 2x + 1} - 1$，则 $f(x) = $_____.

3. 求函数 $f(x) = \arccos\dfrac{2x}{1+x} + \sqrt{1-x-2x^2}$ 的定义域.

4. 设 $f(\ln x) = x^2 - x + 2$，$0 < x < +\infty$，求 $f(x)$ 及其定义域.

5. 求函数 $y = \ln\dfrac{a-x}{a+x}$ $(a>0)$ 的反函数的形式.

6. 下列函数可以看作由哪些简单函数复合而成：

（1）$y = \sqrt{\ln\sqrt{x}}$ ；（2）$y = \mathrm{e}^{-\sin^3\frac{1}{x}}$ ；（3）$y = \ln^2\arccos x^3$.

1.3　经济学中常见函数和数学模型

1. 选择题.

（1）某商品的需求函数为 $Q = 14 - 2P$，供给函数为 $S = 4P - 4$，其中价格 P 的单位为元，则均衡价格为（　　）元.

　　A. 3　　　　　　　　B. 4　　　　　　　　C. 2　　　　　　　　D. 5

（2）某商品的成本函数和收益函数分别为 $C(Q) = 7 + 2Q + Q^2$，$R(Q) = 10Q$，则该商品的利润函数为（　　）.

　　A. $7 + 12Q + Q^2$　　B. $8Q - 7 - Q^2$　　C. $Q + 7 - Q^2$　　D. $8Q + 7 - Q^2$

（3）某服装厂每年的固定成本是 10000 元，要生产某个样式的服装 x 件，除固定成本外，每件服装要花费 40 元，一年生产 x 件服装的总成本为（　　）.

　　A. $C(x) = 10000 - 40x$，$x \in [0, +\infty)$　　B. $C(x) = 10000 - 40x$，$x \in (0, +\infty)$

　　C. $C(x) = 10000 + 40x$，$x \in [0, +\infty)$　　D. $C(x) = 10000 + 40x$，$x \in (0, +\infty)$

（4）某冰箱生产厂家，每台售价 1200 元，生产 1000 台以内可全部出售，超过 1000 台时经广告宣传后，又可多售出 250 台. 假设支付广告费 2500 元，将电冰箱的销售收入表示为销售量 x 的函数为（　　）.

　　A. $R(x) = \begin{cases} 1200x, & 0 \leqslant x \leqslant 1000 \\ 1200x - 2500, & 1000 < x \leqslant 1250 \end{cases}$

　　B. $R(x) = \begin{cases} 1200x, & 0 \leqslant x \leqslant 500 \\ 1200x - 2500, & 500 < x \leqslant 1250 \end{cases}$

　　C. $R(x) = \begin{cases} 1200x, & 0 \leqslant x \leqslant 1000 \\ 1200x + 2500, & 1000 < x \leqslant 1250 \end{cases}$

　　D. $R(x) = \begin{cases} 1200x, & 0 \leqslant x \leqslant 500 \\ 1200x + 2500, & 500 \leqslant x \leqslant 1250 \end{cases}$

（5）已知某商品的需求函数为 $Q(P) = 180 - 4P$，其中 P 为价格，则该商品的收益函数 $R(Q) = $（　　）.

　　A. $180Q - 4Q^2$　　B. $180P - 4P^2$　　C. $45Q - 0.25Q^2$　　D. $45P - 0.25P^2$

2. 某产品供给量 Q 对价格 P 的函数关系为 $Q = Q(P) = a + b \cdot c^P$. 已知 $P = 2$ 时，$Q = 30$；$P = 3$ 时，$Q = 50$；$P = 4$ 时，$Q = 90$. 求供给量 Q 对价格 P 的函数关系.

3. 每台收音机的售价为 90 元，成本为 60 元. 厂方为鼓励销售商大量采购，决定凡订购量超过 100 台以上的，每多订购 1 台，售价就降低 1 分，但最低价为每台 75 元.

（1）将每台收音机的实际售价 P 表示成订购量 x 的函数；

（2）将厂方所获的利润 L 表示为订购量 x 的函数；

（3）某一销售商订购了 1000 台收音机，厂方可获利润多少？

4. 某报摊上每份报纸的进价为 0.25 元，而零售价为 0.40 元，如果报纸当天未售完不能退给报社. 若每天进报纸 t 份，而销售量为 x 份，试将报摊的利润 y 表示为 x 的函数.

 五、自测题

1. 选择题（每题 3 分，共 15 分）.

（1）某品牌的耳机的生产成本为 $C(Q) = 300 + 2Q$，售价为每件 4 元，则保本点为 $Q = ($ ）.

    A. -150 B. 150 C. 50 D. -50

（2）$f(x) = (e^x - e^{-x})\sin x$ 在其定义域 $(-\infty, +\infty)$ 内是（ ）.

    A. 有界函数   B. 单调增加函数   C. 偶函数   D. 奇函数

（3）设 $f(x) = x|x|$，$x \in (-\infty, +\infty)$，则 $f(x)$（ ）.

    A. 在 $(-\infty, +\infty)$ 内单调减少

    B. 在 $(-\infty, 0)$ 内单调减少，在 $(0, +\infty)$ 内单调增加

    C. 在 $(-\infty, +\infty)$ 内单调增加

    D. 在 $(-\infty, 0)$ 内单调增加，在 $(0, +\infty)$ 内单调减少

（4）下列函数中为奇函数的是（ ）.

    A. $y = x^2 \tan(\sin x)$ B. $y = x^2 \cos\left(x + \dfrac{\pi}{4}\right)$

    C. $y = \cos(\arctan x)$ D. $y = \sqrt{2^x - 2^{-x}}$

（5）设 $f(x) = \arcsin \dfrac{x-3}{2} + \ln(4-x)$，则函数 $f(x)$ 的定义域为（ ）.

    A. $[1,4]$ B. $(1,4]$ C. $(1,4)$ D. $[1,4)$

2. 填空题（每题 3 分，共 15 分）.

（1）设 $f(x)$ 的定义域是 $(0,1]$，则 $f\left(\sqrt{1-x^2}\right)$ 的定义域为_____.

（2）某商品的需求函数为 $Q = 20 - 3P$，供给函数为 $S = 2P - 5$，则均衡价格为_____.

（3）函数 $f(x) = \arcsin(\ln x)$ 的值域为_____.

（4）函数 $y = \ln x + 1$ 的反函数为_____.

（5）设 $f(x-1) = x^2 + 2x + 1$，则 $f(x) = $ _____.

3. 解答题（每题 6 分，共 30 分）.

（1）求函数 $f(x) = \dfrac{1-\sqrt{1-x}}{1+\sqrt{1-x}}$ $(x \leqslant 1)$ 的反函数 $\varphi(x)$.

（2）讨论函数 $f(x) = 1 - \ln x$ 在 $(0, +\infty)$ 内的单调性.

（3）求函数 $y = \dfrac{\arccos \dfrac{2x-1}{7}}{\sqrt{x^2 - x - 6}}$ 的定义域.

（4）设 $f(\sin^2 x) = \cos 2x + \tan^2 x, -\dfrac{\pi}{2} < x < \dfrac{\pi}{2}$，求 $f(x)$ 的表达式.

（5）设 $f(x) = \dfrac{1}{1-x}$ $(x \neq 1)$，求 $f[f(x)]$.

4. 分析题（每题 8 分，共 16 分）.

（1）设 $f(x)$ 为奇函数，且满足条件 $f(1) = a$ 和 $f(x+2) - f(x) = f(2)$，求 $f(2)$ 及 $f(n)$（n 为正整数）.

（2）判断函数 $f(x) = \dfrac{e^x + 1}{e^x - 1} \ln \dfrac{1-x}{1+x}$ $(-1 < x < 1)$ 的奇偶性.

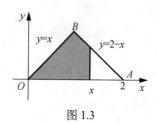

图 1.3

5. 应用题（每题 8 分，共 16 分）.

（1）由直线 $y = x$，$y = 2 - x$ 及 x 轴所围成的等腰三角形 OAB，在底边上任取一点 $x \in [0, 2]$，过 x 作垂直于 x 轴的直线，试将图 1.3 上阴影部分的面积表示成 x 的函数.

（2）旅客乘坐火车可免费携带 20 千克的物品，超过 20 千克的部分，每千克交费 0.2 元，超过 50 千克的部分，每千克交费 0.5 元. 求运费与携带物品重量的关系.

6. 证明题（8 分）.

证明 $f(x) = \left(\dfrac{1}{2^x - 1} + \dfrac{1}{2} \right) x > 0$ 在其定义域内恒成立.

六、参考答案与提示

1.1 函数的概念与性质

1.（1）A；　　（2）B；　　（3）C；　　（4）D；　　（5）B.

2.（1）$-1, 1, 4$；　（2）$-2x$；　　（3）$[-1, 0) \cup (0, 1]$；　　（4）π；　　（5）2π.

3. $D(f) = \left(-2, -\dfrac{1}{2} \right) \cup \left(\dfrac{1}{2}, 2 \right)$. 提示：求 $f(x)$ 与 $f\left(\dfrac{1}{x} \right)$ 的定义域的交集.

4. 定义域 $D(f) = [-1, 2)$，值域 $R(f) = [0, 1) \cup (1, 2]$.

5. $f(x) = \dfrac{x}{x^2 + 1}$. 提示：分子分母同除以 x^2，得

$$f\left(x+\frac{1}{x}\right)=\frac{x+\dfrac{1}{x}}{x^2+3+\dfrac{1}{x^2}}=\frac{x+\dfrac{1}{x}}{\left(x+\dfrac{1}{x}\right)^2+1}\Rightarrow f(x)=\frac{x}{x^2+1}.$$

6^*. 提示：因为

$$f(x)=f[a+(x-a)]=f[a-(x-a)]=f(2a-x)=f[b+(2a-x-b)]$$
$$=f[b-(2a-x-b)]=f[x+2(b-a)],$$

所以 $f(x)$ 为周期函数，周期为 $T=2(b-a)$.

7^*. 提示：令 $x=0$，$y=0$，可得 $f(0)=1$；令 $y=0$，可得 $f(x)=1$.

8. $S=-\dfrac{3}{2}x^2+60x-450$. 提示：高为 $30-x$，上底为 $2x-30$.

9. $S=\dfrac{1}{2}x\left(\sqrt{2}l-x\right)$，$0<x<\sqrt{2}l$. 提示：利用相似三角形的性质.

1.2　反函数、复合函数和初等函数

1.（1）C；　　　　（2）A；　　　　（3）B；　　　　（4）D；　　　（5）A.

2.（1）$\left[-\dfrac{1}{2},\dfrac{3}{2}\right]$；　（2）$[1,4]$；　　（3）$2\sin^2\dfrac{x}{2}$；　　（4）$y=\arcsin x-\dfrac{\pi}{4}$；

（5）$x+\dfrac{1}{x^2+1}$.

3. $D(f)=\left[-\dfrac{1}{3},\dfrac{1}{2}\right]$. 提示：$1-x-2x^2\geqslant0$ 与 $-1\leqslant\dfrac{2x}{1+x}\leqslant1(x\neq-1)$ 的 交 集. 因

$1-x-2x^2\geqslant0\Rightarrow-1\leqslant x\leqslant\dfrac{1}{2}$，$-1\leqslant\dfrac{2x}{1+x}\leqslant1\Rightarrow-\dfrac{1}{3}\leqslant x\leqslant1$.

4. $f(x)=\mathrm{e}^{2x}-\mathrm{e}^x+2$，$x\in(-\infty,+\infty)$.

5. $y=\dfrac{a(1-\mathrm{e}^x)}{1+\mathrm{e}^x}$.

6.（1）$y=\sqrt{u}$，$u=\ln w$，$w=\sqrt{x}$；

（2）$y=\mathrm{e}^u$，$u=-w^3$，$w=\sin v$，$v=\dfrac{1}{x}$；

（3）$y=u^2$，$u=\ln v$，$v=\arccos w$，$w=x^3$.

1.3　经济学中常见函数和数学模型

1.（1）A；　　　（2）B；　　　（3）C；　　（4）A；　　（5）C.

2. $Q=10+5\times2^P$. 提示：解方程组 $\begin{cases}30=a+b\cdot c^2\\50=a+b\cdot c^3\\90=a+b\cdot c^4\end{cases}$

3.（1）$P(x)=\begin{cases}90, & 0\leqslant x\leqslant 100 \\ 90-\dfrac{x-100}{100}, & 100<x<1600 \\ 75, & x\geqslant 1600\end{cases}$；

（2）$L(x)=\begin{cases}30x, & 0\leqslant x\leqslant 100 \\ \dfrac{(3100-x)x}{100}, & 100<x<1600 \\ 15x, & x\geqslant 1600\end{cases}$；

（3）厂方可获利润 21000 元.

4. $y=0.4x-0.25t$.

自测题

1.（1）B；　　　　　（2）C；　　　　　（3）C；　　　　　（4）A；　　　（5）D.

2.（1）$(-1,1)$；　　　　（2）$P=5$；　　　　$(3)\left[-\dfrac{\pi}{2},\dfrac{\pi}{2}\right]$；　　　（4）$y=\mathrm{e}^{x-1}$；

（5）$f(x)=(x+2)^2$.

3.（1）$\varphi(x)=\dfrac{4x}{(1+x)^2}$.

（2）在 $(0,+\infty)$ 内单调减少. 提示：$f(x)=\ln x$ 在 $(0,+\infty)$ 内单增，所以 $f(x)=1-\ln x$ 在 $(0,+\infty)$ 内单调减少.

（3）$[-3,-2)\cup(3,4]$.

（4）$f(x)=-2x+\dfrac{1}{1-x}$. 提示：$f(\sin^2 x)=1-2\sin^2 x+\dfrac{\sin^2 x}{1-\sin^2 x}$.

（5）$f(x)=\dfrac{x-1}{x}$. 提示：$f[f(x)]=\dfrac{1}{1-f(x)}$.

4.（1）$f(2)=2a$，$f(n)=na$. 提示：将 $x=-1$ 代入等式得 $f(2)=2f(1)=2a$，利用数学归纳法可得 $f(n)=na$.

（2）$f(x)$ 为偶函数. 提示：$f(-x)=\dfrac{\mathrm{e}^{-x}+1}{\mathrm{e}^{-x}-1}\ln\dfrac{1+x}{1-x}=\dfrac{1+\mathrm{e}^x}{1-\mathrm{e}^x}\left(-\ln\dfrac{1-x}{1+x}\right)=\dfrac{\mathrm{e}^x+1}{\mathrm{e}^x-1}\ln\dfrac{1-x}{1+x}=f(x)$.

5.（1）面积 $S(x)=\begin{cases}\dfrac{1}{2}x^2, & 0\leqslant x\leqslant 1 \\ -\dfrac{1}{2}x^2+2x-1, & 1<x\leqslant 2\end{cases}$.

（2）$y=\begin{cases}0.2x-4, & 20\leqslant x\leqslant 50 \\ 0.5x-19, & x>50\end{cases}$.

6. 提示：先说明函数的定义域为 $\{x\mid x\in\mathbf{R},x\neq 0\}$；再证明函数为偶函数（同自测题第 4 大题第（2）小题的方法）；其次说明当 $x>0$ 时不等式成立，利用偶函数的性质推广到整个定义域.

第二章 极限与连续

 一、基本概念、性质与结论

1. 极限

（1）概念.

1）数列的极限、函数的极限.

2）无穷小、无穷大、无穷小的阶.

（2）性质与结论.

1）收敛数列极限的唯一性：如果数列 $\{x_n\}$ 收敛，则它的极限是唯一的.

2）收敛数列的有界性：如果数列 $\{x_n\}$ 收敛，则数列 $\{x_n\}$ 一定有界.

3）收敛数列的保号性：如果数列 $\{x_n\}$ 收敛于 a，且 $a>0$（或 $a<0$），则存在正整数 $\mathbf{N}^+$，当时 $n>\mathbf{N}^+$，有 $x_n>0$（或 $x_n<0$）.

4）收敛数列与其子数列间的关系：如果数列 $\{x_n\}$ 收敛于 a，那么它的任一子数列也收敛，且极限也是 a.

5）函数极限的唯一性：如果 $\lim\limits_{x\to x_0} f(x)$ 存在，则极限唯一.

6）函数极限的局部有界性：如果 $f(x)\to A\,(x\to x_0)$，则存在常数 $M>0$ 和 $\delta>0$，使得当 $0<|x-x_0|<\delta$ 时，有 $|f(x)|\leqslant M$.

7）函数极限的局部保号性：如果 $f(x)\to A\,(x\to x_0)$，而且 $A>0$（或 $A<0$），则存在常数 $\delta>0$，使当 $0<|x-x_0|<\delta$ 时，有 $f(x)>0$（或 $f(x)<0$）；如果 $f(x)\to A\;(x\to x_0)$ $(A\neq 0)$，则存在点 x_0 的某一去心邻域，在该邻域内，有 $|f(x)|>\dfrac{1}{2}|A|$.

8）函数极限与数列极限的关系：如果当 $x\to x_0$ 时 $f(x)$ 的极限存在，$\{x_n\}$ 为 $f(x)$ 的定义域内任一收敛于 x_0 的数列，且满足 $x_n\neq x_0\,(n\in\mathbf{N}^+)$，那么相应的函数值数列 $\{f(x_n)\}$ 必收敛，且 $\lim\limits_{n\to\infty} f(x_n)=\lim\limits_{x\to x_0} f(x)$.

9）极限存在的充要条件：$\lim\limits_{\substack{x\to x_0\\(x\to\infty)}} f(x)=A\Leftrightarrow\lim\limits_{\substack{x\to x_0^-\\(x\to-\infty)}} f(x)=\lim\limits_{\substack{x\to x_0^+\\(x\to+\infty)}} f(x)=A$.

10）夹逼准则.

① 数列形式：若 $\{x_n\}$，$\{y_n\}$，$\{z_n\}$ 满足 $y_n\leqslant x_n\leqslant z_n\,(n\in\mathbf{N}^+)$ 且 $\lim\limits_{n\to\infty} y_n=\lim\limits_{n\to\infty} z_n=a$，则 $\lim\limits_{n\to\infty} x_n=a$.

② 函数形式：若在点 x_0 的某去心邻域（或 $|x|>M>0$）内，满足 $g(x)\leqslant f(x)\leqslant$

$h(x)$，且 $\lim\limits_{\substack{x \to x_0 \\ (x \to \infty)}} g(x) = \lim\limits_{\substack{x \to x_0 \\ (x \to \infty)}} h(x) = A$，则 $\lim\limits_{\substack{x \to x_0 \\ (x \to \infty)}} f(x) = A$.

11）单调有界准则：单调有界数列必有极限.

（3）两个重要极限：

1）$\lim\limits_{x \to 0} \dfrac{\sin x}{x} = 1$；

2）$\lim\limits_{n \to \infty} \left(1 + \dfrac{1}{n}\right)^n = e$，$\lim\limits_{x \to \infty} \left(1 + \dfrac{1}{x}\right)^x = e$，$\lim\limits_{x \to 0}(1 + x)^{\frac{1}{x}} = e$.

（4）无穷小、无穷大的性质.

1）有限个无穷小的和（或积）是无穷小.

2）有界函数（或常数）与无穷小的乘积是无穷小.

3）同一变化过程中，无穷小（不为 0）的倒数为无穷大，无穷大的倒数为无穷小.

4）β 与 α 是等价无穷小的充分必要条件为 $\beta = \alpha + o(\alpha)$.

5）若 $\alpha \sim \alpha'$，$\beta \sim \beta'$，且 $\lim \dfrac{\beta'}{\alpha'}$ 存在，则 $\lim \dfrac{\beta}{\alpha} = \lim \dfrac{\beta'}{\alpha'}$.

6）两个无穷大的乘积是无穷大.

7）有界变量与无穷大的和是无穷大.

2. 函数的连续性

（1）概念.

1）函数 $f(x)$ 在点 x_0 处连续的概念：设函数 $y = f(x)$ 在点 x_0 的某一个邻域内有定义，如果当自变量的增量 $\Delta x = x - x_0 \to 0$ 时，对应的函数的增量 $\Delta y = f(x_0 + \Delta x) - f(x_0) \to 0$，即 $\lim\limits_{\Delta x \to 0} \Delta y = 0$ 或 $\lim\limits_{x \to x_0} f(x) = f(x_0)$，则称函数 $y = f(x)$ 在点 x_0 处连续.

如果 $\lim\limits_{x \to x_0^-} f(x) = f(x_0)$，则称 $y = f(x)$ 在点 x_0 处左连续.

如果 $\lim\limits_{x \to x_0^+} f(x) = f(x_0)$，则称 $y = f(x)$ 在点 x_0 处右连续.

2）左、右连续与连续的关系：函数 $y = f(x)$ 在点 x_0 处连续 $\Leftrightarrow$ 函数 $y = f(x)$ 在点 x_0 处左连续且右连续.

3）函数 $f(x)$ 在 $[a, b]$ 上连续：$f(x)$ 在 (a, b) 内每一点处连续，在点 $x = a$ 处右连续，在点 $x = b$ 处左连续.

4）函数 $f(x)$ 的间断点的类型：如果点 x_0 是函数 $f(x)$ 的间断点，且左极限 $f(x_0^-)$ 及右极限 $f(x_0^+)$ 都存在，则称点 x_0 为函数 $f(x)$ 的第一类间断点；不是第一类间断点的任何间断点，称为第二类间断点. 在第一类间断点中，左、右极限相等者称为可去间断点，不相等者称为跳跃间断点. 无穷间断点和振荡间断点显然是第二类间断点.

（2）结论——初等函数的连续性.

1）基本初等函数在其定义域内都是连续的.

2）一切初等函数在其定义区间内都是连续的.

（3）性质——闭区间上连续函数的性质.

1）最大值和最小值定理：在闭区间上连续的函数在该区间上一定能取得它的最大值 M 和最小值 m.

2）有界性定理：在闭区间上连续的函数一定在该区间上有界.

3）零点定理：设函数 $f(x)$ 在闭区间 $[a,b]$ 上连续，且 $f(a)$ 与 $f(b)$ 异号，那么在开区间 (a,b) 内至少有一点 ξ，使 $f(\xi)=0$.

4）介值定理：设函数 $f(x)$ 在闭区间 $[a,b]$ 上连续，且 $f(a)\neq f(b)$，那么，对于 $f(a)$ 与 $f(b)$ 之间的任意一个数 C，在开区间 (a,b) 内至少有一点 ξ，使得 $f(\xi)=C$.

 二、典型例题分析

1. 利用四则运算法则求极限

例 2.1　求下列极限.

（1）$\displaystyle\lim_{n\to\infty}\dfrac{\sqrt{n^4+3n^2-6}-(n-1)(n+1)}{n}$；

（2）$\displaystyle\lim_{x\to 1}\dfrac{x^n+x^{n-1}+\cdots+x-n}{x-1}$；

（3）$\displaystyle\lim_{n\to\infty}(1+a)(1+a^2)\cdots(1+a^{2^n})$，其中 $|a|<1$；

（4）$\displaystyle\lim_{n\to\infty}\dfrac{1+a+a^2+\cdots+a^n}{1+b+b^2+\cdots+b^{2n}}$，其中 $|a|<1$，$|b|<1$.

解　（1）分子有理化，则

$$\lim_{n\to\infty}\frac{\sqrt{n^4+3n^3-6}-(n-1)(n+1)}{n}=\lim_{n\to\infty}\frac{n^4+3n^3-6-(n^2-1)^2}{n\left[\sqrt{n^4+3n^2-6}+(n-1)(n+1)\right]}$$

$$=\lim_{n\to\infty}\frac{3n^3+2n^2-7}{n\left[\sqrt{n^4+3n^2-6}+(n-1)(n+1)\right]}$$

$$=\lim_{n\to\infty}\frac{3+\dfrac{2}{n}-\dfrac{7}{n^3}}{\sqrt{1+\dfrac{3}{n^2}-\dfrac{6}{n^4}}+\left(1-\dfrac{1}{n}\right)\left(1+\dfrac{1}{n}\right)}=\frac{3}{2}.$$

（2）$\displaystyle\lim_{x\to 1}\frac{x^n+x^{n-1}+\cdots+x-n}{x-1}=\lim_{x\to 1}\frac{x^n-1+x^{n-1}-1+\cdots+x^2-1+x-1}{x-1}$

$$=\lim_{x\to 1}\left(\frac{x^n-1}{x-1}+\frac{x^{n-1}-1}{x-1}+\cdots+\frac{x^2-1}{x-1}+\frac{x-1}{x-1}\right).$$

因为

$$\lim_{x\to 1}\frac{x^n-1}{x-1}=\lim_{x\to 1}\frac{(x-1)(x^{n-1}+x^{n-2}+\cdots+x+1)}{x-1}=n,$$

所以

$$\lim_{x \to 1} \frac{x^n + x^{n-1} + \cdots + x - n}{x - 1} = n + n - 1 + \cdots + 2 + 1 = \frac{n(n+1)}{2}.$$

（3）由于"积的极限等于极限的积"这一法则只对有限个因子的积成立，因此，求解本题时，先用求积公式将其变形.

$$(1+a)(1+a^2)\cdots(1+a^{2^n}) = \frac{1}{1-a}(1-a)(1+a)(1+a^2)\cdots(1+a^{2^n})$$
$$= \frac{1}{1-a}(1-a^{2^{n+1}}).$$

当 $n \to \infty$ 时，$2^{n+1} \to +\infty$，而 $|a| < 1$，故 $a^{2^{n+1}} \to 0^+$，从而

$$\lim_{n \to \infty}(1+a)(1+a^2)\cdots(1+a^{2^n}) = \frac{1}{1-a}.$$

（4）由于分子、分母均为 $n(n \to \infty)$ 项的和，应当先求出其和，再求极限，利用等比数列求和公式，有

$$1 + a + a^2 + \cdots + a^n = \frac{1 - a^{n+1}}{1-a}, \quad 且 \lim_{n \to \infty} a^{n+1} = 0,$$

$$1 + b + b^2 + \cdots + b^{2n} = \frac{1 - b^{2n+1}}{1-b}, \quad 且 \lim_{n \to \infty} b^{n+1} = 0,$$

所以

$$\lim_{n \to \infty} \frac{1 + a + a^2 + \cdots + a^n}{1 + b + b^2 + \cdots + b^{2n}} = \lim_{n \to \infty} \frac{1 - a^{n+1}}{1-a} \bigg/ \left(\frac{1 - b^{2n+1}}{1-b} \right) = \frac{1}{1-a} \bigg/ \left(\frac{1}{1-b} \right) = \frac{1-b}{1-a}.$$

评注　（1）对于有理函数或无理函数的" $\frac{0}{0}$ "型极限，可通过分解因式及分子或分母有理化消去零因子，化为定式求极限.

（2）对于有理函数或无理函数及相应数列的" $\frac{\infty}{\infty}$ "型极限，应采取"抓大放小"原则，关注分子、分母的最高幂次项. 当分子与分母最高次幂项次数相同时，极限为分子与分母最高次幂次项的系数之商；当分子的最高幂次项次数低于分母的最高幂次项次数时，极限为 0；当分子的最高幂次项次数高于分母的最高幂次项次数时，极限为 ∞.

2. 利用"无穷小量与有界变量的乘积是无穷小量"求极限

例 2.2　求下列极限.

（1）$\lim\limits_{x \to \infty} \dfrac{x^2 - 1}{x^3 + x}(3 - \cos x)$；　　　　　　（2）$\lim\limits_{x \to +\infty}\left(\cos\sqrt{x+1} - \cos\sqrt{x}\right)$.

解　（1）当 $x \to \infty$ 时，$\dfrac{x^2 - 1}{x^3 + x}$ 是无穷小量，因为 $|3 - \cos x| \leqslant 4$，所以

$$\lim_{x \to \infty} \frac{x^2 - 1}{x^3 + x}(3 - \cos x) = 0.$$

评注　本题易犯的错误是：

$$\lim_{x \to \infty} \frac{x^2 - 1}{x^3 + x}(3 - \cos x) = \lim_{x \to \infty} \frac{x^2 - 1}{x^3 + x} \lim_{x \to \infty}(3 - \cos x) = 0.$$

错误在于，$\lim\limits_{x\to\infty}(3-\cos x)$ 不存在，所以不能运用极限的四则运算法则.

（2）$\cos\sqrt{x+1}-\cos\sqrt{x}=-2\sin\dfrac{\sqrt{x+1}+\sqrt{x}}{2}\sin\dfrac{\sqrt{x+1}-\sqrt{x}}{2}$.

因为 $\left|-2\sin\dfrac{\sqrt{x+1}+\sqrt{x}}{2}\right|\leqslant 2$，故 $2\sin\dfrac{\sqrt{x+1}+\sqrt{x}}{2}$ 为有界函数，而

$$0\leqslant\left|\sin\dfrac{\sqrt{x+1}-\sqrt{x}}{2}\right|<\left|\dfrac{\sqrt{x+1}-\sqrt{x}}{2}\right|=\dfrac{1}{2(\sqrt{x+1}+\sqrt{x})}\to 0,\ x\to\infty.$$

故

$$\lim_{x\to+\infty}\sin\dfrac{\sqrt{x+1}-\sqrt{x}}{2}=0,$$

因此

$$\lim_{x\to+\infty}\left(\cos\sqrt{x+1}-\cos\sqrt{x}\right)=0.$$

评注 本题需要先利用和差化积公式，再利用无穷小的性质.

3. 利用函数极限与数列极限的关系求极限

例 2.3 求 $\lim\limits_{n\to\infty}2^n\sin\dfrac{1}{2^n}$.

解 利用求函数极限的方法，求数列的极限.

由于 $\lim\limits_{x\to 0}\dfrac{\sin x}{x}=1$，取 $x_n=\dfrac{1}{2^n}$，则 $x_n\to 0(n\to\infty)$，所以

$$\lim_{n\to\infty}2^n\sin\dfrac{1}{2^n}=\lim_{n\to\infty}\dfrac{\sin\dfrac{1}{2^n}}{\dfrac{1}{2^n}}=\lim_{n\to\infty}\dfrac{\sin x_n}{x_n}=1.$$

例 2.4 证明 $\lim\limits_{x\to 0}\cos\dfrac{1}{x}$ 不存在.

证明 取两个趋于 0 的数列 $x_n^{(1)}=\dfrac{1}{2n\pi}$，$x_n^{(2)}=\dfrac{1}{2n\pi+\dfrac{\pi}{2}}$，则 $n\to\infty$时，$x_n^{(1)}\to 0$，

$x_n^{(2)}\to 0$. 所以

$$\lim_{n\to\infty}\cos\dfrac{1}{x_n^{(1)}}=\lim_{n\to\infty}\cos 2n\pi=1,\ \lim_{n\to\infty}\cos\dfrac{1}{x_n^{(2)}}=\lim_{n\to\infty}\cos\left(2n\pi+\dfrac{\pi}{2}\right)=0.$$

因为 $\lim\limits_{n\to\infty}\cos\dfrac{1}{x_n^{(1)}}\neq\lim\limits_{n\to\infty}\cos\dfrac{1}{x_n^{(2)}}$，故 $\lim\limits_{n\to\infty}\cos\dfrac{1}{x}$ 不存在.

例 2.5 证明 $f(x)=x\cos x$ 在 $(-\infty,+\infty)$ 内无界，但当 $x\to\infty$ 时，$f(x)$ 并不是无穷大.

证明 （1）对 $\forall M>0$（设 $M>1$），取 $x_0=2[M]\pi$，$x_0\in(-\infty,+\infty)$，则 $|f(x_0)|=2[M]\pi>M$，这说明 $f(x)$ 在 $(-\infty,+\infty)$ 内无界.

（2）取 $x_n=2n\pi\to+\infty$（$n\to\infty$）则 $f(x_n)=2n\pi\cos 2n\pi\to+\infty$（$n\to\infty$），取 $y_n=2n\pi+\dfrac{\pi}{2}\to+\infty$（$n\to\infty$），则 $f(y_n)=\left(2n\pi+\dfrac{\pi}{2}\right)\cos\left(2n\pi+\dfrac{\pi}{2}\right)\to 0$（$n\to\infty$），这说明当 $x\to\infty$

时，$f(x)$ 不是无穷大.

评注 （1）证明 $f(x)$ 在 I 内无界的方法：$\forall M>0$，存在 $x_0 \in I$，使得 $|f(x_0)|>M$.

（2）证明 $\lim\limits_{x \to a} f(x)$ 不存在，只要寻找两个趋于 a 的数列 $x_n^{(1)}, x_n^{(2)}$，使 $\lim\limits_{n \to \infty} f\left(x_n^{(1)}\right) \neq \lim\limits_{n \to \infty} f\left(x_n^{(2)}\right)$ 即可.

（3）证明 $f(x)$ 当 $x_n \to a$ 时不是无穷大量，即证 $\lim\limits_{x \to a} f(x) \neq \infty$，只要寻找一个趋近于 a 的数列 x_n^*，使 $\lim\limits_{n \to \infty} f(x_n^*) \neq \infty$ 即可.

4. 利用极限存在的两个准则求极限

例 2.6 求下列极限.

（1）设 $0<a<b$，求 $\lim\limits_{n \to \infty} \sqrt[n]{a^n + b^n}$；

（2）$\lim\limits_{n \to \infty}\left(\dfrac{1}{n^2+1} + \dfrac{2}{n^2+2} + \cdots + \dfrac{n}{n^2+n}\right)$.

解 （1）因为 $b^n < a^n + b^n < 2b^n$，所以 $b < \sqrt[n]{a^n + b^n} < \sqrt[n]{2}\,b$.

因为 $\lim\limits_{n \to \infty} \sqrt[n]{2} = 1$，所以由夹逼准则知

$$\lim_{n \to \infty} \sqrt[n]{a^n + b^n} = b.$$

（2）因为

$$\frac{k}{n^2+n} \leqslant \frac{k}{n^2+k} \leqslant \frac{k}{n^2+1} \quad (k=1,2,\cdots,n),$$

所以

$$\frac{\frac{1}{2}n(n+1)}{n^2+n} = \sum_{k=1}^n \frac{k}{n^2+n} \leqslant \sum_{k=1}^n \frac{k}{n^2+k} \leqslant \sum_{k=1}^n \frac{k}{n^2+1} = \frac{\frac{1}{2}n(n+1)}{n^2+1},$$

而

$$\lim_{n \to \infty} \frac{\frac{1}{2}n(n+1)}{n^2+n} = \frac{1}{2}, \quad \lim_{n \to \infty} \frac{\frac{1}{2}n(n+1)}{n^2+1} = \frac{1}{2},$$

所以

$$\lim_{n \to \infty}\left(\frac{1}{n^2+1} + \frac{2}{n^2+2} + \cdots + \frac{n}{n^2+n}\right) = \frac{1}{2}.$$

评注 利用夹逼准则求 $\lim\limits_{n \to \infty} x_n$ 的要点：将 x_n 适当放大及缩小，即找两个数列 $\{y_n\}$ 及 $\{z_n\}$，使 $y_n \leqslant x_n \leqslant z_n$，且 y_n 与 z_n 的极限都存在并且相等，即 $\lim\limits_{n \to \infty} y_n = \lim\limits_{n \to \infty} z_n$.

例 2.7 利用单调有界准则证明下列极限存在，并求极限值.

（1）设 $x_1=4$，$x_{n+1} = \sqrt{2x_n + 3}\,(n=1,2,\cdots)$，求 $\lim\limits_{n \to \infty} x_n$；

（2）设 $x_1>0$，$x_{n+1} = \dfrac{1}{2}\left(x_n + \dfrac{a}{x_n}\right)(n=1,2,\cdots)$，$a>0$，求 $\lim\limits_{n \to \infty} x_n$.

证明 （1）先证明数列 $\{x_n\}$ 单调.

显然 $x_n>0$，且 $x_2=\sqrt{2x_1+3}=\sqrt{11}<4=x_1$，设 $x_k<x_{k-1}$，$k=2,3,\cdots,n$，则

$$x_{n+1}=\sqrt{2x_n+3}<\sqrt{2x_{n-1}+3}=x_n,$$

由数学归纳法知，数列 $\{x_n\}$ 单调减少.

再证数列 $\{x_n\}$ 有下界.

因为 $0<x_{n+1}=\sqrt{2x_n+3}<x_n$，所以 $x_n^2-2x_n-3=(x_n-3)(x_n+1)>0$，解得 $x_n>3$，即数列 $\{x_n\}$ 有下界.

综上，数列 $\{x_n\}$ 单调减少且有下界，由单调有界原理知 $\lim\limits_{n\to\infty}x_n$ 存在. 设 $\lim\limits_{n\to\infty}x_n=A>0$，在 $x_{n+1}=\sqrt{2x_n+3}$ 两边取极限，即 $\lim\limits_{n\to\infty}x_{n+1}=\lim\limits_{n\to\infty}\sqrt{2x_n+3}$，得 $A=\sqrt{2A+3}$，即 $A^2-2A-3=0$.

解方程得 $A=3$，即 $\lim\limits_{n\to\infty}x_n=3$.

（2）先证 $\{x_n\}$ 有界. 因为 $x_1>0$，$a>0$，易知 $x_n>0$. 则

$$x_{n+1}=\frac{1}{2}\left(x_n+\frac{a}{x_n}\right)=\frac{1}{2}\left[\left(\sqrt{x_n}\right)^2+\left(\sqrt{\frac{a}{x_n}}\right)^2\right]\geqslant\sqrt{x_n}\cdot\sqrt{\frac{a}{x_n}}=\sqrt{a}，\text{即 } x_n\geqslant\sqrt{a},$$

所以数列 $\{x_n\}$ 为有下界数列.

再证 $\{x_n\}$ 单调减少. 又因为 $\dfrac{x_{n+1}}{x_n}=\dfrac{1}{2}\left(1+\dfrac{a}{x_n^2}\right)\leqslant\dfrac{1}{2}\left(1+\dfrac{a}{a}\right)=1$，所以 $x_{n+1}\leqslant x_n$，故数列 $\{x_n\}$ 为单调减少数列.

由单调减少有下界数列必有极限的准则知 $\{x_n\}$ 的极限存在，设 $\lim\limits_{n\to\infty}x_n=A$，由

$$x_{n+1}=\frac{1}{2}\left(x_n+\frac{a}{x_n}\right)，\text{得 } \lim_{n\to\infty}x_{n+1}=\lim_{n\to\infty}\frac{1}{2}\left(x_n+\frac{a}{x_n}\right)，\text{即 } A=\frac{1}{2}\left(A+\frac{a}{A}\right)，\text{解得 } A=\sqrt{a},$$

即 $\lim\limits_{n\to\infty}x_n=\sqrt{a}$.

评注 （1）在证明 $\{x_n\}$ 单调有界时，常常使用数学归纳法.

（2）为证明数列 $\{x_n\}$ 单调，常用方法：① $x_{n+1}-x_n\geqslant0$（或 $\leqslant0$），$n=1,2,\cdots$；②证明 $\dfrac{x_{n+1}}{x_n}\geqslant1$（或 $\leqslant1$）.

（3）证明了 $\lim\limits_{n\to\infty}x_n$ 存在后，为求此极限值 A，可在 x_n 的递推式的两端取极限，得关于 A 的方程，解方程即得极限值 A.

5. 利用两个重要极限和等价无穷小求极限

例 2.8 求下列极限.

（1）$\lim\limits_{x\to0}\dfrac{\sqrt{1+x\sin x}-1}{x\arctan x}$；

（2）$\lim\limits_{x\to0}\dfrac{5x+\sin^2x-2x^3}{\tan x+4x^2}$；

（3）$\lim\limits_{x\to0}\dfrac{\mathrm{e}^x-\mathrm{e}^{-x}}{x(1-x^2)}$；

（4）$\lim\limits_{n\to\infty}\cos\dfrac{x}{2}\cos\dfrac{x}{4}\cdots\cos\dfrac{x}{2^n}$.

解　(1) $\lim\limits_{x\to 0}\dfrac{\sqrt{1+x\sin x}-1}{x\arctan x}=\lim\limits_{x\to 0}\dfrac{\frac{1}{2}x\sin x}{x^2}=\dfrac{1}{2}\lim\limits_{x\to 0}\dfrac{\sin x}{x}=\dfrac{1}{2}$.

(2) $\lim\limits_{x\to 0}\dfrac{5x+\sin^2 x-2x^3}{\tan x+4x^2}=\lim\limits_{x\to 0}\dfrac{5+\frac{\sin^2 x}{x}-2x^2}{\frac{\tan x}{x}+4x}=\dfrac{\lim\limits_{x\to 0}\left(5+\frac{\sin^2 x}{x}-2x^2\right)}{\lim\limits_{x\to 0}\left(\frac{\tan x}{x}+4x\right)}=5$.

评注　"$\dfrac{0}{0}$"型的极限,分子和分母都是无穷小的和,最低阶的无穷小是x,采用"抓小头"的方法,分子、分母同除以x,然后可以用极限运算法则求极限.

(3) $\lim\limits_{x\to 0}\dfrac{e^x-e^{-x}}{x(1-x^2)}=\lim\limits_{x\to 0}\dfrac{e^{-x}(e^{2x}-1)}{x(1-x^2)}=\lim\limits_{x\to 0}\dfrac{e^{-x}}{1-x^2}\cdot\lim\limits_{x\to 0}\dfrac{e^{2x}-1}{x}=1\times\lim\limits_{x\to 0}\dfrac{2x}{x}=2$.

评注　①变换$e^x-e^{-x}=e^{-x}(e^{2x}-1)$,出现等价无穷小并作代换;②因子$\dfrac{e^{-x}}{1-x^2}$的极限非零,可以单独计算.

(4) 当$x=0$时,$\cos\dfrac{x}{2}\cos\dfrac{x}{4}\cdots\cos\dfrac{x}{2^n}=1$.

当$x\neq 0$时,化简为

$$\cos\dfrac{x}{2}\cos\dfrac{x}{4}\cdots\cos\dfrac{x}{2^n}=\dfrac{1}{\sin\frac{x}{2^n}}\cos\dfrac{x}{2}\cos\dfrac{x}{4}\cdots\cos\dfrac{x}{2^n}\sin\dfrac{x}{2^n}$$

$$=\dfrac{1}{\sin\frac{x}{2^n}}\dfrac{\sin x}{2^n}=\dfrac{\sin x}{x}\dfrac{1}{\frac{\sin\frac{x}{2^n}}{\frac{x}{2^n}}},$$

故

$$\lim\limits_{n\to\infty}\cos\dfrac{x}{2}\cos\dfrac{x}{4}\cdots\cos\dfrac{x}{2^n}=\begin{cases}1,&x=0\\\dfrac{\sin x}{x},&x\neq 0\end{cases}.$$

评注　利用重要极限$\lim\limits_{x\to 0}\dfrac{\sin x}{x}=1$计算极限时,需具备两个条件:①给定的极限为"$\dfrac{0}{0}$"型;②形如$\dfrac{\sin\varphi(x)}{\varphi(x)}$($\varphi(x)\to 0$).计算时把求极限算式凑成以上形式即得结果.

例 2.9　求下列极限.

(1) $\lim\limits_{x\to\infty}\left[\dfrac{x^2}{(x-a)(x-b)}\right]^x$ (a,b为不全为零的常数);

(2) $\lim\limits_{x\to\infty}\left(1+\dfrac{\sin x}{x^2}\right)^x$.

（2）$\lim\limits_{x\to\infty}\left(1+\dfrac{\sin x}{x^2}\right)^x$.

解　（1）$\lim\limits_{x\to\infty}\left[\dfrac{x^2}{(x-a)(x-b)}\right]^x=\lim\limits_{x\to\infty}\left[1+\dfrac{(a+b)x-ab}{(x-a)(x-b)}\right]^x$

$$=\lim\limits_{x\to\infty}\left[1+\dfrac{(a+b)x-ab}{(x-a)(x-b)}\right]^{\frac{(x-a)(x-b)}{(a+b)x-ab}\cdot\frac{(a+b)x-ab}{(x-a)(x-b)}\cdot x}=e^{(a+b)}.$$

（2）$\lim\limits_{x\to\infty}\left(1+\dfrac{\sin x}{x^2}\right)^x=\lim\limits_{x\to\infty}e^{\ln\left(1+\frac{\sin x}{x^2}\right)^x}=e^{\lim\limits_{x\to\infty}x\ln\left(1+\frac{\sin x}{x^2}\right)}=e^{\lim\limits_{x\to\infty}x\frac{\sin x}{x^2}}=e^0=1.$

评注　（1）利用重要极限 $\lim\limits_{x\to\infty}\left(1+\dfrac{1}{x}\right)^x=e$ 或 $\lim\limits_{x\to0}(1+x)^{\frac{1}{x}}=e$ 求极限时，必须具备两个条件：①给定的极限为 "1^∞" 型；②形如 $\left[1+\dfrac{1}{\alpha(x)}\right]^{\alpha(x)}$ $[\alpha(x)\to\infty]$ 或 $\left[1+\alpha(x)\right]^{\frac{1}{\alpha(x)}}$ $[\alpha(x)\to0,\alpha(x)\neq0]$. 计算时把求极限算式凑成以上形式即得结果.

（2）这种求法不妥，即 $\lim\limits_{x\to\infty}\left(1+\dfrac{\sin x}{x^2}\right)^x=\lim\limits_{x\to\infty}\left(1+\dfrac{\sin x}{x^2}\right)^{\frac{x^2}{\sin x}\cdot\frac{\sin x}{x}}=e^0=1$. 因为当 $x\to\infty$ 时，$\dfrac{x^2}{\sin x}$ 在 $\sin x=0$ 时无意义，所以，并非所有 "1^∞" 型极限都可以按重要极限方法求极限.

例2.10　求下列极限.

（1）$\lim\limits_{x\to0}\dfrac{\sin x+x^2\cos\dfrac{1}{x}}{(1+\cos x)\ln(1+x)}$ ；

（2）$\lim\limits_{x\to0}\dfrac{\tan x-\sin x}{\sin^3 x}$ ；

（3）$\lim\limits_{x\to0}\dfrac{e^{\sin x}-e^x}{\sin x-x}$ ；

（4）$\lim\limits_{x\to0}\dfrac{\sqrt{1+x}-\sqrt{1-x}}{\sqrt{1+\sin x}-1}$ ；

（5）$\lim\limits_{x\to0}\dfrac{1}{x^3}\left[\left(\dfrac{2+\cos x}{3}\right)^x-1\right]$.

解　（1）$\lim\limits_{x\to0}\dfrac{\sin x+x^2\cos\dfrac{1}{x}}{(1+\cos x)\ln(1+x)}=\lim\limits_{x\to0}\dfrac{1}{1+\cos x}\lim\limits_{x\to0}\dfrac{\sin x+x^2\cos\dfrac{1}{x}}{\ln(1+x)}$

$$=\dfrac{1}{2}\lim\limits_{x\to0}\dfrac{\sin x+x^2\cos\dfrac{1}{x}}{x}$$

$$=\dfrac{1}{2}\lim\limits_{x\to0}\left(\dfrac{\sin x}{x}+x\cos\dfrac{1}{x}\right)=\dfrac{1}{2}.$$

（2）$\lim\limits_{x\to0}\dfrac{\tan x-\sin x}{\sin^3 x}=\lim\limits_{x\to0}\dfrac{\tan x(1-\cos x)}{\sin^3 x}=\lim\limits_{x\to0}\dfrac{x\dfrac{x^2}{2}}{x^3}=\dfrac{1}{2}$.

（3）$\lim\limits_{x\to 0}\dfrac{\mathrm{e}^{\sin x}-\mathrm{e}^{x}}{\sin x-x}=\lim\limits_{x\to 0}\dfrac{\mathrm{e}^{x}(\mathrm{e}^{\sin x-x}-1)}{\sin x-x}=\lim\limits_{x\to 0}\dfrac{\mathrm{e}^{x}(\sin x-x)}{\sin x-x}=1.$

（4）$\lim\limits_{x\to 0}\dfrac{\sqrt{1+x}-\sqrt{1-x}}{\sqrt{1+\sin x}-1}=\lim\limits_{x\to 0}\dfrac{2x}{\left(\sqrt{1+\sin x}-1\right)\left(\sqrt{1+x}+\sqrt{1-x}\right)}$

$$=\lim\limits_{x\to 0}\dfrac{2x}{\dfrac{\sin x}{2}}\lim\limits_{x\to 0}\dfrac{1}{\sqrt{1+x}+\sqrt{1-x}}=2.$$

（5）$\lim\limits_{x\to 0}\dfrac{1}{x^{3}}\left[\left(\dfrac{2+\cos x}{3}\right)^{x}-1\right]=\lim\limits_{x\to 0}\dfrac{\mathrm{e}^{x\ln\left(\frac{2+\cos x}{3}\right)}-1}{x^{3}}=\lim\limits_{x\to 0}\dfrac{\ln\left(\dfrac{2+\cos x}{3}\right)}{x^{2}}$

$$=\lim\limits_{x\to 0}\dfrac{\ln\left(1+\dfrac{\cos x-1}{3}\right)}{x^{2}}=\lim\limits_{x\to 0}\dfrac{\cos x-1}{3x^{2}}=\lim\limits_{x\to 0}\dfrac{-\dfrac{x^{2}}{2}}{3x^{2}}=-\dfrac{1}{6}.$$

评注　无穷小等价代换是简化计算"$\dfrac{0}{0}$"型极限的最有效方法，要正确使用该方法，应注意以下两点：

（1）熟记常用的等价无穷小：当 $\varphi(x)\to 0$ 时，有 $\sin\varphi(x)\sim\varphi(x)$；$\tan\varphi(x)\sim\varphi(x)$；$\ln[1+\varphi(x)]\sim\varphi(x)$；$1-\cos\varphi(x)\sim\dfrac{1}{2}\varphi^{2}(x)$；$\mathrm{e}^{\varphi(x)}-1\sim\varphi(x)$；$[1+\varphi(x)]^{\alpha}-1\sim\alpha\varphi(x)$.

（2）在求极限的过程中，乘、除因子可以用各自与其等价的无穷小代替，但作为加、减项的无穷小不能随意用各自等价的无穷小代换，必须将加、减项作为整体才能用其等价的无穷小代换，否则会造成错误. 例如，在例 2.10 中的第（2）题中，若用 x 分别代替 $\tan x$、$\sin x$，便有

$$\lim\limits_{x\to 0}\dfrac{\tan x-\sin x}{\sin^{3}x}=\lim\limits_{x\to 0}\dfrac{x-x}{x^{3}}=0.$$

此解法显然错误，原因是没有正确运用定理，因为 $\tan x-\sin x$ 是一个与分母 x^{3} 同阶的无穷小，但 $\tan x-\sin x$ 与 0 不等价，0 是比任何无穷小阶数都要高的无穷小. 但作为加、减项的无穷小并非绝对不能用各自等价的无穷小代换（只是不能随意用而已），如

$$\lim\limits_{x\to 0}\dfrac{\tan x+\sin x-\sin^{2}x}{x},$$

若用 x 分别代替 $\tan x$、$\sin x$，则有

$$\lim\limits_{x\to 0}\dfrac{\tan x+\sin x-\sin^{2}x}{x}=\lim\limits_{x\to 0}\dfrac{2x-x^{2}}{x}=2,$$

运算结果仍然正确.

不过对初学者来讲，作为加、减项的无穷小在什么条件下能用各自等价的无穷小代换，这个问题并不是很重要，不必花时间仔细研究这个问题.

例 2.11　设当 $x \to 0$ 时，$(1-\cos x)\ln(1+x^2)$ 是比 $x\sin x^n$ 高阶的无穷小，而 $x\sin x^n$ 是比 $e^{x^2}-1$ 高阶的无穷小，则 n 为何值？

解　由于当 $x \to 0$ 时，$\ln(1+x^2) \sim x^2$，$\sin x^n \sim x^n$，$1-\cos x \sim \dfrac{1}{2}x^2$，所以当 $x \to 0$ 时，有

$$(1-\cos x)\ln(1+x^2)=O(x^4),\quad x\sin x^n=O(x^{n+1}),\quad e^{x^2}-1=O(x^2).$$

因为 $\lim\limits_{x\to 0}\dfrac{(1-\cos x)\ln(1+x^2)}{x\sin x^n}=0$，所以 $n+1<4$；因为 $\lim\limits_{x\to 0}\dfrac{x\sin x^n}{e^{x^2}-1}=0$，所以 $n+1>2$．

因此有 $4>n+1>2$，即 $3>n>1$，故 $n=2$．

例 2.12　设 $\lim\limits_{x\to\infty}\left(\dfrac{x+2a}{x-a}\right)^x=25$，求常数 a．

解　法一　$\lim\limits_{x\to\infty}\left(\dfrac{x+2a}{x-a}\right)^x=\lim\limits_{x\to\infty}\left(1+\dfrac{3a}{x-a}\right)^x$

$$=\lim\limits_{x\to\infty}\left(1+\dfrac{3a}{x-a}\right)^{\frac{x-a}{3a}\cdot\frac{3ax}{x-a}}=e^{3a}=25,$$

故 $a=\dfrac{2}{3}\ln 5$．

法二　$\lim\limits_{x\to\infty}\left(\dfrac{x+2a}{x-a}\right)^x=\lim\limits_{x\to\infty}\dfrac{\left(1+\dfrac{2a}{x}\right)^x}{\left(1-\dfrac{a}{x}\right)^x}=\dfrac{e^{2a}}{e^{-a}}=e^{3a}$，故 $a=\dfrac{2}{3}\ln 5$．

例 2.13　求 $\lim\limits_{x\to 0}\left(\dfrac{a^x+b^x+c^x}{3}\right)^{\frac{1}{x}}$ $(a>0,\ b>0,\ c>0)$．

解　法一　$\lim\limits_{x\to 0}\left(\dfrac{a^x+b^x+c^x}{3}\right)^{\frac{1}{x}}=\lim\limits_{x\to 0}\left(1+\dfrac{a^x+b^x+c^x-3}{3}\right)^{\frac{3}{a^x+b^x+c^x-3}\cdot\frac{1}{3}\left(\frac{a^x-1}{x}+\frac{b^x-1}{x}+\frac{c^x-1}{x}\right)}.$

法二　因为 $\lim\limits_{x\to 0}\dfrac{a^x+b^x+c^x}{3}=1$，$\lim\limits_{x\to 0}\dfrac{1}{x}=\infty$，本题属于"$1^\infty$"型，而

$$\lim\limits_{x\to 0}\dfrac{1}{x}\left(\dfrac{a^x+b^x+c^x}{3}-1\right)=\lim\limits_{x\to 0}\dfrac{1}{3}\left(\dfrac{a^x-1}{x}+\dfrac{b^x-1}{x}+\dfrac{c^x-1}{x}\right)$$

$$=\dfrac{1}{3}(\ln a+\ln b+\ln c)=\dfrac{1}{3}\ln abc.$$

所以

$$\lim_{x\to 0}\left(\frac{a^x+b^x+c^x}{3}\right)^{\frac{1}{x}}=\mathrm{e}^{\lim\limits_{x\to 0}\frac{1}{x}\ln\left(1+\frac{a^x+b^x+c^x}{3}-1\right)}=\mathrm{e}^{\frac{1}{3}\ln abc}=\sqrt[3]{abc}.$$

例 2.14　已知 $\lim\limits_{x\to 0}\dfrac{\sqrt{1+f(x)\sin 2x}-1}{\mathrm{e}^{3x}-1}=2$，求 $\lim\limits_{x\to 0}f(x)$.

解　因为 $\lim\limits_{x\to 0}\dfrac{\sqrt{1+f(x)\sin 2x}-1}{\mathrm{e}^{3x}-1}=2$，而 $\lim\limits_{x\to 0}(\mathrm{e}^{3x}-1)=0$，故

$$\lim_{x\to 0}\left[\sqrt{1+f(x)\sin 2x}-1\right]=0,\quad 即\ \lim_{x\to 0}\sqrt{1+f(x)\sin 2x}=1,$$

得 $\lim\limits_{x\to 0}f(x)\sin 2x=0$. 从而由等价无穷小的代换性质，得

$$2=\lim_{x\to 0}\frac{\sqrt{1+f(x)\sin 2x}-1}{\mathrm{e}^{3x}-1}=\lim_{x\to 0}\frac{\frac{1}{2}f(x)\sin 2x}{3x}=\frac{1}{3}\lim_{x\to 0}f(x)\frac{\sin 2x}{2x},$$

由于 $\lim\limits_{x\to 0}\dfrac{\sin 2x}{2x}=1$，故 $\lim\limits_{x\to 0}f(x)$ 存在，且 $\lim\limits_{x\to 0}f(x)=6$.

例 2.15　已知 $\lim\limits_{x\to\infty}\left(ax+b-\dfrac{x^3+1}{x^2+1}\right)=0$，求 a,b 的值.

解　因为

$$\lim_{x\to\infty}\left(ax+b-\frac{x^3+1}{x^2+1}\right)=\lim_{x\to\infty}\frac{(ax+b)(x^2+1)-x^3-1}{x^2+1}$$

$$=\lim_{x\to\infty}\frac{(a-1)x^3+bx^2+ax+b-1}{x^2+1}=0,$$

所以 $a-1=0,\ b=0$，即 $a=1,\ b=0$.

6. 利用左、右极限求极限

例 2.16　求下列极限.

（1）$\lim\limits_{x\to 0}f(x)$，其中 $f(x)=\begin{cases}\dfrac{\mathrm{e}^x-1}{x}, & x>0 \\[2mm] 0, & x=0 \\[2mm] \dfrac{\sqrt{1+x}-\sqrt{1-x}}{x}, & -1\leqslant x<0\end{cases}$；（2）$\lim\limits_{x\to 1}\dfrac{x^2-1}{x-1}\mathrm{e}^{\frac{1}{x-1}}$.

解　（1）因为

$$\lim_{x\to 0^-}f(x)=\lim_{x\to 0^-}\frac{\sqrt{1+x}-\sqrt{1-x}}{x}=\lim_{x\to 0^-}\frac{\left(\sqrt{1+x}-\sqrt{1-x}\right)\left(\sqrt{1+x}+\sqrt{1-x}\right)}{x\left(\sqrt{1+x}+\sqrt{1-x}\right)}$$

$$=\lim_{x\to 0^-}\frac{2}{\sqrt{1+x}+\sqrt{1-x}}=1,$$

$$\lim_{x\to 0^+}f(x)=\lim_{x\to 0^+}\frac{\mathrm{e}^x-1}{x}=1,$$

所以 $\lim\limits_{x\to 0} f(x)=1$.

（2）当 $x\to 1^-$ 时，$\dfrac{1}{x-1}\to -\infty$，$\mathrm{e}^{\frac{1}{x-1}}\to 0$，从而 $\lim\limits_{x\to 1^-}\dfrac{x^2-1}{x-1}\mathrm{e}^{\frac{1}{x-1}}=\lim\limits_{x\to 1^-}(x+1)\mathrm{e}^{\frac{1}{x-1}}=0.$

当 $x\to 1^+$ 时，$\dfrac{1}{x-1}\to +\infty$，$\mathrm{e}^{\frac{1}{x-1}}\to +\infty$，故 $\lim\limits_{x\to 1^+}\dfrac{x^2-1}{x-1}\mathrm{e}^{\frac{1}{x-1}}=\lim\limits_{x\to 1^+}(x+1)\mathrm{e}^{\frac{1}{x-1}}=+\infty.$ 因为左、右极限不相等，所以原极限不存在.

评注　（1）借助左、右极限讨论函数的极限，通常有以下两种情形：①分段函数分段点处左、右两侧函数表达式不相同，考察分段点处的左、右极限；②形如 $\lim\limits_{x\to\infty}\mathrm{e}^{x}$，$\lim\limits_{x\to 0}\arctan\dfrac{1}{x}$，$\lim\limits_{x\to a}(x^2+a)^{\frac{1}{x-a}}$（$a\neq 0$）等极限，也要分左、右极限讨论.

（2）注意如下初等函数的极限：

$$\lim\limits_{x\to +\infty}\mathrm{e}^{x}=+\infty,\ \lim\limits_{x\to -\infty}\mathrm{e}^{x}=0;\ \lim\limits_{x\to 0^+}\mathrm{e}^{\frac{1}{x}}=+\infty,\ \lim\limits_{x\to 0^-}\mathrm{e}^{\frac{1}{x}}=0;$$

$$\lim\limits_{x\to +\infty}\arctan x=\dfrac{\pi}{2},\ \lim\limits_{x\to -\infty}\arctan x=-\dfrac{\pi}{2};\ \lim\limits_{x\to 0^+}\arctan\dfrac{1}{x}=\dfrac{\pi}{2},\ \lim\limits_{x\to 0^-}\arctan\dfrac{1}{x}=-\dfrac{\pi}{2};$$

$$\lim\limits_{x\to +\infty}\operatorname{arccot} x=0,\ \lim\limits_{x\to -\infty}\operatorname{arccot} x=\pi;\ \lim\limits_{x\to 0^+}\operatorname{arccot}\dfrac{1}{x}=0,\ \lim\limits_{x\to 0^-}\operatorname{arccot}\dfrac{1}{x}=\pi.$$

7. 函数连续性与间断点类型的讨论

例 2.17　（1）设函数 $f(x)=\begin{cases}\ln(1+x), & x>0 \\ a+x-1, & x\leqslant 0\end{cases}$，应该怎样选择 a，可使 $f(x)$ 在其定义域内连续.

（2）设函数 $f(x)=\begin{cases}\dfrac{1-\mathrm{e}^{\tan x}}{\arcsin\dfrac{x}{2}}, & x>0 \\ a\mathrm{e}^{2x}, & x\leqslant 0\end{cases}$，问 a 取何值时 $f(x)$ 在点 $x=0$ 处连续.

解　（1）显然 $f(x)$ 分别在 $(-\infty,0)$ 和 $(0,+\infty)$ 内是连续的，而

$$\lim\limits_{x\to 0^-}f(x)=\lim\limits_{x\to 0^-}(a+x-1)=a-1=f(0),\ \lim\limits_{x\to 0^+}f(x)=\lim\limits_{x\to 0^+}\ln(1+x)=0,$$

且 $f(0)=a-1$，故要使 $f(x)$ 在其定义域内连续，只需 $a=1$.

（2）因为

$$\lim\limits_{x\to 0^+}f(x)=\lim\limits_{x\to 0^+}\dfrac{1-\mathrm{e}^{\tan x}}{\arcsin\dfrac{x}{2}}=-\lim\limits_{x\to 0^+}\dfrac{\tan x}{\dfrac{x}{2}}=-2,$$

$$\lim\limits_{x\to 0^-}f(x)=\lim\limits_{x\to 0^-}a\mathrm{e}^{2x}=a=f(0),$$

故由连续的定义知 $a=-2$.

评注　此类题必须分左、右极限讨论，因为 $f(x)$ 在点 $x=0$ 处的左、右两侧表达式不同，且求（2）的右极限时注意使用等价无穷小代换.

例 2.18　设 $f(x)=\lim\limits_{n\to\infty}\dfrac{x^{2n+1}+ax^2+bx}{x^{2n}+1}$，若 $f(x)$ 在 $(-\infty,+\infty)$ 内连续，求 a,b 的值.

解　当 $|x|<1$ 时，$\lim\limits_{n\to\infty}x^{2n}=0$，$f(x)=\lim\limits_{n\to\infty}\dfrac{x^{2n+1}+ax^2+bx}{x^{2n}+1}=ax^2+bx.$

当 $|x|>1$ 时，$\lim\limits_{n\to\infty}x^{2n}=\infty$，$f(x)=\lim\limits_{n\to\infty}\dfrac{x+ax^{-2n+2}+bx^{-2n+1}}{1+x^{-2n}}=x.$

故

$$f(x)=\lim_{n\to\infty}\frac{x^{2n+1}+ax^2+bx}{x^{2n}+1}=\begin{cases}ax^2+bx, & |x|<1\\ x, & |x|>1\\ \dfrac{a-b-1}{2}, & x=-1\\ \dfrac{a+b+1}{2}, & x=1\end{cases},\quad x=\pm1\ \text{为分段点}.$$

显然当 $x\neq\pm1$ 时 $f(x)$ 处处连续，下面考虑在点 $x=\pm1$ 处连续所需的条件.

$$f(-1^-)=\lim_{x\to-1^-}x=-1, f(-1^+)=\lim_{x\to-1^+}(ax^2+bx)=a-b, f(-1)=\frac{a-b-1}{2},$$

若要 $f(x)$ 在点 $x=-1$ 处连续，需 $f(-1^-)=f(-1^+)=f(-1)$，得 $a-b+1=0$；

$$f(1^-)=\lim_{x\to1^-}(ax^2+bx)=a+b, f(1^+)=\lim_{x\to1^+}x=1, f(1)=\frac{a+b+1}{2},$$

若要 $f(x)$ 在点 $x=1$ 处连续，需 $f(1^-)=f(1^+)=f(1)$，得 $a+b=1$.

综上可得 $a=0$，$b=1$，即当 $a=0$，$b=1$ 时，$f(x)$ 在 $(-\infty,+\infty)$ 内连续.

评注　（1）例 2.18 中函数以极限的形式给出，需要先求极限，根据变量 x 的取值范围不同求出函数的分段表达形式.

（2）讨论分段函数 $f(x)$ 在分段点 x_0 处的连续性，若分段点 x_0 左、右两侧函数的表达式不一样，需要求左、右极限及分段点 x_0 处的函数值，三者相等即连续.

例 2.19　求函数 $f(x)=\dfrac{\ln|x|}{x^2+2x-3}$ 的间断点，并判断其类型.

解　$f(x)=\dfrac{\ln|x|}{(x+3)(x-1)}$，易知点 $x=-3$，$x=0$，$x=1$ 为其间断点.

因为 $\lim\limits_{x\to-3}f(x)=\lim\limits_{x\to-3}\dfrac{\ln|x|}{(x+3)(x-1)}=\infty$，$\lim\limits_{x\to0}f(x)=\lim\limits_{x\to0}\dfrac{\ln|x|}{(x+3)(x-1)}=\infty$，所以点 $x=-3$，$x=0$ 为函数的无穷间断点，属第二类间断点.

因为 $\lim\limits_{x\to1}f(x)=\lim\limits_{x\to1}\dfrac{\ln(1+x-1)}{(x+3)(x-1)}=\lim\limits_{x\to1}\dfrac{x-1}{(x+3)(x-1)}=\dfrac{1}{4}$，所以点 $x=1$ 为函数的可去间断点，属第一类间断点.

例 2.20　讨论函数 $f(x)=\dfrac{1}{1-e^{\frac{x}{1-x}}}$ 的连续性，若有间断点，判断其类型.

解　函数 $f(x)$ 的定义域为 $(-\infty,0)\bigcup(0,1)\bigcup(1,+\infty)$，所以连续区间为 $(-\infty,0)$，$(0,1)$，

$(1,+\infty)$，点 $x=0$，$x=1$ 为其间断点.

因为 $\lim\limits_{x\to 0} e^{\frac{x}{1-x}}=1$，则 $\lim\limits_{x\to 0}\dfrac{1}{1-e^{\frac{x}{1-x}}}=\infty$，所以点 $x=0$ 为 $f(x)$ 的第二类间断点中的无穷间断点.

因为 $\lim\limits_{x\to 1^+} e^{\frac{x}{1-x}}=0$，则 $\lim\limits_{x\to 1^+}\dfrac{1}{1-e^{\frac{x}{1-x}}}=1$；$\lim\limits_{x\to 1^-} e^{\frac{x}{1-x}}=+\infty$，则 $\lim\limits_{x\to 1^-}\dfrac{1}{1-e^{\frac{x}{1-x}}}=0$，所以点 $x=1$ 为 $f(x)$ 的第一类间断点中的跳跃间断点.

例 2.21 讨论函数 $f(x)=\lim\limits_{n\to\infty}\dfrac{1-x^{2n}}{1+x^{2n}}x$ 的连续性，若有间断点，判别其类型.

解 当 $|x|<1$ 时，$f(x)=x\lim\limits_{n\to\infty}\dfrac{1-x^{2n}}{1+x^{2n}}=x$.

当 $|x|>1$ 时，$f(x)=x\lim\limits_{n\to\infty}\dfrac{1-x^{2n}}{1+x^{2n}}=x\lim\limits_{n\to\infty}\dfrac{x^{-2n}-1}{x^{-2n}+1}=-x$.

当 $|x|=1$ 时，$f(x)=0$.

综上，有

$$f(x)=\begin{cases}x, & |x|<1\\ 0, & |x|=1,\\ -x, & |x|>1\end{cases}$$

点 $x=\pm1$ 为 $f(x)$ 的分段点，且

$$f(1^-)=1,\quad f(1^+)=-1,\quad f(1^-)\neq f(1^+);$$

$$f(-1^-)=1,\quad f(-1^+)=-1,\quad f(-1^-)\neq f(-1^+).$$

故点 $x=\pm1$ 是 $f(x)$ 的跳跃间断点，属第一类间断点.

例 2.22 解答下列各题.

（1）确定 $f(x)=\dfrac{\sqrt{2-x}}{(x-1)(x-4)}$ 的间断点，并判断其类型.

（2）确定 $f(x)=\dfrac{x}{\tan x}$ 的间断点，并判断其类型，若是可去间断点，则补充或改变函数的定义使其连续.

解 （1）函数 $f(x)$ 的定义域为 $(-\infty,1)\bigcup(1,2]$，所以点 $x=1$ 是函数的间断点.

因为 $\lim\limits_{x\to 1}f(x)=\lim\limits_{x\to 1}\dfrac{\sqrt{2-x}}{(x-1)(x-4)}=\infty$，所以点 $x=1$ 是第二类间断点中的无穷间断点.

评注 $f(x)$ 在点 $x=4$ 处的去心邻域内没有定义，所以点 $x=4$ 处没有定义，也不是间断点.

（2）函数 $f(x)$ 的定义域为 $D=\left\{x\mid x\in\mathbf{R},\ x\neq k\pi,\ x\neq k\pi+\dfrac{\pi}{2},\ k\in\mathbf{Z}\right\}$，所以

$f(x) = \dfrac{x}{\tan x}$ 的间断点为 $x = k\pi + \dfrac{\pi}{2}$（$k$ 为整数）和 $x = k\pi$（k 为整数）.

又 $\lim\limits_{x \to k\pi + \frac{\pi}{2}} \dfrac{x}{\tan x} = 0$，$\lim\limits_{x \to k\pi} \dfrac{x}{\tan x} = \infty (k \neq 0)$，$\lim\limits_{x \to 0} \dfrac{x}{\tan x} = 1$，故点 $x = 0$ 和 $x = k\pi + \dfrac{\pi}{2}$（$k$ 为整数）为第一类间断点中的可去间断点；点 $x = k\pi$（k 为非零整数）为第二类间断点中的无穷间断点.

要使 $f(x)$ 在点 $x = 0$ 和 $x = k\pi + \dfrac{\pi}{2}$（$k$ 为整数）处连续，应重新定义函数为

$$f(x) = \begin{cases} \dfrac{x}{\tan x}, & x \neq k\pi + \dfrac{\pi}{2}（k为整数）且 x \neq 0 \\ 0, & x = k\pi + \dfrac{\pi}{2}（k为整数） \\ 1, & x = 0 \end{cases}$$

例 2.23 确定 a, b 的值，使 $f(x) = \dfrac{x-b}{(x-a)(x-1)}$ 有无穷间断点 $x = 0$，有可去间断点 $x = 1$.

解 因为点 $x = 0$ 是 $f(x)$ 的无穷间断点，即 $\lim\limits_{x \to 0} f(x) = \infty$，$\lim\limits_{x \to 0} \dfrac{1}{f(x)} = 0$，所以

$$\lim_{x \to 0} \dfrac{1}{f(x)} = \lim_{x \to 0} \dfrac{(x-a)(x-1)}{x-b} = -\lim_{x \to 0} \dfrac{x-a}{x-b} = -\dfrac{a}{b} = 0,$$

故 $a = 0$，$b \neq 0$.

因为点 $x = 1$ 为可去间断点，故 $\lim\limits_{x \to 1} f(x) = \lim\limits_{x \to 1^+} \dfrac{x-b}{x(x-1)} = \lim\limits_{x \to 1^-} \dfrac{x-b}{x(x-1)}$ 存在，只有 $\lim\limits_{x \to 1}(x-b) = 0$，即 $b = 1$.

例 2.24 设

$$f(x) = \begin{cases} ax^2 + bx, & x < 1 \\ 3, & x = 1 \\ 2a - bx, & x > 1 \end{cases}$$

在点 $x = 1$ 处连续，求 a, b 的值.

解 因为 $f(x)$ 在点 $x = 1$ 处连续，所以 $\lim\limits_{x \to 1^-} f(x) = \lim\limits_{x \to 1^+} f(x) = f(1) = 3$. 有

$$\lim_{x \to 1^-} f(x) = \lim_{x \to 1^-}(ax^2 + bx) = a + b = f(1) = 3,$$
$$\lim_{x \to 1^+} f(x) = \lim_{x \to 1^+}(2a - bx) = 2a - b = f(1) = 3,$$

联立解方程 $\begin{cases} a + b = 3 \\ 2a - b = 3 \end{cases}$，得 $a = 2$，$b = 1$.

评注 求函数的间断点并判定其类型的方法步骤如下：

（1）找出间断点 $x_1, x_2, \cdots, x_n$.

（2）对每一个间断点 x_i $(i=1,2,3,\cdots,n)$，求极限 $\lim\limits_{x \to x_i} f(x)$ 或 $\lim\limits_{x \to x_i^-} f(x)$、$\lim\limits_{x \to x_i^+} f(x)$. 也就是说，要讨论函数间断点的类型，一定要讨论间断点处的极限情况.

（3）判定类型：极限存在且左、右极限相等时，属第一类间断点，且为可去间断点；左、右极限存在但不相等时，属第一类间断点，且为跳跃间断点；左、右极限至少有一个不存在时，属第二类间断点；极限为 ∞ 时，属第二类间断点，且为无穷间断点.

8. 利用连续函数的性质求极限

例 2.25 求下列极限.

（1）$\lim\limits_{x \to 1}\left[2x\left(\sqrt{1+x^2}-x\right)+\sin\dfrac{x-2}{x}\pi\right]$；

（2）$\lim\limits_{x \to 0}\dfrac{\ln(a+x)+\ln(a-x)-2\ln a}{x^2}$ $(a>0)$.

解 （1）由于函数在点 $x=1$ 处连续，故

$$\lim_{x \to 1}\left[2x\left(\sqrt{1+x^2}-x\right)+\sin\frac{x-2}{x}\pi\right]=2\left(\sqrt{1+1}-1\right)+\sin(-\pi)=2\sqrt{2}-2.$$

（2）$\lim\limits_{x \to 0}\dfrac{\ln(a+x)+\ln(a-x)-2\ln a}{x^2}=\lim\limits_{x \to 0}\dfrac{1}{x^2}\ln\left(\dfrac{a^2-x^2}{a^2}\right)=\lim\limits_{x \to 0}\ln\left(\dfrac{a^2-x^2}{a^2}\right)^{\frac{1}{x^2}}$

$$=\lim_{x \to 0}\ln\left(1-\frac{x^2}{a^2}\right)^{\frac{1}{x^2}}=\ln\left\{\lim_{x \to 0}\left[1-\frac{x^2}{a^2}\right]^{-\frac{a^2}{x^2}}\right\}^{-\frac{1}{a^2}}=\ln e^{-\frac{1}{a^2}}=-\frac{1}{a^2}.$$

评注 利用连续函数的性质求极限常用的方法有两种.

（1）代入法：$\lim\limits_{x \to x_0} f(x)=f(x_0)$（$x_0$ 属于定义区间内的连续点）.

（2）换序法：$\lim\limits_{x \to x_0} f[g(x)]=f\left[\lim\limits_{x \to x_0} g(x)\right]$（内函数极限存在，外函数连续）.

9. 利用闭区间上连续函数的性质证明命题

例 2.26 设 $f(x)$ 在 $[0,2a]$ 上连续，且 $f(0)=f(2a)$，证明在 $[0,a]$ 上至少存在一点 ξ，使 $f(\xi)=f(\xi+a)$.

证明 设 $F(x)=f(x)-f(x+a)$，则 $F(x)$ 在 $[0,a]$ 上连续，又

$$F(0)=f(0)-f(a), F(a)=f(a)-f(2a)=f(a)-f(0)=-F(0).$$

若 $f(a)=f(0)$，则可取 $\xi=0$ 或 a.

若 $f(a)\neq f(0)$，则有 $F(0)F(a)<0$. 由零点定理，至少存在一点 $\xi \in (0,a)$，使 $F(\xi)=0$，即 $f(\xi)=f(\xi+a)$.

综上所述，至少存在一点 $\xi \in [0,a]$，使 $f(\xi)=f(\xi+a)$.

例 2.27 试证：若 $f(x)$ 在 $(-\infty,+\infty)$ 内连续，且 $\lim\limits_{x \to \infty} f(x)$ 存在，则 $f(x)$ 在 $(-\infty,+\infty)$

内有界.

证明　$\lim\limits_{x\to\infty}f(x)$ 存在，根据函数极限的局部有界性，$\exists M_1>0$ 和 $X>0$，使当 $|x|>X$ 时，总有 $|f(x)|\leqslant M_1$，又 $f(x)$ 在 $[-X,X]$ 上连续，所以 $f(x)$ 在 $[-X,X]$ 上有界，即 $\exists M_2>0$，使当 $x\in[-X,X]$ 时，总有 $|f(x)|\leqslant M_2$.

记 $M=\max\{M_1,M_2\}$，则对于 $\forall x\in(-\infty,+\infty)$，总有 $|f(x)|\leqslant M$，故 $f(x)$ 在 $(-\infty,+\infty)$ 内有界.

例 2.28　证明方程 $x=a\sin x+b\,(a>0,b>0)$ 至少有一个正根，并且不超过 $a+b$.

证明　设 $f(x)=a\sin x+b-x$，则 $f(x)$ 在 $[0,a+b]$ 上连续，且
$$f(0)=b>0,\quad f(a+b)=a[\sin(a+b)-1]\leqslant 0.$$

① 若 $f(a+b)=0$，则 $a+b$ 即为原方程的一个正根；

② 若 $f(a+b)<0$，则根据零点定理，$\exists\xi\in(0,a+b)$，使得 $f(\xi)=0$.

综合①②知结论成立.

例 2.29　设 $f(x),g(x)$ 都是闭区间 $[a,b]$ 上的连续函数，且 $f(a)>g(a)$，$f(b)<g(b)$，试证在 (a,b) 内至少存在一点 ξ，使得 $f(\xi)=g(\xi)$.

证明　令 $F(x)=f(x)-g(x)$，则 $F(x)$ 在 $[a,b]$ 上连续，且
$$F(a)=f(a)-g(a)>0,\quad F(b)=f(b)-g(b)<0,$$
由零点定理，在 (a,b) 内至少存在一点 ξ，使得 $F(\xi)=0$，即 $f(\xi)=g(\xi)$.

例 2.30　证明方程 $x-2\sin x=k\,(k>0)$ 至少有一个正根.

证明　令 $f(x)=x-2\sin x-k$，则 $f(x)$ 在 $[0,k+3]$ 上连续，且 $f(0)=-k<0$，$f(k+3)=3-2\sin(k+3)>0$，由零点定理知，至少存在一点 $\xi\in(0,k+3)$，使得 $f(\xi)=0$，即方程 $x-2\sin x=k\,(k>0)$ 至少有一个正根 $\xi\in(0,k+3)$.

例 2.31　设 $f(x)$ 在 $[a,b]$ 上连续，且 $a<c<d<b$，试证在 $[a,b]$ 上必存在一点 ξ，使 $Af(c)+Bf(d)=(A+B)f(\xi)$，其中 A,B 是同号常数.

证明　因 $f(x)$ 在 $[a,b]$ 上连续，故 $f(x)$ 在 $[a,b]$ 上必取得最大值 M 和最小值 m，所以
$$m\leqslant f(c)\leqslant M,\ m\leqslant f(d)\leqslant M.$$
又因为 A,B 是同号常数，不妨设 $A,B>0$，故有
$$(A+B)m\leqslant Af(c)+Bf(d)\leqslant(A+B)M,\ \text{即}\ m\leqslant\frac{Af(c)+Bf(d)}{A+B}\leqslant M,$$
由介值定理知，在 $[a,b]$ 上必存在一点 ξ，使 $\dfrac{Af(c)+Bf(d)}{A+B}=f(\xi)$，即
$$Af(c)+Bf(d)=(A+B)f(\xi).$$

评注　利用闭区间上连续函数的性质证明方程根的存在问题一般有以下两种方法.

（1）利用零点定理：首先作辅助函数，将要证明的等式中的 ξ 换成 x，得到相应的方程；其次通过移项，使方程一边为 0；最后将方程另一端的函数设为辅助函数.

（2）利用介值定理：首先从所要证明的等式中整理出连续函数 $f(x)$ 所需取得的值 C；其次说明 C 在 $f(x)$ 的相关区间的最大值与最小值之间；最后利用介值定理得到相

应结论.

10*. 用极限的定义证明极限

例 2.32* 利用定义证明下列数列极限.

(1) $\lim\limits_{n\to\infty}\left(1-\dfrac{1}{2^n}\right)=1$; (2) $\lim\limits_{n\to\infty}\dfrac{4n}{n+1}=4$.

证明 (1) 对于任给的 $\varepsilon>0$，要使 $\left|1-\dfrac{1}{2^n}-1\right|=\dfrac{1}{2^n}<\varepsilon$，只要 $2^n>\dfrac{1}{\varepsilon}$ 即可，两边取对数 $n\ln 2>\ln\dfrac{1}{\varepsilon}$，即 $n>-\dfrac{\ln\varepsilon}{\ln 2}$. 故对于任给的 $\varepsilon>0$（不妨设 $\varepsilon<1$），可取正整数 $N=\left[-\dfrac{\ln\varepsilon}{\ln 2}\right]$，当 $n>N$ 时，恒有 $\left|1-\dfrac{1}{2^n}-1\right|<\varepsilon$ 成立，即 $\lim\limits_{n\to\infty}\left(1-\dfrac{1}{2^n}\right)=1$.

(2) 由于 $\left|\dfrac{4n}{n+1}-4\right|=\dfrac{4}{n+1}$，先将它放大，再解不等式. 因此对任给的 $\varepsilon>0$，为使 $\left|\dfrac{4n}{n+1}-4\right|=\dfrac{4}{n+1}<\dfrac{4}{n}<\varepsilon$，只要 $n>\dfrac{4}{\varepsilon}$. 故取 $N=\left[\dfrac{4}{\varepsilon}\right]$，当 $n>N$ 时，$\left|\dfrac{4n}{n+1}-4\right|<\varepsilon$ 恒成立，即 $\lim\limits_{n\to\infty}\dfrac{4n}{n+1}=4$.

评注 用定义证明数列的极限时，关键是对任给的 $\varepsilon>0$，寻找 N，但不必找最小的 N，即 N 等于多少并不重要，重要的是是否存在 N. 找 N 的方法有两种，以 $\lim\limits_{n\to\infty}x_n=A$ 为例：

(1) 直接解不等式 $|x_n-A|<\varepsilon$，得 $n>\varphi(\varepsilon)$，取 $N\geqslant[\varphi(\varepsilon)]$（或 $N=[\varphi(\varepsilon)]$）.

(2) 将 $|x_n-A|$ 适当放大，即 $|x_n-A|\leqslant\cdots\leqslant g(n)$（其中 $g(n)$ 为一个较简单的无穷小量），然后解不等式 $g(n)<\varepsilon$，得 $n>\varphi(\varepsilon)$，取 $N\geqslant[\varphi(\varepsilon)]$（或 $N=[\varphi(\varepsilon)]$）.

例 2.33* 数列 $\{x_n\}$ 的一般项 $x_n=\dfrac{1}{n}\cos\dfrac{n\pi}{2}$，求 $\lim\limits_{n\to\infty}x_n$ 的值. 求出 N，使得当 $n>N$ 时，x_n 与其极限之差的绝对值小于正数 ε. 当 $\varepsilon=0.001$ 时，求出 N.

解 $\lim\limits_{n\to\infty}x_n=0$，对于 $\varepsilon=0.001$，由于 $|x_n-0|=\left|\dfrac{1}{n}\cos\dfrac{n\pi}{2}\right|\leqslant\dfrac{1}{n}$，所以只要 $\dfrac{1}{n}<\varepsilon=0.001$ 即可，即 $n>\dfrac{1}{\varepsilon}$，所以取 $N=\left[\dfrac{1}{\varepsilon}\right]=1000$，当 $n>1000$ 时，x_n 与 0 的差的绝对值小于 0.001.

例 2.34*（选择题） 设数列 x_n 与 y_n 满足 $\lim\limits_{n\to\infty}x_n y_n=0$，则（ ）.

A. 若 x_n 发散，则 y_n 必发散 B. 若 x_n 无界，则 y_n 必有界

C. 若 x_n 有界，则 y_n 必为无穷小 D. 若 $\dfrac{1}{x_n}$ 为无穷小，则 y_n 必为无穷小

解 运用排除法，若令 $x_n=n$，$y_n=\dfrac{1}{n^2}$，则排除 A.

若令 $x_n=\begin{cases}0,&n=2k+1\\n,&n=2k\end{cases}$，$y_n=\begin{cases}n,&n=2k+1\\0,&n=2k\end{cases}$，则排除 B.

若 C 成立,则显然有 $\lim\limits_{n\to\infty} x_n y_n = 0$,但反过来却未必成立. 例如,若取 $x_n = \dfrac{1}{n^2}$, $y_n = n$, 就有 $\lim\limits_{n\to\infty} x_n y_n = 0$,则排除 C.

综上所述应选 D,若 $\dfrac{1}{x_n}$ 为无穷小,事实上, $y_n = (x_n y_n) \cdot \dfrac{1}{x_n} \to 0\,(n\to\infty)$.

评注　解选择题切忌一一进行求证,应运用综合排除法、特殊值法、反证法等.

例 2.35* 　利用定义证明下列函数极限.

（1）$\lim\limits_{x\to 3} x^2 = 9$;　　　　　　　（2）$\lim\limits_{x\to +\infty} \dfrac{\sin x}{\sqrt{x}} = 0$.

证明　（1）考察 $\left| x^2 - 9 \right| = |x-3||x+3|$,在 $x\to 3$ 的过程中, x 只在 3 附近取值,故可限制 $|x-3| < 1$,于是 $2 < x < 4$, $|x+3| < 7$,因此 $\left| x^2 - 9 \right| = |x-3||x+3| < 7|x-3|$.

对于 $\forall \varepsilon > 0$,欲使 $\left| x^2 - 9 \right| < \varepsilon$,只要 $7|x-3| < \varepsilon$,即 $|x-3| < \dfrac{\varepsilon}{7}$,取

$\delta = \min\left\{ 1, \dfrac{\varepsilon}{7} \right\}$,当 $0 < |x-3| < \delta$ 时,有 $\left| x^2 - 9 \right| < \varepsilon$,所以 $\lim\limits_{x\to 3} x^2 = 9$.

（2）任给 $\varepsilon > 0$,要证 $\exists X > 0$,当 $|x| > X$ 时,有

$\left| \dfrac{\sin x}{\sqrt{x}} - 0 \right| \leqslant \dfrac{1}{\sqrt{x}} < \varepsilon$,只需 $x > \dfrac{1}{\varepsilon^2}$,取 $X = \dfrac{1}{\varepsilon}$,则对 $\forall \varepsilon > 0$,当 $x > X$ 时,有

$\left| \dfrac{\sin x}{\sqrt{x}} - 0 \right| < \varepsilon$,即 $\lim\limits_{x\to +\infty} \dfrac{\sin x}{\sqrt{x}} = 0$.

评注　证明 $\lim\limits_{x\to x_0} f(x) = A$（或 $\lim\limits_{x\to\infty} f(x) = A$）的关键在于,对于 $\forall \varepsilon > 0$,找相应的 $\delta > 0$（或 $X > 0$）,使得当 $0 < |x - x_0| < \delta$（或 $|x| > X$）时,不等式 $|f(x) - A| < \varepsilon$ 成立. 因此找 δ（或 X）时,一般从解 $|f(x) - A| < \varepsilon$ 入手,尽量将上述不等式转化为关于 $|x - x_0|$（或 $|x|$）的不等式,将 $|x - x_0|$（或 $|x|$）视为未知数来解. 注意切莫在解不等式 $|f(x) - A| < \varepsilon$ 的过程中,将 x 视为未知数来解,否则无法找到相应的 δ（或 X）.

在上述例 2.35（1）中,用了这样的手法:当 $x\to x_0$ 时,可将 x 限制在 x_0 的一个邻域内,即限制 x 满足 $|x - x_0| < r$ [在例2.35(1)中$r=1$],在此限制条件下,就可推出 $|f(x) - A| < c|x - x_0|$（其中 c 为某一确定的常数）,于是由 $c|x - x_0| < \varepsilon$,就可保证 $|f(x) - A| < \varepsilon$.

三、疑难问题解答

1. 为什么函数 $f(x)$ 在点 x_0 处的极限与函数在点 x_0 处的取值情况无关?

答　设函数 $f(x)$ 在点 x_0 处的极限为 A,即对 $\forall \varepsilon > 0$, $\exists \delta > 0$,当 $0 < |x - x_0| < \delta$ 时, $|f(x) - A| < \varepsilon$.

显然,满足不等式 $|f(x) - A| < \varepsilon$ 的 $x \in (x_0 - \delta, x_0 + \delta) - \{x_0\}$. 说明 $f(x)$ 在点 x_0 处的

极限与函数 $f(x)$ 在点 x_0 处的取值无关. 这是因为很多函数 $f(x)$ 在点 x_0 处有极限, 而函数 $f(x)$ 在点 x_0 处却没有定义. 例如, 函数 $f(x)=\dfrac{\sin x}{x}$ 在点 $x=0$ 处存在极限（极限为 1）, 而函数 $f(x)=\dfrac{\sin x}{x}$ 在点 $x=0$ 处却没有定义. 虽然有的函数 $f(x)$ 在点 x_0 处有定义, 但函数 $f(x)$ 在点 x_0 处的极限也与函数值 $f(x_0)$ 无关. 例如, 函数 $f(x)=\begin{cases}\dfrac{2x^2-2}{x-1}, & x\neq 1 \\ 8, & x=1\end{cases}$ 在点 $x=1$ 处的极限是 4, 而 $f(1)=8$. 如果讨论函数 $f(x)$ 在点 x_0 处的极限, 同时又考虑函数 $f(x)$ 在点 x_0 处的函数值, 那么, $f(x)$ 在点 x_0 处的极限 A 与 $f(x_0)$ 的关系只有两种情况: 一是 $A=f(x_0)$; 二是 $A\neq f(x_0)$. 这两种情况正是连续与不连续问题.

2. 为什么极限 $\lim\limits_{x\to 0}\dfrac{\sin x}{x}=1$ 与 $\lim\limits_{x\to\infty}\left(1+\dfrac{1}{x}\right)^x=\mathrm{e}$ 称为两个重要极限?

答　学完一元函数微分学之后, 我们将会知道, 导数运算是微积分中最基本、最重要的运算. 而导数运算的基础是基本初等函数的导数公式. 其中求三角函数 $y=\sin x$ 的导数公式必须使用极限 $\lim\limits_{x\to 0}\dfrac{\sin x}{x}=1$, 求对数函数 $y=\log_a x$ 的导数公式必须使用 $\lim\limits_{x\to\infty}\left(1+\dfrac{1}{x}\right)^x=\lim\limits_{y\to 0}(1+y)^{\frac{1}{y}}=\mathrm{e}$. 因为这两个极限在求这两个初等超越函数的导数时是不可缺少的, 所以通常把这两个极限称为重要极限.

3. 怎样证明数列发散?

答　证明数列 $\{x_n\}$ 发散的常用方法有两种:

（1）找出 $\{x_n\}$ 的两个有不同极限的子列;

（2）找出 $\{x_n\}$ 的一个发散子列.

例如, 数列 $\{x_n\}=\left\{3^{n(-1)^n}\right\}$ 是发散的, 这是因为子列 $x_{2k}=3^{2k}\to\infty(k\to\infty)$, 所以数列 $\{x_n\}$ 为发散数列.

再如, 数列 $\{x_n\}=\left\{\cos\dfrac{n\pi}{4}\right\}$ 是发散的, 这是因为子列 $x_{8k}=\cos 2k\pi=1\to 1(k\to\infty)$, 而子列 $x_{8k+2}=\cos\left(2k+\dfrac{1}{2}\right)\pi=0\to 0(k\to\infty)$.

4. 讨论无穷小有什么意义?

答　我们知道, 极限在微积分中处于十分重要的地位, 任何类型的极限都可以归结为无穷小. 例如, 数列极限 $\lim\limits_{n\to\infty}a_n=a$ 可归结为 $\{a_n-a\}$ 是 $n\to\infty$ 时的无穷小, 函数极限 $\lim\limits_{\substack{x\to x_0\\(x\to\infty)}}f(x)=A$ 可归结为 $f(x)-A$ 是 $x\to x_0$（或 $x\to x_0$）时的无穷小, 等等. 因此, 极限的方法实质就是无穷小的方法.

无穷小不仅能表达极限, 而且本身也很有用. 例如, 后面将要学习的导数就是两个无穷小之比的极限；定积分就是无穷多个无穷小之和；常数项级数的敛散性就取决于该常数项级数的一般项是否是无穷小，如果是无穷小，还要看它趋近于 0 的速度. 由此可见，在高等数学中，无穷小与极限占有同等重要的地位.

5. 无穷大与无界函数的区别与联系如何？

答　它们之间的区别如下：

（1）无穷大是指在自变量某种变化趋势下，对应的函数值的变化趋势（其绝对值无限增大），即无穷大与自变量的"趋向"相联系；而无界函数是指自变量在某一范围内变化时，对应函数值的变化情况，即无界函数与自变量的变化"范围"相联系.

（2）无穷大定义中的不等式 $|f(x)|>M$，要求适合不等式 $0<|x-x_0|<\delta$ 或 $|x|>X$ 的"一切" x 满足即可. 例如，我们说 $f(x)=\dfrac{1}{x}\sin\dfrac{1}{x}$ 在区间 $(0,1]$ 上无界，而说 $g(x)=\dfrac{1}{x}$ 当 $x\to 0$ 时为无穷大.

它们之间的联系如下：如果 $f(x)$ 是当 $x\to x_0$ 时的无穷大，则 $f(x)$ 在以 x_0 为端点（不包含 x_0）的某区间内无界；但反过来，当 $f(x)$ 无界时，$f(x)$ 却不一定是无穷大. 例如，$f(x)=\dfrac{1}{x}\sin\dfrac{1}{x}$ 在区间 $(0,1]$ 上无界，但 $f(x)=\dfrac{1}{x}\sin\dfrac{1}{x}$ 当 $x\to 0^+$ 时却不是无穷大.

6. 回答下面两个问题：

（1）若 $f(x)$ 在 $(-\infty,+\infty)$ 内有定义，是否至少存在一点 x_0，使 $f(x)$ 在点 x_0 处连续？

（2）若 $f(x)$ 在点 x_0 处连续，是否存在 x_0 的某邻域，使其在该邻域内连续？

答　（1）不一定存在，考虑狄利克雷函数

$$D(x)=\begin{cases}1,&x\in Q\\0,&x\notin Q\end{cases},$$

$D(x)$ 在 $(-\infty,+\infty)$ 内有定义，对于任意的 $x_0\in(-\infty,+\infty)$，当点 x 沿着有理点列 $q_n\to x_0$ 时，有 $\lim\limits_{q_n\to x_0}D(q_n)=\lim\limits_{q_n\to x_0}1=1$；当点 x 沿着无理点列 $p_n\to x_0$ 时，有 $\lim\limits_{p_n\to x_0}D(p_n)=\lim\limits_{p_n\to x_0}0=0$. 这说明 $\lim\limits_{x\to x_0}D(x)$ 不存在，因此 $D(x)$ 在点 x_0 处不连续. 由点 x_0 的任意性可知，狄利克雷函数在其定义域 $(-\infty,+\infty)$ 内任何点处都不连续.

（2）不一定存在，考虑函数

$$f(x)=\begin{cases}x,&x\subset Q\\0,&x\notin Q\end{cases},$$

此函数仅在点 $x=0$ 处连续，任何一个点 $x_0(\neq 0)$ 都是函数 $f(x)$ 的间断点.

7. 为什么不说初等函数在其定义域内连续，而说在定义区间内连续？

答　基本初等函数在其定义域内是连续的，初等函数在其定义区间内是连续的，但初等函数在定义域的某些点处却不一定连续. 定义区间与定义域有所不同，定义区间是包含于定义域内的区间，定义域不一定是区间，可能包含孤立点. 例如，初等函数 $f(x)=\sqrt{\cos x-1}$ 的定义域 $\{x|x=2k\pi,k\in\mathbf{Z}\}$ 中的每个点都是孤立点，由于函数在定义域的孤立点的邻近没有定义，不具备讨论函数连续性的前提条件，也就谈不上函数在该点处连续.

四、同步训练题

2.1 数列的极限与性质

1. 选择题.

（1）数列有界是数列收敛的（　　）.

    A. 充分条件　　　　　　　　　　B. 必要条件

    C. 充分必要条件　　　　　　　　D. 既非充分又非必要条件

（2）下列数列 $\{x_n\}$ 中，极限不存在的是（　　）.

    A. $x_n = (-1)^n n$ 　　　B. $x_n = (-1)^n \dfrac{1}{n}$ 　　　C. $x_n = 2 + \dfrac{1}{n^2}$ 　　　D. $x_n = \dfrac{1}{3^n}$

（3）$\lim\limits_{n \to \infty} \dfrac{2n^2 - 1}{2n^2 - n + 1} = $（　　）.

    A. 1　　　　　　B. -1　　　　　　C. -2　　　　　　D. 2

（4）$\lim\limits_{n \to \infty} \dfrac{1 + \dfrac{1}{2} + \dfrac{1}{4} + \cdots + \dfrac{1}{2^n}}{1 + \dfrac{1}{3} + \dfrac{1}{9} + \cdots + \dfrac{1}{3^n}} = $（　　）.

    A. 1　　　　　　B. $\dfrac{3}{5}$　　　　　　C. $\dfrac{4}{3}$　　　　　　D. ∞

（5）若 $\lim\limits_{n \to \infty} x_{2n-1} = a, \ \lim\limits_{n \to \infty} x_{2n} = a$，则 $\lim\limits_{n \to \infty} x_n = $（　　）.

    A. 不确定　　　　B. $-a$　　　　C. $2a$　　　　D. a

2*. 根据数列极限的定义，证明 $\lim\limits_{n \to \infty} \dfrac{2n + 3}{2n + 1} = 1$.

3. 求 $\lim\limits_{n \to \infty} \left(\dfrac{1}{3} + \dfrac{1}{15} + \cdots + \dfrac{1}{4n^2 - 1} \right)$.

2.2 函数的极限与性质

1. 选择题.

（1）设 $f(x) = \begin{cases} x, & x \geq 0 \\ -x + 1, & x < 0 \end{cases}$，则 $\lim\limits_{x \to 0} f(x)$ 的值为（　　）.

    A. 1　　　　　　B. 不存在　　　　C. -1　　　　D. 0

（2）$f(x)$ 在点 $x = x_0$ 处有定义是 $\lim\limits_{x \to x_0} f(x)$ 存在的（　　）.

    A. 充分条件但非必要条件　　　　B. 必要条件但非充分条件

    C. 充分必要条件　　　　　　　　D. 既非充分条件也非必要条件

（3）$\lim\limits_{x \to +\infty} \dfrac{e^x + 4e^{-x}}{3e^x + 2e^{-x}} = $（　　）.

A. $\dfrac{1}{3}$ B. 2   C. 1   D. 不存在

（4）设 $f(x) = \begin{cases} \dfrac{1}{x^2}, & x < 0 \\ 0, & x = 0 \\ x^2 - 2x, & 0 < x \leqslant 2 \\ 3x - 6, & 2 < x \end{cases}$ ，则下列说法正确的有（　　）个.

① $\lim\limits_{x \to 0} f(x)$ 不存在；② $\lim\limits_{x \to 2} f(x) = 0$ ；③ $\lim\limits_{x \to -\infty} f(x) = 0$ ；④ $\lim\limits_{x \to +\infty} f(x) = +\infty$.

     A. 4   B. 3   C. 2   D. 1

（5）设函数 $f(x) = \begin{cases} e^x - 2, & x > 0 \\ 1, & x = 0 \\ x - \cos x, & x < 0 \end{cases}$ ，则 $\lim\limits_{x \to 0} f(x) = $（　　）.

     A. 1   B. 0   C. −1   D. 不存在

2. 填空题.

（1）$\lim\limits_{x \to 1^+} \dfrac{|x-1|}{x-1} = $ _____，$\lim\limits_{x \to 1^-} \dfrac{|x-1|}{x-1} = $ _____.

（2）设 $f(x) = \begin{cases} e^x + \cos x, & x \geqslant 0 \\ x + 2, & x < 0 \end{cases}$ ，则 $\lim\limits_{x \to 0} f(x) = $ _____.

（3）设函数 $f(x) = \dfrac{3x + |x|}{5x - 3|x|}$ ，$\lim\limits_{x \to 0^+} f(x) = $ _____，$\lim\limits_{x \to 0^-} f(x) = $ _____，$\lim\limits_{x \to 0} f(x)$ _____.

（4）$\lim\limits_{x \to -\infty} \arctan x = $ _____，$\lim\limits_{x \to +\infty} \arctan x = $ _____.

（5）$\lim\limits_{x \to -\infty} \text{arc}\cot x = $ _____，$\lim\limits_{x \to +\infty} \text{arc}\cot x = $ _____.

3^*. 根据函数极限的定义证明下列极限.

（1）$\lim\limits_{x \to -2} \dfrac{x^2 - 4}{x + 2} = -4$ ；   （2）$\lim\limits_{x \to +\infty} \dfrac{1 + x^2}{2x^2} = \dfrac{1}{2}$.

4^*. 求下列极限.

（1）$\lim\limits_{x \to 0} \left(\dfrac{3 + e^{\frac{1}{x}}}{1 + e^{\frac{2}{x}}} + \dfrac{x}{|x|} \right)$ ；   （2）$\lim\limits_{x \to 1} \dfrac{x^2 - 1}{|x - 1|} \arctan \dfrac{1}{x - 1}$.

2.3 无穷小量与无穷大量

1. 选择题.

（1）$\lim\limits_{x \to 0} \tan x \cdot \arctan \dfrac{1}{x} = $（　　）.

A. 1　　　　　　B. $\dfrac{\pi}{2}$　　　　　　C. 0　　　　　　D. $-\dfrac{\pi}{2}$

（2）当 $x\to 0$ 时，下面说法错误的是（　　）.

A. $\arcsin x$ 是无穷小　　　　　B. $\tan x$ 是无穷小

C. $\dfrac{1}{x}$ 是无穷大　　　　　D. $\sin\dfrac{1}{x}$ 是无穷大

（3）下列变量为无穷大量的是（　　）.

A. $\dfrac{x+1}{x^2-4}(x\to 2)$　　　　　B. $\dfrac{1+(-1)^n}{n}(n\to\infty)$

C. $\dfrac{\sin x}{1+\cos x}(x\to 0)$　　　　　D. $\arctan x\,(x\to\infty)$

（4）$\lim\limits_{x\to 1}\dfrac{x^2+1}{\ln x}=$（　　）.

A. 0　　　　　　B. ∞　　　　　　C. 1　　　　　　D. $\dfrac{\pi}{2}$

（5）设当 $x\to x_0$ 时，$\alpha(x),\beta(x)$ 都是无穷小（$\beta(x)\neq 0$），则当 $x\to x_0$ 时，下列表达式中，不一定是无穷小的是（　　）.

A. $\dfrac{\alpha^2(x)}{\beta(x)}$　　　　　B. $\alpha^2(x)+\beta^3(x)$

C. $\ln[1+\alpha(x)\beta(x)]$　　　　　D. $|\alpha(x)|+|\beta(x)|$

2. 下列函数在指定的变化趋势下是无穷小量还是无穷大量？

（1）$\ln x\ (x\to 1)$ 及 $(x\to 0^+)$；　　　（2）$x\left(\sin\dfrac{1}{x}+2\right)(x\to 0)$.

3^*. 设 $f(x)=\dfrac{x-1}{\ln|x|}$，试确定 a,b 的值，使得当 $x\to a$ 时，$f(x)$ 为无穷小；当 $x\to b$ 时，$f(x)$ 为无穷大.

2.4　极限的运算法则

1. 选择题.

（1）若 $\lim\limits_{x\to -1}\dfrac{x^3+ax+4}{x+1}=l$，则（　　）.

A. $a=6,l=3$　　　　　B. $a=-6,l=3$

C. $a=3,l=6$　　　　　D. $a=3,l=-6$

（2）$\lim\limits_{x\to\infty}\left(\dfrac{x^3}{x^2+1}-\dfrac{x^2}{x-1}\right)=$（　　）.

A. 0　　　　　B. -1　　　　　C. 1　　　　　D. ∞

（3）$\lim\limits_{x\to\infty}\dfrac{\sqrt[3]{8x^3+6x^2+5x+1}}{3x-2}=$（　　）.

A. $\dfrac{2}{3}$　　　　　　　B. $\dfrac{3}{2}$　　　　　　　C. 1　　　　　　　D. -1

（4）下列命题中，正确的是（　　　）.

A. 若 $\lim\limits_{x\to x_0}[f(x)+g(x)]$ 存在，则 $\lim\limits_{x\to x_0}[f(x)+g(x)]=\lim\limits_{x\to x_0}f(x)+\lim\limits_{x\to x_0}g(x)$

B. 若 $\lim\limits_{x\to x_0}f(x)\cdot g(x)$ 存在，则 $\lim\limits_{x\to x_0}f(x)\cdot g(x)=\lim\limits_{x\to x_0}f(x)\cdot\lim\limits_{x\to x_0}g(x)$

C. 若 $\lim\limits_{x\to x_0}f(x)\cdot g(x)$ 与 $\lim\limits_{x\to x_0}f(x)$ 都存在，则 $\lim\limits_{x\to x_0}g(x)$ 存在

D. 若 $\lim\limits_{x\to x_0}[f(x)+g(x)]$ 与 $\lim\limits_{x\to x_0}f(x)$ 都存在，则 $\lim\limits_{x\to x_0}g(x)$ 存在

（5）$\lim\limits_{n\to\infty}\left(\sqrt{n+3\sqrt{n}}-\sqrt{n-\sqrt{n}}\right)=$（　　　）.

A. 1　　　　　　　B. 2　　　　　　　C. 3　　　　　　　D. 4

2. 填空题.

（1）$\lim\limits_{x\to+\infty}\dfrac{\cos x}{\mathrm{e}^{x}+\mathrm{e}^{-x}}=$ _____ .

（2）$\lim\limits_{x\to\infty}\left(2+\dfrac{1}{x}\right)\left(1-\dfrac{1}{x^{3}}\right)=$ _____ .

（3）$\lim\limits_{x\to 0}\dfrac{2x}{\sqrt{x+5}-\sqrt{5}}=$ _____ .

（4）$\lim\limits_{x\to 4}\dfrac{\sqrt{2x+1}-3}{\sqrt{x-2}-\sqrt{2}}=$ _____ .

（5）$\lim\limits_{x\to\infty}\dfrac{(2-x)^{3}(3+x)^{5}}{(6-x)^{8}}=$ _____ .

3. 计算下列极限.

（1）$\lim\limits_{x\to 2}\dfrac{\sqrt{5x-1}-\sqrt{2x+5}}{x^{2}-4}$;　　　　　（2）$\lim\limits_{x\to 1}\dfrac{x^{2}-3x+2}{x^{2}+x-2}$;

（3）$\lim\limits_{x\to 0}\sin x\cdot\sqrt{1+\sin\dfrac{1}{x}}$;　　　　　（4）$\lim\limits_{x\to+\infty}\left(\sqrt{x^{2}+3x}-\sqrt{x^{2}-2x}\right)$;

（5）$\lim\limits_{x\to+\infty}\dfrac{\sqrt{x+\sqrt{x+\sqrt{x}}}}{\sqrt{2x+1}}$;　　　　　（6）$\lim\limits_{n\to\infty}\dfrac{2^{n}+4^{n+1}}{3^{n}+4^{n}}$.

4. 设 $\lim\limits_{x\to 1}\dfrac{x^{3}+ax^{2}+x+b}{x^{2}-1}=3$ ，求 a,b .

5*. 求下列极限.

（1）$\lim\limits_{x\to 0}\dfrac{\sqrt{1+x}+\sqrt{1-x}-2}{x^{2}}$;　　　　　（2）$\lim\limits_{x\to-\infty}\dfrac{\sqrt{4x^{2}+x-1}+x+1}{\sqrt{x^{2}+\sin x}}$.

2.5 极限存在准则及两个重要极限

1. 选择题.

（1）下列极限中，极限值为 0 的是（　　　）.

A. $\lim\limits_{x \to 0} \dfrac{\arctan x}{x}$

B. $\lim\limits_{x \to 0} \dfrac{2\sin x + 3\cos x}{x}$

C. $\lim\limits_{x \to \infty} x \sin \dfrac{1}{x}$

D. $\lim\limits_{x \to \infty} \dfrac{\sin x}{x}$

（2）$\lim\limits_{x \to 0} \dfrac{x - \sin x}{x + \sin x} = $（　　　）.

　　A. 0　　　　　　　　B. -1　　　　　　　　C. 1　　　　　　　D. 无法判断

（3）$\lim\limits_{x \to 0}\left(\dfrac{1}{x}\sin x - x \sin \dfrac{1}{x} \right) = $（　　　）.

　　A. -1　　　　　　　B. 1　　　　　　　　C. 0　　　　　　　D. 不存在

（4）设 $ab \neq 0$，则 $\lim\limits_{x \to 0}\left(1 + \dfrac{x}{a} \right)^{\frac{b}{x}} = $（　　　）.

　　A. 1　　　　　　　B. $\ln \dfrac{b}{a}$　　　　　　C. $\mathrm{e}^{\frac{b}{a}}$　　　　　　D. $\dfrac{b\mathrm{e}}{a}$

（5）下列各式中，正确的是（　　　）.

A. $\lim\limits_{x \to \infty} \dfrac{\sin x}{x} = 1$

B. $\lim\limits_{x \to \infty}\left(1 - \dfrac{1}{x} \right)^{x} = -\mathrm{e}$

C. $\lim\limits_{x \to \infty}(1 + x)^{\frac{1}{x}} = \mathrm{e}$

D. $\lim\limits_{x \to \infty} x \sin \dfrac{1}{x} = 1$

2. 填空题.

（1）$c \neq 0$，$\lim\limits_{x \to 0} \dfrac{\sin ax - \sin bx}{\sin cx} = $_____.

（2）$\lim\limits_{x \to 0}\left(\dfrac{1-x}{1+2x} \right)^{\frac{1}{x}} = $_____.

（3）$\lim\limits_{n \to \infty}(1 + 2^n + 3^n)^{\frac{1}{n}} = $_____.

（4）$\lim\limits_{x \to 0}(1 + 2x\mathrm{e}^x)^{\frac{1}{x}} = $_____.

（5）$\lim\limits_{n \to \infty}\left(\dfrac{2+n}{n} \right)^{n} = $_____.

3. 计算下列极限.

（1）$\lim\limits_{n \to \infty}\left(\dfrac{3n^2 - 2}{3n^2 + 4} \right)^{n(n+1)}$；

（2）$\lim\limits_{x \to 0} \dfrac{x}{\sin \sin x}$；

（3）$\lim\limits_{n \to \infty} 2^n \sin \dfrac{\pi}{2^{n-1}}$；

（4）$\lim\limits_{x \to \infty}\left(1 - \dfrac{1}{x^2} \right)^{3x}$；

（5）$\lim\limits_{x\to\infty}\left(\dfrac{2x^2-x+1}{2x^2+x-1}\right)^x$; 　　　　（6）$\lim\limits_{x\to0}\dfrac{\sqrt{1+x}-\sqrt{1-x}}{\sin 3x}$;

（7）$\lim\limits_{x\to0}\dfrac{\sin 3x+x^2\sin\dfrac{1}{x}}{(1+\cos x)x}$; 　　　　（8）$\lim\limits_{x\to0}\dfrac{\tan 3x+2x}{\sin 2x+3x}$.

4. 利用夹逼准则证明下列极限.

（1）$\lim\limits_{n\to\infty}\left(\dfrac{n+1}{n^2+1}+\dfrac{n+2}{n^2+2}+\cdots+\dfrac{n+n}{n^2+n}\right)=\dfrac{3}{2}$;

（2）$\lim\limits_{n\to\infty}\dfrac{\sqrt[3]{n^2}\sin n!}{n+1}=0$.

5*. 利用单调有界准则证明：数列 $\{x_n\}$ 收敛，并求其极限.

（1）设 $x_1=1$ ，$x_{n+1}=1+\dfrac{x_n}{1+x_n}$ ，$n=1,2,3,\cdots$.

（2）设 $0<x_1<1$ ，$x_{n+1}=2x_n-x_n^2$ ，$n=1,2,\cdots$.

2.6 无穷小的比较

1. 选择题.

（1）当 $x\to0$ 时，无穷小量 $2\sin x(1-\cos x)$ 与 mx^n 等价，其中 m,n 为常数，则 $(m,n)=$
（　　）.

      A. $(2,3)$　　　　B. $(3,2)$　　　　C. $(1,3)$　　　　D. $(3,1)$

（2）设 $f(x)=\begin{cases}\dfrac{\sqrt{1+bx}-1}{x}, & x\neq0 \\ a, & x=0\end{cases}$ ，且 $\lim\limits_{x\to0}f(x)=3$ ，则（　　）.

      A. $b=3$ ，$a=3$　　　　　　　　B. $b=3$ ，$a=6$

      C. $b=3$ ，a 可取任意实数　　　　D. $b=6$ ，a 可取任意实数

（3）已知 $\lim\limits_{x\to0}\dfrac{\sin kx}{x(x+1)}=-3$ ，则 $k=$（　　）.

      A. 0　　　　　　B. 1　　　　　　C. 2　　　　　　D. -3

（4）$\lim\limits_{x\to0}\dfrac{\sqrt{1+\tan x}-\sqrt{1-\tan x}}{\sqrt{1+2x}-1}=$（　　）.

      A. 1　　　　　　B. 0　　　　　　C. $\dfrac{1}{2}$　　　　　　D. ∞

（5）已知 $\lim\limits_{x\to0}\dfrac{a-\cos x}{x\sin x}=\dfrac{1}{2}$ ，则 $a=$（　　）.

      A. -1　　　　　　B. 1　　　　　　C. $-\dfrac{1}{2}$　　　　　　D. 2

2. 填空题.

（1）已知当 $x\to0$ 时，$\sqrt{1+ax^2}-1$ 与 $\sin^2 x$ 是等价无穷小，则 $a=$＿＿＿＿＿＿ .

（2）当 $x \to 0$ 时，函数 $\alpha(x) = 3x^3 + x^2 \arctan \dfrac{1}{x}$ 是 x 的_____无穷小；函数 $\beta(x) =$ $\tan x + \arcsin x$ 是 x 的_____无穷小；函数 $\gamma(x) = 3\left(1 - \sqrt[3]{1-x}\right)$ 是 x 的_____无穷小.

（3）设当 $x \to 0$ 时，$\lim\limits_{x \to 0} \dfrac{(1+x)(1+2x)(1+3x) + a}{x} = 6$，则 $a = $_____.

（4）已知 $\lim\limits_{x \to 0} \dfrac{\sqrt{1 + f(x)\sin x} - 1}{\arctan x} = A$，则 $\lim\limits_{x \to 0} f(x) = $_____.

（5）$\lim\limits_{x \to \infty} x^2 \left(1 - \cos \dfrac{1}{x}\right) = $_____.

3. 计算下列各极限.

（1）$\lim\limits_{x \to 0} \dfrac{\arcsin 3x}{\sqrt{1-x} - 1}$；

（2）$\lim\limits_{x \to 0} \dfrac{1 - \cos(1 - \cos x)}{\sin x^2 \ln(1 + x^2)}$；

（3）$\lim\limits_{x \to 0} \dfrac{\sin x - \tan x}{\left(\sqrt[3]{1 + x^2} - 1\right)\left(\sqrt{1 + \sin x} - 1\right)}$；

（4）$\lim\limits_{x \to \infty} \dfrac{3x^2 - 5}{x} \sin \dfrac{1}{2x}$.

4*. 试确定 a, b 的值，使 $\lim\limits_{x \to +\infty} \left[\sqrt{4x^2 + 4x + 7} - (ax + b)\right] = 0$，并求 $\lim\limits_{x \to +\infty} x \left[\sqrt{4x^2 + 4x + 7} - (ax + b)\right]$.

2.7　连续函数

1. 选择题.

（1）下列函数在点 $x = 0$ 处不连续的为（　　　）.

　　A. $f(x) = |x|$

　　B. $f(x) = \begin{cases} \left|\dfrac{\sin x}{x}\right|, & x \neq 0 \\ 1, & x = 0 \end{cases}$

　　C. $f(x) = \begin{cases} \dfrac{\sin x}{x}, & x \neq 0 \\ 1, & x = 0 \end{cases}$

　　D. $f(x) = \begin{cases} \dfrac{\sin x}{x}, & x > 0 \\ \cos x, & x < 0 \end{cases}$

（2）函数 $f(x) = \begin{cases} \mathrm{e}^x + \cos x, & x < 0 \\ 2a + x^2, & x \geqslant 0 \end{cases}$ 在点 $x = 0$ 处连续，则 $a = $（　　　）.

　　A. 2　　　　　　　B. 1　　　　　　　C. $\dfrac{1}{2}$　　　　　　　D. $-\dfrac{1}{2}$

（3）函数 $f(x) = x \cos \dfrac{2}{x} + x^2$，则点 $x = 0$ 是 $f(x)$ 的（　　　）.

　　A. 连续点　　　B. 可去间断点　　　C. 无穷间断点　　　D. 震荡间断点

（4）函数 $f(x) = \dfrac{x^2 - 1}{x(x - 1)}$，则 $f(x)$ 间断点的类型为（　　　）.

　　A. $x = 0$，$x = 1$ 都是第一类间断点

　　B. $x = 0$，$x = 1$ 都是第二类间断点

　　　C. $x=1$ 是第一类间断点，$x=0$ 是第二类间断点

　　　D. $x=0$ 是第一类间断点，$x=1$ 是第二类间断点

（5）设函数 $f(x)=x^2-2x+3$ 在 $[0,3]$ 上的最小值为 m 和最大值为 M，则数组 (m,M) 可以表示为（　　）.

　　　A. $(2,6)$　　　　　　B. $(3,6)$　　　　　　C. $(2,8)$　　　　　　D. $(3,8)$

2. 证明方程 $\sin x - x = 1$ 至少有一个根介于 -2 和 2 之间.

3. 设 $f(x)=\begin{cases}2x-x^2, & x<0 \\ \dfrac{1}{x-1}, & x\geqslant 0, x\neq 1\end{cases}$，求 $f(x)$ 的连续区间，若有间断点，判定其间断点的类型.

4*. 设函数 $f(x)=\begin{cases}\dfrac{\sin ax}{2x}, & x>0 \\ b+1, & x=0 \\ (1-2x)^{\frac{1}{x}}, & x<0\end{cases}$，求 a,b，使 $f(x)$ 在点 $x=0$ 处连续.

五、自测题

1. 选择题（每题 3 分，共 15 分）.

（1）$\lim\limits_{x\to 0^+}\dfrac{1-\cos\sqrt{x}}{x}=$（　　）.

　　　A. 0　　　　　　　B. $\dfrac{1}{2}$　　　　　　C. 1　　　　　　　D. $-\dfrac{1}{2}$

（2）下列变量是无穷大量的是（　　）.

　　　A. $\dfrac{x}{x^2-1}(x\to 1)$　　　　　　　　　B. $\dfrac{1+(-1)^n}{n}(n\to\infty)$

　　　C. $(1+x)^{\frac{1}{x}}(x\to 0)$　　　　　　　　　D. $\dfrac{\sin x}{x}(x\to 0)$

（3）设函数 $f(x)=\begin{cases}\dfrac{\sqrt{1+x\sin x}-1}{\ln(1+kx^2)}, & x\neq 0 \\ 2, & x=0\end{cases}$ 在点 $x=0$ 处连续，则 $k=$（　　）.

　　　A. $\dfrac{1}{4}$　　　　　　B. $\dfrac{1}{2}$　　　　　　C. 2　　　　　　　D. 4

（4）设 $f(x)=\dfrac{x^2-1}{\left(x-\dfrac{1}{2}\right)(x+1)(x-2)}$，则该函数的间断点的个数为（　　）个.

　　　A. 1　　　　　　　B. 2　　　　　　　C. 3　　　　　　　D. 0

（5）已知 $\lim\limits_{x \to 1} \dfrac{x^2 + ax + 6}{1 - x} = 5$，则 a 的值为（ ）.

    A．7   B．–7   C．2   D．–2

2. 填空题（每题 3 分，共 15 分）.

（1）函数 $f(x) = \dfrac{x^3 + 3x^2 - x - 3}{x^2 + x - 6}$ 的连续区间为_____，且

$\lim\limits_{x \to 0} f(x) = $ _____，$\lim\limits_{x \to -3} f(x) = $ _____．

（2）$\lim\limits_{n \to \infty} \left(\sqrt{n^2 + 3n + 1} - n - 1 \right) = $ _____．

（3）$\lim\limits_{x \to 0} (1 + x)^{\cot x} = $ _____．

（4）设 $x \to 0$ 时，$f(x) = \ln(1 + ax^2)$ 与 $g(x) = \sin^2 2x$ 是等价无穷小，则 $a = $ _____．

（5）$\lim\limits_{x \to 0} \dfrac{x^2 \sin \dfrac{2}{x}}{\tan x} = $ _____．

3. 解答题（每题 6 分，共 30 分）.

（1）求 $\lim\limits_{x \to \infty} \left(\dfrac{2x - 1}{2x + 1} \right)^{2x}$．

（2）求 $\lim\limits_{x \to 0} \dfrac{\sqrt{1 + \tan x} - \sqrt{\sin x + 1}}{x^3}$．

（3）用夹逼准则求数列的极限：$\lim\limits_{n \to \infty} \dfrac{2^n}{n!}$．

（4）设 $\alpha(x) = (1 + cx^2)^{\frac{3}{2}} - 1$，$\beta(x) = 1 - \cos x$，若当 $x \to 0$ 时，$\alpha(x) \sim \beta(x)$，求 c 的值.

（5）求函数 $f(x) = \dfrac{x^2 - 4}{x^3 - 3x^2 + 2x}$ 的间断点，并指出间断点的类型.

4. 分析题（每题 10 分，共 30 分）.

（1）设函数 $f(x) = \dfrac{px^2 - 2}{x^2 + 1} - 3qx - 5$，当 $x \to \infty$ 时，p, q 取何值 $f(x)$ 为无穷大量？p, q 取何值 $f(x)$ 为无穷小量？

（2）设 $f(x) = \begin{cases} e^{x-2}, & x < 2 \\ k, & x = 2 \\ ax + 4, & x > 2 \end{cases}$，

① a 为何值时，$f(x)$ 在点 $x=2$ 处的极限存在？

② k 为何值时，$f(x)$ 在点 $x=2$ 处连续？

（3）已知 $\lim\limits_{x \to 0} \dfrac{\sqrt{1 + f(x)\ln(1 - 2x)} - 1}{e^{2x} - 1} = 2$，求 $\lim\limits_{x \to 0} f(x)$．

5. 证明题（10 分）.

设函数 $f(x)$ 在闭区间 $[0,1]$ 上连续，并且对于任意 $x \in [0,1]$，有 $0 \leqslant f(x) \leqslant 1$. 试证存在 $\xi \in [0,1]$，使得 $f(\xi) = \xi$．

六、参考答案与提示

2.1　数列的极限与性质

1.（1）B；　（2）A；　（3）A；　（4）C；　（5）D.

2*. 略.

3. $\dfrac{1}{2}$. 提示：

$$\lim_{n\to\infty}\sum_{k=1}^{n}\frac{1}{4k^2-1}=\frac{1}{2}\lim_{n\to\infty}\sum_{k=1}^{n}\left(\frac{1}{4k-1}-\frac{1}{4k+1}\right)=\frac{1}{2}\lim_{n\to\infty}\left(1-\frac{1}{3}+\frac{1}{3}-\frac{1}{5}+\cdots+\frac{1}{4n-1}-\frac{1}{4n+1}\right)$$

$$=\frac{1}{2}\lim_{n\to\infty}\left(1-\frac{1}{4n+1}\right)=\frac{1}{2}.$$

2.2　函数的极限与性质

1.（1）B；　（2）D；　（3）A；　（4）A；　（5）C.

2.（1）$1,\ -1$；　（2）2；　（3）$2,\ \dfrac{1}{4}$，不存在；　（4）$-\dfrac{\pi}{2},\ \dfrac{\pi}{2}$；　（5）$\pi,0$.

3*. 证明略.

4*.（1）2. 提示：$\displaystyle\lim_{x\to0^+}\left(\frac{3+\mathrm{e}^{\frac{1}{x}}}{1+\mathrm{e}^{\frac{1}{x}}}+\frac{x}{|x|}\right)=\lim_{x\to0^+}\left(\frac{3\mathrm{e}^{-\frac{1}{x}}+1}{\mathrm{e}^{-\frac{1}{x}}+1}+\frac{x}{x}\right)=1+1=2$；

$$\lim_{x\to0^-}\left(\frac{3+\mathrm{e}^{\frac{1}{x}}}{1+\mathrm{e}^{\frac{1}{x}}}+\frac{x}{|x|}\right)=\lim_{x\to0^-}\left(\frac{3+\mathrm{e}^{\frac{1}{x}}}{1+\mathrm{e}^{\frac{1}{x}}}-\frac{x}{x}\right)=3-1=2 ;$$

（2）$\dfrac{\pi}{2}$. 提示：$\displaystyle\lim_{x\to1^+}\frac{x^2-1}{|x-1|}\arctan\frac{1}{x-1}=\lim_{x\to1^+}(x+1)\arctan\frac{1}{x-1}=\frac{\pi}{2}$；

$$\lim_{x\to1^-}\frac{x^2-1}{|x-1|}\arctan\frac{1}{x-1}=\lim_{x\to1^-}\left[-(x+1)\arctan\frac{1}{x-1}\right]=\frac{\pi}{2}.$$

2.3　无穷小量与无穷大量

1.（1）C；　（2）D；　（3）A；　（4）B；　（5）A.

2.（1）当 $x\to1$ 时，$\ln x$ 为无穷小量；当 $x\to0^+$ 时，$\ln x$ 为无穷大量；

（2）当 $x\to0$ 时，$x\left(\sin\dfrac{1}{x}+2\right)$ 为无穷小量.

3*. $a=0$，$b=-1$. 提示：当 $x\to a$ 时，$f(x)$ 为无穷小，则 $\ln|x|$ 为无穷大（$x\to0$ 或 $x\to\infty$），$x-1$ 不是无穷大，故 $a=0$. 当 $x\to b$ 时，$f(x)$ 为无穷大，则 $\ln|x|$ 为无穷小（$x\to1$ 或 $x\to-1$），$x-1$ 不是无穷小，故 $b=-1$.

2.4　极限的运算法则

1.（1）C；　（2）B；　（3）A；　（4）D；　（5）B.

2.（1）0；　（2）2；　（3）$4\sqrt{5}$；　（4）$\dfrac{2}{3}\sqrt{2}$；　（5）-1.

3.（1）$\dfrac{1}{8}$；　（2）$-\dfrac{1}{3}$；　（3）0；　（4）$\dfrac{5}{2}$；　（5）$\dfrac{\sqrt{2}}{2}$；　（6）4.

4. $a=1,b=-3$. 提示：$\lim\limits_{x\to1}x^3+ax^2+x+b=0\Rightarrow a+b=-2$，

$$\lim_{x\to1}\frac{x^3+ax^2+x-2-a}{x^2-1}=\lim_{x\to1}\frac{x^3-1+ax^2-a+x-1}{x^2-1}=a+2=3.$$

5*.（1）$-\dfrac{1}{4}$. 提示：分子有理化

$$\lim_{x\to0}\frac{2\left(\sqrt{1-x^2}-1\right)}{x^2\left(\sqrt{1+x}+\sqrt{1-x}+2\right)}=\lim_{x\to0}\frac{2}{\left(\sqrt{1+x}+\sqrt{1-x}+2\right)}\cdot\lim_{x\to0}\frac{\sqrt{1-x^2}-1}{x^2}$$

$$=\frac{1}{2}\lim_{x\to0}\frac{-x^2}{x^2\left(1+\sqrt{1-x^2}\right)}=-\frac{1}{4}.$$

（2）提示：令$t=-x$，原式$=\lim\limits_{t\to+\infty}\dfrac{\sqrt{4t^2-t-1}-t+1}{\sqrt{t^2-\sin t}}=\lim\limits_{t\to+\infty}\dfrac{\sqrt{4-\dfrac{1}{t}-\dfrac{1}{t^2}}-1+\dfrac{1}{t}}{\sqrt{1-\dfrac{\sin t}{t^2}}}=1$.

2.5　极限存在准则及两个重要极限

1.（1）D；　（2）A；　（3）B；　（4）C；　（5）D.

2.（1）$\dfrac{a-b}{c}$；　（2）e^{-3}；　（3）3；　（4）e^2；　（5）e^2.

3.（1）e^{-2}；　（2）1；　（3）2π；　（4）1；　（5）e^{-1}；　（6）$\dfrac{1}{3}$；　（7）$\dfrac{3}{2}$；　（8）1.

4.（1）提示：$\sum\limits_{k=1}^{n}\dfrac{n+k}{n^2+n}\leqslant\sum\limits_{k=1}^{n}\dfrac{n+k}{n^2+k}\leqslant\sum\limits_{k=1}^{n}\dfrac{n+k}{n^2+1}$，

$$\frac{3}{2}\xleftarrow{n\to\infty}\frac{n^2+\dfrac{1}{2}n(n+1)}{n^2+n}\leqslant\sum_{k=1}^{n}\frac{n+k}{n^2+k}\leqslant\frac{n^2+\dfrac{1}{2}n(n+1)}{n^2+1}\xrightarrow{n\to\infty}\frac{3}{2}.$$

（2）提示：$0\leqslant\left|\dfrac{\sqrt[3]{n^2}\sin n!}{n+1}\right|\leqslant\dfrac{\sqrt[3]{n^2}}{n+1}\leqslant\dfrac{\sqrt[3]{n^2}}{n}=\dfrac{1}{n^{\frac{1}{3}}}\to0,\ n\to\infty.$

5*.（1）$\lim\limits_{n\to\infty}x_n=\dfrac{1+\sqrt{5}}{2}$. 提示：显然$0<x_n=1+\dfrac{x_{n-1}}{1+x_{n-1}}<1+1=2$，即数列$\{x_n\}$有界；

$x_1 = 1, x_2 = 1 + \dfrac{1}{2} > x_1$，假设 $x_n > x_{n-1}$，则

$$x_{n+1} - x_n = 1 + \frac{x_n}{1+x_n} - 1 - \frac{x_{n-1}}{1+x_{n-1}} = \frac{x_n - x_{n-1}}{(1+x_n)(1+x_{n-1})} > 0，\{x_n\} \text{单调增加.}$$

（2）$\lim\limits_{n\to\infty} x_n = 1$. 提示：显然 $0 < x_{n+1} = 2x_n - x_n^2 = 1 - (1-x_n)^2 < 1$，即数列 $\{x_n\}$ 有界；

$x_{n+1} - x_n = x_n - x_n^2 = x_n(1 - x_n) > 0$，$\{x_n\}$ 单调增加.

2.6　无穷小的比较

1.（1）C；　（2）D；　（3）D；　（4）A；　（5）B.

2.（1）2；　（2）二阶（或高阶），同阶非等价，等价；　（3）-1；　（4）$2A$；　（5）$\dfrac{1}{2}$.

3.（1）-6；　（2）$\dfrac{1}{8}$；　（3）-3；　（4）$\dfrac{3}{2}$.

4*. $a = 2$，$b = 1$；$\lim\limits_{x\to+\infty} x\left[\sqrt{4x^2+4x+7} - (ax+b)\right] = \dfrac{3}{2}$. 提示：分子有理化

$$\lim_{x\to+\infty}\left[\sqrt{4x^2+4x+7} - (ax+b)\right] = \lim_{x\to+\infty} \frac{(4-a^2)x^2 + (4-2ab)x + 7 - b^2}{\sqrt{4x^2+4x+7} + (ax+b)} = 0，$$

则有 $\Rightarrow a > 0, a = 2, b = 1$；

$$\lim_{x\to+\infty} x\left[\sqrt{4x^2+4x+7} - (2x+1)\right] = \lim_{x\to+\infty} \frac{6x}{\sqrt{4x^2+4x+7} + (2x+1)}$$
$$= \lim_{x\to+\infty} \frac{6}{\sqrt{4 + \dfrac{4}{x} + \dfrac{7}{x^2}} + \left(2 + \dfrac{1}{x}\right)} = \frac{3}{2}.$$

2.7　连续函数

1.（1）D；　（2）B；　（3）B；　（4）C；　（5）A.

2. 提示：令 $f(x) = \sin x - x - 1$，在 $[-2,2]$ 上利用零点定理.

3. 连续区间为 $(-\infty,0),(0,1),(1,+\infty)$，有间断点，点 $x=0$ 为第一类跳跃间断点，点 $x=1$ 为第二类无穷间断点.

4*. $a = 2\mathrm{e}^{-2}$，$b = \mathrm{e}^{-2} - 1$. 提示：求左、右极限，利用函数在一点连续的定义.

自测题

1.（1）B；　（2）A；　（3）A；　（4）C；　（5）B.

2.（1）$(-\infty,-3),(-3,2)$ 和 $(2,+\infty)$，$\dfrac{1}{2}, -\dfrac{8}{5}$；

（2）$\dfrac{1}{2}$；　（3）e；　（4）4；　（5）0.

3.（1）e^{-2}；　（2）$\dfrac{1}{4}$；

（3）0. 提示：$0<\dfrac{2^n}{n!}=\dfrac{2}{1}\times\dfrac{2}{2}\times\dfrac{2}{3}\times\cdots\times\dfrac{2}{n-1}\times\dfrac{2}{n}<2\times1\times1\times\cdots\times1\times\dfrac{2}{n}=\dfrac{4}{n}\to0\;(n\to\infty)$.

（4）$c=\dfrac{1}{3}$. 提示：$1=\lim\limits_{x\to0}\dfrac{\alpha(x)}{\beta(x)}=\lim\limits_{x\to0}\dfrac{(1+cx^2)^{\frac{3}{2}}-1}{1-\cos x}=\lim\limits_{x\to0}\dfrac{\frac{3}{2}cx^2}{\frac{1}{2}x^2}=3c\Rightarrow c=\dfrac{1}{3}$.

（5）点 $x=0,x=1$ 为第二类无穷间断点，点 $x=2$ 为第一类可去间断点.

4.（1）当 $q\neq0$，$x\to\infty$ 时，$f(x)$ 为无穷大量；当 $p=5$，$q=0$，$x\to\infty$ 时，$f(x)$ 为无穷小量. 提示：$f(x)=\dfrac{-3qx^3+(p-5)x^2-3qx-7}{x^2+1}$.

（2）① $a=-\dfrac{3}{2}$；② $k=1$. 提示：利用连续的定义，求左、右极限.

（3）–4. 提示：易知 $\lim\limits_{x\to0}f(x)\cdot\ln(1-2x)=0$，所以

$$\lim\limits_{x\to0}\dfrac{\sqrt{1+f(x)\ln(1-2x)}-1}{\mathrm{e}^{2x}-1}=\lim\limits_{x\to0}\dfrac{\frac{1}{2}f(x)\ln(1-2x)}{\mathrm{e}^{2x}-1}=\lim\limits_{x\to0}\dfrac{\frac{1}{2}f(x)\cdot(-2x)}{2x}=-\dfrac{1}{2}\lim\limits_{x\to0}f(x)=2.$$

5. 证明略. 提示：令 $F(x)=f(x)-x$.

第三章 导数与微分

 一、基本概念、性质与结论

1. 导数

（1）概念.

1）导数的定义：

$$f'(x_0) = \lim_{\Delta x \to 0} \frac{f(x_0 + \Delta x) - f(x_0)}{\Delta x} \text{ 或 } f'(x_0) = \lim_{x \to x_0} \frac{f(x) - f(x_0)}{x - x_0}.$$

导数定义的等价形式：

$$f'(x_0) = \lim_{t \to 0} \frac{f(x_0 + t) - f(x_0)}{t} = \lim_{h \to 0} \frac{f(x_0 + h) - f(x_0)}{h}.$$

2）左导数：$f'_-(x_0) = \lim_{\Delta x \to 0^-} \frac{f(x_0 + \Delta x) - f(x_0)}{\Delta x}$.

3）右导数：$f'_+(x_0) = \lim_{\Delta x \to 0^+} \frac{f(x_0 + \Delta x) - f(x_0)}{\Delta x}$.

（2）性质与结论.

1）导数 $f'(x_0)$ 的几何意义：函数 $y = f(x)$ 在点 x_0 处可导，在几何上表示曲线 $y = f(x)$ 在点（$x_0, f(x_0)$）处具有不垂直于 x 轴的切线，切线的斜率等于 $f'(x_0)$.

2）导数 $f'(t_0)$ 的物理意义：$f'(t_0)$ 表示作变速直线运动（路程函数 $s = f(t)$）的物体在 t_0 时刻的瞬时速度.

3）曲线 $y = f(x)$ 在 (x_0, y_0) 处的切线方程为 $y - y_0 = f'(x_0)(x - x_0)$，法线方程为 $y - y_0 = -\frac{1}{f'(x_0)}(x - x_0)$ $(f'(x_0) \neq 0)$ 或 $(x = x_0,\ f'(x_0) = 0)$.

4）导数存在的充要条件：$f'(x_0) = A \Leftrightarrow f'_+(x_0) = f'_-(x_0) = A$.

5）可导与连续的关系：函数可导⇒函数连续，但函数连续却不一定可导，即连续是可导的必要不充分条件.

2. 求导法则

（1）求导的四则运算法则. 设函数 $u(x)$、$v(x)$ 都在点 x 处可导，则它们的和、差、积、商 $u \pm v$、$u \cdot v$、$\frac{u}{v}(v \neq 0)$ 在点 x 处也可导，且①$(u \pm v)' = u' \pm v'$；②$(uv)' = u'v + uv'$；

③$\left(\dfrac{u}{v}\right)' = \dfrac{u'v - uv'}{v^2}$，$v(x) \neq 0$.

（2）复合函数的求导法则（链式法则）. 设函数 $u = \varphi(x)$ 在点 x_0 处可导，而 $y = f(u)$

在对应点 $u_0 = \varphi(x_0)$ 处可导，则复合函数 $y = f[\varphi(x)]$ 在点 x_0 处可导，且

$$\frac{\mathrm{d}y}{\mathrm{d}x}\bigg|_{x=x_0} = f'(u_0) \cdot \varphi'(x_0) \ \text{或} \ \frac{\mathrm{d}y}{\mathrm{d}x}\bigg|_{x=x_0} = \frac{\mathrm{d}y}{\mathrm{d}u}\bigg|_{u=\varphi(x_0)} \cdot \frac{\mathrm{d}u}{\mathrm{d}x}\bigg|_{x=x_0}.$$

也就是说，若 y 通过中间变量 u 是 x 的函数，先利用 $y = f(u)$ 求 $\dfrac{\mathrm{d}y}{\mathrm{d}u}$，再利用 $u = \varphi(x)$ 求出 $\dfrac{\mathrm{d}u}{\mathrm{d}x}$，最后作乘积即得到 $\dfrac{\mathrm{d}y}{\mathrm{d}x}$，亦即 $\dfrac{\mathrm{d}y}{\mathrm{d}x} = \dfrac{\mathrm{d}y}{\mathrm{d}u} \cdot \dfrac{\mathrm{d}u}{\mathrm{d}x}$，即"由外向里，逐层求导".

（3）反函数的求导法则. 设 $x = \varphi(y)$ 在 I_y 上单调、可导，且 $\varphi'(y) \neq 0$，则其反函数 $y = f(x)$ 在相应区间 I_x 上单调可导，且 $\dfrac{\mathrm{d}y}{\mathrm{d}x} = \dfrac{1}{\varphi'(y)}$，即反函数的导数等于直接函数导数的倒数.

（4）隐函数的求导法则.

1）由方程 $F(x, y) = 0$ 确定的隐函数：直接将方程两边对 x 求导，这时 y 应视为中间变量，遇到 y 的函数应看成是 x 的复合函数，然后从所得关系式中解出 $\dfrac{\mathrm{d}y}{\mathrm{d}x}$，即为所求的隐函数的导数. 其实质是复合函数求导.

2）由参数方程 $\begin{cases} x = \varphi(t) \\ y = \psi(t) \end{cases}$ 确定的函数的导数：

$$\frac{\mathrm{d}y}{\mathrm{d}x} = \frac{\dfrac{\mathrm{d}y}{\mathrm{d}t}}{\dfrac{\mathrm{d}x}{\mathrm{d}t}} = \frac{\psi'(t)}{\varphi'(t)}, \ \text{其中} \varphi'(t) \neq 0.$$

3. 高阶导数

（1）概念.

n 阶导数：$f^{(n)}(x) = \lim\limits_{\Delta x \to 0} \dfrac{f^{(n-1)}(x + \Delta x) - f^{(n-1)}(x)}{\Delta x}$.

（2）公式与结论.

1）求乘积的高阶导数的莱布尼茨公式：

$$(uv)^{(n)} = u^{(n)}v + nu^{(n-1)}v' + \frac{n(n-1)}{2!}u^{(n-2)}v'' + \cdots + \frac{n(n-1)\cdots(n-k+1)}{k!}u^{(n-k)}v^{(k)} + \cdots + uv^{(n)}.$$

2）常用的高阶导数公式.

① $(x^\mu)^{(n)} = \mu(\mu-1)\cdots(\mu-n+1)x^{\mu-n}$;

② $\left(\dfrac{1}{x}\right)^{(n)} = (-1)^n \dfrac{n!}{x^{n+1}}$, $(\ln x)^{(n)} = (-1)^{n-1} \dfrac{(n-1)!}{x^n}$;

③ $(a^x)^{(n)} = a^x \ln^n a$, $(\mathrm{e}^x)^{(n)} = \mathrm{e}^x$;

④ $(\sin kx)^{(n)} = k^n \sin\left(kx + \dfrac{n\pi}{2}\right)$;

⑤ $(\cos kx)^{(n)} = k^n \cos\left(kx + \dfrac{n\pi}{2}\right)$.

4. 微分

（1）概念.

微分：若函数的增量 $\Delta y = f(x_0 + \Delta x) - f(x_0) = A\Delta x + o(\Delta x)$，称 $y = f(x)$ 在点 x_0 处可微，记微分 $\mathrm{d}y = A\Delta x$.

（2）性质与结论.

1）可微的条件：$y = f(x)$ 在点 x_0 处可微的充分必要条件是 $f(x)$ 点 x_0 处可导，且 $\mathrm{d}y = f'(x_0) \cdot \Delta x$.

2）微分的几何意义：函数 $y = f(x)$ 在点 x_0 处的微分 $\mathrm{d}y$ 就是曲线 $y = f(x)$ 在点 $M(x_0, y_0)$ 处切线的纵坐标的增量.

3）微分的运算法则：从函数的微分和导数的关系 $\mathrm{d}y = f'(x)\mathrm{d}x$ 可知，要计算函数的微分，只要求出函数的导数，再乘以自变量的微分即可，由基本初等函数的导数公式及求导的运算法则可直接得到相应的微分基本公式和微分运算法则.

4）复合函数的微分法则——一阶微分的形式不变性.

设 $y = f(u)$，则 $y = f(u)$ 的微分为 $\mathrm{d}y = f'(u)\mathrm{d}u$，若 $y = f(u)$，而 $u = \varphi(x)$，对于由 $y = f(u)$ 和 $u = \varphi(x)$ 复合而成的复合函数 $y = f[\varphi(x)]$ 的微分为 $\mathrm{d}y = y'_x \cdot \mathrm{d}x = f'(u) \cdot \varphi'(x)\mathrm{d}x$，由于 $\varphi'(x)\mathrm{d}x = \mathrm{d}u$，故 $\mathrm{d}y = f'(u) \cdot \mathrm{d}u$.

二、典型例题分析

1. 利用定义及四则运算法则求导数

例 3.1　已知 $f'(3) = 2$，求：

（1）$\displaystyle\lim_{h \to 0} \frac{f(3+h) - f(3)}{2h}$；　　　　（2）$\displaystyle\lim_{h \to 0} \frac{f(3+h) - f(3-h)}{2h}$.

解　（1）$\displaystyle\lim_{h \to 0} \frac{f(3+h) - f(3)}{2h} = \frac{1}{2}\lim_{h \to 0} \frac{f(3+h) - f(3)}{h} = \frac{1}{2}f'(3) = 1$.

（2）$\displaystyle\lim_{h \to 0} \frac{f(3+h) - f(3-h)}{2h} = \lim_{h \to 0} \frac{f(3+h) - f(3) - f(3-h) + f(3)}{2h}$

$$= \lim_{h \to 0} \frac{f(3+h) - f(3)}{2h} - \lim_{h \to 0} \frac{f(3-h) - f(3)}{2h}$$

$$= \frac{1}{2}\lim_{h \to 0} \frac{f(3+h) - f(3)}{h} + \frac{1}{2}\lim_{h \to 0} \frac{f(3-h) - f(3)}{-h}$$

$$= \frac{1}{2}f'(3) + \frac{1}{2}f'(3) = 2.$$

评注　利用导数定义求极限，首先将极限形式配成函数在某一点处导数的定义式.

例 3.2　设 $f(x) = x(x-1)(x-2)\cdots(x-n)$（$n > 1$），求 $f'(0)$.

解　易知 $f(0) = 0$，所以考虑用导数定义求导，即

$$f'(0) = \lim_{x \to 0} \frac{f(x) - f(0)}{x} = \lim_{x \to 0} \frac{x(x-1)(x-2)\cdots(x-n)}{x}$$

$$= \lim_{x \to 0}(x-1)(x-2)\cdots(x-n) = (-1)(-2)\cdots(-n) = (-1)^n n!.$$

例 3.3 已知 $f(x)$ 是周期为 5 的连续函数，它在点 $x=0$ 处的某邻域内满足关系式 $f(1+\sin x) - 3f(1-\sin x) = 8x + o(x)$，其中，$o(x)$ 是当 $x \to 0$ 时比 x 高阶的无穷小，$f(x)$ 在点 $x=1$ 处可导，求曲线 $y=f(x)$ 在点 $(6, f(6))$ 处的切线方程.

解 因为 $f(x)$ 的周期为 5，故 $f'(x)$ 的周期也为 5，且 $f(6)=f(1)$，$f'(6)=f'(1)$. 由题意，问题归结为求 $f(1)$ 及 $f'(1)$.

由连续性，有

$$\lim_{x \to 0}[f(1+\sin x) - 3f(1-\sin x)] = \lim_{x \to 0}[8x + o(x)] = 0,$$

即 $f(1) - 3f(1) = 0$，故 $f(1) = f(6) = 0$. 下面考虑求 $f'(1)$.

因为

$$\lim_{x \to 0}\left[\frac{f(1+\sin x)}{\sin x} - \frac{3f(1-\sin x)}{\sin x}\right] = \lim_{x \to 0}\frac{8x + o(x)}{\sin x} = \lim_{x \to 0}\frac{8x + o(x)}{x} = 8,$$

即

$$\lim_{x \to 0}\left[\frac{f(1+\sin x) - f(1)}{\sin x} + 3\frac{f(1-\sin x) - f(1)}{-\sin x}\right] = f'(1) + 3f'(1) = 8,$$

故 $f'(1) = f'(6) = 2$. 所求的切线方程为 $y - f(6) = f'(6)(x-6)$，即 $y = 2(x-6)$.

2. 复合函数求导法

例 3.4 设 $y = 3^{\tan\frac{x-1}{x}}$，求 $\dfrac{\mathrm{d}y}{\mathrm{d}x}$.

解 该函数是典型的复合函数，可看作由 $y = 3^u$，$u = \tan v$，$v = \dfrac{x-1}{x}$ 复合而成. 所以

$$\frac{\mathrm{d}y}{\mathrm{d}x} = (3^u)'_u \cdot (\tan v)'_v \cdot \left(\frac{x-1}{x}\right)'_x = 3^u \ln 3 \cdot \sec^2 v \cdot \frac{x-(x-1)}{x^2} = \frac{\ln 3}{x^2} \cdot \sec^2\frac{x-1}{x} \cdot 3^{\tan\frac{x-1}{x}}.$$

评注 对复合函数求导时要由外到内，逐层求导. 同时加入导数的四则运算，要弄清求导的先后顺序.

例 3.5 设 $y = \mathrm{e}^{\sin^2 x} + \arctan\ln x$，求 $\dfrac{\mathrm{d}y}{\mathrm{d}x}\bigg|_{x=1}$.

解 因为

$$y' = \mathrm{e}^{\sin^2 x}(\sin^2 x)' + \frac{1}{1+\ln^2 x}(\ln x)' = \sin 2x \cdot \mathrm{e}^{\sin^2 x} + \frac{1}{x \cdot (1+\ln^2 x)},$$

所以

$$\frac{\mathrm{d}y}{\mathrm{d}x}\bigg|_{x=1} = \sin 2 \cdot \mathrm{e}^{\sin^2 1} + 1.$$

例 3.6 求下列函数的导数.

（1）$y = \sin(3x+1)$；　　　　　　　（2）$y = \sqrt{1-2x}$；

（3）$y = \arctan \mathrm{e}^{\sqrt{x}}$；　　　　　　（4）$y = a^{\ln(x^2+2x)}$ $(a>0, a \neq 1)$.

解 （1）$y' = \cos(3x+1) \cdot (3x+1)' = 3\cos(3x+1)$；

（2）$y' = \frac{1}{2}(1-2x)^{-\frac{1}{2}} \cdot (1-2x)' = -(1-2x)^{-\frac{1}{2}}$；

（3）$y' = \frac{\left(e^{\sqrt{x}}\right)'}{1+\left(e^{\sqrt{x}}\right)^2} = \frac{e^{\sqrt{x}}\left(\sqrt{x}\right)'}{1+e^{2\sqrt{x}}} = \frac{e^{\sqrt{x}} \cdot \frac{1}{2\sqrt{x}}}{1+e^{2\sqrt{x}}} = \frac{e^{\sqrt{x}}}{2\sqrt{x}\left(1+e^{2\sqrt{x}}\right)}$；

（4）$y' = a^{\ln(x^2+2x)} \cdot \ln a \cdot \left[\ln(x^2+2x)\right]' = a^{\ln(x^2+2x)} \cdot \ln a \cdot \frac{(x^2+2x)'}{x^2+2x} = \frac{2(x+1)\ln a}{x^2+2x} a^{\ln(x^2+2x)}$.

评注　熟悉了复合函数求导的链式法则，可以不写出中间变量，但不能忘记求导过程中首先把哪一项看作中间变量，最后乘以中间变量对自变量的导数. 若求导过程中忘记中间变量对自变量求导就是错误的，例如下面①②是错误的.

①　$\left[\sin(1-x)\right]' = \cos(1-x)$；　②　$\left[\ln\sin(3x-5)\right]' = \frac{1}{\sin(3x-5)}$.

应改正为：

①　$\left[\sin(1-x)\right]' = \cos(1-x) \cdot (1-x)' = -\cos(1-x)$；

②　$\left[\ln\sin(3x-5)\right]' = \frac{1}{\sin(3x-5)} \cdot \left[\sin(3x-5)\right]' = \frac{\cos(3x-5)}{\sin(3x-5)} \cdot (3x-5)' = 3\cot(3x-5)$.

例 3.7　求下列函数的导数，其中函数 f、g 均可导.

（1）$y = \ln[f(x^2)]$；　　　　（2）$y = 3^x \cdot \arctan f(x) + g[\sin 2x]$.

解　（1）$y' = \frac{1}{f(x^2)}[f(x^2)]' = \frac{1}{f(x^2)}f'(x^2)(x^2)' = \frac{2x \cdot f'(x^2)}{f(x^2)}$；

（2）$y' = (3^x)' \cdot \arctan f(x) + 3^x \cdot [\arctan f(x)]' + g'[\sin 2x](\sin 2x)'$

$\qquad = 3^x \ln 3 \cdot \arctan f(x) + 3^x \cdot \frac{f'(x)}{1+f^2(x)} + 2\cos 2x \cdot g'[\sin 2x]$.

评注　求导数时应根据具体情况，一般情况下求导问题可结合使用四则运算求导法则和复合函数的链式法则.

3. 分段函数求导法

例 3.8　设

$$f(x) = \begin{cases} \sin x \cdot (1+x)^{\frac{1}{x}}, & x \neq 0, \\ 0, & x = 0 \end{cases}$$

求 $f'(0)$.

解　因为 $\lim\limits_{x \to 0} \frac{f(x)-f(0)}{x-0} = \lim\limits_{x \to 0} \frac{\sin x}{x}(1+x)^{\frac{1}{x}} = e$，故 $f'(0)$ 存在，且 $f'(0) = e$.

例 3.9　设 $f(x) = \begin{cases} \dfrac{1-\cos x}{\sqrt{x}} & x > 0 \\ x^2 g(x) & x \leqslant 0 \end{cases}$，其中 $g(x)$ 是有界函数，试讨论 $f(x)$ 在点 $x = 0$ 处的可导性.

解　因为

$$f'_-(0)=\lim_{x\to 0^-}\frac{f(x)-f(0)}{x-0}=\lim_{x\to 0^-}\frac{x^2g(x)}{x}=\lim_{x\to 0^-}xg(x)=0,$$

$$f'_+(0)=\lim_{x\to 0^+}\frac{f(x)-f(0)}{x-0}=\lim_{x\to 0^+}\frac{\dfrac{1-\cos x}{\sqrt{x}}-0}{x}=\lim_{x\to 0^+}\frac{1-\cos x}{x^{\frac{3}{2}}}=\lim_{x\to 0^+}\frac{\dfrac{1}{2}x^2}{x^{\frac{3}{2}}}=0,$$

所以 $f(x)$ 在点 $x=0$ 处可导，且 $f'(0)=0$．

例 3.10　设 $f(x)=x|x(x-2)|$，求 $f'(x)$．

解　当 $x\leqslant 0$ 或 $x\geqslant 2$ 时，$x(x-2)\geqslant 0$，$|x(x-2)|=x(x-2)$．

当 $0<x<2$ 时，$x(x-2)<0$，$|x(x-2)|=-x(x-2)$，所以

$$f(x)=\begin{cases}x^2(x-2), & x\leqslant 0 \text{ 或 } x\geqslant 2 \\ -x^2(x-2), & 0<x<2\end{cases}.$$

再求 $f'(x)$，当 $x<0$ 或 $x>2$ 时，$f'(x)=[x^2(x-2)]'=3x^2-4x$；当 $0<x<2$ 时，$f'(x)=[-x^2(x-2)]'=-3x^2+4x$．

在点 $x=0$ 处，有

$$f'_-(0)=\lim_{x\to 0^-}\frac{f(x)-f(0)}{x-0}=\lim_{x\to 0^-}\frac{x^2(x-2)-0}{x}=0,$$

$$f'_+(0)=\lim_{x\to 0^+}\frac{f(x)-f(0)}{x-0}=\lim_{x\to 0^+}\frac{-x^2(x-2)-0}{x}=0.$$

$f'_-(0)=f'_+(0)$，故在点 $x=0$ 处可导且 $f'(0)=0$．

在点 $x=2$ 处，有

$$f'_-(2)=\lim_{x\to 2^-}\frac{f(x)-f(2)}{x-2}=\lim_{x\to 2^-}\frac{-x^2(x-2)-0}{x-2}=-4,$$

$$f'_+(2)=\lim_{x\to 2^+}\frac{f(x)-f(2)}{x-2}=\lim_{x\to 2^+}\frac{x^2(x-2)-0}{x-2}=4.$$

$f'_-(2)\neq f'_+(2)$，故在点 $x=2$ 处不可导. 综上所述，有

$$f'(x)=\begin{cases}3x^2-4x, & x\leqslant 0 \text{ 或 } x<2 \\ -3x^2+4x, & 0<x<2\end{cases}.$$

评注　（1）函数在分段点两侧由同一个式子定义，只是在分点的函数值单独定义，这时需要依定义求导数；

（2）函数在分段点两侧由不同式子定义，这时需从单侧导数入手，然后依导数存在的充分必要条件判定导数存在与否；

（3）对含有绝对值符号的函数求导时，应化掉绝对值符号，将函数表示为分段函数，再求导.

例 3.11　设函数 $f(x)=\begin{cases}x^\alpha\sin\dfrac{1}{x}, & x\neq 0 \\ 0, & x=0\end{cases}$，问 α 满足什么条件，函数 $f(x)$ 在点 $x=0$ 处

处（1）连续；（2）可导；（3）导函数连续.

解 （1）当 $\alpha>0$ 时，$\lim\limits_{x\to 0}x^{\alpha}=0$，$\left|\sin\dfrac{1}{x}\right|\leqslant 1$，所以 $\lim\limits_{x\to 0}f(x)=\lim\limits_{x\to 0}x^{\alpha}\sin\dfrac{1}{x}=0=f(0)$；

而当 $\alpha\leqslant 0$ 时，$\lim\limits_{x\to 0}f(x)=\lim\limits_{x\to 0}x^{\alpha}\sin\dfrac{1}{x}$ 不存在. 故 $\alpha>0$ 时，$f(x)$ 在点 $x=0$ 处连续.

（2）$f'(0)=\lim\limits_{x\to 0}\dfrac{f(x)-f(0)}{x}=\lim\limits_{x\to 0}x^{\alpha-1}\sin\dfrac{1}{x}$.

当 $\alpha>1$ 时，$f'(0)=0$，$\alpha\leqslant 1$ 时，$f'(0)$ 不存在. 所以 $\alpha>1$ 时，$f(x)$ 在点 $x=0$ 处可导.

（3）当 $x\neq 0$ 时，$f'(x)=\alpha x^{\alpha-1}\sin\dfrac{1}{x}-x^{\alpha-2}\cos\dfrac{1}{x}$.

当 $\alpha>2$ 时，$\lim\limits_{x\to 0}f'(x)=0=f'(0)$，而当 $\alpha\leqslant 2$ 时，$\lim\limits_{x\to 0}f'(x)$ 不存在. 所以 $\alpha>2$ 时，$f(x)$ 在点 $x=0$ 处导函数连续.

例 3.12 设函数 $f(x)=\begin{cases}\cos x, & x\leqslant 0\\ ax^2+bx+c, & x>0\end{cases}$，试求 a,b,c 的值，使 $f(x)$ 在点 $x=0$ 处二阶可导.

解 首先 $f(x)$ 在点 $x=0$ 处连续，则 $f(0^-)=f(0^+)=f(0)=1$，即有 $c=1$.

其次，$f(x)$ 在点 $x=0$ 处可导，则 $f'_-(0)=f'_+(0)$，即有

$$f'_-(0)=\lim_{x\to 0^-}\frac{f(x)-f(0)}{x}=\lim_{x\to 0^-}\frac{\cos x-1}{x}=\lim_{x\to 0^-}\frac{-\dfrac{x^2}{2}}{x}=0,$$

$$f'_+(0)=\lim_{x\to 0^+}\frac{f(x)-f(0)}{x}=\lim_{x\to 0^+}\frac{ax^2+bx}{x}=b=f'_-(0),$$

故 $f'(0)=0, b=0$. 所以

$$f'(x)=\begin{cases}-\sin x, & x\leqslant 0\\ 2ax, & x>0\end{cases}.$$

由于 $f(x)$ 在点 $x=0$ 处二阶可导，则 $f''_+(0)=f''_-(0)$，即有

$$f''_-(0)=\lim_{x\to 0^-}\frac{f'(x)-f'(0)}{x}=\lim_{x\to x_0^-}\frac{-\sin x}{x}=-1,$$

$$f''_+(0)=\lim_{x\to 0^+}\frac{f'(x)-f'(0)}{x}=\lim_{x\to x_0^+}\frac{2ax}{x}=2a,$$

故 $a=-\dfrac{1}{2}$. 所以，$a=-\dfrac{1}{2}$，$b=0$，$c=1$ 时，$f(x)$ 在点 $x=0$ 处二阶可导.

例 3.13 设 $f(x)=\tan\sqrt[3]{x}-\sin\sqrt[3]{x}$，求 $f'(x)$.

解 当 $x\neq 0$ 时，$f'(x)=\dfrac{\sec^2\sqrt[3]{x}-\cos\sqrt[3]{x}}{3\sqrt[3]{x^2}}$. 而

$$f'(0)=\lim_{x\to 0}\frac{f(x)-f(0)}{x}=\lim_{x\to 0}\frac{\tan\sqrt[3]{x}-\sin\sqrt[3]{x}}{x}=\lim_{x\to 0}\frac{\tan\sqrt[3]{x}}{\sqrt[3]{x}}\cdot\frac{1-\cos\sqrt[3]{x}}{\sqrt[3]{x^2}}=\frac{1}{2},$$

故

$$f'(x) = \begin{cases} \dfrac{\sec^2 \sqrt[3]{x} - \cos \sqrt[3]{x}}{3\sqrt[3]{x^2}}, & x \neq 0 \\ \dfrac{1}{2}, & x = 0 \end{cases}.$$

评注　例 3.13 说明，初等函数的导数不一定还是初等函数.

4. 高阶导数

例 3.14　设 $y = \dfrac{x}{2}\sqrt{1-x^2} + \dfrac{1}{2}\arcsin x$ ，求 y', y'', y'''.

解　$y' = \dfrac{1}{2}\sqrt{1-x^2} + \dfrac{x}{2}\dfrac{-x}{\sqrt{1-x^2}} + \dfrac{1}{2}\dfrac{1}{\sqrt{1-x^2}} = \sqrt{1-x^2}$ ；

$y'' = \dfrac{-x}{\sqrt{1-x^2}}$ ；

$y''' = \left(\dfrac{-x}{\sqrt{1-x^2}}\right)' = \dfrac{-\sqrt{1-x^2} + x\dfrac{-x}{\sqrt{1-x^2}}}{(1-x^2)} = \dfrac{-1}{\left(\sqrt{1-x^2}\right)^3}$.

评注　一元函数的 n 阶导数本质上是 $n-1$ 阶导数的导数，因此，高阶导数无论是概念方面还是计算方法上都没有超出一阶导数的内涵. 求 n 阶导数的常用方法有以下几种.

（1）直接法：求出函数的前几阶导数，分析所得结果，找出规律，然后写出 n 阶导数的表达式，再用数学归纳法证明；

（2）间接法：将给定的函数通过化简或变量代换转化为熟知的函数来求高阶导数；

（3）利用莱布尼茨公式.

例 3.15　验证函数 $y = \dfrac{x^2}{2}\ln x + 2x^3 + 1$ 满足关系式 $x^2 y^{(4)} + 1 = 0$.

证明　$y' = x\ln x + \dfrac{x}{2} + 6x^2, \ y'' = \ln x + 12x + \dfrac{3}{2}, \ y''' = \dfrac{1}{x} + 12, \ y^{(4)} = -\dfrac{1}{x^2}$ ，

所以有 $x^2 y^{(4)} + 1 = 0$.

例 3.16　设 $y = \arctan x$ ，求 $y^{(n)}(0)$.

解　$y' = \dfrac{1}{1+x^2}$ ，$y'(0) = 1$ ；$y'' = \dfrac{-2x}{(1+x^2)^2}$ ，$y''(0) = 0$ ，再直接计算将越来越繁. 为此将 $y' = \dfrac{1}{1+x^2}$ 加以改造，得

$$(1+x^2)y' = 1,$$

两边对 x 求 n 阶导数，利用莱布尼茨公式，得

$$\left[(1+x^2)y'\right]^{(n)} = \sum_{k=0}^{n} \mathrm{C}_n^k (y')^{(n-k)} (1+x^2)^{(k)} = 0,$$

即

$$(1+x^2)y^{(n+1)} + 2nxy^{(n)} + n(n-1)y^{(n-1)} = 0,$$

将 $x = 0$ 代入，得

$$y^{(n+1)}(0) = -n(n-1)y^{(n-1)}(0) \, .$$

因为 $y''(0) = 0$，故 $y''(0) = y^{(4)}(0) = \cdots = y^{(2k)}(0) = 0$. 又因为 $y'(0) = 1$，故

$$y'''(0) = -2 \times 1 \times y'(0) = -2! \, ,$$

$$y^{(5)}(0) = -4 \times 3 \times y'''(0) = (-1)^2 \cdot 4! \, ,$$

$$\vdots$$

$$y^{(2k+1)}(0) = (-1)^k \cdot (2k)! \, .$$

故

$$y^{(n)}(0) = \begin{cases} 0, & n = 2k \\ (-1)^k (2k)!, & n = 2k+1 \end{cases}, \quad k = 0, 1, 2, \cdots .$$

例 3.17　设 $y = x^3 \sin x$，求 $y^{(10)}(0)$.

解　利用莱布尼茨公式，有

$$y^{(10)}(x) = \sum_{k=0}^{10} C_{10}^k (\sin x)^{(10-k)} (x^3)^{(k)} = \sum_{k=0}^{3} C_{10}^k (\sin x)^{(10-k)} (x^3)^{(k)}$$

$$= \sum_{k=0}^{2} C_{10}^k (\sin x)^{(10-k)} (x^3)^{(k)} + C_{10}^3 (\sin x)^{(7)} (x^3)^{(3)}$$

所以

$$y^{(10)}(0) = C_{10}^3 \sin\left(0 + \frac{7}{2}\pi\right) \times 6 = -720 .$$

5. 隐函数的导数

例 3.18　设方程 $\ln\sqrt{x^2 + y^2} = \arctan\dfrac{y}{x}$ 确定了隐函数 $y = y(x)$，求 $y'(x)$.

解　将方程两端同时对 x 求导，得

$$\frac{1}{2} \times \frac{2x + 2yy'}{x^2 + y^2} = \frac{1}{1 + \left(\dfrac{y}{x}\right)^2} \cdot \frac{xy' - y}{x^2} ,$$

化简，得

$$x + yy' = xy' - y,$$

解得

$$y' = \frac{x + y}{x - y} .$$

例 3.19　设函数 $y = f(x)$ 由方程 $e^{2x+y} - \cos(xy) = e - 1$ 所确定，求曲线 $y = f(x)$ 在点 $(0,1)$ 处的法线方程.

解　方程两边对 x 求导，得

$$e^{2x+y}(2 + y') + \sin(xy)(y + xy') = 0.$$

将 $x = 0$，$y = 1$ 代入上式，得 $y'\big|_{\substack{x=0 \\ y=1}} = -2$.

故法线方程为

$$y = \frac{1}{2}x + 1.$$

评注 （1）求由方程 $F(x,y) = 0$ 所确定的隐函数 $y = y(x)$ 的导数的方法如下：方程两端对 x 求导，求导过程中将 y 看成 x 的函数（因而要用到导数的四则运算法则及复合函数的求导法则）而得到含有 $y'(x)$ 的方程，由此方程即可解得 y' 的表达式.

（2）若求 $y'\big|_{x=x_0}$，由于(1)中所得 y' 的表达式通常是用隐函数 y 及自变量 x 表示的，所以，在计算 $x = x_0$ 时的导数时，通常由原方程解出相应的 y_0，然后将 (x_0, y_0) 一起代入 y' 的表达式中，便可求得 $y'\big|_{x=x_0}$.

例 3.20　设 $y = \mathrm{e}^x + \sin x$，求反函数的一阶导数 $\dfrac{\mathrm{d}x}{\mathrm{d}y}$ 及二阶导数 $\dfrac{\mathrm{d}^2 x}{\mathrm{d}y^2}$.

解　由 $y' = \mathrm{e}^x + \cos x$ 得

$$\frac{\mathrm{d}x}{\mathrm{d}y} = \frac{1}{\mathrm{e}^x + \cos x}.$$

因为

$$\frac{\mathrm{d}^2 x}{\mathrm{d}y^2} = \frac{\mathrm{d}}{\mathrm{d}y}\left(\frac{\mathrm{d}x}{\mathrm{d}y}\right) = \frac{\mathrm{d}}{\mathrm{d}x}\left(\frac{\mathrm{d}x}{\mathrm{d}y}\right) \cdot \frac{\mathrm{d}x}{\mathrm{d}y},$$

所以

$$\frac{\mathrm{d}^2 x}{\mathrm{d}y^2} = \frac{\mathrm{d}}{\mathrm{d}x}\left(\frac{1}{\mathrm{e}^x + \cos x}\right) \cdot \frac{\mathrm{d}x}{\mathrm{d}y} = \frac{-(\mathrm{e}^x - \sin x)}{(\mathrm{e}^x + \cos x)^2} \cdot \frac{1}{\mathrm{e}^x + \cos x} = \frac{\sin x - \mathrm{e}^x}{(\mathrm{e}^x + \cos x)^3}.$$

评注　这类题应把 x 看成 y 的函数，即 $x = x(y)$；应视 $y' = y'(x) = y'[x(y)]$ 为 y 的复合函数，其中间变量为 x. 利用复合函数求导法则即可求出所得的结果.

例 3.21　设函数 $y = y(x)$ 由方程 $\mathrm{e}^y + xy = \mathrm{e}$ 所确定，求 $y''(0)$.

解　当 $x = 0$ 时，由方程知 $y = 1$. 方程两边关于 x 求导，得

$$\mathrm{e}^y \cdot y' + y + xy' = 0.$$

将 $x = 0$，$y = 1$ 代入上式，得 $\mathrm{e}y'(0) + 1 = 0$，即 $y'(0) = -\dfrac{1}{\mathrm{e}}$.

再对上式两边关于 x 求导，得

$$\mathrm{e}^y \cdot y'^2 + \mathrm{e}^y \cdot y'' + y' + y' + xy'' = 0.$$

再将 $x = 0$，$y = 1$，$y'(0) = -\dfrac{1}{\mathrm{e}}$ 代入上式，得

$$\mathrm{e}\left(\frac{1}{\mathrm{e}}\right)^2 + \mathrm{e}y''(0) + 2\left(\frac{-1}{\mathrm{e}}\right) = 0,$$

即 $y''(0) = \dfrac{1}{\mathrm{e}^2}$.

评注　求隐函数的二阶导数，一般有两种解法：

（1）先求出 y'（注意，结果中一般含有 y），再继续求二阶导数；

（2）对方程两边同时求导两次，然后再解出 y''.

无论哪一种解法，在求导时，都应该记住 y 是 x 的函数. 在 y'' 的结果中，如果含有 y'，应用一阶导数的结果代入，总之最后的结果中只能含有 x、y. 如果求 x_0 点的二阶导数，应先求出对应的 y_0 及 $y'|_{(x_0, y_0)}$，然后代入求出的 y'' 中.

6. 先取对数再求导

例 3.22 试用较简单的方法求下列函数的导数：

（1）$y = \ln\sqrt{\dfrac{1-\sin x}{1+\sin x}}$；   （2）$y = \dfrac{x(1-x)^2}{(1+x)^3}$.

解 （1）先利用对数性质把函数变形后再求导，即

$$y = \ln\sqrt{\frac{1-\sin x}{1+\sin x}} = \frac{1}{2}[\ln(1-\sin x) - \ln(1+\sin x)],$$

所以

$$y' = \frac{1}{2}\left(\frac{-\cos x}{1-\sin x} - \frac{\cos x}{1+\sin x}\right) = -\frac{1}{2} \times \frac{\sin 2x}{1-\sin^2 x}.$$

（2）用对数求导法，对原函数两边取对数，得

$$\ln y = \ln x + 2\ln(1-x) - 3\ln(1+x),$$

等式两边同时对 x 求导，得

$$\frac{1}{y}y' = \frac{1}{x} + \frac{-2}{1-x} - \frac{3}{1+x},$$

即

$$y' = y\left(\frac{1}{x} - \frac{2}{1-x} - \frac{3}{1+x}\right) = \frac{(1-x)(1-5x)}{(1+x)^4}.$$

评注 （1）利用对数性质将求导过程进行简化的方法，多用于处理对数函数、多个因式的乘除法运算及幂指函数的求导等. 两边取对数再求导的方法叫做对数求导法；

（2）若函数 $u(x)$ 可导，则

$$[\ln|u(x)|]' = \left\{\frac{1}{2}\ln[u(x)]^2\right\}' = \frac{1}{2} \times \frac{2u(x) \cdot u'(x)}{[u(x)]^2} = \frac{u'(x)}{u(x)} = [\ln u(x)]',$$

所以两边取对数时，一般不再加绝对值.

例 3.23 求 $y = (1+2x)^{\sin x}\left(x > -\dfrac{1}{2}\right)$ 的导数 $\dfrac{\mathrm{d}y}{\mathrm{d}x}$.

解 法一（对数求导法） 两边同时取对数，得

$$\ln y = \sin x \cdot \ln(1+2x),$$

两边对 x 求导，把 y 看作中间变量，有

$$\frac{1}{y}y' = \cos x \cdot \ln(1+2x) + \frac{2\sin x}{1+2x},$$

所以

$$y' = y\left[\cos x \cdot \ln(1+2x) + \frac{2\sin x}{1+2x}\right],$$

即

$$y' = (1+2x)^{\sin x}\left[\cos x \cdot \ln(1+2x) + \frac{2\sin x}{1+2x}\right].$$

法二　因 $y = (1+2x)^{\sin x} = e^{\sin x \ln(1+2x)}$，利用复合函数求导法则，得

$$y' = e^{\sin x \ln(1+2x)} \cdot [\sin x \cdot \ln(1+2x)]'$$

$$= e^{\sin x \ln(1+2x)}\left[\cos x \cdot \ln(1+2x) + \sin x \cdot \frac{2}{1+2x}\right]$$

$$= (1+2x)^{\sin x}\left[\cos x \cdot \ln(1+2x) + \frac{2\sin x}{1+2x}\right].$$

7. 参数方程确定的函数的导数

例 3.24　设函数 $y = y(x)$ 由 $\begin{cases} x = \arctan t \\ y - 2ty^2 + e^t = 5 \end{cases}$ 所确定，求 $\dfrac{dy}{dx}$.

解　这是参数方程求导问题，但 $\dfrac{dy}{dt}$ 不能直接得出，需从第二个方程中按隐函数求导方法求得. 由第一个方程得

$$\frac{dx}{dt} = \frac{1}{1+t^2}.$$

对第二个方程两边关于 t 求导，得

$$\frac{dy}{dt} - 2\left(y^2 + t \cdot 2y \cdot \frac{dy}{dt}\right) + e^t = 0,$$

从而得

$$\frac{dy}{dt} = \frac{2y^2 - e^t}{1 - 4yt},$$

故

$$\frac{dy}{dx} = \frac{\dfrac{dy}{dt}}{\dfrac{dx}{dt}} = \frac{2y^2 - e^t}{1 - 4yt}(1+t^2).$$

例 3.25　设 $\begin{cases} x = 2t - t^2 \\ y = 4t - t^4 \end{cases}$ $(t \neq 1)$ 确定了函数 $y = y(x)$，求 $\dfrac{d^2 y}{dx^2}$.

解　$\dfrac{dy}{dx} = \dfrac{dy}{dt} \Big/ \dfrac{dx}{dt} = \dfrac{4 - 4t^3}{2 - 2t} = 2(1 + t + t^2),$

$$\frac{d^2 y}{dx^2} = \frac{d}{dx}\left(\frac{dy}{dx}\right) = \frac{d}{dt}\left(\frac{dy}{dx}\right) \cdot \frac{dt}{dx} = 2(1 + 2t) \cdot \frac{1}{2 - 2t} = \frac{1 + 2t}{1 - t}.$$

评注　由参数方程所确定的函数的一阶导数一般都是参变量 t 的函数，而所求函数的二阶导数 $\dfrac{d^2 y}{dx^2}$ 是 $\dfrac{dy}{dx}$ 再对 x 求导，事实上这是一种复合函数的求导问题，故有

$$\frac{\mathrm{d}^2 y}{\mathrm{d}x^2} = \frac{\mathrm{d}}{\mathrm{d}t}\left(\frac{\mathrm{d}y}{\mathrm{d}x}\right)\cdot\frac{\mathrm{d}t}{\mathrm{d}x} = \frac{\mathrm{d}}{\mathrm{d}t}\left(\frac{\mathrm{d}y}{\mathrm{d}x}\right)\cdot\frac{1}{\dfrac{\mathrm{d}x}{\mathrm{d}t}}.$$

例 3.26　设曲线由极坐标方程 $r = a(1+\cos\theta)$ 给出，求曲线上任意一点处的切线的斜率，并求曲线上点 $\theta_0 = \dfrac{\pi}{3}$ 处的切线方程.

解　由直角坐标与极坐标的关系可得曲线的参数方程为

$$\begin{cases} x = a(1+\cos\theta)\cos\theta \\ y = a(1+\cos\theta)\sin\theta \end{cases},$$

因为

$$\frac{\mathrm{d}x}{\mathrm{d}\theta} = -a(\sin\theta + \sin 2\theta), \quad \frac{\mathrm{d}y}{\mathrm{d}\theta} = a(\cos\theta + \cos 2\theta),$$

所以，所求切线的斜率为

$$k(\theta) = \frac{\dfrac{\mathrm{d}y}{\mathrm{d}\theta}}{\dfrac{\mathrm{d}x}{\mathrm{d}\theta}} = \frac{\cos\theta + \cos 2\theta}{-\sin\theta - \sin 2\theta}.$$

当 $\theta_0 = \dfrac{\pi}{3}$ 时，$x_0 = \dfrac{3}{4}a$，$y_0 = \dfrac{3\sqrt{3}}{4}a$，$k = 0$. 故所求切线方程为 $y = \dfrac{3\sqrt{3}}{4}a$.

例 3.27　求椭圆 $\dfrac{x^2}{4} + \dfrac{y^2}{3} = 1$ 在点 $\left(1, \dfrac{3}{2}\right)$ 处的切线方程和法线方程.

解　法一（利用隐函数求导法则）　方程两边对 x 求导，得

$$\frac{2x}{4} + \frac{2yy'}{3} = 0, \quad y' = -\frac{3x}{4y}, \quad k = y'\Big|_{\left(1,\frac{3}{2}\right)} = -\frac{1}{2},$$

故所求的切线方程为

$$y - \frac{3}{2} = -\frac{1}{2}(x-1),$$

即

$$y = -\frac{1}{2}x + 2.$$

法线方程为

$$y - \frac{3}{2} = 2(x-1),$$

即

$$y = 2x - \frac{1}{2}.$$

法二（利用复合函数求导法则）　由于点 $\left(1, \dfrac{3}{2}\right)$ 在上半椭圆上，其方程为

$$y = \frac{\sqrt{3}}{2}\sqrt{4-x^2}, \quad k = y'(1) = \frac{\sqrt{3}}{2} \times \frac{-x}{\sqrt{4-x^2}}\bigg|_{x=1} = -\frac{1}{2}.$$

结论与同解法一.

法三（利用参数方程求导法则）　把椭圆方程写成参数方程形式为

$$\begin{cases} x = 2\cos t \\ y = \sqrt{3}\sin t \end{cases}, \quad 0 \leqslant t \leqslant 2\pi,$$

点 $\left(1, \dfrac{3}{2}\right)$ 对应的参数 $t = \dfrac{\pi}{3}$，则

$$\frac{dy}{dx} = \frac{y'_t}{x'_t} = \frac{\sqrt{3}\cos t}{-2\sin t}, \frac{dy}{dx}\bigg|_{t=\frac{\pi}{3}} = -\frac{1}{2}.$$

结论同解法一.

8. 微分

例 3.28　回答下列问题.

（1）$f(x)$ 在点 x_0 处的微分是不是一个函数？

（2）设 $f(x)$ 在 (a,b) 内可微，$f(x)$ 的微分随哪些量而变化？

（3）设 $u = f(x)$，问 du 与 Δu 是否相等？

（4）设 $f(u)$ 可微，是否有 $df(u) = f'(u)\Delta u = f'(u)du$？

解　（1）$f(x)$ 在点 x_0 处的微分，$df(x)\big|_{x=x_0} = f'(x_0)\Delta x$ 是 Δx 的函数.

（2）当 $x \in (a,b)$ 时，$df(x) = f'(x)\Delta x$，随 $x \in (a,b)$ 及 Δx 而变化.

（3）一般说来，du 与 Δu 不一定相等. 当 u 是一次函数 $u = kx+b$ 时，$du = k\Delta x = \Delta u$；当 u 是二次函数 $u = x^2$ 时，$du = 2x\Delta x$，而 $\Delta u = 2x\Delta x + (\Delta x)^2$.

（4）当 u 为自变量时，$df(u) = f'(u)\Delta u = f'(u)du$；当 u 为另一变量 x 的可微函数时，$df(u) = f'(u)du$. 一般说来，它不等于 $f'(u)\Delta u$.

例 3.29　求下列函数的微分.

（1）$y = \dfrac{x}{2} \cdot \sqrt{x^2+a^2} + \dfrac{a^2}{2} \cdot \ln\left(x + \sqrt{x^2+a^2}\right) \quad (a>0)$；

（2）$y = \cos x^2 \cdot \sin^2 \dfrac{1}{x}$.

解　（1）该函数整体上是两部分的和，所以

$$y' = \left(\frac{x}{2} \cdot \sqrt{x^2+a^2}\right)' + \left[\frac{a^2}{2} \cdot \ln\left(x + \sqrt{x^2+a^2}\right)\right]'$$

$$= \left(\frac{x}{2}\right)'\sqrt{x^2+a^2} + \frac{x}{2}\left(\sqrt{x^2+a^2}\right)' + \frac{a^2}{2}\left[\ln\left(x + \sqrt{x^2+a^2}\right)\right]'$$

$$= \frac{1}{2}\sqrt{x^2+a^2} + \frac{x}{2} \cdot \frac{2x}{2\sqrt{x^2+a^2}} + \frac{a^2}{2} \cdot \frac{1}{x + \sqrt{x^2+a^2}}\left(1 + \frac{2x}{2\sqrt{x^2+a^2}}\right)$$

$$= \sqrt{x^2+a^2},$$

故 $\mathrm{d}y = \sqrt{x^2 + a^2}\,\mathrm{d}x$.

（2）该函数整体上是两因子的积，而且每一个因子又都是复合函数，所以

$$y' = (\cos x^2)' \cdot \sin^2 \frac{1}{x} + \cos x^2 \cdot \left(\sin^2 \frac{1}{x}\right)'$$

$$= -\sin x^2 \cdot 2x \cdot \sin^2 \frac{1}{x} + \cos x^2 \cdot 2\sin \frac{1}{x} \cdot \cos \frac{1}{x} \cdot \left(-\frac{1}{x^2}\right)$$

$$= -2x \sin x^2 \cdot \sin^2 \frac{1}{x} - \frac{1}{x^2} \cdot \sin \frac{2}{x} \cdot \cos x^2 ,$$

故

$$\mathrm{d}y = \left[-2x \sin x^2 \cdot \sin^2 \frac{1}{x} - \frac{1}{x^2} \cdot \sin \frac{2}{x} \cdot \cos x^2\right]\mathrm{d}x .$$

例 3.30　设函数 $y = y(x)$ 是由方程 $\mathrm{e}^{x+y} + \cos(xy) = 0$ 确定，求 $\mathrm{d}y$.

解　**法一**　按复合函数求导法则求隐函数的导数. 方程两边同时对 x 求导. 注意到 y 是 x 的函数，有

$$\mathrm{e}^{x+y}(1+y') - \sin(xy) \cdot (y + x \cdot y') = 0 ,$$

得

$$y' = \frac{y\sin(xy) - \mathrm{e}^{x+y}}{\mathrm{e}^{x+y} - x\sin(xy)} ,$$

故

$$\mathrm{d}y = \frac{y\sin(xy) - \mathrm{e}^{x+y}}{\mathrm{e}^{x+y} - x\sin(xy)}\mathrm{d}x .$$

法二　利用一阶微分形式的不变性，方程两边同时微分，得

$$\mathrm{e}^{x+y}\mathrm{d}(x+y) - \sin(xy)\mathrm{d}(xy) = 0 ,$$

于是有

$$\mathrm{e}^{x+y}(\mathrm{d}x + \mathrm{d}y) - \sin(xy)(y\mathrm{d}x + x\mathrm{d}y) = 0,$$

得

$$\frac{\mathrm{d}y}{\mathrm{d}x} = \frac{y\sin(xy) - \mathrm{e}^{x+y}}{\mathrm{e}^{x+y} - x\sin(xy)} ,$$

故

$$\mathrm{d}y = \frac{y\sin(xy) - \mathrm{e}^{x+y}}{\mathrm{e}^{x+y} - x\sin(xy)}\mathrm{d}x .$$

评注　求微分的方法有两种：

（1）直接利用公式 $\mathrm{d}y = f'(x)\mathrm{d}x$ ；

（2）利用一阶微分形式不变性.

例 3.31　用微分的方法计算 $\sqrt[3]{26}$ 的近似值.

解　因为 $\sqrt[3]{26} = \sqrt[3]{27-1} = 3 \times \sqrt[3]{1 - \frac{1}{27}}$ ，故选取函数 $f(x) = 3\sqrt[3]{x}$ ，取 $x_0 = 1$ ，则

$\Delta x = -\dfrac{1}{27}$，$f(x_0) = 3$，$f'(x_0) = 1$，计算可得

$$\sqrt[3]{1 - \frac{1}{27}} \approx f(x_0) + f'(x_0) \cdot \Delta x = 3 + 1 \times \left(-\frac{1}{27}\right) \approx 2.963.$$

评注　利用微分近似计算公式 $f(x_0 + \Delta x) \approx f(x_0) + f'(x_0)\Delta x$ 解题，要正确选择 x_0 和 Δx，原则是所选 x_0 要使 $f(x_0)$ 和 $f'(x_0)$ 易计算，而 $|\Delta x|$ 尽可能小，且自变量增量 Δx 可以取负值.

三、疑难问题解答

1. 设 $y = f(x)$ 在点 $x = x_0$ 处可导，问 $f'(x_0) = [f(x_0)]'$ 对吗？并讨论，若函数 $y = f(x)$ 在点 $x = x_0$ 处可导，且 $f(x_0) = 0$，是否必有 $f'(x_0) = 0$？

答　不对. 因为 $f'(x_0)$ 表示 $f(x)$ 在点 $x = x_0$ 处的导数，$[f(x_0)]'$ 表示对 $f(x)$ 在点 $x = x_0$ 处的函数值求导，且结果为 0.

当 $f(x_0) = 0$ 时，不一定有 $f'(x_0) = 0$. 例如，$f(x) = \sin x$，$f(0) = 0$，而 $f'(0) = 1 \neq 0$.

2. 设函数

$$f(x) = \begin{cases} x^2 \sin \dfrac{1}{x}, & x \neq 0 \\ 0, & x = 0 \end{cases},$$

当 $x \neq 0$ 时，$f'(x) = 2x \sin \dfrac{1}{x} - \cos \dfrac{1}{x}$，则下列两种说法是否正确？

（1）因为在点 $x = 0$ 处 $f'(x)$ 无意义，所以 $f(x)$ 在点 $x = 0$ 处不可导；

（2）因为 $\lim\limits_{x \to 0} f'(x)$ 不存在，所以 $f(x)$ 在点 $x = 0$ 处不可导.

答　都不正确. 事实上 $\lim\limits_{x \to 0} \dfrac{f(x) - f(0)}{x} = \lim\limits_{x \to 0} x \sin \dfrac{1}{x} = 0$，即 $f(x)$ 在点 $x = 0$ 处可导，且 $f'(0) = 0$. 错误原因分析如下：

1）因为 $f'(x) = 2x \sin \dfrac{1}{x} - \cos \dfrac{1}{x}$ 是仅在 $x \neq 0$ 时取得的，它在点 $x = 0$ 处无意义，不能断定 $f(x)$ 在点 $x = 0$ 处不可导.

2）因为 $\lim\limits_{x \to 0} f'(x)$ 存在与否与 $f'(0)$ 是否存在毫无关系，所以不能用 $\lim\limits_{x \to 0} f'(x)$ 不存在而推出 $f'(0)$ 不存在.

3. 设 $f(x)$ 在点 x_0 处可导，则极限

$$\lim_{h \to 0} \frac{f(x_0 + h) - f(x_0 - h)}{h} \xlongequal{x = x_0 - h} \lim_{h \to 0} \frac{f(x + 2h) - f(x)}{h}$$

$$= 2 \lim_{h \to 0} \frac{f(x + 2h) - f(x)}{2h}$$

$$= 2 \lim_{h \to 0} f'(x) = 2 \lim_{h \to 0} f'(x_0 - h) = 2f'(x_0),$$

问这个结论是否正确，做法对吗？

答　结论正确，但做法不对．解题过程中两处发生概念性错误：

（1）由题设条件仅知 $f(x)$ 在点 x_0 处可导，在 $x = x_0 - h$ 处是否可导无从知晓，因此 $\lim\limits_{h\to 0}\dfrac{f(x+2h)-f(x)}{2h}=\lim\limits_{h\to 0}f'(x)$ 是没有根据的，运算是错误的．

（2）错误还发生在最后一步．$2\lim\limits_{h\to 0}f'(x_0-h)=2f'(x_0)$ 这一极限运算需要导函数 $f'(x)$ 在点 x_0 处连续的条件才能得到，而题设中并没有给出这样的条件．

（3）反过来说，注意到 $f(x_0+h)-f(x_0-h)$ 是以 x_0 为中心的对称点 x_0+h 和 x_0-h 处的函数值之差，它对函数 $f(x)$ 在点 x_0 处的函数值无任何要求，也就是说，极限 $\lim\limits_{h\to 0}\dfrac{f(x_0+h)-f(x_0-h)}{h}$ 存在与否和函数 $f(x)$ 在点 x_0 处的函数值无关．当函数 $y=f(x)$ 在点 x_0 处不连续时，$\lim\limits_{h\to 0}\dfrac{f(x_0+h)-f(x_0-h)}{h}$ 可能存在．例如，函数

$$f(x)=\begin{cases}\cos\dfrac{1}{x}, & x\neq 0 \\ 0, & x=0\end{cases}$$

在点 $x=0$ 处不连续，但有

$$\lim\limits_{h\to 0}\dfrac{f(0+h)-f(0-h)}{h}=\lim\limits_{h\to 0}\dfrac{\cos\dfrac{1}{h}-\cos\dfrac{1}{h}}{h}=\lim\limits_{h\to 0}0=0,$$

而我们知道，由于 $\lim\limits_{h\to 0}\dfrac{f(0+h)-f(0)}{h}=\lim\limits_{h\to 0}\dfrac{\cos\dfrac{1}{h}}{h}$．不存在，故函数在点 $x=0$ 处不可导．

由此可进一步想到，对于任何偶函数 $f(x)$，$\lim\limits_{h\to 0}\dfrac{f(0+h)-f(0-h)}{h}$ 总是存在，且为零，但 $\lim\limits_{h\to 0}\dfrac{f(0+h)-f(0)}{h}$ 不一定存在．

正确的作法如下：

$$\lim\limits_{h\to 0}\dfrac{f(x_0+h)-f(x_0-h)}{h}=\lim\limits_{h\to 0}\left[\dfrac{f(x_0+h)-f(x_0)}{h}-\dfrac{f(x_0-h)-f(x_0)}{h}\right]$$
$$=\lim\limits_{h\to 0}\dfrac{f(x_0+h)-f(x_0)}{h}-\lim\limits_{h\to 0}\dfrac{f(x_0-h)-f(x_0)}{h}$$
$$=f'(x_0)+f'(x_0)=2f'(x_0).$$

4. 如果函数 $f(x)$ 在点 x_0 处不可导，是否能断定曲线 $y=f(x)$ 在 $(x_0,f(x_0))$ 点的切线不存在？

答　不能．例如，$f(x)=\sqrt[3]{x}$ 在点 $x=0$ 处不可导，但曲线 $y=f(x)$ 在此点的切线为 $x=0$．一定要注意，函数在给定点可导，其导数一定是有限值．

5. 问微分 $dy=f'(x)dx$ 中的 dx 是否要很小？

答　不一定．在微分定义中，表达式 $\Delta y=A\Delta x+o(\Delta x)$ 并非当 Δx 很小时才成立，而是不管 Δx 的大小都应成立，所以 $dy=A\Delta x$ 应理解为 Δx 的函数，而这个函数具有这样的

性质：当 Δx 趋于 0 时，它是无穷小量，且 $\Delta y - \mathrm{d}y$ 是 Δx 的高阶无穷小量.

6. 函数 $y = f(x)$ 在点 x_0 处的导数 $f'(x_0)$ 与微分 $\mathrm{d}y = f'(x_0)\mathrm{d}x$ 有什么区别？各有什么作用？

答　对一元函数来讲，其可导与可微是等价的，即可微必可导，可导必可微，且 $\mathrm{d}y = f'(x_0)\mathrm{d}x$. 尽管如此，导数与微分是完全不同的两个概念，导数 $f'(x_0)$ 是函数增量与自变量增量之比的极限，指的是函数在一点处的变化率，它只与 x_0 有关；而微分指的是函数改变量的线性主部，即近似值 $\Delta y \approx \mathrm{d}y = f'(x_0)\mathrm{d}x$，它是自变量增量 Δx 的线性函数，同时依赖于 x_0 和 Δx. 在几何上，$f'(x_0)$ 表示曲线 $y = f(x)$ 在 $(x_0, f(x_0))$ 处切线的斜率，而 $\mathrm{d}y$ 是曲线 $y = f(x)$ 在点 $(x_0, f(x_0))$ 处切线上的纵坐标的增量.

导数与微分的形式上的区别对讨论函数的不同问题有不同的作用. 一般来说，导数多用于函数性质理论上研究，而微分多用于近似计算和微分运算等.

 # 四、同步训练题

3.1　导数的概念

1. 选择题.

（1）设 $f(x)$ 在点 x_0 处不连续，则 $f(x)$ 在点 x_0 处（　　）.

  A. 一定不可导 B. 可能可导 C. 一定可导 D. 视 x_0 而定

（2）设 $f(x) = \begin{cases} \ln(1+3x), & x \geqslant 0 \\ 0, & x < 0 \end{cases}$，则 $f_+'(0) = $（　　）.

  A．-3 B. 3 C. 2 D. -2

（3）设函数 $f(x)$ 在点 $x=0$ 处可导，且 $\lim\limits_{x \to 0} \dfrac{f(2x) - f(0)}{3x} = 1$，则 $f'(0) = $（　　）.

  A. $\dfrac{2}{3}$ B. $\dfrac{3}{2}$ C. 6 D. $\dfrac{1}{6}$

（4）抛物线 $y = x^2 - x + 2$ 在点 $(1,2)$ 处的切线方程与法线方程分别是（　　）.

  A. $y = x+1,\ y = -x+3$ B. $y = x-1,\ y = -x+3$

  C. $y = -x+1,\ y = x-3$ D. $y = -x-1,\ y = x-3$

（5）函数 $f(x) = \begin{cases} x\sin\dfrac{1}{x}, & x \neq 0 \\ 0, & x = 0 \end{cases}$ 在点 $x=0$ 处（　　）.

  A. 连续，可导   B. 不连续，不可导

  C. 不连续，可导   D. 连续，不可导

2. 填空题.

（1）设函数 $f(x)$ 在点 x_0 处可导，则 $\lim\limits_{x \to x_0} \dfrac{f(x_0 - \Delta x) - f(x_0)}{\Delta x} = $ _____.

（2）曲线 $y = x^3 - 3x$ 上切线平行于 x 轴的点是 _____.

（3）设 $f(x)=\begin{cases}\cos 2x, & x<0 \\ 2x^2+1, & x\geqslant 0\end{cases}$，则 $f'(0)=$ _____．

（4）曲线 $y=\dfrac{\pi}{2}+\sin x$ 在 $\left(0,\dfrac{\pi}{2}\right)$ 处的切线的倾角为_____．

（5）若 $f(x)$ 是可导的奇函数，且 $f'(x_0)=5$，则 $f'(-x_0)=$ _____．

3. 讨论下列函数在点 $x=0$ 处的连续性与可导性．

（1）$y=x|x|$；　　　　（2）$y=\begin{cases}\dfrac{1}{x}\sin^\alpha x, & x\neq 0 \\ 0, & x=0\end{cases}$，$\alpha>0$．

4. 设函数 $f(x)=\begin{cases}\dfrac{4}{x}, & x\leqslant 1 \\ ax^2+bx+1, & x>1\end{cases}$ 在点 $x=1$ 处可导，则 a,b 应取什么值？

5. 设 $f(x)=\begin{cases}\dfrac{\sin x^2}{\sqrt{x}}, & x>0 \\ x^2, & x\leqslant 0\end{cases}$，求 $f'(x)$．

6*. 设 $f(x)=|x-a|g(x)$，其中 $g(x)$ 在点 $x=a$ 处连续且 $g(a)=0$，讨论 $f(x)$ 在点 $x=a$ 处的连续性与可导性．

3.2　函数的求导法则

1. 选择题．

（1）设 $y=\ln\sin x$，则 $y'=$（　　）．

A. $-\tan x$　　　　B. $\tan x$　　　　C. $\cot x$　　　　D. $-\cot x$

（2）设函数 $f(u)$ 可导，$y=f(e^x+e^{-x})$，则 $y'=$（　　）．

A. $(-e^x+e^{-x})f'(e^x+e^{-x})$　　　　B. $-(e^x+e^{-x})f'(e^x+e^{-x})$

C. $(e^x-e^{-x})f'(e^x+e^{-x})$　　　　D. $(e^x+e^{-x})f'(e^x+e^{-x})$

（3）设 $y=x+\ln x$，则 $\dfrac{\mathrm{d}x}{\mathrm{d}y}=$（　　）．

A. $\dfrac{x+1}{x}$　　　　B. $\dfrac{x}{x+1}$　　　　C. $1+x$　　　　D. $-\dfrac{x}{x+1}$

（4）设 $y=\arcsin(\ln x)$，则 $y'(1)=$（　　）．

A. $-\dfrac{1}{2}$　　　　B. -1　　　　C. $\dfrac{1}{2}$　　　　D. 1

（5）下列函数的导数中，计算正确的有（　　）个．

① $(\sin a^x)'=a^x\cos a^x$；　　　　② $(\log_a x)'=\dfrac{1}{a\ln x}$；

③ $(\sin^2 x^2)'=x\sin 2x^2$；　　　　④ $[(x^2+1)^{10}]'=20x(x^2+1)^9$．

A. 1　　　　B. 2　　　　C. 3　　　　D. 4

2. 填空题.

（1）设 $y = \sin x - 2x$，则其反函数的导数 $x'(y) =$ _____ .

（2）设 $y = \left(x + \mathrm{e}^{\frac{x}{2}} \right)^2$，则 $y'(0) =$ _____ .

（3）设函数 $f(u)$ 可导，$y = f(x \sin x)$，则 $y' =$ _____ .

（4）设函数 $y = \arctan \mathrm{e}^x$，则 $y' =$ _____ .

（5）设函数 $y = x \operatorname{atctan} x$，则 $y' =$ _____ .

3. 求下列函数在给定点处的导数.

（1）$y = \sin \sqrt{1+x^2}$，求 $y'\big|_{x=1}$；

（2）$y = x \arccos x - \sqrt{1-x^2}$，求 $f'(0)$.

4. 求下列函数的导数.

（1）$y = \dfrac{x}{1+\sqrt{x}}$；

（2）$y = x^3(1 + \ln x)$；

（3）$y = \ln(\ln x) + \arcsin \sqrt{x}$；

（4）$y = a^{\cos \frac{1}{x}}$, $a > 0$, $a \neq 1$.

5. 设 $f(u)$ 可导，求 y'.

（1）$y = \ln[f(\sin x)]$，$f(u) > 0$；

（2）$y = f(\ln x) + f(\tan x)$.

6*. 设 $f(x)$ 为可导函数，且 $f(\tan x) = \dfrac{1 + \sin^2 x}{\cos^2 x}$，求 $f'(x)$.

3.3　高阶导数

1. 选择题.

（1）已知函数 $y = (1+x^2)\arctan x$，则 $y'' = ($　　$)$.

    A. $2\arctan x + \dfrac{2x}{1+x^2}$ B. 0

    C. $2\arctan x + \dfrac{x}{1+x^2}$ D. $\dfrac{2x}{1+x^2}$

（2）设函数 $y = \cos\left(2x + \dfrac{\pi}{4}\right)$，则 $y^{(n)} = ($　　$)$.

    A. $2^n \cos\left(2x + \dfrac{2n+1}{4}\pi\right)$ B. $2^n \cos\left(2x + \dfrac{n\pi}{4}\right)$

    C. $\cos\left(2x + \dfrac{n\pi}{2}\right)$ D. $\cos\left[2x + \dfrac{(2n+1)\pi}{4}\right]$

（3）已知函数 $y = \dfrac{1}{x^2 - 1}$，则 $y^{(n)} = ($　　$)$.

    A. $\dfrac{(-1)^n n!}{2}\left[\dfrac{1}{(x-1)^{n+1}} + \dfrac{1}{(x+1)^{n+1}}\right]$ B. $\dfrac{(-1)^n n!}{2}\left[\dfrac{1}{(x-1)^{n+1}} - \dfrac{1}{(x+1)^{n+1}}\right]$

C. $\dfrac{n!}{2} \cdot \dfrac{1}{(x^2-1)^{n+1}}$ 　　　　　　　　　　　　D. $\dfrac{n!}{2} \cdot \dfrac{1}{(x^2-1)^n}$

（4）设函数 $y = \mathrm{e}^x \cos x$ ，则 $y''(0) = $ （ 　　 ）．

　　　A. -1 　　　　　　B. 1 　　　　　　C. 0 　　　　　　D. 2

（5）设 $y = \ln \sin 2x$ ，则 $y'' = $ （ 　　 ）．

　　　A. $-4\sec^2 2x$ 　　B. $4\csc^2 2x$ 　　C. $4\sec^2 2x$ 　　D. $-4\csc^2 2x$

2. 填空题.

（1）设 $y = \sin(3x+2)$ ，则 $y^{(n)} = $ _____ ．

（2）设 $f(x) = \arctan x$ ，则 $f''(0) = $ _____ ．

（3）设 $y = x^2 \mathrm{e}^{-x}$ ，则 $y^{(10)}(x) = $ _____ ．

（4）设 $f(x) = 2^x$ ，则 $f^{(n)}(x) = $ _____ ．

（5）设 $f(x) = (2x+1)(x+2)^2(x+3)^3$ ，则 $f^{(6)}(x) = $ _____ ．

3. 求下列函数的二阶导数.

（1）$y = f(\ln x)$, $f(u)$ 二阶可导；　　　　　（2）$y = x \ln\left(x + \sqrt{1+x^2}\right)$．

4^*. 设 $f(x) = \begin{cases} x^2 \tan x, & x > 0 \\ 0, & x \leqslant 0 \end{cases}$ ，讨论 $f(x)$ 在点 $x = 0$ 处二阶导数的存在性.

3.4　隐函数及由参数方程所确定的函数的导数　相关变化率

1. 选择题.

（1）设方程 $x \ln y - \mathrm{e}^{2x} + \tan y = 0 \left(0 < y < \dfrac{\pi}{2}\right)$ 确定函数 $y = y(x)$ ，则 $\left.\dfrac{\mathrm{d}y}{\mathrm{d}x}\right|_{x=0} = $ （ 　　 ）．

　　　A. $\dfrac{1}{2}\left(1 - \ln\dfrac{\pi}{4}\right)$ 　　B. $2 - \ln\dfrac{\pi}{4}$ 　　C. $\dfrac{1}{2}\left(2 - \ln\dfrac{\pi}{4}\right)$ 　　D. $\dfrac{1}{2}\left(2 - \ln\dfrac{\pi}{3}\right)$

（2）已知一个长方形的长 l 以 2cm/s 的速率增加，宽 w 以 3cm/s 的速率增加，则当 $l = 12$cm，$w = 5$cm 时，它的对角线增加的速率为（ 　　 ）．

　　　A. 4 　　　　　　B. 3 　　　　　　C. 2 　　　　　　D. 1

（3）设函数 $y = y(x)$ 由方程 $\tan y = x + y$ 所确定，则 $\dfrac{\mathrm{d}y}{\mathrm{d}x} = $ （ 　　 ）．

　　　A. $\cot^2 y$ 　　　　B. $-\cot^2 y$ 　　　　C. $\tan^2 y$ 　　　　D. $-\tan^2 y$

（4）设函数 $y = x^{\sin x} (x>0)$ ，则 $y' = $ （ 　　 ）．

　　　A. $x^{\sin x}\left(\cos x \ln x - \dfrac{\sin x}{x}\right)$ 　　　　　　B. $x^{\sin x}\left(\cos x \ln x + \dfrac{\sin x}{x}\right)$

　　　C. $x^{\sin x}\left(\cos x \ln x - \dfrac{\cos x}{x}\right)$ 　　　　　　D. $x^{\sin x}\left(\cos x \ln x + \dfrac{\cos x}{x}\right)$

（5）设函数 $y = y(x)$ 由参数方程 $\begin{cases} x = \arctan t \\ y = \ln(1+t^2) \end{cases}$ 所确定，则 $\dfrac{\mathrm{d}y}{\mathrm{d}x} = $ （ 　　 ）．

　　　A. t 　　　　　　B. $-t$ 　　　　　　C. $2t$ 　　　　　　D. $-2t$

2. 填空题.

（1）方程 $x^2 + 2xy + y^2 = 3x$ 确定了函数 $y = y(x)$，则 $\dfrac{\mathrm{d}y}{\mathrm{d}x} = $ _____ .

（2）设 $y = \arctan\left(\dfrac{x}{y}\right)$，则 $\dfrac{\mathrm{d}y}{\mathrm{d}x} = $ _____ .

（3）方程 $xy + \ln y = 1$ 确定了函数 $y = y(x)$，则 $\dfrac{\mathrm{d}y}{\mathrm{d}x}\Big|_{\substack{x=1\\y=1}} = $ _____ .

（4）等边三角形的边长 x 以每秒 $0.5\mathrm{m}$ 的速度增加，则当 $x = 8$ 时三角形面积的变化速度为 _____ .

（5）设参数方程 $\begin{cases} x = \dfrac{t^2}{2} \\ y = 1 - t \end{cases}$ 确定了函数 $y = y(x)$，则 $\dfrac{\mathrm{d}^2 y}{\mathrm{d}x^2} = $ _____ .

3. 求由下列方程所确定的隐函数的导数 $\dfrac{\mathrm{d}y}{\mathrm{d}x}$.

（1）$xy^2 + \mathrm{e}^y = \sin(x+y)$ ；　　　　　　（2）$x + y = \cos x \cdot \ln y$.

4. 用对数求导法则求下列函数的导数.

（1）$y = (x^2 + 1)^{\ln(1+x)}$ ；　　　　　　（2）$y = x\sin x \cdot \sqrt[3]{\dfrac{x-2}{x+3}}$.

5. 求由参数方程 $\begin{cases} x = 2t - t^2 \\ y = 3t - t^3 \end{cases}$ 所确定的函数的导数 $\dfrac{\mathrm{d}y}{\mathrm{d}x}$，以及二阶导数 $\dfrac{\mathrm{d}^2 y}{\mathrm{d}x^2}$.

6. 将水注入深为 $H\mathrm{m}$，上顶半径为 $R\mathrm{m}$ 的正圆锥形容器中，其速率为 $a\mathrm{m}^3/\mathrm{min}$，当水深为 $b\mathrm{m}$ 时，其表面上升的速率为多少？

7*. 设函数 $y = y(x)$ 由方程 $\ln(x^2 + y + 1) = x^3 y + \sin x$ 确定，（1）求曲线 $y = y(x)$ 在点 $(0, y(0))$ 处的切线方程；（2）求 $\lim\limits_{n\to\infty} ny\left(\dfrac{2}{n}\right)$.

3.5　函数的微分

1. 选择题.

（1）关于函数 $y = f(x)$ 在点 x 处连续、可导及可微三者的关系，下列说法正确的是（　）.

    A. 连续是可微的充分条件　　　　　　B. 可导是可微的充分必要条件

    C. 可微不是连续的充分条件　　　　　　D. 连续是可导的充分必要条件

（2）$\mathrm{d}(\quad) = \left(\dfrac{1}{\sqrt{1-x^2}} + \dfrac{1}{x}\right)\mathrm{d}x$.

    A. $\ln x + C$　　　　　　　　　　B. $\arcsin x - \dfrac{1}{x^2} + C$

    C. $\arccos x + C$　　　　　　　　D. $\arcsin x + \ln|x| + C$

（3）设函数 $y = x^2$，则当 x 由 1 改变到 1.01 时，函数的微分 $\mathrm{d}y =$（　　　）.

A. 0.01　　　　　　B. 0.02　　　　　　C. −0.02　　　　　　D. −0.01

（4）设 $y = \mathrm{e}^x \sin(3 - 2x)$，则 $\mathrm{d}y =$（　　　）.

A. $\mathrm{e}^x[\sin(3 - 2x) - \cos(3 - 2x)]\mathrm{d}x$　　　　B. $\mathrm{e}^x[\sin(3 - 2x) + \cos(3 - 2x)]\mathrm{d}x$

C. $\mathrm{e}^x[\sin(3 - 2x) - 2\cos(3 - 2x)]\mathrm{d}x$　　　D. $\mathrm{e}^x[\sin(3 - 2x) + 2\cos(3 - 2x)]\mathrm{d}x$

（5）设 $f(x) = \ln(\sin^2 x)$，则 $\mathrm{d}f(x) =$（　　　）.

A. $2\cot x\,\mathrm{d}x$　　　B. $\csc^2 x\,\mathrm{d}x$　　　C. $\cot x\,\mathrm{d}x$　　　D. $2\csc x\,\mathrm{d}x$

2. 填空题.

（1）$\mathrm{d}\underline{\hspace{5cm}} = x^2 \mathrm{d}x$；

（2）$\mathrm{d}\underline{\hspace{5cm}} = \dfrac{1}{1 + x^2}\mathrm{d}x$；

（3）$\mathrm{d}\underline{\hspace{5cm}} = \left(\dfrac{1}{1 + x} + \sec^2 x\right)\mathrm{d}x$；

（4）$\mathrm{d}\underline{\hspace{5cm}} = \left(a^x \ln a - \csc^2 x\right)\mathrm{d}x$；

（5）$\mathrm{d}\underline{\hspace{5cm}} = (\sec x \cdot \tan x)\mathrm{d}x$.

3. 求下列函数的微分.

（1）$y = x^2 \ln x$；　　　　　　　　　　（2）$\ln\sqrt{x^2 + y^2} = \arctan\dfrac{y}{x}$.

4*. 计算 $\sin 29°$ 的近似值.

五、自测题

1. 选择题（每题 3 分，共 15 分）.

（1）设 $y = x^2 \ln x$，则 $y' =$（　　　）.

A. $2x \ln x$　　　　B. x　　　　C. $2x + \ln x$　　　　D. $2x \ln x + x$

（2）当 $x \to 0^+$ 时，下列变量与 $\sqrt{x}$ 是等价无穷小的是（　　　）.

A. $1 - \mathrm{e}^{\sqrt{x}}$　　　B. $\ln\left(1 + x + \sqrt{x}\right)$　　　C. $\sqrt{1 + \sqrt{x}} - 1$　　　D. $1 - \cos\sqrt{x}$

（3）设 $y = \sin 3x$，则 $y'' =$（　　　）.

A. $-9\sin 3x$　　　B. $-9\cos 3x$　　　C. $9\sin 3x$　　　D. $9\cos 3x$

（4）设函数 $f(x)$ 可导，$y = f(-x^2)$，则 $\mathrm{d}y =$（　　　）.

A. $2f'(-x^2)\mathrm{d}x$　　　　　　　　　B. $2xf'(-x^2)\mathrm{d}x$

C. $-2f'(-x^2)\mathrm{d}x$　　　　　　　　D. $-2xf'(-x^2)\mathrm{d}x$

（5）由方程 $x^2 y^2 - \mathrm{e}^x + \mathrm{e}^y = 0$ 所确定的隐函数 $y = y(x)$ 的导数 $y'(0) =$（　　　）.

A. 0　　　　　　B. −1　　　　　　C. 1　　　　　　D. 2

2. 填空题（每题 3 分，共 15 分）.

（1）设 $f(x) = x(x+1)(x+2)(x+3)$，则 $f'(0) = $ _____ ，$[f(0)]' = $ _____ .

（2）曲线 $x^3 + y^3 - xy = 7$ 上点 $(1,2)$ 处的法线方程为 _____ .

（3）若 $f(x) = \ln|x-1|$，则 $f'(x) = $ _____ .

（4）若 $y = (x+1)(x+2)^2(x+3)^3$，则 $y^{(6)} = $ _____ .

（5）设函数 $y = \tan(1+x^2)$，则导数 $\dfrac{dx}{dy} = $ _____ .

3. 解答题（每题 6 分，共 30 分）.

（1）设 $\begin{cases} x = \ln\sqrt{1+t^2} \\ y = \arctan t \end{cases}$，求 $\dfrac{dy}{dx}, \dfrac{d^2y}{dx^2}$；

（2）设 $y = \left(\dfrac{x}{1+x}\right)^x$，$x > 0$，求 dy.

（3）验证 $y = e^x \sin x$ 满足关系式 $y'' - 2y' + 2y = 0$.

（4）设 $y = f(x)$ 是由方程 $y = 1 + x e^y$ 所确定的隐函数，求 $f'(x)$.

（5）设 $f(x) = \begin{cases} \ln(1+ax^b), & x \geq 0 \\ \dfrac{e^{x^2}-1}{\sin 2x}, & x < 0 \end{cases}$ 在点 $x=0$ 处可导，求 a, b.

4. 分析题（每题 10 分，共 20 分）.

（1）设 $f(x) = \begin{cases} e^{2x}, & x \geq 0 \\ ax+b, & x < 0 \end{cases}$ 在点 $x=0$ 处可导，求 a, b.

（2）设函数 $f(x)$ 在点 $x=0$ 处可导，且 $f(0) = 0$, $f'(0) = 2$，求 $\lim\limits_{x \to 0} \dfrac{f(1-\cos x)}{\tan x^2}$.

5. 应用题（10 分）.

一长为 5m 的梯子斜靠在墙上，梯子下端以 0.5m/s 的速率滑离墙壁，当梯子与墙的夹角为 $\dfrac{\pi}{3}$ 时，该夹角的增加速率为多少？

6. 证明题（10 分）.

证明双曲线 $xy = a^2$ 上任意一点处的切线与两坐标轴构成的三角形的面积都等于 $2a^2$.

 六、参考答案与提示

3.1 导数的概念

1.（1）A； （2）B； （3）B； （4）A； （5）D.

2.（1）$-f'(x_0)$； （2）$(-1,2),(1,-2)$； （3）0； （4）$\dfrac{\pi}{4}$； （5）5.

3.（1）在点 $x=0$ 处连续、可导，且 $f'(0)=0$；

（2）$\alpha>1$ 时，$f(x)$ 在点 $x=0$ 处连续；$\alpha\geqslant2$ 时，$f(x)$ 在点 $x=0$ 处可导. 提示：

$$\lim_{x\to0}f(x)=\lim_{x\to0}\frac{\sin^\alpha x}{x}=\lim_{x\to0}\frac{x^\alpha}{x}=\lim_{x\to0}x^{\alpha-1}=f(0)=0\Rightarrow\alpha>1.$$

$$f'(0)=\lim_{x\to0}\frac{f(x)-f(0)}{x}=\lim_{x\to0}\frac{\sin^\alpha x}{x^2}=\lim_{x\to0}\frac{x^\alpha}{x^2}=\lim_{x\to0}x^{\alpha-2}\text{ 存在，得 }\alpha\geqslant2.$$

4. $a=-7$，$b=10$. 提示：利用左、右极限和左、右导数计算.

$$f(1^-)=f(1^+)=f(1)\Rightarrow a+b=3;\qquad f'_-(1)=f'_+(1)\Rightarrow a+3=-4.$$

5. $f'(x)=\begin{cases}\dfrac{4x^2\cos x^2-\sin x^2}{2\sqrt{x^3}}, & x>0 \\ 2x, & x\leqslant0\end{cases}$. 提示：当 $x>0$ 和 $x<0$ 时，用求导公式求导，

在点 $x=0$ 处用导数定义求左、右导数.

6*.连续，可导. 提示：$f'(a)=\lim_{x\to a}\dfrac{f(x)-f(a)}{x-a}=\lim_{x\to a}\dfrac{|x-a|}{x-a}g(x)=0.$

3.2　函数的求导法则

1.（1）C；　　（2）C；　　（3）B；　　（4）D；　（5）A.

2.（1）$\dfrac{1}{\cos x-2}$；　（2）3；　　（3）$f'(x\sin x)(\sin x+x\cos x)$；

（4）$\dfrac{e^x}{1+e^{2x}}$；　　　　（5）$\arctan x+\dfrac{x}{1+x^2}$.

3.（1）$\dfrac{\cos\sqrt2}{\sqrt2}$；　　　　（2）$\dfrac{\pi}{2}$.

4.（1）$y'=\dfrac{2+\sqrt x}{2(1+\sqrt x)^2}$；　　（2）$y'=x^2(4+3\ln x)$；

（3）$\dfrac{1}{x\ln x}+\dfrac{1}{2\sqrt{x-x^2}}$；　　（4）$\dfrac{1}{x^2}\cdot\sin\dfrac1x\cdot a^{\cos\frac1x}\cdot\ln a$.

5.（1）$\dfrac{\cos xf'(\sin x)}{f(\sin x)}$；　（2）$\dfrac1x\cdot f'(\ln x)+\sec^2x\cdot f'(\tan x)$.

6*. $f'(x)=4x$. 提示：$f(\tan x)=\sec^2x+\tan^2x=2\tan^2x+1$，所以 $f(x)=2x^2+1$.

3.3　高阶导数

1.（1）A；　　　（2）A；　　（3）B；　　（4）C；　（5）D.

2.（1）$3^n\sin\left(3x+2+\dfrac{n\pi}{2}\right)$；　（2）0；　　（3）$e^{-x}(x^2-20x+90)$；

（4）$2^x(\ln2)^n$；　　　　（5）1440.

3. （1） $\dfrac{f''(\ln x)-f'(\ln x)}{x^2}$; （2） $\dfrac{2+x^2}{(1+x^2)^{\frac{3}{2}}}$.

4*. $f''(0)=0$. 提示：当 $x>0$ 时， $f'(x)=2x\tan x+x^2\sec^2 x$ ；当 $x<0$ 时， $f'(x)=0$.

在点 $x=0$ 处，有 $f_+'(0)=\lim\limits_{x\to 0^+}\dfrac{f(x)-f(0)}{x}=\lim\limits_{x\to 0^+}\dfrac{x^2\tan x}{x}=0$,

$$f_-'(0)=\lim\limits_{x\to 0^-}\dfrac{f(x)-f(0)}{x}=\lim\limits_{x\to 0^-}\dfrac{0}{x}=0 .$$

故

$$f'(x)=\begin{cases}2x\tan x+x^2\sec^2 x, & x>0\\ 0, & x\leqslant 0\end{cases} .$$

$$f_+''(0)=\lim\limits_{x\to 0^+}\dfrac{f'(x)-f'(0)}{x}=\lim\limits_{x\to 0^+}\dfrac{2x\tan x+x^2\sec^2 x}{x}=0 ,$$

$$f_-''(0)=\lim\limits_{x\to 0^-}\dfrac{f'(x)-f'(0)}{x}=\lim\limits_{x\to 0^-}\dfrac{0}{x}=0 .$$

3.4 隐函数及由参数方程所确定的函数的导数 相关变化率

1. （1）C； （2）B； （3）A； （4）B； （5）C.

2. （1） $\dfrac{3}{2x+2y}-1$ ； （2） $\dfrac{y}{x^2+y^2+x}$ ； （3） $\dfrac{1}{2}$ ；

（4） $2\sqrt{3}$ ； （5） $\dfrac{1}{t^3}$.

3. （1） $\dfrac{\cos(x+y)-y^2}{\mathrm{e}^y-\cos(x+y)+2xy}$ ； （2） $\dfrac{1+\sin x\ln y}{\dfrac{\cos x}{y}-1}$ ；

4. （1） $(1+x^2)^{\ln(1+x)}\left[\dfrac{\ln(1+x^2)}{1+x}+\dfrac{2x\ln(1+x)}{1+x^2}\right]$ ；

（2） $x\sin x\sqrt[3]{\dfrac{x-2}{x+3}}\left[\dfrac{1}{x}+\cot x+\dfrac{1}{3}\left(\dfrac{1}{x-2}-\dfrac{1}{x+3}\right)\right]$.

5. $\dfrac{\mathrm{d}y}{\mathrm{d}x}=\dfrac{3}{2}(1+t),\dfrac{\mathrm{d}^2 y}{\mathrm{d}x^2}=\dfrac{3}{4(1-t)}$.

6. $\dfrac{\mathrm{d}h}{\mathrm{d}t}=\dfrac{H^2 a}{\pi R^2 b^2}$ (m/min) .

7*. （1）切线方程为 $y=x$ ； （2） $\lim\limits_{n\to\infty}ny\left(\dfrac{2}{n}\right)=2$.

提示：当 $x=0$ 时， $y(0)=0$ ，所以 $\lim\limits_{n\to\infty}ny\left(\dfrac{2}{n}\right)=2\lim\limits_{n\to\infty}\dfrac{y\left(\dfrac{2}{n}\right)-y(0)}{\dfrac{2}{n}}=2y'(0)=2$.

3.5　函数的微分

1.（1）B；　　　　　（2）D；　　　　　（3）B；　　　　　（4）C；　　　（5）A.

2.（1）$\dfrac{1}{3}x^3+C$；　　（2）$\arctan x+C$；　　（3）$\ln|1+x|+\tan x+C$；

（4）$a^x+\cot x+C$；　　（5）$\sec x+C$.

3.（1）$\dfrac{-x}{\sqrt{1-x^2}}\mathrm{d}x$；　　（2）$\dfrac{x+y}{x-y}\mathrm{d}x$.

4*. 0.484885.

自测题

1.（1）D；　　　　　（2）B；　　　　　（3）A；　　　　　（4）D；　　　（5）C.

2.（1）$6,0$；　　（2）$y-2=11(x-1)$ 或 $11x-y=9$；　　　　　（3）$\dfrac{1}{x-1}$；

（4）720；　　　　（5）$\dfrac{\cos^2(1+x^2)}{2x}$.

3.（1）$\dfrac{\mathrm{d}y}{\mathrm{d}x}=\dfrac{1}{t},\dfrac{\mathrm{d}^2y}{\mathrm{d}x^2}=-\dfrac{1+t^2}{t^3}$；

（2）$\mathrm{d}y=\left(\dfrac{x}{1+x}\right)^x\left(\ln\dfrac{x}{1+x}+\dfrac{1}{1+x}\right)\mathrm{d}x$；

（3）略；　（4）$\dfrac{\mathrm{e}^y}{1-x\mathrm{e}^y}$；　（5）$a=\dfrac{1}{2},\ b=1$.

4.（1）$a=2,\ b=1$. 提示：由函数连续性和可导性计算.

连续性：$f(0^+)=f(0^-)=f(0)=1\Rightarrow b=1$.

可导性：$f_+{}'(0)=\lim\limits_{x\to0^+}\dfrac{\mathrm{e}^{2x}-1}{x}=2=f_-{}'(0)=\lim\limits_{x\to0^-}\dfrac{ax}{x}=a\Rightarrow a=2$.

（2）1. 提示：$\lim\limits_{x\to0}\dfrac{f(1-\cos x)}{\tan x^2}=\lim\limits_{x\to0}\dfrac{f(1-\cos x)-f(0)}{1-\cos x}\cdot\dfrac{1-\cos x}{\tan x^2}=\dfrac{1}{2}f'(0)$.

5. $0.2\mathrm{rad}/\mathrm{s}$. 提示：$\sin\theta=\dfrac{x}{5}$，对两边求导，得 $\cos\theta\dfrac{\mathrm{d}\theta}{\mathrm{d}t}=\dfrac{1}{5}\times\dfrac{\mathrm{d}x}{\mathrm{d}t}$.

6. 略. 提示：曲线在任一点处的切线为 $y-y_0=-\dfrac{a^2}{x_0{}^2}(x-x_0)$，即 $y=-\dfrac{a^2}{x_0{}^2}x+\dfrac{2a^2}{x_0}$.

面积为 $A=\dfrac{1}{2}\left|2x_0\cdot\dfrac{2a^2}{x_0}\right|=2a^2$.

第四章 微分中值定理及导数的应用

 一、基本概念、性质与结论

1. 微分中值定理

（1）罗尔（Rolle）定理. 如果函数 $f(x)$ 满足以下条件：

1）闭连续——在闭区间 $[a,b]$ 上连续；

2）开可导——在开区间 (a,b) 内可导；

3）端点等高——端点处 $f(a)=f(b)$，

则在 (a,b) 内至少存在一点 ξ，使得 $f'(\xi)=0$，$a<\xi<b$.

（2）拉格朗日（Lagrange）中值定理（微分中值定理）. 如果函数 $f(x)$ 满足以下条件：

1）在闭区间 $[a,b]$ 上连续；

2）在开区间 (a,b) 内可导，则在 (a,b) 内至少存在一点 ξ，使得

$$f'(\xi)=\frac{f(b)-f(a)}{b-a},\ a<\xi<b.$$

上式还可以表示成下面形式：

$$f(x+\Delta x)-f(x)=[f'(x)+\theta\Delta x]\Delta x,$$

其中 x，$x+\Delta x\in[a,b]$，$0<\theta<1$.

（3）柯西（Cauchy）中值定理. 如果函数 $f(x)$ 和 $F(x)$ 满足以下条件：

1）在闭区间 $[a,b]$ 上连续；

2）在开区间 (a,b) 内可导，且 $F'(x)\neq0$，

则在 (a,b) 内至少存在一点 ξ，使得

$$\frac{f(b)-f(a)}{F(b)-F(a)}=\frac{f'(\xi)}{F'(\xi)},\ a<\xi<b.$$

（4）泰勒（Taylor）中值定理：如果函数 $f(x)$ 在点 x_0 的某个邻域内具有直到 $n+1$ 阶导数，则对于此邻域内的任何 x，在 x 与 x_0 之间至少存在一点 ξ，使得

$$f(x)=f(x_0)+f'(x_0)(x-x_0)+\frac{f''(x_0)}{2!}(x-x_0)^2+\cdots+\frac{f^{(n)}(x_0)}{n!}(x-x_0)^n+R_n(x),$$

上式称为 $f(x)$ 按 $(x-x_0)$ 的幂展开的 n 阶泰勒公式.

$$p_n(x)=f(x_0)+f'(x_0)(x-x_0)+\frac{f''(x_0)}{2!}(x-x_0)^2+\cdots+\frac{f^{(n)}(x_0)}{n!}(x-x_0)^n$$

称为函数 $f(x)$ 在点 x_0 处的 n 阶泰勒多项式. 其中，$R_n(x)=\dfrac{f^{(n+1)}(\xi)}{(n+1)!}(x-x_0)^{n+1}$（$\xi$ 介于 x_0

与 x 之间）称为泰勒公式的拉格朗日型余项. $R_n(x)=o\left[(x-x_0)^n\right](x\to x_0)$ 称为泰勒公式的皮亚诺型余项.

若 $x_0=0$ 时，泰勒公式

$$f(x)=f(0)+f'(0)x+\frac{f''(0)}{2!}x^2+\cdots+\frac{f^{(n)}(0)}{n!}x^n+R_n(x)$$

称为 $f(x)$ 的麦克劳林（Maclaurin）公式. 其中，$R_n(x)=\frac{f^{(n+1)}(\xi)}{(n+1)!}x^{n+1}=\frac{f^{(n+1)}(\theta x)}{(n+1)!}x^{n+1}$

$(0<\theta<1)$ 称为麦克劳林公式的拉格朗日型余项，$R_n(x)=o(x^n)(x\to 0)$ 称为麦克劳林公式的皮亚诺型余项.

（5）常用初等函数的麦克劳林（Maclaurin）公式.

1）$e^x=1+x+\dfrac{x^2}{2!}+\cdots+\dfrac{x^n}{n!}+\dfrac{e^{\theta x}}{(n+1)!}x^{n+1}$；

2）$\sin x=x-\dfrac{x^3}{3!}+\dfrac{x^5}{5!}+\cdots+(-1)^{n-1}\dfrac{x^{2n-1}}{(2n-1)!}+\dfrac{\sin\left[\theta x+(2n+1)\dfrac{\pi}{2}\right]}{(2n+1)!}x^{2n+1}$；

3）$\cos x=1-\dfrac{x^2}{2!}+\dfrac{x^4}{4!}+\cdots+(-1)^n\dfrac{x^{2n}}{(2n)!}+\dfrac{\cos[\theta x+(n+1)\pi]}{(2n+2)!}x^{2n+2}$；

4）$\ln(1+x)=x-\dfrac{x^2}{2}+\dfrac{x^3}{3}-\cdots+(-1)^{n-1}\dfrac{x^n}{n}+(-1)^n\dfrac{1}{(1+\theta x)^{n+1}}\dfrac{x^{n+1}}{n+1}$；

5）$(1+x)^\alpha=1+\alpha x+\dfrac{\alpha(\alpha-1)}{2!}x^2+\cdots+\dfrac{\alpha(\alpha-1)\cdots(\alpha-n+1)}{n!}x^n$

$\qquad+\dfrac{\alpha(\alpha-1)\cdots(\alpha-n)}{(n+1)!}(1+\theta x)^{\alpha-n-1}x^{n+1}$,

其中，$0<\theta<1$.

2. 洛必达法则

（1）"$\dfrac{0}{0}$" 型：若满足

1）$\lim\limits_{x\to a}f(x)=0$，$\lim\limits_{x\to a}F(x)=0$；

2）在 $\mathring{U}(a)$ 内 $f'(x)$，$F'(x)$ 均存在，且 $F'(x)\neq 0$；

3）$\lim\limits_{x\to a}\dfrac{f'(x)}{F'(x)}=A$（$A$ 为有限值或 ∞），则 $\lim\limits_{x\to a}\dfrac{f(x)}{F(x)}=\lim\limits_{x\to a}\dfrac{f'(x)}{F'(x)}$（$a$ 也可以是 $\pm\infty$）.

（2）"$\dfrac{\infty}{\infty}$" 型：若满足

1）$\lim\limits_{x\to a}f(x)=\infty$，$\lim\limits_{x\to a}F(x)=\infty$；

2）在 $\mathring{U}(a)$ 内 $f'(x)$，$F'(x)$ 均存在，且 $F'(x)\neq 0$；

3）$\lim\limits_{x\to a}\dfrac{f'(x)}{F'(x)}=A$（$A$ 为有限值或 ∞），则 $\lim\limits_{x\to a}\dfrac{f(x)}{F(x)}=\lim\limits_{x\to a}\dfrac{f'(x)}{F'(x)}$（$a$ 也可以是 $\pm\infty$）.

其他的未定型还有"$0 \cdot \infty$""$\infty - \infty$""1^∞""0^0""∞^0"等，这些未定型的极限都可以通过代数方法化为"$\dfrac{0}{0}$"型或"$\dfrac{\infty}{\infty}$"型的极限.

3. 函数性态研究

（1）单调性的判别法：设函数 $f(x)$ 在 $[a,b]$ 上连续，在 (a,b) 内可导.

1）如果在区间 (a,b) 内 $f'(x) > 0$，则函数 $f(x)$ 在 $[a,b]$ 上单调增加；

2）如果在区间 (a,b) 内 $f'(x) < 0$，则函数 $f(x)$ 在 $[a,b]$ 上单调减少.

（2）极值的判别法.

1）极值存在的必要条件.　如果函数 $f(x)$ 在点 x_0 处取得极值，且 $f(x)$ 在点 x_0 处可导，则 $f'(x_0) = 0$.

2）极值存在的充分条件.

① 第一充分条件：设函数 $f(x)$ 在点 x_0 处连续，在 $\overset{\circ}{U}(x_0)$ 内可导.

a. 当 $x < x_0$ 时，$f'(x) > 0$；当 $x > x_0$ 时，$f'(x) < 0$，则称 x_0 为极大值点；

b. 当 $x < x_0$ 时，$f'(x) < 0$；当 $x > x_0$ 时，$f'(x) > 0$，则称 x_0 为极小值点；

c. 若 $f'(x)$ 在 x_0 左右两侧不变号，则 x_0 不是极值点.

② 第二充分条件：设函数 $f(x)$ 在点 x_0 处具有二阶导数，且 $f'(x) = 0$.

a. 当 $f''(x_0) < 0$ 时，函数 $f(x)$ 在点 x_0 处取得极大值；

b. 当 $f''(x_0) > 0$ 时，函数 $f(x)$ 在点 x_0 处取得极小值；

c. 当 $f''(x_0) = 0$ 时，x_0 可能是极值点，也可能不是极值点.

注意　若函数 $f(x)$ 在点 $x = x_0$ 处有 $f'(x_0) = f''(x_0) = \cdots = f^{(n-1)}(x_0) = 0$, 而 $f^{(n)}(x_0) \neq 0$, 则当 n 为偶数且 $f^{(n)}(x_0) > 0$ 时，$f(x)$ 在点 x_0 处取得极小值；当 n 为偶数且 $f^{(n)}(x_0) < 0$ 时，$f(x)$ 在点 x_0 处取得极大值；当 n 为奇数时，$f(x)$ 在点 x_0 处不取极值.

（3）求连续函数 $f(x)$ 在 $[a,b]$ 上的最大（或最小）值. 具体步骤如下：

1）求函数 $f(x)$ 的驻点和不可导点，分别为 $x_1, x_2, \cdots, x_m$；

2）计算函数值 $f(x_i)(i = 1, 2, \cdots, m)$ 及 $f(a), f(b)$；

3）比较 2）中的结果，最大（或最小）者为最大（或最小）值.

注意　在实际应用问题中，若目标函数 $f(x)$ 在定义区间内部只有一个驻点 x_0，且具体问题一定有最大值或最小值，则该点就是所求的最大或最小值点，$f(x_0)$ 就是所求的最大或最小值.

（4）凹凸性的判别法. 设函数 $f(x)$ 在 $[a,b]$ 上连续，在 (a,b) 内具有二阶导数.

1）如果在 (a,b) 内 $f''(x) > 0$，则曲线 $y = f(x)$ 在 $[a,b]$ 上的图形是凹的；

2）如果在 (a,b) 内 $f''(x) < 0$，则曲线 $y = f(x)$ 在 $[a,b]$ 上的图形是凸的.

（5）拐点的判别法.

1）拐点存在的必要条件：设函数 $f(x)$ 在点 x_0 处连续，在点 x_0 的某邻域内具有二阶导数，若 $f''(x)$ 在 x_0 的左右两侧异号，则点 $(x_0, f(x_0))$ 是曲线 $y = f(x)$ 上的一个拐点.

2）拐点存在的充分条件：设函数 $f(x)$ 在点 x_0 的附近具有连续的二阶导数，且

$f''(x_0)=0$，又函数 $f(x)$ 在点 x_0 处具有三阶导数，且 $f'''(x_0) \neq 0$，则点 $(x_0, f(x_0))$ 是曲线 $y=f(x)$ 上的一个拐点.

（6）渐近线的判别法.

1）若 $\lim\limits_{\substack{x \to \infty \\ (x \to +\infty \\ x \to -\infty)}} f(x) = c$，则 $y=c$ 为曲线 $y=f(x)$ 的水平渐近线.

2）若 $\lim\limits_{\substack{x \to x_0 \\ (x \to x_0^+ \\ x \to x_0^-)}} f(x) = \infty$，则 $x=x_0$ 为曲线 $y=f(x)$ 的铅直渐近线.

3）若 $\lim\limits_{\substack{x \to \infty \\ (x \to +\infty \\ x \to -\infty)}} \dfrac{f(x)}{x} = k$，$\lim\limits_{\substack{x \to \infty \\ (x \to +\infty \\ x \to -\infty)}} [f(x) - kx] = b$，则称 $y=kx+b$ 为曲线 $y=f(x)$ 的斜渐近线.

（7）描绘简单函数图形的步骤.

1）确定函数 $y=f(x)$ 的定义域，考虑函数的某些性质（如奇偶性、周期性等），并求出函数的一阶导数 $f'(x)$ 和二阶导数 $f''(x)$.

2）求出方程 $f'(x)=0$ 和 $f''(x)=0$ 在函数定义域内的全部实根，用这些根和导数不存在的点把函数的定义域划分为几个部分区间.

3）在这些部分区间内确定 $f'(x)$ 和 $f''(x)$ 的符号，并由此确定函数图形的升降、凹凸、极值点和拐点.

4）确定函数图形的水平、铅直、斜渐近线以及其他变化趋势.

5）求出方程 $f'(x)=0$ 和 $f''(x)=0$ 的根所对应的函数值，定出图形上相应的点. 为了把图形描绘得准确些，有时还会补充一些点，连接这些点画出函数 $y=f(x)$ 的图形.

4. 导数在经济学中的应用

（1）边际函数. $f(x)$ 的边际函数是指 $f(x)$ 关于自变量 x 的变化率 $f'(x)$，并称 $f'(x_0)$ 为 $f(x)$ 在点 x_0 处的边际值.

例如，$C'(Q)$ 是边际成本函数，$R'(Q)$ 是边际收益函数，$L'(Q)$ 是边际利润函数，$Q'(p)$ 称为边际需求函数，$S'(p)$ 为边际供给函数，而分别称 $C'(Q_0)$、$R'(Q_0)$、$L'(Q_0)$、$Q'(p_0)$ 和 $S'(p_0)$ 为在 Q_0 处的边际成本、边际收益、边际利润和在 p_0 处的边际需求、边际供给.

边际分析是指利用边际函数或边际值研究经济函数的性质（即经济量的变化性态）的方法.

（2）弹性函数. 可微函数 $y=f(x)$ 在点 x_0 处的弹性定义为

$$\left. \frac{Ey}{Ex} \right|_{x=x_0} = \lim_{\Delta x \to 0} \left[\frac{f(x_0 + \Delta x) - f(x_0)}{f(x)} \middle/ \frac{\Delta x}{x} \right] = \frac{f'(x_0)}{f(x_0)} x_0 ,$$

$\left. \dfrac{Ey}{Ex} \right|_{x=x_0}$ 常简记为 $\varepsilon(x_0)$ 或 $E(x_0)$.

$f(x)$ 关于 x 的弹性函数 $\dfrac{f'(x)}{f(x)}x$ 表示在点 x_0 处当自变量改变 1% 时，因变量 y 将改变 $|\varepsilon(x_0)|\%$．

例如，需求函数 $Q = Q(p)$ 关于价格 p 的弹性（简称需求弹性）为 $-\dfrac{Q'(p)}{Q(p)}p$，它的经济学意义是当产品价格增加 1% 时，需求量 Q 将减少 $\eta\%$，其中 $\eta = -\dfrac{Q'(p)}{Q(p)}p$．

又如，供给函数 $S = S(p)$ 关于价格 p 的弹性（简称供给弹性）为 $\dfrac{S'(p)}{S(p)}p$，它的经济意义是当产品价格增加 1% 时，供给量 S 将增加 $\varepsilon\%$，其中 $\varepsilon = \dfrac{S'(p)}{S(p)}p$．

所谓弹性分析是指用弹性函数来分析经济量的变化．

设总收益为 R，则总收益函数为

$$R = p \cdot Q, \quad R'(p) = Q + pQ'(p) = Q(p)\left[1 - \frac{Q'(p)}{-Q(p)}p\right] = Q(p)[1 - \eta(p)]$$

1）若 $\eta < 1$，需求变动的比例低于价格变动的比例，此时 $R' > 0$，R 单调增加，提价可使总收益增加；

2）若 $\eta > 1$，需求变动的比例高于价格变动的比例，此时 $R' < 0$，R 单调减少，提价可使总收益减少；

3）若 $\eta = 1$，需求变动的比例与价格变动的比例相等，此时 $R' = 0$，R 取极大值，此时，价格上涨（或下跌）1% 时，需求量下降（或上升）1%，两者变动的比例是相同的，故无论降价或提价，对总收益无明显影响．

（3）连续复利．设 P 为本金，r 为年利率，A 为本利和，则一年复利的计算公式如表 4-1 所示．

表 4-1

一年计算次数	一年本利和
1	$A = P \cdot (1 + r)$
2（半年）	$A = P \cdot \left(1 + \dfrac{r}{2}\right)^2$
4（每季）	$A = P \cdot \left(1 + \dfrac{r}{4}\right)^4$
$\vdots$	$\vdots$
n	$A = P \cdot \left(1 + \dfrac{r}{n}\right)^n$
$n \to \infty$ （连续复利）	$A = \lim\limits_{n \to \infty} P \cdot \left(1 + \dfrac{r}{n}\right)^n = P \cdot \mathrm{e}^r$

二、典型例题分析

1. 正确理解微分中值定理

例 4.1 解下列各题.

（1）验证罗尔定理对函数 $f(x)=x^3+5x^2-8x-12$ 在区间 $[-1,2]$ 上的正确性；

（2）验证拉格朗日中值定理对函数 $f(x)=\arcsin x$ 在 $[-1,1]$ 上的正确性；

（3）验证柯西中值定理对函数 $f(x)=1-\sin\dfrac{x}{2}$ 及 $F(x)=\pi-x$ 在区间 $[0,\pi]$ 上的正确性.

解 （1）显然，$f(x)=x^3+5x^2-8x-12$ 在区间 $[-1,2]$ 上连续，在 $(-1,2)$ 内可导，且 $f(-1)=f(2)=0$，满足罗尔定理的三个条件，因此由罗尔定理可知，应至少有一点 $\xi\in(-1,2)$，使 $f'(\xi)=3\xi^2+10\xi-8=0$ 成立.

由 $f'(x)=3x^2+10x-8=0$，得 $x_1=\dfrac{2}{3}$，$x_2=-4$. 取 $\xi=\dfrac{2}{3}\in(-1,2)$，则 $f'(\xi)=0$. 所以罗尔定理对函数 $f(x)=x^3+5x^2-8x-12$ 在区间 $[-1,2]$ 上是正确的.

（2）显然，$f(x)=\arcsin x$ 在 $[-1,1]$ 上连续，在 $(-1,1)$ 内可导，满足拉格朗日中值定理的两个条件，因此由拉格朗日中值定理可知，应至少有一点 $\xi\in(-1,1)$，使 $\dfrac{f(1)-f(-1)}{2}=f'(\xi)$ 成立.

由 $f'(x)=\dfrac{1}{\sqrt{1-x^2}}=\dfrac{\pi}{2}$，得 $x=\pm\sqrt{1-\dfrac{4}{\pi^2}}$. 取 $\xi_1=-\sqrt{1-\dfrac{4}{\pi^2}}\in(-1,1)$，$\xi_2=\sqrt{1-\dfrac{4}{\pi^2}}\in(-1,1)$，则有 $f'(\xi_i)=\dfrac{f(1)-f(-1)}{2}$ $(i=1,2)$.

（3）显然，$f(x)=1-\sin\dfrac{x}{2}$，$F(x)=\pi-x$ 在 $[0,\pi]$ 上连续，在 $(0,\pi)$ 内可导，且 $F'(x)=-1\neq0$，所以满足柯西中值定理的两个条件，因此由柯西中值定理可知，应至少有一点 $\xi\in(0,\pi)$，使 $\dfrac{f(\pi)-f(0)}{F(\pi)-F(0)}=\dfrac{f'(\xi)}{F'(\xi)}$ 成立.

由 $\dfrac{f(\pi)-f(0)}{F(\pi)-F(0)}=\dfrac{f'(x)}{F'(x)}$，即 $\cos\dfrac{x}{2}=\dfrac{2}{\pi}$，得 $x=2\arccos\dfrac{2}{\pi}$. 于是取 $\xi=2\arccos\dfrac{2}{\pi}\in(0,\pi)$，得 $\dfrac{f(\pi)-f(0)}{F(\pi)-F(0)}=\dfrac{f'(\xi)}{F'(\xi)}$.

评注 验证中值定理的正确性，其解题步骤如下：先验证所用定理的条件是否全部满足；当条件满足时，再求出定理结论中 ξ 的值.

2. 讨论中值的存在性

例 4.2 设 $f(x)$ 在 $[a,b]$ 上连续，在 (a,b) 内可导，证明至少存在一点 $\xi\in(a,b)$，使得

$$bf(b)-af(a)=[f(\xi)+\xi f'(\xi)](b-a).$$

分析 显然证明此类题要用到中值定理，下面介绍一种解题方法，通过以下步骤作

辅助函数.

（1）将结论变形：把含 ξ 的项移一边，其余的项移另一边，有

$$\frac{bf(b)-af(a)}{b-a}=f(\xi)+\xi f'(\xi).$$

（2）观察含 ξ 的一边是哪个函数的导数或哪两个函数导数之比（观察两边可看出用哪个中值定理），有

$$f(\xi)+\xi f'(\xi)=[xf(x)]'|_{x=\xi}.$$

（3）括号内的函数即是我们要构造的辅助函数. 作辅助函数 $\varphi(x)=xf(x)$，此题显然是对 $\varphi(x)=xf(x)$ 在 $[a,b]$ 上应用拉格朗日中值定理即可.

证明　**法一**　作辅助函数 $\varphi(x)=xf(x)$，则 $\varphi'(x)=f(x)+xf'(x)$，显然 $\varphi(x)$ 在 $[a,b]$ 上满足拉格朗日中值定理的条件，于是至少存在一点 $\xi\in(a,b)$，使得

$$\varphi(b)-\varphi(a)=\varphi'(\xi)(b-a),$$

即

$$bf(b)-af(a)=[f(\xi)+\xi f'(\xi)](b-a).$$

法二　令 $k=\dfrac{bf(b)-af(a)}{b-a}$，则 $bf(b)-af(a)=k(b-a)$，即 $bf(b)-af(a)-k(b-a)=0$，将上式中的 b 换为 x，作辅助函数

$$\varphi(x)=xf(x)-af(a)-k(x-a),$$

则 $\varphi(x)$ 在 $[a,b]$ 上连续，在 (a,b) 内可导，且 $\varphi(a)=\varphi(b)=0$，由罗尔定理可知，至少存在一点 $\xi\in(a,b)$，使 $\varphi'(\xi)=0$，即 $k=f(\xi)+\xi f'(\xi)$. 故

$$\frac{bf(b)-af(a)}{b-a}=f(\xi)+\xi f'(\xi).$$

评注　利用辅助函数是求解数学证明题的一个重要方法，难点是构造辅助函数. 构造辅助函数的基本思想如下，从欲证问题的结论入手，通过逆向分析，去寻找一个满足题设条件和结论要求的函数. 辅助函数不是唯一的，证明时只要找到一个即可，证明与微分中值定理有关的命题，作辅助函数的常用方法有以下两种：

（1）原函数法：用原函数法作辅助函数的一般步骤如下，将欲证结论中的 ξ 换为 x，通过恒等变形将结论化为某函数的微分形式，并且用 $f(x)=0$ 表示，观察或求不定积分（第五章内容）得 $f(x)$ 的一个原函数 $\varphi(x)$，使 $\varphi'(x)=f(x)$. 如果 $\varphi(x)$ 已满足要求，则 $\varphi(x)$ 为所找辅助函数；如果 $\varphi(x)$ 不满足题设要求，则对 $\varphi(x)$ 作恒等变形直至所作函数满足要求.

（2）待定常数法：这种方法适用于常数可分离出的命题，构造辅助函数的步骤如下.

① 将所给的式子进行变形，使其一端含有中值的导数式（如拉格朗日中值定理 $\dfrac{f(b)-f(a)}{b-a}=f'(\xi)$），另一端含有区间端点及其函数值、导数值有关的常数；

② 记含有区间端点及其函数值、导数值有关的常数为 k；

③ 将②所述关于 k 的等式变形整理，把右端移至左端，再把区间的右端点（或左端

点）换为 x，将所得式子记为 $\varphi(x)$，这就是所作的辅助函数；

④ 由 k 的取法及 $\varphi(x)$ 的作法可知，$\varphi(x)$ 满足罗尔定理；

⑤ 应用罗尔定理于 $\varphi(x)$，便知存在 $\xi \in (a,b)$，使 $\varphi'(\xi) = 0$．由 $\varphi'(\xi) = 0$，解出待定常数 k，即得所证结论．

凡对牵涉到函数端点值及导数中间值的公式，一般都可用这种方法（就是按这套固定程序）来证明．

例 4.3 设 $0 < a < b$，$f(x)$ 在 $[a,b]$ 上可导，证明至少存在一点 $\xi \in (a,b)$，使得

$$f(b) - f(a) = \xi f'(\xi) \ln \frac{b}{a}.$$

证明 法一 将结论变形，得

$$\frac{f(b) - f(a)}{\ln b - \ln a} = \xi f'(\xi) = \frac{f'(\xi)}{\frac{1}{\xi}}.$$

作辅助函数 $F(x) = \ln x$，$F'(x) = \frac{1}{x}$，$F(x)$ 与 $f(x)$ 在 $[a,b]$ 上连续，在 (a,b) 内可导，满足柯西中值定理的条件，则至少存在一点 $\xi \in (a,b)$，使得

$$\frac{f(b) - f(a)}{\ln b - \ln a} = \frac{f'(\xi)}{\frac{1}{\xi}} = \xi f'(\xi),$$

即

$$f(b) - f(a) = \xi f'(\xi) \ln \frac{b}{a}.$$

法二 将结论变形，得 $\dfrac{f(b) - f(a)}{\ln b - \ln a} = \xi f'(\xi)$，令 $k = \dfrac{f(b) - f(a)}{\ln b - \ln a}$，则有

$$f(b) - f(a) = k(\ln b - \ln a).$$

将上式中的 b 换为 x，作辅助函数

$$\varphi(x) = f(x) - f(a) - k(\ln x - \ln a),$$

则 $\varphi(x)$ 在 $[a,b]$ 上连续，在 (a,b) 内可导，且 $\varphi(a) = \varphi(b) = 0$，由罗尔定理，至少存在一点 $\xi \in (a,b)$，使 $\varphi'(\xi) = 0$，即 $k = \xi f'(\xi)$．故

$$f(b) - f(a) = \xi f'(\xi) \ln \frac{b}{a}.$$

例 4.4 设 $f(x)$ 在 $\left[0, \dfrac{\pi}{2}\right]$ 上连续，在 $\left(0, \dfrac{\pi}{2}\right)$ 内可导，且 $f\left(\dfrac{\pi}{2}\right) = 0$．证明：至少存在一点 $\xi \in \left(0, \dfrac{\pi}{2}\right)$，使得 $f(\xi) + \tan \xi \cdot f'(\xi) = 0$．

分析 将结论变形，得 $\cos \xi \cdot f(\xi) + \sin \xi \cdot f'(\xi) = 0$，观察得 $[\sin x \cdot f(x)]'_\xi = 0$．

证明 构造辅助函数 $\varphi(x) = \sin x \cdot f(x)$，显然 $\varphi(x)$ 在 $\left[0, \dfrac{\pi}{2}\right]$ 上连续，在 $\left(0, \dfrac{\pi}{2}\right)$ 内可导，

$\varphi'(x)=\cos x\cdot f(x)+\sin x\cdot f'(x)$，且 $\varphi(0)=\varphi\left(\dfrac{\pi}{2}\right)=0$，所以 $\varphi(x)$ 在 $\left[0,\dfrac{\pi}{2}\right]$ 上满足罗尔定理.

由罗尔定理得，至少存在一点 $\xi\in\left(0,\dfrac{\pi}{2}\right)$，使得 $\varphi'(\xi)=0$，整理即得 $f(\xi)+\tan\xi\cdot f'(\xi)=0$.

例 4.5　设函数 $f(x)$ 在 $[a,b]$ 上连续，在 (a,b) 内可导且 $f'(x)\neq 0$，试证：存在 $\xi,\eta\in(a,b)$，使

$$\frac{f'(\xi)}{f'(\eta)}=\frac{\mathrm{e}^b-\mathrm{e}^a}{b-a}\mathrm{e}^{-\eta}.$$

证明　显然，$f(x)$ 与 $g(x)=\mathrm{e}^x$ 在 $[a,b]$ 上满足柯西中值定理的条件，由柯西中值定理可知，存在 $\eta\in(a,b)$ 使

$$\frac{f(b)-f(a)}{\mathrm{e}^b-\mathrm{e}^a}=\frac{f'(\eta)}{\mathrm{e}^{\eta}}.$$

由条件又知，$f(x)$ 在 $[a,b]$ 上满足拉格朗日中值定理的条件，于是存在 $\xi\in(a,b)$，使 $f(b)-f(a)=f'(\xi)(b-a)$，和上式联立即得

$$\frac{f'(\eta)}{\mathrm{e}^{\eta}}=\frac{f'(\xi)(b-a)}{\mathrm{e}^b-\mathrm{e}^a}.$$

由 $f'(x)\neq 0$ 知 $f'(\eta)\neq 0$，综上可得，存在 $\xi,\eta\in(a,b)$，使

$$\frac{f'(\xi)}{f'(\eta)}=\frac{\mathrm{e}^b-\mathrm{e}^a}{b-a}\mathrm{e}^{-\eta}.$$

评注　对于含有两个或两个以上中值的验证问题，常需要使用两次或两次以上中值定理. 证题的一般步骤如下：

（1）将欲证等式变形，使含不同中值的表达式各在等式一边.

（2）从表达式中易于应用中值公式的一端出发，应用一次中值定理，使所证等式化为只含一个中值的等式.

（3）作辅助函数再一次使用中值公式.

对本题，将所证等式变形为

$$\frac{f'(\eta)}{\mathrm{e}^{\eta}}=\frac{f'(\xi)(b-a)}{\mathrm{e}^b-\mathrm{e}^a},$$

观察易知，左端是柯西中值定理中函数 $f(x)$ 与 e^x 在区间 $[a,b]$ 上的中值部分，故先对左端用柯西中值定理讨论.

例 4.6　设在 $[1,+\infty)$ 上 $f''(x)<0$，且 $f(1)=2$，$f'(1)=-3$. 证明方程 $f(x)=0$ 在 $(1,+\infty)$ 内有唯一实根.

证明　（1）根的存在性：将 $f(x)$ 在点 $x=1$ 处展成带拉格朗日余项的一阶泰勒公式，得

$$f(x)=f(1)+f'(1)(x-1)+\frac{1}{2}f''(\xi)(x-1)^2$$

$$=2-3(x-1)+\frac{1}{2}f''(\xi)(x-1)^2<5-3x,\ 1<\xi<x.$$

$f(2)<5-6=-1<0$，由零点定理知，至少存在一点 $\xi\in(1,2)\subset(1,+\infty)$，使得 $f(\xi)=0$，所以方程 $f(x)=0$ 在 $[1,+\infty)$ 上至少有一个根.

（2）根的唯一性：$f'(x)$ 在 $[1,x]$ 上满足拉格朗日中值定理，得

$$f'(x)=f'(1)+f''(\eta)(x-1)<0 \quad (1<\eta<x),$$

所以 $f(x)$ 在 $[1,+\infty)$ 上单调减少，方程 $f(x)=0$ 在 $[1,+\infty)$ 上至多有一个根.

综上，方程 $f(x)=0$ 在 $(1,+\infty)$ 内有唯一实根.

3. 利用拉格朗日中值定理证明等式（不等式）

例 4.7 设 $a>b>0$，证明：$\dfrac{a-b}{a}<\ln\dfrac{a}{b}<\dfrac{a-b}{b}$.

分析 因 $\ln\dfrac{a}{b}=\ln a-\ln b$，且含有 $a-b$，原式等价于 $\dfrac{1}{a}<\dfrac{\ln a-\ln b}{a-b}<\dfrac{1}{b}$，故考虑用拉格朗日中值定理.

证明 令 $f(x)=\ln x$，$f'(x)=\dfrac{1}{x}$. 而 $f(x)$ 在 $[a,b]$ 上连续，在 (a,b) 内可导，满足拉格朗日中值定理的条件，则至少存在一点 $\xi\in(b,a)$，使得

$$\frac{\ln a-\ln b}{a-b}=f'(\xi)=\frac{1}{\xi},$$

而 $a>\xi>b>0$，则

$$\frac{1}{a}<\frac{\ln a-\ln b}{a-b}<\frac{1}{b},$$

即

$$\frac{a-b}{a}<\ln\frac{a}{b}<\frac{a-b}{b}.$$

评注 一般地，若不等式中含有函数值的差 $f(b)-f(a)$ 和自变量的差 $b-a$ 的商，可考虑用拉格朗日中值定理证明不等式，将 $f'(\xi)$ 放大或缩小即得不等式，但有时还要借助于函数 $f(x)$ 的单调性.

例 4.8 证明当 $x\neq 0$ 时，$\arctan x^2+\arctan\dfrac{1}{x^2}=\dfrac{\pi}{2}$.

证明 令 $f(x)=\arctan x^2+\arctan\dfrac{1}{x^2}$，则

$$f'(x)=\frac{2x}{1+x^4}+\frac{1}{1+\frac{1}{x^4}}\cdot\left(-\frac{2}{x^3}\right)\equiv 0.$$

所以 $x\neq 0$ 时，$f(x)$ 恒为常数，即 $f(x)=\arctan x^2+\arctan\dfrac{1}{x^2}=C$. 又 $f(1)=\arctan 1+\arctan 1=\dfrac{\pi}{2}$，故 $C=\dfrac{\pi}{2}$，从而证得当 $x\neq 0$ 时，有

$$\arctan x^2+\arctan\frac{1}{x^2}=\frac{\pi}{2}.$$

评注 拉格朗日中值定理有一个重要推论：设 $f(x)$ 在区间 I 上可导，且在区间 I 上 $f'(x) \equiv 0$，则在区间 I 上 $f(x)$ 恒为常数，记为 $f(x) \equiv C$.

例 4.9 证明：$\lim\limits_{n \to \infty} n^2 \left[\arctan \dfrac{a}{n} - \arctan \dfrac{a}{n+1} \right] = a$.

证明 令 $f(x) = \arctan \dfrac{a}{x}$，则 $f(x)$ 在 $[n, n+1]$ 上连续，在 $(n, n+1)$ 内可导. 由拉格朗日中值定理知，至少存在一点 $\xi \in (n, n+1)$，使得

$$\frac{\arctan \dfrac{a}{n} - \arctan \dfrac{a}{n+1}}{n - (n+1)} = \left(\arctan \frac{a}{x} \right)' \bigg|_{x=\xi} = \frac{-a}{\xi^2 + a^2},$$

即得

$$\frac{a}{(n+1)^2 + a^2} < \arctan \frac{a}{n} - \arctan \frac{a}{n+1} = \frac{a}{\xi^2 + a^2} < \frac{a}{n^2 + a^2}.$$

因为 $\lim\limits_{n \to \infty} n^2 \cdot \dfrac{a}{(n+1)^2 + a^2} = a$, $\lim\limits_{n \to \infty} n^2 \cdot \dfrac{a}{n^2 + a^2} = a$, 由夹逼准则知

$$\lim\limits_{n \to \infty} n^2 \left[\arctan \frac{a}{n} - \arctan \frac{a}{n+1} \right] = a.$$

评注 （1）本题也可引入函数 $f(x) = \arctan(ax)$，在 $\left[\dfrac{1}{n+1}, \dfrac{1}{n} \right]$ 上利用拉格朗日中值定理.

（2）一般命题中出现可导函数在两点的函数值的差 $\left(\arctan \dfrac{a}{n} - \arctan \dfrac{a}{n+1} \right)$，可考虑使用拉格朗日中值定理.

4. 利用导数证明不等式

例 4.10 证明下列不等式.

（1）当 $x > 0$ 时，$\ln\left(1 + \dfrac{1}{x}\right) > \dfrac{1}{1+x}$；

（2）当 $0 < x < \dfrac{\pi}{2}$ 时，$\sin x > \dfrac{2}{\pi} x$；

（3）当 $0 < x < 2$ 时，$4x \ln x - x^2 - 2x + 4 > 0$；

（4）当 $0 < x < 1$ 时，$(1+x) \ln^2(1+x) < x^2$.

证明 （1）令

$$f(x) = \ln\left(1 + \frac{1}{x}\right) - \frac{1}{1+x} = \ln(1+x) - \ln x - \frac{1}{1+x},$$

因为

$$f'(x) = \frac{1}{1+x} - \frac{1}{x} + \frac{1}{(1+x)^2} = -\frac{1}{x(1+x)^2} < 0, \quad x > 0,$$

所以 $f(x)$ 单调递减. 又

$$\lim_{x\to+\infty}f(x)=\lim_{x\to+\infty}\left[\ln\left(1+\frac{1}{x}\right)-\frac{1}{1+x}\right]=\ln 1-0=0,$$

故当 $x>0$ 时，$f(x)>\lim\limits_{x\to+\infty}f(x)=0$，从而

$$\ln\left(1+\frac{1}{x}\right)>\frac{1}{1+x}.$$

（2）令 $f(x)=\sin x-\frac{2}{\pi}x$，则 $f(0)=0$，$f\left(\frac{\pi}{2}\right)=0$．因为

$$f'(x)=\cos x-\frac{2}{\pi},\ f''(x)=-\sin x<0,0<x<\frac{\pi}{2},$$

所以 $f(x)$ 在 $\left[0,\frac{\pi}{2}\right]$ 上的图形是凸的．于是当 $0<x<\frac{\pi}{2}$ 时，有

$$f(x)>\min\left\{f(0),f\left(\frac{\pi}{2}\right)\right\}=0,$$

从而当 $0<x<\frac{\pi}{2}$ 时，$\sin x>\frac{2}{\pi}x$．

（3）令 $f(x)=4x\ln x-x^2-2x+4$（$0<x<2$），因为

$$f'(x)=4\ln x-2x+2,\ f''(x)=\frac{2(2-x)}{x}.$$

当 $f'(x)=0$ 时，$x=1$ 且 $f''(1)>0$，故 $x=1$ 是唯一极小值点，所以 $f(1)=1$ 是 $f(x)$ 在 $(0,2)$ 内的最小值．从而当 $x\in(0,2)$ 时，有

$$f(x)\geqslant f(1)=1>0.$$

由此证得，当 $0<x<2$ 时，$4x\ln x-x^2-2x+4>0$．

（4）令 $f(x)=x^2-(1+x)\ln^2(1+x)$，则 $f(0)=0$，只要证明当 $0<x<1$时 $f(x)>0$ 即可．因为

$$f'(x)=2x-\ln^2(1+x)-2\ln(1+x),\ f'(0)=0,$$

$$f''(x)=2-\frac{2\ln(1+x)}{1+x}-\frac{2}{1+x}=\frac{2[x-\ln(1+x)]}{1+x}.$$

注意到当 $0<x<1$ 时 $\frac{2}{1+x}>0$，故令 $g(x)=x-\ln(1+x)$，则

$$g'(x)=1-\frac{1}{1+x}>0.$$

于是 $g(x)$ 在 $[0,1]$ 上单调增加，当 $0<x<1$时，$g(x)>g(0)=0$，因此 $f''(x)>0$，即 $f'(x)$ 在 $[0,1]$ 上单调增加，当 $0<x<1$时，$f'(x)>f'(0)=0$．进而有 $f(x)$ 在 $[0,1]$ 上单调增加，当 $0<x<1$ 时，$f(x)>f(0)=0$ 成立．由此证得，当 $0<x<1$ 时，$(1+x)\ln^2(1+x)<x^2$．

评注　利用导数证明函数不等式的主要方法是：①利用微分中值定理；②利用泰勒公式；③利用函数的单调性；④利用函数图形的凹凸性；⑤利用极值和最值．这些方法的共同特点是，选取变量构造辅助函数，研究辅助函数的单调性、凹凸性、极值和最值等．对于具体问题，并不一定各种方法都适用，需具体问题具体分析．

例 4.11 求证：$e^{\pi} > \pi^{e}$.

证明 不等式可化为 $\pi \ln e > e \ln \pi$，进而问题可转化为证明：$\dfrac{\ln e}{e} > \dfrac{\ln \pi}{\pi}$.

令 $f(x) = \dfrac{\ln x}{x}$，$x \in [e, \pi]$，则 $f(x)$ 在 $[e, \pi]$ 上连续、可导，且 $f'(x) = \dfrac{1 - \ln x}{x^2}$. 当 $x > e$ 时，$f'(x) < 0$. 所以 $f(x)$ 在 $[e, \pi]$ 上单调减少，故 $f(e) > f(\pi)$，即 $\dfrac{\ln e}{e} > \dfrac{\ln \pi}{\pi}$，从而 $e^{\pi} > \pi^{e}$.

例 4.12 设 $f(x)$ 具有二阶导数，且 $f''(x) > 0$，$\lim\limits_{x \to 0} \dfrac{f(x)}{x} = 1$，证明 $f(x) \geqslant x$.

证明 由 $\lim\limits_{x \to 0} \dfrac{f(x)}{x} = 1$ 可知 $f(0) = 0$，$f'(0) = \lim\limits_{x \to 0} \dfrac{f(x) - f(0)}{x} = 1$，则有泰勒公式

$$f(x) = f(0) + f'(0)x + \frac{1}{2!} f''(\xi) x^2, \quad \xi \text{ 介于 } 0 \text{ 与 } x \text{ 之间}.$$

将 $f(0) = 0$，$f'(0) = 1$，$f''(\xi) > 0$ 代入上式，易得 $f(x) \geqslant x$.

评注 利用泰勒公式证明不等式时，一般选择已知条件最多的点作为展开点，选择问题所要讨论的点处展开.

例 4.13 设函数 $f(x)$ 在 $[a, +\infty)$ 上连续，$f''(x)$ 在 $(a, +\infty)$ 内存在且大于零，又 $F(x) = \dfrac{f(x) - f(a)}{x - a}$ $(x > a)$. 证明：$F(x)$ 在 $(a, +\infty)$ 内单调增加.

证明 因为

$$F'(x) = \frac{(x - a)f'(x) - [f(x) - f(a)]}{(x - a)^2},$$

显然，当 $x > a$ 时分母大于零，只要确定函数

$$g(x) = (x - a)f'(x) - [f(x) - f(a)], \quad x > a$$

的符号.

由 $f''(x) > 0$ 知，当 $x > a$ 时，有

$$g'(x) = f'(x) + (x - a)f''(x) - f'(x) = (x - a)f''(x) > 0,$$

所以 $g(x)$ 在 $[a, x]$ 上单调增加，从而 $g(x) > g(a) = 0$，故 $F'(x) > 0$，从而知 $F(x)$ 在 $x > a$ 时单调增加.

评注 以下解法是错误的.

错解一 由条件可知，$f(x)$ 在 $[a, x]$ 上满足拉格朗日中值定理的条件，因此

$$F(x) = \frac{f(x) - f(a)}{x - a} = f'(\xi), \quad a < \xi < x,$$

所以 $F'(x) = f''(\xi)$. 由于 $x \in (a, +\infty)$ 时 $f''(x) > 0$，故 $F'(x) = f''(\xi) > 0$，从而 $F(x)$ 在 $(a, +\infty)$ 内单调增加.

错解二 在 $(a, +\infty)$ 内任取 $x_1 < x_2$，由拉格朗日中值定理，有

$$F(x_2) = \frac{f(x_2) - f(a)}{x_2 - a} = f'(\xi_2), \quad a < \xi_2 < x_2,$$

$$F(x_1) = \frac{f(x_1) - f(a)}{x_1 - a} = f'(\xi_1), \quad a < \xi_1 < x_1.$$

因为 $f''(x) > 0$，所以 $f'(x)$ 单调增加，故 $f'(\xi_1) < f'(\xi_2)$，从而 $F(x_1) < F(x_2)$，由 x_1 与 x_2 的任意性知，$F(x)$ 在 $(a, +\infty)$ 内单调增加.

评注 研究抽象函数的单调性，方法是求导数并确定导数的符号，或由单调性定义比较两任意点处函数值的大小. 本题错解一中由拉格朗日中值定理得到 $F(x) = f'(\xi)$，但 ξ 随着 x 取值不同而不同，应视为 x 的函数，故 $F'(x) \neq f''(\xi)$，而应为 $F'(x) = f''(\xi)\xi'(x)$，但 $\xi(x)$ 与 $\xi'(x)$ 的性质皆不明，从而 $F'(x)$ 的符号不能确定. 错解二中由于无法判定 $\xi_1 < \xi_2$，所以 $F(x_1) < F(x_2)$ 也不一定成立.

5. 判别方程根的存在性

例 4.14 设实数 $a_1, a_2, \cdots, a_n$ 满足

$$a_1 - \frac{a_2}{3} + \cdots + (-1)^{n-1}\frac{a_n}{2n-1} = 0,$$

证明方程 $a_1 \cos x + a_2 \cos 3x + \cdots + a_n \cos(2n-1)x = 0$ 在 $\left(0, \dfrac{\pi}{2}\right)$ 内至少有一个根.

证明 设 $f(x) = a_1 \sin x + \dfrac{1}{3} a_2 \sin 3x + \cdots + \dfrac{1}{2n-1} a_n \sin(2n-1)x$，则 $f(x)$ 在 $\left[0, \dfrac{\pi}{2}\right]$ 上连续，$\left(0, \dfrac{\pi}{2}\right)$ 内可导，且 $f(0) = f\left(\dfrac{\pi}{2}\right) = 0$. 又

$$f'(x) = a_1 \cos x + a_2 \cos 3x + \cdots + a_n \cos(2n-1)x,$$

故由罗尔定理知，至少存在一点 $\xi \in \left(0, \dfrac{\pi}{2}\right)$，使 $f'(\xi) = 0$，即方程

$$a_1 \cos x + a_2 \cos 3x + \cdots + a_n \cos(2n-1)x = 0$$

在 $\left(0, \dfrac{\pi}{2}\right)$ 内至少有一个根.

例 4.15 设 $a^2 - 3b < 0$，试用罗尔定理证明方程 $x^3 + ax^2 + bx + c = 0$ 仅有一个实根.

分析 要证明有唯一实数根，首先要证明方程有根，再证明只有一个根.

证明 令 $f(x) = x^3 + ax^2 + bx + c$，则 $f(x)$ 在 $(-\infty, +\infty)$ 内连续，且 $\lim\limits_{x \to +\infty} f(x) = +\infty$，$\lim\limits_{x \to -\infty} f(x) = -\infty$，由极限定义知，存在 $x_1 < X_1 < 0$，使得 $f(x_1) < 0$ 及 $x_2 > X_2 > 0$，使得 $f(x_2) > 0$. 故由零点定理知，存在 $\xi \in (x_1, x_2) \in (-\infty, +\infty)$，使得 $f(\xi) = 0$，即方程 $x^3 + ax^2 + bx + c = 0$ 至少有一个实根 ξ.

假设方程 $x^3 + ax^2 + bx + c = 0$ 有两个实根 ξ, η（不妨设 $\xi < \eta$），则容易验证 $f(x)$ 在 $[\xi, \eta]$ 上满足罗尔定理，故至少存在一点 $\gamma \in (\xi, \eta)$，使得 $f'(\gamma) = 0$，即方程 $f'(x) = 3x^2 + 2ax + b = 0$ 至少有一个实根. 由于判别式 $\Delta = 4a^2 - 12b = 4(a^2 - 3b) < 0$，所以 $f'(x) = 0$ 没有实根，出现矛盾.

综上，方程 $x^3 + ax^2 + bx + c = 0$ 仅有一个实根.

评注 （1）证明根的存在性常用方法如下：

① 利用零点定理，如果 $f(x)$ 在 $[a,b]$ 上连续，且 $f(a)f(b)<0$，则 $f(x)=0$ 在 (a,b) 内至少存在一个实根；

② 利用罗尔定理，如果我们能找到一个在区间 $[a,b]$ 上满足罗尔定理条件的函数 $F(x)$，且 $F'(x)=f(x)$，那么，根据罗尔定理，在 (a,b) 内至少存在方程 $F'(x)=f(x)=0$ 的一个实根.

（2）证明根的唯一性常用方法如下：

① 利用函数的单调性；

② 利用反证法，用罗尔定理推出矛盾.

例 4.16　求方程 $xe^x=2$ 的实根个数.

分析　移项作辅助函数，令 $f(x)=xe^x-2$. 此题变成求 $f(x)$ 有几个零点的问题，可利用函数的单调性，判断 $f(x)$ 与 x 轴有几个交点.

解　令 $f(x)=xe^x-2$，$f'(x)=(x+1)e^x$，令 $f'(x)=0$，得 $x=-1$. 在 $(-\infty,-1)$ 内，$f'(x)<0$，$f(x)$ 单调减少；在 $(-1,+\infty)$ 内，$f'(x)>0$，$f(x)$ 单调增加. 又 $\lim\limits_{x\to-\infty}f(x)=-2<0$，$f(-1)=-e^{-1}-2<0$，而 $\lim\limits_{x\to+\infty}f(x)=+\infty$，所以 $f(x)$ 在单减区间 $(-\infty,-1)$ 内没有零点，在单增区间 $(-1,+\infty)$ 内有一个零点，故在 $(-\infty,+\infty)$ 内，$f(x)$ 只有一个零点.

综上所述，方程 $xe^x=2$ 在 $(-\infty,+\infty)$ 内有且只有一个实根.

例 4.17　讨论方程 $\ln x=ax$（$a>0$）有几个实根.

解　令 $f(x)=\ln x-ax$，则 $f'(x)=\dfrac{1}{x}-a=\dfrac{1-ax}{x}$；令 $f'(x)=0$，得 $x=\dfrac{1}{a}$.

当 $x\in\left(0,\dfrac{1}{a}\right)$ 时，$f'(x)>0$；当 $x\in\left(\dfrac{1}{a},+\infty\right)$ 时，$f'(x)<0$. 则 $f(x)$ 在 $\left(0,\dfrac{1}{a}\right)$ 内单调增加，在 $\left(\dfrac{1}{a},+\infty\right)$ 内单调减少，且

$$f\left(\frac{1}{a}\right)=\ln\frac{1}{a}-1=-\ln a-1,$$

$$\lim_{x\to0^+}f(x)=-\infty,\ \lim_{x\to+\infty}f(x)=-\infty.$$

（1）当 $-\ln a-1=0$，即 $a=\dfrac{1}{e}$ 时，方程只有一个实根 $x=e$；

（2）当 $-\ln a-1<0$，即 $a>\dfrac{1}{e}$ 时，方程没有实根；

（3）当 $-\ln a-1>0$，即 $a<\dfrac{1}{e}$ 时，方程有两个实根，分别在 $\left(0,\dfrac{1}{a}\right)$ 和 $\left(\dfrac{1}{a},+\infty\right)$ 内.

评注　讨论方程 $f(x)=0$ 有几个根的问题，常用方法步骤如下：

（1）求 $f(x)$ 的驻点及不可导点；

（2）利用驻点及不可导点将函数 $f(x)$ 的定义域分为若干个区间，并讨论每个区间内函数的单调性；

（3）求每个单调区间端点的函数值或极限值；

（4）由零点定理确定在每个单调区间上函数 $f(x)$ 是否有零点，综合分析方程 $f(x) = 0$ 根的个数及根所在的区间.

6. 利用洛必达法则、泰勒公式求极限

例 4.18　求下列极限.

（1）$\lim\limits_{x \to 1} \left(\dfrac{1}{\ln x} - \dfrac{1}{x-1} \right)$;　　　　　　（2）$\lim\limits_{x \to 0^+} \sin x \cdot \ln x$;

（3）$\lim\limits_{x \to 0} (1 - \cos x)^x$;　　　　　　（4）$\lim\limits_{n \to \infty} (1 + n)^{\frac{1}{\sqrt{n}}}$;

（5）$\lim\limits_{x \to 0} \left(\dfrac{1}{\tan^2 x} - \dfrac{1}{x^2} \right)$.

解　（1）"$\infty - \infty$"型的极限，求解方法是通分或有理化因式，将其化为"$\dfrac{0}{0}$"型或"$\dfrac{\infty}{\infty}$"型极限后用洛必达法则. 对本题，通分后化为"$\dfrac{0}{0}$"型可两次使用洛必达法则.

$$\lim_{x \to 1} \left(\frac{1}{\ln x} - \frac{1}{x-1} \right) = \lim_{x \to 1} \frac{x-1-\ln x}{(x-1)\ln x} = \lim_{x \to 1} \frac{1 - \dfrac{1}{x}}{\ln x + \dfrac{x-1}{x}}$$

$$= \lim_{x \to 1} \frac{x-1}{x \ln x + x - 1} = \lim_{x \to 1} \frac{1}{\ln x + 2} = \frac{1}{2}.$$

（2）这是"$0 \cdot \infty$"型的极限，求这类极限的方法是将部分函数取倒数变形为"$\dfrac{0}{0}$"型或"$\dfrac{\infty}{\infty}$"型极限后用洛必达法则，变形时应注意哪个函数的倒数的导数易求，则将其放在分母上. 对本题，应将 $\sin x$ 取倒数变形为"$\dfrac{\infty}{\infty}$"型计算.

$$\lim_{x \to 0^+} \sin x \ln x = \lim_{x \to 0^+} \frac{\ln x}{\csc x} = \lim_{x \to 0^+} \frac{\dfrac{1}{x}}{-\csc x \cot x}$$

$$= \lim_{x \to 0^+} \frac{-\sin^2 x}{x \cos x} = -\lim_{x \to 0^+} \frac{x^2}{x \cos x} = 0.$$

（3）这是"0^0"型的极限，化为指数函数 $\lim\limits_{x \to +\infty} u(x)^{v(x)} = \mathrm{e}^{\lim\limits_{x \to +\infty} v(x) \ln u(x)}$，问题归结为求"$0 \cdot \infty$"型极限。本题变形后为"$\dfrac{\infty}{\infty}$"型极限，则

$$\lim_{x \to 0} (1 - \cos x)^x = \lim_{x \to 0} \mathrm{e}^{\ln(1-\cos x)^x} = \mathrm{e}^{\lim\limits_{x \to 0} x \cdot \ln(1-\cos x)},$$

而

$$\lim_{x \to 0} x \cdot \ln(1 - \cos x) = \lim_{x \to 0} \frac{\ln(1 - \cos x)}{\dfrac{1}{x}} = \lim_{x \to 0} \frac{\dfrac{\sin x}{1 - \cos x}}{\dfrac{-1}{x^2}}$$

$$= -\lim_{x\to 0}\frac{x^2\sin x}{1-\cos x} = -\lim_{x\to 0}\frac{x^3}{\frac{1}{2}x^2} = 0,$$

所以 $\lim_{x\to 0}(1-\cos x)^x = e^0 = 1$.

（4）这是“∞^0”型极限，与（3）同理可将问题归结为求“$0\cdot\infty$”型极限。用洛必达法则时，必须先求 $\lim_{x\to +\infty}(1+x)^{\frac{1}{\sqrt{x}}}$.

$$\lim_{x\to +\infty}(1+x)^{\frac{1}{\sqrt{x}}} = \lim_{x\to +\infty}e^{\ln(1+x)^{\frac{1}{\sqrt{x}}}} = e^{\lim_{x\to +\infty}\frac{1}{\sqrt{x}}\cdot\ln(1+x)},$$

而

$$\lim_{x\to +\infty}\frac{1}{\sqrt{x}}\cdot\ln(1+x) = \lim_{x\to +\infty}\frac{\ln(1+x)}{\sqrt{x}} = \lim_{x\to +\infty}\frac{\frac{1}{1+x}}{\frac{1}{2\sqrt{x}}} = \lim_{x\to +\infty}\frac{2\sqrt{x}}{1+x} = 0,$$

所以 $\lim_{x\to +\infty}(1+x)^{\frac{1}{\sqrt{x}}} = e^0 = 1$. 故 $\lim_{n\to\infty}(1+n)^{\frac{1}{\sqrt{n}}} = 1$.

（5）这是“$\infty-\infty$”型极限，通分得

$$\lim_{x\to 0}\left(\frac{1}{\tan^2 x} - \frac{1}{x^2}\right) = \lim_{x\to 0}\frac{x^2-\tan^2 x}{x^2\tan^2 x} = \lim_{x\to 0}\frac{(x-\tan x)(x+\tan x)}{x^4}$$

$$= \lim_{x\to 0}\frac{x+\tan x}{x}\cdot\lim_{x\to 0}\frac{x-\tan x}{x^3} = 2\lim_{x\to 0}\frac{1-\sec^2 x}{3x^2}$$

$$= \frac{2}{3}\lim_{x\to 0}\frac{-\tan^2 x}{x^2} = \frac{2}{3}\lim_{x\to 0}\frac{-x^2}{x^2} = -\frac{2}{3}.$$

评注 （1）洛必达法则是求未定式极限的一种常用方法，但必须注意使用的条件，且当条件满足时可连续使用.

（2）将洛必达法则与求极限的其他方法（特别是等价无穷小）联合使用，常可以简化计算. 一般地，如果表达式中某些因式的极限是确定的非零常数，可将这些因式分离出来单独求极限，而对余下的未定式部分使用洛必达法则.

例 4.19 求下列极限.

（1） $\lim_{x\to 0}\dfrac{e^x\sin x - x(1+x)}{(1-\cos x)\tan x}$；
（2） $\lim_{x\to +\infty}\left[x - x^2\ln\left(1+\dfrac{1}{x}\right)\right]$.

解 （1）这是“$\dfrac{0}{0}$”型极限，注意到表达式中有一部分是二次多项式 x^2+x，故用麦克劳林公式计算. 因为 $x\to 0$ 时 $\tan x\sim x$，$1-\cos x\sim\dfrac{1}{2}x^2$，而

$$e^x = 1+x+\frac{1}{2!}x^2+\frac{1}{3!}x^3+o(x^3), \quad \sin x = x-\frac{1}{3!}x^3+o(x^3),$$

于是

$$e^x \sin x = \left[1 + x + \frac{1}{2!}x^2 + \frac{1}{3!}x^3 + o(x^3)\right]\left[x - \frac{1}{3!}x^3 + o(x^3)\right]$$

$$= x + x^2 + \frac{1}{3}x^3 + o(x^3),$$

所以

$$\lim_{x \to 0}\frac{e^x \sin x - x(1+x)}{(1 - \cos x)\tan x} = \lim_{x \to 0}\frac{x + x^2 + \dfrac{1}{3}x^3 + o(x^3) - x^2 - x}{\dfrac{1}{2}x^3} = \frac{2}{3}.$$

（2）这是“$\infty - \infty$”型极限，因为

$$\lim_{x \to +\infty}\left[x - x^2 \ln\left(1 + \frac{1}{x}\right)\right] = \lim_{x \to +\infty}x^2\left[\frac{1}{x} - \ln\left(1 + \frac{1}{x}\right)\right]$$

$$= \lim_{x \to +\infty}\frac{\dfrac{1}{x} - \ln\left(1 + \dfrac{1}{x}\right)}{1/x^2} = \lim_{t \to 0^+}\frac{t - \ln(1+t)}{t^2} \quad \left(\text{令}\, t = \frac{1}{x}\right),$$

而 $\ln(1+t) = t - \dfrac{t^2}{2} + o(t^2)$，所以

$$\lim_{x \to +\infty}\left[x - x^2 \ln\left(1 + \frac{1}{x}\right)\right] = \lim_{t \to 0^+}\frac{t - \left[t - \dfrac{t^2}{2} + o(t^2)\right]}{t^2} = \frac{1}{2}.$$

评注 对于（1），分母用等价无穷小代换后，如果不用麦克劳林公式，则需要连续三次使用洛必达法则才能求出极限，过程比较烦琐，此题使用麦克劳林公式非常简便. 麦克劳林公式也是求极限的一个常用方法，使用此方法，需要记住几个常用函数（如 e^x，$\sin x$，$\cos x$，$\ln(1+x)$，$(1+x)^\alpha$）的麦克劳林展开式.

例 4.20 设 $f(x)$ 具有二阶导数，且在 $x = 0$ 的某去心邻域内 $f(x) \neq 0$，又已知 $f''(0) = 4$，$\lim\limits_{x \to 0}\dfrac{f(x)}{x} = 0$，求 $\lim\limits_{x \to 0}\left[1 + \dfrac{f(x)}{x}\right]^{\frac{1}{x}}$.

证明 因为 $f(x)$ 具有二阶导数，所以一阶导数连续. 由 $\lim\limits_{x \to 0}\dfrac{f(x)}{x} = 0$，知 $f(0) = 0$，且 $\lim\limits_{x \to 0}f'(x) = f'(0) = 0$，$\lim\limits_{x \to 0}\left[1 + \dfrac{f(x)}{x}\right]^{\frac{1}{x}} = \lim\limits_{x \to 0}\left[1 + \dfrac{f(x)}{x}\right]^{\frac{x}{f(x)}\cdot\frac{f(x)}{x^2}}$.

因为

$$\lim_{x \to 0}\frac{f(x)}{x^2} = \lim_{x \to 0}\frac{f'(x)}{2x} = \frac{1}{2}\lim_{x \to 0}\frac{f'(x) - f'(0)}{x - 0} = \frac{1}{2}f''(0) = 2,$$

故

$$\lim_{x \to 0}\left[1 + \frac{f(x)}{x}\right]^{\frac{1}{x}} = e^2.$$

评注 值得一提的是，下面做法是错误的：

$$\lim_{x\to 0}\frac{f(x)}{x^2}=\lim_{x\to 0}\frac{f'(x)}{2x}=\lim_{x\to 0}\frac{f''(x)}{2}=\frac{1}{2}f''(0)=2.$$

这是因为已知条件得不出 $f(x)$ 具有二阶连续导数，所以 $\lim\limits_{x\to 0}\dfrac{f''(x)}{2}=\dfrac{1}{2}f''(0)$ 不对.

例 4.21　下列极限是否存在？若存在，计算其值.

（1）$\lim\limits_{x\to\infty}\dfrac{x+\sin x}{x}$；　　　　　　　　　　（2）$\lim\limits_{x\to +\infty}\dfrac{e^x+e^{-x}}{e^x-e^{-x}}$；

（3）$\lim\limits_{n\to\infty}n^2\left(a^{\frac{1}{n}}+a^{-\frac{1}{n}}-2\right)$　（$a>0$ 且 $a\neq 1$）.

解　（1）$\lim\limits_{x\to\infty}\dfrac{x+\sin x}{x}=\lim\limits_{x\to\infty}\left(1+\dfrac{\sin x}{x}\right)$. 因为 $\lim\limits_{x\to\infty}\dfrac{1}{x}=0$，$|\sin x|\leqslant 1$，所以由无穷小量性

质有 $\lim\limits_{x\to\infty}\dfrac{\sin x}{x}=0$，所以 $\lim\limits_{x\to\infty}\dfrac{x+\sin x}{x}=1$.

（2）$\lim\limits_{x\to +\infty}\dfrac{e^x-e^{-x}}{e^x+e^{-x}}=\lim\limits_{x\to +\infty}\dfrac{1-e^{-2x}}{1+e^{-2x}}=\dfrac{1-0}{1+0}=1$.

（3）考查 $\lim\limits_{x\to +\infty}x^2\left(a^{\frac{1}{x}}+a^{-\frac{1}{x}}-2\right)$，为此令 $t=\dfrac{1}{x}$，则

$$\lim_{x\to +\infty}x^2\left(a^{\frac{1}{x}}+a^{-\frac{1}{x}}-2\right)=\lim_{t\to 0^+}\frac{a^t+a^{-t}-2}{t^2}=\lim_{t\to 0^+}\frac{a^t\ln a-a^{-t}\ln a}{2t}$$

$$=\frac{\ln a}{2}\lim_{t\to 0^+}\frac{a^t-a^{-t}}{t}=\frac{\ln a}{2}\lim_{t\to 0^+}(a^t\ln a+a^{-t}\ln a)$$

$$=\ln^2 a,$$

由数列极限与函数极限的关系得

$$\lim_{n\to\infty}n^2\left(a^{\frac{1}{n}}+a^{-\frac{1}{n}}-2\right)=\ln^2 a.$$

评注　以下解法是错误的：

（1）这是"$\dfrac{\infty}{\infty}$"型极限，由洛必达法则有

$$\lim_{x\to\infty}\frac{x+\sin x}{x}=\lim_{x\to\infty}(1+\cos x).$$

由于 $\lim\limits_{x\to\infty}\cos x$ 不存在，故 $\lim\limits_{x\to\infty}\dfrac{x+\sin x}{x}$ 不存在.

（2）这是"$\dfrac{\infty}{\infty}$"型极限，由洛必达法则有

$$\lim_{x\to +\infty}\frac{e^x+e^{-x}}{e^x-e^{-x}}=\lim_{x\to +\infty}\frac{e^x-e^{-x}}{e^x+e^{-x}}=\lim_{x\to +\infty}\frac{e^x+e^{-x}}{e^x-e^{-x}},$$

产生循环，故极限不存在.

（3）这是"$\infty\cdot 0$"型极限，取倒数化为"$\dfrac{0}{0}$"型后利用洛必达法则得

$$\lim_{n\to\infty} n^2\left(a^{\frac{1}{n}} + a^{-\frac{1}{n}} - 2\right) = \lim_{n\to\infty}\frac{a^{\frac{1}{n}} + a^{-\frac{1}{n}} - 2}{1/n^2}$$

$$= \frac{\ln a}{-2}\lim_{n\to\infty}\frac{a^{\frac{1}{n}}\left(-\frac{1}{n^2}\right) + a^{-\frac{1}{n}}\cdot\frac{1}{n^2}}{1/n^3} = \frac{\ln a}{-2}\lim_{n\to\infty}\frac{a^{-\frac{1}{n}} - a^{\frac{1}{n}}}{1/n}$$

$$= \frac{\ln^2 a}{2}\lim_{n\to\infty}\left(a^{-\frac{1}{n}} + a^{\frac{1}{n}}\right) = \ln^2 a.$$

评注 洛必达法则是求未定式极限的一种好方法，但使用时必须注意条件，当条件不满足时，应考虑选用其他方法. 对（1）题，由 $\lim_{x\to\infty}\cos x$ 不存在，不能推出 $\lim_{x\to\infty}\frac{x+\sin x}{x}$ 不存在；对（2）题，由循环式也不能断言原极限不存在；对（3）题，由于数列没有导数，所以不能直接用洛必达法则，但可借助于函数极限与数列极限的关系，先对 $\lim_{x\to+\infty}f(x)$ 用洛必达法则，进而得 $\lim_{n\to\infty}f(n)$.

7. 函数展开成泰勒公式

例 4.22 求函数 $f(x)=\arctan x$ 的三阶麦克劳林展开式(不要写出余项的具体形式).

解 因为 $f'(x)=\frac{1}{1+x^2}, f''(x)=\frac{-2x}{(1+x^2)^2}, f'''(x)=\frac{6x^2-2}{(1+x^2)^3}$，故

$$f'(0)=1, f''(0)=0, f'''(0)=-2.$$

所以，函数 $f(x)$ 的三阶麦克劳林展开式为

$$f(x)=\arctan x = 1 - \frac{1}{3}x^3 + o(x^3).$$

评注 常用的泰勒公式的展开方法有以下两种.

（1）直接展开法：直接求出 $f(x)$ 在展开点的各阶导数，并代入泰勒公式（根据要求写出某型余项）；

（2）间接展开法：由已知函数的泰勒展开式经过四则运算，复合运算等获得新的函数的展开式.

例 4.23 当 $x_0=1$ 时，求函数 $f(x)=xe^x$ 的 n 阶泰勒公式.

解 法一（直接法） 由 $f(x)=xe^x$ 易知，

$$f'(x)=e^x + xe^x = (x+1)e^x,$$
$$f''(x)=e^x + (x+1)e^x = (x+2)e^x,$$
$$\cdots$$
$$f^{(n)}(x)=(x+n)e^x,$$
$$f^{(n+1)}(x)=(x+n+1)e^x,$$

于是 $f(1)=e, f'(1)=2e,\cdots, f^{(n)}(1)=(n+1)e, f^{(n+1)}(\xi)=(\xi+n+1)e^{\xi}$，代入泰勒公式，得

$$xe^x = e + 2e(x-1) + \frac{3e}{2!}(x-1)^2 + \cdots + \frac{(n+1)e}{n!}(x-1)^n$$

$$+\frac{(\xi+n+1)\mathrm{e}^{\xi}}{(n+1)!}(x-1)^{n+1}\quad(\xi\text{介于}1\text{与}x\text{之间}).$$

这是具有拉格朗日型余项的 n 阶泰勒公式.

法二（间接法）　由 $\mathrm{e}^{x}=\sum_{k=0}^{n}\dfrac{1}{k!}x^{k}+o(x^{n})$ 得

$$\mathrm{e}^{x}=\mathrm{e}\cdot\mathrm{e}^{x-1}=\mathrm{e}\sum_{k=0}^{n}\frac{1}{k!}(x-1)^{k}+o\big[(x-1)^{n}\big],$$

从而

$$\begin{aligned}
f(x)=x\mathrm{e}^{x}&=(x-1)\mathrm{e}^{x}+\mathrm{e}^{x}\\
&=(x-1)\left\{\mathrm{e}\sum_{k=0}^{n}\frac{1}{k!}(x-1)^{k}+o\big[(x-1)^{n}\big]\right\}+\left\{\mathrm{e}\sum_{k=0}^{n}\frac{1}{k!}(x-1)^{k}+o\big[(x-1)^{n}\big]\right\}\\
&=\sum_{k=0}^{n}\frac{\mathrm{e}}{k!}(x-1)^{k+1}+o\big[(x-1)^{n+1}\big]+\sum_{k=0}^{n}\frac{\mathrm{e}}{k!}(x-1)^{k}+o\big[(x-1)^{n}\big]\\
&=\sum_{k=0}^{n-1}\frac{\mathrm{e}}{k!}(x-1)^{k+1}+\mathrm{e}+\sum_{k=1}^{n}\frac{\mathrm{e}}{k!}(x-1)^{k}+o\big[(x-1)^{n}\big]\\
&=\mathrm{e}+\sum_{k=0}^{n-1}\frac{\mathrm{e}}{k!}(x-1)^{k+1}+\sum_{k-1=0}^{n}\frac{\mathrm{e}}{(k-1+1)!}(x-1)^{k-1+1}+o\big[(x-1)^{n}\big]\\
&=\mathrm{e}+\sum_{k=0}^{n-1}\frac{\mathrm{e}}{k!}(x-1)^{k+1}+\sum_{k=0}^{n-1}\frac{\mathrm{e}}{(k+1)!}(x-1)^{k+1}+o\big[(x-1)^{n}\big]\\
&=\mathrm{e}+\mathrm{e}\sum_{k=0}^{n-1}\frac{(k+2)}{(k+1)!}(x-1)^{k+1}+o\big[(x-1)^{n}\big],
\end{aligned}$$

$$x\mathrm{e}^{x}=\mathrm{e}+2\mathrm{e}(x-1)+\frac{3\mathrm{e}}{2!}(x-1)^{2}+\cdots+\frac{(n+1)\mathrm{e}}{n!}(x-1)^{n}+o\big[(x-1)^{n}\big],$$

这是具有皮亚诺余项的 n 阶泰勒公式.

8. 研究函数的性质

例 4.24　设 $f(x)$ 在 $[0,1]$ 上连续，在 $(0,1)$ 内可导且 $f(0)=0$，对任意 $x\in(0,1]$ 有 $|f'(x)|\leqslant|f(x)|$，则在 $[0,1]$ 上恒有 $f(x)=0$.

分析　由 $f(x)$ 在 $[0,1]$ 上连续可知，$f(x)$ 在 $[0,1]$ 上有界，且由已知有 $f(x)=f(x)-f(0)$，故对 $f(x)$ 在 $[0,x]$ 上用拉格朗日中值定理建立函数与导数的联系，再用已知不等式进行估值.

证明　在区间 $(0,1]$ 上任取一点 x，则 $f(x)$ 在 $[0,x]$ 上满足拉格朗日中值定理的条件，故存在 $\xi_1\in(0,x)$，使

$$f(x)-f(0)=f'(\xi_1)x,$$

所以

$$0\leqslant|f(x)|=|xf'(\xi_1)|=x|f'(\xi_1)|\leqslant x|f(\xi_1)|,\quad 0<\xi_1<x\leqslant 1.$$

又 $f(x)$ 在 $[0,\xi_1]$ 上也满足拉格朗日中值定理的条件，故

$$f(\xi_1)-f(0)=f'(\xi_2)\xi_1,\quad 0<\xi_2<\xi_1<x\leqslant 1.$$

于是

$$|f(\xi_1)| = \xi_1 |f'(\xi_2)| \leqslant \xi_1 |f(\xi_2)|,$$

则

$$|f(x)| \leqslant x |f(\xi_1)| \leqslant x\xi_1 |f(\xi_2)|.$$

继续下去可得

$$|f(x)| \leqslant x\xi_1\xi_2 \cdots \xi_n |f(\xi_{n+1})| \leqslant \xi_1^n |f(\xi_{n+1})|, \ 0 < \xi_{n+1} < \xi_n < \cdots < \xi_1 < x \leqslant 1.$$

因为 $\lim\limits_{n\to\infty} \xi_1^n = 0$，且由 $f(x)$ 在 $[0,1]$ 上连续知 $|f(\xi_{n+1})|$ 有界，所以 $\lim\limits_{n\to\infty} \xi_1^n |f(\xi_{n+1})| = 0$，由夹逼准则知 $f(x) \equiv 0$.

9. 函数的极值与最值

例 4.25 求下列函数在指定区间上的极值与最值.

（1） $f(x) = x^2 \mathrm{e}^{-x^2}, \ x \in (-\infty, +\infty)$;

（2） $f(x) = \sin x + \cos x, \ x \in [-4\pi, 4\pi]$;

（3） $f(x) = \begin{cases} x+1, & -1 \leqslant x \leqslant 0 \\ x^{2x}, & 0 < x \leqslant 1 \end{cases}$.

分析 函数的极值是在使一阶导数为零或使一阶导数不存在的点（称为极值的可疑点）处取得，而闭区间上连续函数的最值则在极值点或区间的两个端点处取得，故本题应先求极值的可疑点，然后选用适当方法判定极值点后计算极值，再将极值与端点函数值进行比较得最值，如果是开区间，则计算区间边界处的极限值，再与极值做比较.

解 （1）因为 $f(x)$ 在 $(-\infty, +\infty)$ 连续，且

$$\lim_{x\to\infty} x^2 \mathrm{e}^{-x^2} = \lim_{x\to\infty} \frac{x^2}{\mathrm{e}^{x^2}} = \lim_{x\to\infty} \frac{2x}{2x\mathrm{e}^{x^2}} = 0,$$

故 $f(x) = x^2 \mathrm{e}^{-x^2}$ 在 $(-\infty, +\infty)$ 内的最大值和最小值一定存在.

由 $f'(x) = 2x\mathrm{e}^{-x^2} - 2x^3\mathrm{e}^{-x^2} = 2x(1-x)(1+x)\mathrm{e}^{-x^2} = 0$，得驻点 $x_1 = -1$，$x_2 = 0$，$x_3 = 1$，列表 4-2.

表 4-2

x	$(-\infty, -1)$	-1	$(-1, 0)$	0	$(0, 1)$	1	$(1, +\infty)$
y'	$+$	0	$-$	0	$+$	0	$-$
y	↗	极大值	↘	极小值	↗	极大值	↘

由极值存在的第一充分条件知，函数在 $x = \pm 1$ 处取得极大值 $f(\pm 1) = \dfrac{1}{\mathrm{e}}$，在 $x = 0$ 处取得极小值 $f(0) = 0$. 与 $\lim\limits_{x\to\infty} f(x) = 0$ 比较可知，最大值 $M = \dfrac{1}{\mathrm{e}}$，最小值 $m = 0$.

（2）注意到 $f(x)$ 是以 2π 为周期的周期函数，故对函数在一个周期 $[0, 2\pi]$ 上进行讨论. 因为 $f'(x) = \cos x - \sin x$，$f''(x) = -\sin x - \cos x$. 当 $0 \leqslant x \leqslant 2\pi$ 时，由 $f'(x) = 0$ 得驻点 $x_1 = \dfrac{\pi}{4}$，$x_2 = \dfrac{5}{4}\pi$，而 $f''\left(\dfrac{\pi}{4}\right) = -\sqrt{2} < 0$，$f''\left(\dfrac{5}{4}\pi\right) = \sqrt{2} > 0$，所以由极值存在的第二充分

条件知 $x_1 = \dfrac{\pi}{4}$ 为极大值点，$x_2 = \dfrac{5}{4}\pi$ 为极小值点，且极大值 $f\left(\dfrac{\pi}{4}\right) = \sqrt{2}$，极小值

$f\left(\dfrac{5}{4}\pi\right) = -\sqrt{2}$，从而由周期性可知，$f(x)$ 在 $x \in [-4\pi, 4\pi]$ 上有极大值点 $-\dfrac{15}{4}\pi$，$-\dfrac{7}{4}\pi$，$\dfrac{\pi}{4}$，

$\dfrac{9}{4}\pi$，极大值为 $\sqrt{2}$；也有极小值点 $-\dfrac{11}{4}\pi$，$-\dfrac{3}{4}\pi$，$\dfrac{5\pi}{4}$，$\dfrac{13}{4}\pi$，极小值为 $-\sqrt{2}$.

又 $f(x)$ 在 $x \in [-4\pi, 4\pi]$ 上连续，且 $f(-4\pi) = 1$，$f(4\pi) = 1$，与极值比较知，所求最大值 $M = \sqrt{2}$，最小值 $m = -\sqrt{2}$.

（3）由于 $f(x)$ 是分段函数，且 $f(x)$ 在 $[-1, 0)$ 及 $(0, 1]$ 上连续可导，故需用定义讨论 $f(x)$ 在 $x = 0$ 处的连续性与可导性. 因为 $f(0) = 1$，有

$$f(0^+) = \lim_{x \to 0^+} x^{2x} = \exp(\lim_{x \to 0^+} 2x \ln x) = \exp\left(2 \lim_{x \to 0^+} \frac{\ln x}{1/x}\right)$$

$$= \exp\left[2 \lim_{x \to 0^+} \frac{1}{x} \Big/ \left(-\frac{1}{x^2}\right)\right] = \exp[2 \lim_{x \to 0^+}(-x)] = e^0 = 1,$$

$$f(0^-) = \lim_{x \to 0^-}(x+1) = 1,$$

所以 $f(x)$ 在 $x = 0$ 处连续，故 $f(x)$ 在 $[-1, 1]$ 连续，又

$$f'_+(0) = \lim_{x \to 0^+} \frac{x^{2x} - 1}{x} = \lim_{x \to 0^+} \frac{e^{2x \ln x} - 1}{x} = \lim_{x \to 0^+} \frac{2x \ln x}{x} = -\infty,$$

所以 $f(x)$ 在 $x = 0$ 处不可导，从而有

$$f'(x) = \begin{cases} 1, & -1 \leqslant x < 0 \\ \text{不存在}, & x = 0 \\ 2x^{2x}(1 + \ln x), & 0 < x \leqslant 1 \end{cases}.$$

令 $f'(x) = 0$，得驻点 $x = \dfrac{1}{e}$. 列表 4-3.

表 4-3

x	$(-1, 0)$	0	$\left(0, \dfrac{1}{e}\right)$	$\dfrac{1}{e}$	$\left(\dfrac{1}{e}, 1\right)$
$f'(x)$	+	不存在	−	0	+
$f(x)$	↗	极大值	↘	极小值	↗

所以 $f(x)$ 在 $x = 0$ 处取得极大值 $f(0) = 1$，在 $x = \dfrac{1}{e}$ 处取得极小值 $f\left(\dfrac{1}{e}\right) = \left(\dfrac{1}{e}\right)^{\frac{2}{e}}$.

又 $f(x)$ 在 $[-1, 1]$ 连续且 $f(-1) = 0$，$f(1) = 1$，与极值比较知，最大值 $M = 1$，最小值 $m = 0$.

评注 （1）求函数 $f(x)$ 极值的步骤如下：

1）确定函数的定义域.

2）求出导数 $f'(x)$，令 $f'(x) = 0$ 解方程得到驻点，再求出使 $f'(x)$ 不存在的点，得到

极值的所有可疑点.

3）用充分条件判断可疑点是否为极值点.

4）计算极值点处的函数值，得到极值.

（2）求闭区间上连续函数最值的一般步骤如下：

1）求出区间内的所有极值可疑点.

2）计算可疑点处的函数值和区间端点的函数值.

3）比较上述函数值的大小，其中最大的为函数的最大值，最小的为函数的最小值.

特别地，如果函数在某区间仅有唯一极值点，则当它为极大（或极小）值点时，函数在该点取得最大（或最小）值.

函数的最值（最大值和最小值）与极值是两个不同的概念，最值是区间上的整体概念，极值是区间内的局部概念，因此极值仅在函数的定义区间内取得，而最值可在极值可疑点和区间端点处取得.

例 4.26　求数列 $\{\sqrt[n]{n}\}$ 的最大项.

解　令 $f(x)=x^{\frac{1}{x}}=\mathrm{e}^{\frac{\ln x}{x}}$（$x>0$），则 $f'(x)=\dfrac{1-\ln x}{x^2}x^{\frac{1}{x}}$.令 $f'(x)=0$ 得 $x=\mathrm{e}$.

在 $(0,\mathrm{e})$ 内，$f'(x)>0$，$f(x)$ 单调增加；在 $(\mathrm{e},+\infty)$ 内，$f'(x)<0$，$f(x)$ 单调减少.则 $f(1)<f(2)<f(\mathrm{e})$，$f(\mathrm{e})>f(3)>f(4)\cdots$，对 $\{\sqrt[n]{n}\}$ 来说，有

$$1<\sqrt{2},\sqrt[3]{3}>\sqrt[4]{4}>\sqrt[5]{5}>\cdots,$$

而 $\sqrt{2}=\sqrt[6]{2^3}=\sqrt[6]{8}$，$\sqrt[3]{3}=\sqrt[6]{3^2}=\sqrt[6]{9}$，所以数列 $\{\sqrt[n]{n}\}$ 的最大项应为 $\sqrt[3]{3}$.

评注　直接求最大项不好计算，但可借助相应的函数 $f(x)=x^{\frac{1}{x}}$ 特性来解决此问题.

例 4.27　试求内接于半径为 a 的圆的等腰三角形面积的最大值.

解　设等腰三角形的底边平行于 x 轴，且位于 x 轴上方，底边在第一象限的顶点坐标为 (x,y)，则此点在圆周上，$y=\sqrt{a^2-x^2}$，故其面积

$$A=\frac{1}{2}\cdot 2x\cdot\left(a+\sqrt{a^2-x^2}\right),\ 0<x\leqslant a,\ 且有$$

$$A'=a+\sqrt{a^2-x^2}-\frac{x^2}{\sqrt{a^2-x^2}}=\frac{a\sqrt{a^2-x^2}+a^2-2x^2}{\sqrt{a^2-x^2}},$$

令 $A'=0$ 得 $x=\dfrac{\sqrt{3}}{2}a$.

因为在 $(0,a)$ 内 A 有唯一驻点 $x=\dfrac{\sqrt{3}}{2}a$，又易知本题最大值一定存在，故 $x=\dfrac{\sqrt{3}}{2}a$ 时面积最大，且最大面积 $A_{\max}=A\left(\dfrac{\sqrt{3}}{2}a\right)=\dfrac{3\sqrt{3}}{4}a^2$.

评注　求实际问题的最值，关键是先建立一个与所求最值有关的目标函数，通常是将要求最值的函数设为目标函数，并由实际问题确定函数的定义区间，然后求该函数在相应区间上的最值.如果由实际问题可以确定所求最值必在区间内部取得，且在区间内

仅有一个极值可疑点，则可直接判定该可疑点必为所求最值点. 有时为了简化计算，可将复杂函数的最值问题转化为求简单函数的最值问题. 例如，将求 $y=|f(x)+b|$ 或 $y=\sqrt{f(x)+b}$ 的最值问题，转化为求 $u=[f(x)+b]^2$ 或 $u=f(x)+b$ 的最值问题，因为它们具有相同的最值点而后者运算简便.

10. 研究函数的形态

例 4.28 描绘函数 $y=|x|e^{-x}$ 的图形.

分析 描绘函数的图形，需讨论函数的各种性态，如对称性、单调性、凹凸性、极值、拐点、渐近线等. 本题函数的表达式中含有绝对值符号，故需去掉绝对值符号将其化为分段函数后进行讨论.

解 设 $f(x)=y=|x|e^{-x}$，则定义域为 $(-\infty,+\infty)$，且

$$f(x)=y=\begin{cases} xe^{-x}, & x\geqslant 0 \\ -xe^{-x}, & x<0 \end{cases}.$$

因为

$$f_+'(0)=\lim_{x\to 0^+}\frac{f(x)-f(0)}{x}=\lim_{x\to 0^+}\frac{xe^{-x}}{x}=1,$$

$$f_+'(0)=\lim_{x\to 0^-}\frac{f(x)-f(0)}{x}=\lim_{x\to 0^-}\frac{-xe^{-x}}{x}=-1,$$

所以 $f'(0)$ 不存在，从而

$$f'(x)=\begin{cases} (1-x)e^{-x}, & x>0 \\ 不存在, & x=0 \\ (x-1)e^{-x}, & x<0 \end{cases},$$

同理有

$$f''(x)=\begin{cases} (x-2)e^{-x}, & x>0 \\ 不存在, & x=0 \\ (2-x)e^{-x}, & x<0 \end{cases}.$$

令 $f'(x)=0$，得驻点 $x_1=1$；令 $f''(x)=0$，得 $x_2=2$，由 $f'(x)$ 与 $f''(x)$ 不存在，得 $x_3=0$. 列表 4-4.

表 4-4

x	$(-\infty,0)$	0	$(0,1)$	1	$(1,2)$	2	$(2,+\infty)$
$f'(x)$	−	不存在	+	0	−	−	−
$f''(x)$	+	不存在	−	−	−	0	+
$f(x)$	凹减	0	凸增	e^{-1}	凸减	$2e^{-2}$	凹减

由表 4-4 可知，函数的单调增加区间为 $[0,1]$，单调减少区间为 $(-\infty,0]$ 和 $[1,+\infty)$；凸区间为 $[0,2]$，凹区间为 $(-\infty,0]$ 和 $[2,+\infty)$；极小值为 $f(0)=0$，极大值为 $f(1)=e^{-1}$，曲线的拐点为 $(0,0)$ 和 $(2,2e^{-2})$.

因为 $\lim\limits_{x\to+\infty} y = \lim\limits_{x\to+\infty} |x| \mathrm{e}^{-x} = \lim\limits_{x\to+\infty} \dfrac{x}{\mathrm{e}^x} = \lim\limits_{x\to+\infty} \dfrac{1}{\mathrm{e}^x} = 0,$ 所以曲线有水平渐近线 $y = 0.$

又

$$\lim\limits_{x\to-\infty} y = \lim\limits_{x\to-\infty} |x| \mathrm{e}^{-x} = \lim\limits_{x\to-\infty} -x\mathrm{e}^{-x} = \lim\limits_{t\to+\infty} t\mathrm{e}^t = +\infty ,$$

而

$$\lim\limits_{x\to-\infty} \dfrac{y}{x} = \lim\limits_{x\to-\infty} \dfrac{-x\mathrm{e}^{-x}}{x} = \lim\limits_{x\to-\infty} -\dfrac{1}{\mathrm{e}^x} = -\infty ,$$

所以曲线没有斜渐近线.

对任意有限数 x_0 ，有

$$\lim\limits_{x\to x_0} y = \lim\limits_{x\to x_0} |x| \mathrm{e}^{-x} = |x_0| \mathrm{e}^{-x_0} \neq \infty ,$$

故曲线没有铅直渐近线.

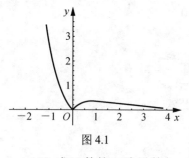

图 4.1

为了更好地描点作图，需要补充几个点. 计算得 $f(-1) = \mathrm{e}$ ， $f(3) = 3\mathrm{e}^{-3}$ ，作函数图形，如图 4.1 所示.

评注　用导数研究函数的性态集中反映在函数作图问题上，抓住函数的特点，就能比较准确地描绘函数的图形，作函数图形的一般步骤如下：

（1）求函数的定义域，判断函数是否具有奇偶性与周期性；

（2）求函数的一阶导数与二阶导数，并求出极值可疑点和拐点可疑点的横坐标，用这些点将定义域分成若干个小区间；

（3）列表判断每个小区间内一阶导数和二阶导数的符号，确定函数的单调区间、极值、凹凸区间、拐点；

（4）若有渐近线，求出渐近线；

（5）必要时，计算出曲线上的几个特殊点，然后描点作图，画出函数的图形.

例 4.29　求曲线 $y = x\ln\left(\mathrm{e} + \dfrac{1}{x}\right) (x > 0)$ 的斜渐近线方程.

解　设 $y = ax + b$ 为曲线的斜渐近线，则

$$a = \lim\limits_{x\to+\infty} \dfrac{f(x)}{x} = \lim\limits_{x\to+\infty} \ln\left(\mathrm{e} + \dfrac{1}{x}\right) = 1 ,$$

$$b = \lim\limits_{x\to+\infty} [f(x) - ax] = \lim\limits_{x\to+\infty} \left[x\ln\left(\mathrm{e} + \dfrac{1}{x}\right) - x \right] \xlongequal{x=\frac{1}{t}} \lim\limits_{t\to 0} \dfrac{\ln(\mathrm{e}+t) - 1}{t} = \dfrac{1}{\mathrm{e}} ,$$

所以斜渐近线方程为

$$y = x + \dfrac{1}{\mathrm{e}}.$$

例 4.30　求曲线 $\begin{cases} x = t^2 \\ y = 3t + t^3 \end{cases}$ 的拐点.

分析　曲线方程由参数式给出，应利用参数方程求导法则求得二阶导数 $\dfrac{\mathrm{d}^2 y}{\mathrm{d}x^2}$，再求出使二阶导数为零及不存在的参数 t，经判别确定拐点.

解　因为

$$y' = \frac{\mathrm{d}y}{\mathrm{d}t} \bigg/ \frac{\mathrm{d}x}{\mathrm{d}t} = \frac{3+3t^2}{2t} = \frac{3}{2}\left(\frac{1}{t} + t\right),$$

$$\frac{\mathrm{d}^2 y}{\mathrm{d}x^2} = \frac{\mathrm{d}y'}{\mathrm{d}t} \bigg/ \frac{\mathrm{d}x}{\mathrm{d}t} = \frac{3}{2}\left(-\frac{1}{t^2} + 1\right)\bigg/ 2t = \frac{3(t^2-1)}{4t^3},$$

所以，当 $t = \pm 1$ 时，$\dfrac{\mathrm{d}^2 y}{\mathrm{d}x^2} = 0$，当 $t = 0$ 时，$\dfrac{\mathrm{d}^2 y}{\mathrm{d}x^2}$ 不存在. 由于对任意 $t \neq 0$，有 $x = t^2 > 0$，所以当 $t = 0$ 时，点 $O(0,0)$ 为曲线上的边界点，故 $O(0,0)$ 不是拐点. 又由于当 t 经过 ± 1 时，$\dfrac{\mathrm{d}^2 y}{\mathrm{d}x^2}$ 皆由负变正，故当 $t = -1$ 时，对应点 $M_1(1,-4)$ 与 $t = 1$ 时对应点 $M_2(1,4)$ 皆为所求曲线的拐点.

评注　求曲线 $y = f(x)$ 拐点的步骤如下：

（1）求函数 $f(x)$ 的定义域.

（2）求拐点可疑点的横坐标，即先求 $f''(x)$，再解出 $f''(x) = 0$ 和 $f''(x)$ 不存在的点.

（3）用拐点的判别法进行判断，即若 x_0 是拐点可疑点的横坐标，当 $f''(x)$ 在 x_0 左右两侧变号时，$(x_0, f(x_0))$ 是拐点.

例 4.31　试确定常数 a,b,c，使曲线 $y = ax^2 + bx + c\mathrm{e}^x$ 有拐点 $(1,\mathrm{e})$，且在该点处的切线与直线 $x + y = 0$ 平行.

分析　已知直线的斜率为 $k = -1$，由条件 $y(1) = \mathrm{e}$，$y'(1) = -1$，$y''(1) = 0$ 即可确定待定常数.

解　$y' = 2ax + b + c\mathrm{e}^x$，$y'' = 2a + c\mathrm{e}^x$，由已知可得方程组

$$\begin{cases} 2a + c\mathrm{e} = 0 \\ 2a + b + c\mathrm{e} = -1, \\ a + b + c\mathrm{e} = \mathrm{e} \end{cases}$$

解之得 $a = -1-\mathrm{e}$，$b = -1$，$c = \dfrac{2+2\mathrm{e}}{\mathrm{e}}$，故所求曲线为

$$y = -(1+\mathrm{e})x^2 - x + \frac{2+2\mathrm{e}}{\mathrm{e}}\mathrm{e}^x.$$

11. 导数在经济学中的应用

例 4.32　设某商品需求量 Q 是价格 P 的单调减少函数，$Q = Q(P)$，其需求弹性 $\eta = \dfrac{2P^2}{192 - P^2} > 0$.

（1）设 R 为总收益函数，证明 $\dfrac{\mathrm{d}R}{\mathrm{d}P} = Q(1 - \eta)$；

（2）求 $P = 6$ 时，总收益对价格的弹性，并说明其经济意义.

解 （1）收益函数 $R = QP$，因 $Q' < 0$，故 $\eta = \left| \dfrac{Q'}{Q} P \right| = -\dfrac{Q'}{Q} P > 0$. 所以

$$\frac{\mathrm{d}R}{\mathrm{d}P} = Q'P + Q = \left(\frac{Q'}{Q} P + 1 \right) Q = Q(1 - \eta).$$

（2）总收益对价格的弹性为

$$\frac{ER}{EP} = \frac{R'}{R} P = \frac{Q(1-\eta)}{QP} P = 1 - \eta = 1 - \frac{2P^2}{192 - P^2} \frac{192 - 3P^2}{192 - P^2},$$

于是

$$\left. \frac{ER}{EP} \right|_{P=6} = \frac{192 - 3 \times 36}{192 - 36} = \frac{7}{13} \approx 0.54.$$

其经济意义为当 $P = 6$ 时，若价格上涨 1%，则总收益将增加 0.54%.

评注 需求量关于价格 P 的弹性和收益关于价格 P 的弹性，这两种价格的弹性正负号不同，这是一个关于弹性函数十分典型的题目.

例 4.33 设某产品的成本函数为 $C = aQ^2 + bQ + c$，需求函数为 $Q = \dfrac{1}{e}(d - P)$，其中 C 为成本，Q 为需求量（即产量），P 为单价，a, b, c, d, e 都是正的常数，且 $d > b$，求：

（1）利润最大时的产量及最大利润；

（2）需求对价格的弹性；

（3）需求对价格弹性的绝对值为 1 时的产量.

解 （1）由定义，利润函数为

$$L = PQ - C = (d - eQ)Q - (aQ^2 + bQ + c) = (d - b)Q - (e + a)Q^2 - c.$$

关于 Q 求导，有

$$\frac{\mathrm{d}L}{\mathrm{d}Q} = d - b - 2(e + a)Q, \quad \frac{\mathrm{d}^2 L}{\mathrm{d}Q^2} = -2(e + a).$$

令 $\dfrac{\mathrm{d}L}{\mathrm{d}Q} = 0$ 得唯一的驻点 $Q = \dfrac{d - b}{2(e + a)}$，而 $L'' < 0$. 所以当 $Q = \dfrac{d - b}{2(e + a)}$ 时 L 取极大值，因驻点唯一，最大值存在，由问题的实际意义，此极大值即为最大值，最大利润为

$$L_{\max} = (d - b) \frac{(d - b)}{2(e + a)} - (e + a) \frac{(d - b)^2}{4(e + a)^2} - c = \frac{(d - b)^2}{4(e + a)} - c.$$

（2）需求对价格的弹性为

$$\eta = -\frac{Q'}{Q} P = \frac{1}{e} \frac{e}{d - P} P = \frac{P}{d - P} = \frac{d - eQ}{eQ} = \frac{d}{eQ} - 1.$$

（3）由已知 $|\eta| = \dfrac{d}{eQ} - 1 = 1$，所以 $Q = \dfrac{d}{2e}$. 即需求对价格的弹性的绝对值为 1 时的产量为 $Q = \dfrac{d}{2e}$.

评注 凡遇 $f(x)$ 关于 x 的弹性，一般按 $\dfrac{f'(x)}{f(x)} x$ 讨论之，特殊情况例外.

例 4.34　设某商品的需求函数为 $Q = 100 - 5P$，其中价格 $P \in (0,20)$，Q 为需求量

（1）求需求量对价格的弹性 $E_P (E_P > 0)$；

（2）推导 $\dfrac{\mathrm{d}R}{\mathrm{d}P} = Q(1 - E_P)$（其中 R 为收益），并用弹性 E_P 说明价格在什么范围内变化时，降低价格反而使收益增加.

解　（1）由于要求需求量对价格的弹性 $E_P > 0$，因而 $E_P = \left| \dfrac{Q'}{Q} P \right| = -\dfrac{Q'}{Q} P$，故

$$E_P = \left| \frac{Q'}{Q} P \right| = \frac{P}{20 - P}.$$

（2）由 $R = PQ$，得

$$\frac{\mathrm{d}R}{\mathrm{d}P} = Q + PQ' = Q\left(1 + \frac{Q'}{Q} P \right) = Q(1 - E_P).$$

又由 $E_P = \dfrac{P}{20 - P} = 1$，得 $P = 10$. 当 $10 < P < 20$ 时，$E_P > 1$，于是 $\dfrac{\mathrm{d}R}{\mathrm{d}P} < 0$.

故当 $10 < P < 20$ 时，降低价格反而使收益增加.

评注　一般说来 $Q = Q(P)$ 是单调减少函数，$\dfrac{Q'}{Q} P$ 常为负值，因此解题时，要注意题目中所采用的记号的正负号是如何规定的.

例 4.35　设某酒厂有一批新酿的好酒，如果现在（假定 $t = 0$）就售出，总收入为 R_0（元），如果窖藏起来待来日按陈酒价格出售，t 年末总收入为 $R = R_0 \mathrm{e}^{\frac{2\sqrt{t}}{5}}$（元）.

假定银行的年利率为 r，并以连续复利计息，试求窖藏多少年售出可使总收入的现值最大，并求 $r = 0.06$ 时 t 的值.

解　根据连续复利公式，这批酒在窖藏 t 年末总收入 $R = R_0 \mathrm{e}^{\frac{2\sqrt{t}}{5}}$ 的现值

$$A(t) = R(t)\mathrm{e}^{-rt} = R_0 \mathrm{e}^{\frac{2\sqrt{t}}{5}} \mathrm{e}^{-rt} = R_0 \mathrm{e}^{\frac{2\sqrt{t}}{5} - rt}.$$

求导，得

$$\frac{\mathrm{d}A(t)}{\mathrm{d}t} = R_0 \mathrm{e}^{\frac{2\sqrt{t}}{5} - rt}\left(\frac{1}{5\sqrt{t}} - r \right), \quad \frac{\mathrm{d}^2 A(t)}{\mathrm{d}t^2} = R_0 \mathrm{e}^{\frac{2\sqrt{t}}{5} - rt}\left[\left(\frac{1}{5\sqrt{t}} - r \right)^2 - \frac{1}{10\sqrt{t^3}} \right].$$

令 $\dfrac{\mathrm{d}A(t)}{\mathrm{d}t} = 0$ 得唯一驻点 $t_0 = \dfrac{1}{25r^2}$，代入 $\dfrac{\mathrm{d}^2 A(t)}{\mathrm{d}t^2}\bigg|_{t = t_0} = R_0 \mathrm{e}^{\frac{1}{25r}}(-12.5r^3) < 0$. 于是极大值点存在，因最大值存在，驻点唯一，所以这个极大值点就是最大值点. 故窖藏 $t = \dfrac{1}{25r^2}$ 年售出，总收入的现值最大，当 $r = 0.06$ 时，$t = \dfrac{100}{9} \approx 11$（年）.

评注　自然界的很多现象如人口的增长、细菌的繁殖、原子核的分裂等，都是按照连续复利法则增长的，故它的实用价值不只限于经济领域.

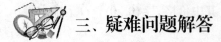 **三、疑难问题解答**

1. 下面证明柯西中值定理是否正确？

因为 $f(x)$，$F(x)$ 均在 $[a,b]$ 上连续，(a,b) 内可导，所以由拉格朗日中值定理有

$$f(b)-f(a)=f'(\xi)(b-a),$$
$$F(b)-F(a)=F'(\xi)(b-a).$$

以上二式相除即得柯西中值定理，即

$$\frac{f(b)-f(a)}{F(b)-F(a)}=\frac{f'(\xi)}{F'(\xi)}.$$

答　不正确. 因为对函数 $f(x)$、$F(x)$ 分别在 $[a,b]$ 上使用拉格朗日中值定理，两个 ξ 一般是不相同的.

例如，在 $[0,1]$ 上使用拉格朗日中值定理，对函数 $f(x)=x^2$，使 $f(1)-f(0)=f'(\xi)(1-0)$ 成立的 $\xi=\frac{1}{2}$；对函数 $F(x)=x^3$，使 $F(1)-F(0)=F'(\xi)(1-0)$ 成立的 $\xi=\frac{1}{\sqrt{3}}$；在 $[0,1]$ 上使用柯西中值定理，使 $\frac{f(1)-f(0)}{F(1)-F(0)}=\frac{f'(\xi)}{F'(\xi)}$ 成立的点 $\xi=\frac{2}{3}$.

2. 应用洛必达法则计算未定式的极限时要注意哪些问题？

答　（1）审查计算的极限是不是未定式，不是未定式则不能使用洛必达法则，因为它不满足洛必达法则的条件.

（2）除计算 "$\frac{0}{0}$" 与 "$\frac{\infty}{\infty}$" 两种未定式外，计算其他五种未定式："$0 \cdot \infty$" "$\infty - \infty$" "1^{∞}" "0^0" "∞^0" 都要用代数运算或取对数最后化为未定式 "$\frac{0}{0}$" 或 "$\frac{\infty}{\infty}$"，然后再应用洛必达法则.

（3）洛必达法则有一个条件是 $\lim\limits_{x\to a}\frac{f'(x)}{F'(x)}$ 存在或无穷大，如果 $\lim\limits_{x\to a}\frac{f'(x)}{F'(x)}$ 不存在（又不是无穷大），计算 $\lim\limits_{x\to a}\frac{f(x)}{F(x)}$ 就不能应用洛必达法则. 虽然 $\lim\limits_{x\to a}\frac{f'(x)}{F'(x)}$ 不存在（也不是无穷大），但 $\lim\limits_{x\to a}\frac{f(x)}{F(x)}$ 还可能存在，这时需要用其他方法研究 $\lim\limits_{x\to a}\frac{f(x)}{F(x)}$ 的值.

例如，$\lim\limits_{x\to\infty}\frac{x+\sin x}{x-\sin x}$ 是 "$\frac{\infty}{\infty}$" 型的未定式，应用洛必达法则，有 $\lim\limits_{x\to\infty}\frac{(x+\sin x)'}{(x-\sin x)'}=$

$\lim\limits_{x\to\infty}\frac{1+\cos x}{1-\cos x}$ 不存在，但 $\lim\limits_{x\to\infty}\frac{x+\sin x}{x-\sin x}=\lim\limits_{x\to\infty}\frac{1+\dfrac{\sin x}{x}}{1-\dfrac{\sin x}{x}}=1.$

（4）应用洛必达法则计算未定式的极限，可能会出现 $\lim\dfrac{f'(x)}{F'(x)}$ 仍是未定式的情况.

若 $f'(x)$ 和 $F'(x)$ 仍满足定理中对 $f(x)$，$F(x)$ 所要求的条件，则可继续使用洛必达法则，先确定 $\lim\dfrac{f''(x)}{F''(x)}$ 存在，进一步确定 $\lim\dfrac{f(x)}{F(x)}$，即

$$\lim\frac{f(x)}{F(x)}=\lim\frac{f'(x)}{F'(x)}=\lim\frac{f''(x)}{F''(x)},$$

且可依次类推. 注意结合应用已知的（未定式）极限：

$$\lim_{x\to 0}\frac{\sin x}{x}=1,\ \lim_{x\to 0}\frac{1-\cos x}{x^2}=\frac{1}{2},\ \lim_{x\to 0}(1+x)^{\frac{1}{x}}=\mathrm{e},$$

$$\lim_{x\to 0}\frac{a^x-1}{x}=\ln a,\ \lim_{x\to 0}\frac{\ln(1+x)}{x}=1,\ \lim_{x\to 0}\frac{\tan x}{x}=1$$

等，有可能简化计算极限的步骤.

（5）一般来说，洛必达法则对求未定式 "$\dfrac{0}{0}$" "$\dfrac{\infty}{\infty}$" 的极限的确是一种非常方便而有效的方法，但并不是万能的. 少数的未定式极限应用洛必达法则并不简单，甚至很烦琐或求不出结果. 例如，求 $\lim\limits_{x\to+\infty}\dfrac{\sqrt{1+x^2}}{x}$.

若用洛必达法则来求，则

$$\lim_{x\to+\infty}\frac{\sqrt{1+x^2}}{x}=\lim_{x\to+\infty}\frac{\dfrac{x}{\sqrt{1+x^2}}}{1}=\lim_{x\to+\infty}\frac{x}{\sqrt{1+x^2}}=\lim_{x\to+\infty}\frac{\sqrt{1+x^2}}{x}=\cdots,$$

这样无限循环而得不到结果，然而此极限并不难求，即

$$\lim_{x\to+\infty}\frac{\sqrt{1+x^2}}{x}=\lim_{x\to+\infty}\sqrt{\frac{1}{x^2}+1}=1.$$

在使用洛必达法则的过程中，要注意灵活性，要与其他求极限的技巧综合使用.

3. 不同类型的泰勒公式的余项各有什么作用？

答　泰勒公式的余项有两种：一种是定性的，即皮亚诺型余项；另一种是定量的，即拉格朗日型余项. 这两种余项，虽然本质相同，但是作用有别. 一般来说，应用泰勒公式，当不需要定量讨论余项 $R_n(x)=f(x)-P_n(x)$ 时，可以用皮亚诺余项. 例如，应用泰勒公式计算极限，不需要对余项作定量的计算，用皮亚诺余项即可. 应用泰勒公式，同时需要定量讨论余项 $R_n(x)=f(x)-P_n(x)$ 时，要用拉格朗日余项. 例如，应用泰勒公式近似计算函数值或研究函数的某些性态，经常用拉格朗日余项.

4. 若 $f(x)$ 与 $g(x)$ 均在 $[a,b]$ 上连续，且在 (a,b) 内 $f'(x)>g'(x)$，则在 (a,b) 内必有 $f(x)>g(x)$ 吗？反之，若 $f(x)>g(x)$，能否断定 $f'(x)>g'(x)$？

答　不能. $f'(x)>g'(x)$ 只能说明函数 $f(x)$ 的变化率大于 $g(x)$ 的变化率，并不一定有 $f(x)>g(x)$. 例如，$f(x)=2x-5$，$g(x)=x$，在 $(0,2)$ 内 $f'(x)=2>g'(x)=1$，但在 $(0,2)$ 内却是 $f(x)<g(x)$.

同样，若 $f(x)>g(x)$，并不能断定 $f'(x)>g'(x)$. 例如，$f(x)=x+2$，$g(x)=2x$，则在 $(0,1)$ 内 $f(x)>g(x)$，而 $f'(x)<g'(x)$.

但若附加一个条件，就会得到定论：若 $f(x)$ 与 $g(x)$ 均在 $[a,b]$ 连续，且在 (a,b) 内 $f'(x) > g'(x)$，$f(a) = g(a)$，则在 (a,b) 内必有 $f(x) > g(x)$；若 $f(x)$ 与 $g(x)$ 均在 $[a,b]$ 连续，且在 (a,b) 内 $f'(x) > g'(x)$，且 $f(a) = g(a)$，则在 (a,b) 内必有 $f(x) > g(x)$.

5. 说"函数 $f(x)$ 在点 x_0 处具有极值的必要条件是 $f'(x_0) = 0$"，对吗？为什么？

答 不对. 上述说法是不对的，正确是说法应该是"若点 x_0 是 $f(x)$ 的极值点，且 $f'(x_0)$ 存在，则必有 $f'(x_0) = 0$"，$f(x)$ 在点 x_0 处可导的条件是不容忽视的. 因为在不可导的点 x_0 处，自然不满足 $f'(x_0) = 0$，但函数 $f(x)$ 在点 x_0 处完全有可能取得极值. 例如，函数 $f(x) = |x|$，易知点 $x = 0$ 是 $f(x)$ 的极值点，但 $f'(0)$ 不存在. 这也表明，函数的极值点可能是 $f'(x) = 0$ 的根，也可能是导数不存在的点，甚至还可能为函数的间断点.

6. 是否有类似于极值第二判别法的关于拐点的第二判别法？

答 有. 若函数 $f(x)$ 在点 x_0 某邻域内存在三阶导数，且 $f''(x_0) = 0$，$f'''(x_0) \neq 0$，则点 $(x_0, f(x_0))$ 是曲线 $y = f(x)$ 的拐点.

事实上，将 $f''(x_0 + h)$ 在点 x_0 展成泰勒公式，有

$$f''(x_0 + h) = f''(x_0) + f'''(x_0)h + o(h) = f'''(x_0)h + o(h).$$

当 h 充分小时，等号右端的符号由第一项 $f'''(x_0)h$ 确定.

当 $h > 0$ 时，$f''(x_0 + h)$ 与 $f'''(x_0)$ 同号；当 $h < 0$ 时，$f''(x_0 + h)$ 与 $f'''(x_0)$ 异号，即 $f''(x_0 + h)$ 在点 x_0 两侧变号，点 $(x_0, f(x_0))$ 是曲线 $y = f(x)$ 的拐点.

上述拐点的充分条件一般是，若 $f(x)$ 在点 x_0 邻域内存在 $2k+1$ 阶导数，且 $f''(x_0) = 0$，$f'''(x_0) = 0$，$\cdots$，$f^{(2k)}(x_0) = 0$，而 $f^{(2k+1)}(x_0) \neq 0$，则点 $(x_0, f(x_0))$ 是曲线 $y = f(x)$ 的拐点.

四、同步训练题

4.1 微分中值定理

1. 选择题.

（1）函数 $f(x) = (x-1)(x-2)(x-3)$ 的导数 $f'(x)$ 的零点（   ）.

    A.有 0 个   B.有 1 个   C.有 2 个   D. 无法判断

（2）函数 $f(x) = \dfrac{1}{2x}$ 满足拉格朗日中值定理条件的区间是（   ）.

    A. $[1,2]$ B. $[-2,2]$ C. $[-2,0]$ D. $[0,1]$

（3）函数 $f(x)$ 的 $n(n > 2)$ 阶泰勒公式中 $(x - x_0)^2$ 的系数是（   ）.

    A. $\dfrac{1}{2!}$ B. $\dfrac{f''(x_0)}{2!}$

    C. $f''(x_0)$ D. $\dfrac{1}{2!}f''(\xi)$，ξ 在 x 与 x_0 之间

（4）设 $f(x) = \begin{cases} 2x, & 0 \leqslant x \leqslant 1 \\ x^2+1, & 1 < x \leqslant 2 \end{cases}$，则在 $(0,2)$ 内适合 $f(2)-f(0)=2f'(\xi)$ 的 ξ 值（　　）.

　　　　A. 不存在　　　　　B. 只有一个　　　　C. 有两个　　　　D. 有三个

（5）函数 $f(x)=x^3$ 与 $g(x)=x^2+1$ 在区间 $[1,2]$ 上满足柯西中值定理的 $\xi=$（　　）.

　　　　A. $\dfrac{4}{5}$　　　　　B. $\dfrac{2}{3}$　　　　　C. $\dfrac{14}{9}$　　　　　D. $\dfrac{1}{7}$

2. 证明：当 $x \neq 0$ 时，有 $\arctan x + \arctan \dfrac{1}{x} = \dfrac{\pi}{2}$.

3. 设 $f(x)$ 在 $[0,\pi]$ 上连续，在 $(0,\pi)$ 内可导，证明至少存在一点 $\xi \in (0,\pi)$，使 $f'(\xi)\sin \xi + f(\xi)\cos \xi = 0$.

4. 设 $f(x)$ 在 $[a,b]$ 上可导，且 $a < f(x) < b$，在 (a,b) 内有 $f'(x) \neq 1$，证明在 (a,b) 内存在唯一的 ξ 使得 $f(\xi) = \xi$.

5. 设 $f(x)$ 在 $[a,b]$ $(0 < a < b)$ 上连续，在 (a,b) 内可导. 试证明存在 $\xi \in (a,b)$，使得 $3\xi^2[f(b)-f(a)] = (b^3-a^3)f'(\xi)$.

6*. 若 $\varphi(x)$ 在 $[0,1]$ 上可导，$f(x) = (x-1)\varphi(x)$，证明：存在 $\xi \in (0,1)$，使得 $f'(\xi) = \varphi(0)$.

4.2　洛必达法则

1. 选择题.

（1）$\lim\limits_{x \to 0} \dfrac{e^{2x} - e^{-x} - 3x}{1 - \cos x} =$（　　）.

　　　　A. 3　　　　　　B. 1　　　　　　C. 0　　　　　　D. 2

（2）$\lim\limits_{x \to \frac{\pi}{2}} \dfrac{\cos 5x}{\cos 3x} =$（　　）.

　　　　A. -1　　　　　B. $-\dfrac{5}{3}$　　　　C. 1　　　　　D. $\dfrac{5}{3}$

（3）$\lim\limits_{x \to 0} \left[\dfrac{1}{\ln(1+x)} - \dfrac{1}{x} \right] =$（　　）.

　　　　A. $\dfrac{1}{6}$　　　　　B. 0　　　　　　C. $\dfrac{1}{4}$　　　　　D. $\dfrac{1}{2}$

（4）$\lim\limits_{x \to 0^+} (\tan x)^{\sin x} =$（　　）.

　　　　A. 0　　　　　　B. 2　　　　　　C. 1　　　　　　D. e

（5）$\lim\limits_{x \to \infty} \dfrac{\ln(1+2x^2)}{\ln(2+x^4)} =$（　　）.

　　　　A. 0　　　　　　B. $\dfrac{1}{2}$　　　　　C. 1　　　　　　D. 2

2. 填空题.

（1）$\lim\limits_{x\to 0}\dfrac{\sin x-x\cos x}{\sin^3 x}=$ _____ .

（2）$\lim\limits_{x\to +\infty}\dfrac{x^2+\ln x}{x\ln x}=$ _____ .

（3）$\lim\limits_{x\to +\infty}(\ln x)^{\frac{1}{x}}=$ _____ .

（4）$\lim\limits_{x\to 0}\left(1+x^2\right)^{\frac{1}{1-\cos x}}=$ _____ .

（5）$\lim\limits_{x\to 0}\left(\dfrac{1}{\sin x}-\dfrac{1}{x}\right)=$ _____ .

3. 求下列极限.

（1）$\lim\limits_{x\to 1}\dfrac{x^3-3x+2}{x^3-x^2-x+1}$；　　（2）$\lim\limits_{x\to 0}\left(\dfrac{1}{x}-\dfrac{1}{\mathrm{e}^x-1}\right)$；

（3）$\lim\limits_{x\to 0^+}\left(\sin x\right)^x$；　　　　　　　（4）$\lim\limits_{x\to +\infty}x^{\frac{2}{\ln(1+3x)}}$；

（5）$\lim\limits_{x\to \frac{\pi}{2}}(1-\sin^3 x)\sec^2 x$；　　　（6）$\lim\limits_{x\to 0}\left(\dfrac{\tan x}{x}\right)^{\frac{1}{x^2}}$.

4*. 求 a,b 的值，使当 $x\to 0$ 时，$\mathrm{e}^x-(ax^2+bx+1)$ 是比 x^2 高阶的无穷小.

4.3　函数的单调性与极值

1. 选择题.

（1）关于函数 $y=x-\ln x$ 的极值，下面结论正确的是（　　　）.

　　A. 有极小值 1　　　　　　　　　　　B. 有极大值 1

　　C. 无极值　　　　　　　　　　　　　D. 有极小值 $\mathrm{e}-1$

（2）函数 $y=\sqrt{5-4x}$ 在 $[-1,1]$ 上的最小值 $y_{\min}=$（　　　）.

　　A. -4　　　　　B. -1　　　　　　C. 1　　　　　　D. -3

（3）方程 $x^3-3x+1=0$ 在区间 $(0,1)$ 内（　　　）.

　　A. 没有实根　　　　　　　　　　　　B. 有且仅有一个实根

　　C. 有且仅有两个实根　　　　　　　　D. 有三个不同实根

（4）设 $f(x)$，$g(x)$ 在区间 $[a,b]$ 上可导，且 $f'(x)>g'(x)$，则在 $[a,b]$ 上有（　　　）.

　　A. $f(x)-g(x)>0$　　　　　　　　　B. $f(x)-g(x)\geqslant 0$

　　C. $f(x)-g(x)>f(b)-g(b)$　　　　　D. $f(x)-g(x)>f(a)-g(a)$

（5）函数 $y=x-\sqrt{x}$ 的单减区间为（　　　）.

　　A. $\left[-\dfrac{1}{2},0\right]$　　　　B. $\left[0,\dfrac{1}{4}\right]$　　　　C. $\left[0,\dfrac{1}{2}\right]$　　　　D. $\left[-\dfrac{1}{4},0\right]$

2. 填空题.

（1）函数 $f(x)=\arctan x-x$ 的单调减少区间为 _____ .

（2）函数 $y = x^4 - 2x^2 + 5$ 在 $[-2, 2]$ 上的最小值为_____，最大值为_____.

（3）函数 $f(x) = x^3 + ax^2 + bx$ 在 $x = 1$ 处有极值 -2，则 $a =$ _____，$b =$ _____.

（4）函数 $y = \ln(1 - x^2)$ 的极大值为_____.

（5）函数 $y = 2x \arctan x - \ln(1 + x^2)$ 的单调增加区间为_____.

3*. 证明不等式.

（1）当 $0 < a < b < \pi$ 时，$b \sin b + 2 \cos b + \pi b > a \sin a + 2 \cos a + \pi a$;

（2）当 $0 < x < \pi$ 时，$\mathrm{e}^{-x} \sin x < 1 + \dfrac{x^2}{2}$.

4. 确定函数 $y = x^x$ 的单调区间.

5*. 设有一圆柱形容器，其底部材料的单位面积与侧面材料的单位面积的价格之比为 $3 : 2$，求容积 V 一定的条件下高与底面圆半径之比为多少时造价最省？

4.4　曲线的凹凸性与函数作图

1. 选择题.

（1）曲线 $y = x^3 - 6x - 5$ 在 $(0, 1)$ 内的特性是（　　　）.

    A. 单调上升，凹的　　　　　　　　B. 单调上升，凸的

    C. 单调下降，凹的　　　　　　　　D. 单调下降，凸的

（2）曲线 $y = \dfrac{x + 1}{x^2}$ 的渐近线为（　　　）.

    A. $x = 0,\ y = 0$　　　　　　　　B. $x = 1,\ y = 0$

    C. $x = 0,\ y = 1$　　　　　　　　D. $x = 1,\ y = 1$

（3）曲线 $y = (x - 1)^3 - 1$ 的拐点是（　　　）.

    A. $(2, 0)$　　　　　B. $(1, -1)$　　　　　C. $(0, -2)$　　　　　D. 不存在

（4）假设 $(0, 1)$ 是曲线 $y = ax^3 + bx^2 + c$ 的拐点，则必有（　　　）.

    A. a 为非零常数，$b = 0$，$c = 1$　　　　B. $a = 1$，$b = -3$，$c = 1$

    C. $a = 1$，$b = 0$，c 为任意常数　　　　D. $b = -3a$，$c = 1$，a 为任意常数

（5）设 $y = f(x)$ 在 x_0 的某邻域内具有三阶连续导数，如果 $f'(x_0) = f''(x_0) = 0$，$f'''(x_0) \neq 0$，则（　　　）.

    A. x_0 是极值点，$(x_0, f(x_0))$ 不是拐点

    B. x_0 是极值点，$(x_0, f(x_0))$ 不一定是拐点

    C. x_0 不是极值点，$(x_0, f(x_0))$ 是拐点

    D. x_0 不是极值点，$(x_0, f(x_0))$ 不是拐点

2. 填空题.

（1）曲线 $y = (x + 1)^4 + \mathrm{e}^x$ 的凹区间为_____.

（2）曲线 $y = \dfrac{2x + 1}{(x + 1)^2}$ 的水平渐近线为_____，铅直渐近线为_____.

（3）曲线 $y = 1 - \sqrt[3]{x - 2}$ 的拐点为_____.

（4）曲线 $y = 3x^5 - 10x^3 - 360x$ 的拐点有_____个.

（5）曲线 $y = e^{\arctan x}$ 的凸区间为_____.

3. 求曲线 $y = x^2 - \dfrac{1}{x}$ 凹凸区间及拐点.

4. 描绘函数 $y = \dfrac{2x-1}{(x-1)^2}$ 的图形.

4.5　导数在经济学中的应用

1. 选择题.

（1）有一个企业生产某种产品，每批生产 Q 单位的总成本为 $C(Q) = 3 + Q$ （百元），可得的总收入为 $R(Q) = 6Q - Q^2$ （百元），问：

① 利润函数 $L(Q) = $ （　　）.

　　A. $5Q - Q^2 - 3$　　　B. $5Q - Q^2 + 3$　　　C. $6Q - Q^2 + 3$　　　D. $3 - Q$

② 当 $Q = $ （　　）时，可获最大利润.

　　A. -3　　　　B. 2.5　　　　C. 2　　　　D. 3

③ 生产此产品的最大利润为（　　）.

　　A. 3　　　　B. 2.5　　　　C. 5　　　　D. 3.25

（2）设在某生产周期内生产某产品 Q 个单位时，平均成本函数为 $\overline{C}(Q) = 6 - Q$，需求函数为 $Q = \dfrac{26 - P}{3}$ （P 为价格），求：

① 在该周期内获得最大利润时的产量和价格分别为（　　）.

　　A. $P = 11$，$Q = 5$　　　　　　　　B. $P = 10$，$Q = 4$

　　C. $P = 11$，$Q = 4$　　　　　　　　D. $P = 10$，$Q = 5$

② 需求弹性为（　　）.

　　A. 1　　　　B. $\dfrac{P}{P - 26}$　　　　C. $\dfrac{P}{26 - P}$　　　　D. -1

2. 某商品的进价为 a 元/件，根据经验，当售价为 b 元/件时，销售量为 c 件（a,b 为常数，$b \geqslant \dfrac{4}{3}a$，市场调查表明：售价每下降 10%，销售量可增加 40%. 现决定一次性降价，试问：当售价定为多少时，可获得最大利润，并求最大利润.

3. 某企业的成本和收入函数分别为 $C(Q) = 5Q + \dfrac{1}{10}Q^2 + 20$ 和 $R(Q) = 200Q + \dfrac{1}{20}Q^2$，求：（1）边际成本，边际收入，边际利润；（2）已生产并销售 25 个单位产品，销售第 26 个产品约有多少利润？

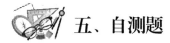 **五、自测题**

1. 选择题（每题 3 分，共 18 分）.

（1）$\lim\limits_{x\to 0}\dfrac{\arctan x - x}{x^2 \sin x} = （\quad）$.

    A. 0　　　　　　　　B. 1　　　　　　　　C. $-\dfrac{1}{3}$　　　　　D. $\dfrac{1}{3}$

（2）关于曲线 $y = x\ln x(0 < x < +\infty)$ 的凹凸性，正确的说法是（　　）.

    A. 曲线在 $(0,+\infty)$ 内是凸的

    B. 曲线在 $(0,+\infty)$ 内是凹的

    C. 曲线在 $(0,1)$ 内是凸的，在 $(1,+\infty)$ 内是凹的

    D. 曲线在 $(0,1)$ 内是凸的，在 $(1,+\infty)$ 内是凹的

（3）函数 $y = x + 2\cos x$ 在区间 $\left[0, \dfrac{\pi}{2}\right]$ 上的最大值为（　　）.

    A. $\sqrt{3} + \dfrac{\pi}{6}$　　　　B. 2　　　　　　C. $\dfrac{\pi}{2}$　　　　　　D. 0

（4）设 $y = f(x)$，且 $f(0) = 0, f'(x) = e^{-\frac{x^2}{2}}$，则曲线 $y = f(x)$ 的拐点是（　　）.

    A. $(1,1)$　　　　B. $(0,1)$　　　　C. $(1,0)$　　　　D. $(0,0)$

（5）使函数 $f(x) = \sqrt[3]{x^2(1-x^2)}$ 适合罗尔定理条件的区间为（　　）.

    A. $[0,1]$　　　　B. $[-1,1]$　　　　C. $[-2,2]$　　　　D. $\left[-\dfrac{3}{5}, \dfrac{4}{5}\right]$

（6）曲线 $y = e^{\frac{1}{x}}$ 的渐近线为（　　）.

    A. $y = 1$ 是水平渐近线，$x = 2$ 是铅直渐近线

    B. $y = -1$ 是水平渐近线，$x = 0$ 是铅直渐近线

    C. $y = 1$ 是水平渐近线，$x = 1$ 是铅直渐近线

    D. $y = 1$ 是水平渐近线，$x = 0$ 是铅直渐近线

2. 填空题（每题 3 分，共 18 分）.

（1）$\lim\limits_{x\to 0^+} x^2 \ln x = $ _____ .

（2）曲线 $y = \ln\left(e - \dfrac{1}{x}\right)$ 的水平渐近线为_____ .

（3）函数 $f(x)$ 的 $n(n > 3)$ 阶泰勒公式中 $(x - x_0)^3$ 的系数是_____ .

（4）曲线 $y = xe^{-x}$ 的凹区间为_____ ，凸区间为_____ ，拐点为_____ .

（5）设 $f(x)$ 在 $(-\infty, \infty)$ 内连续，且 $f'(x)$ 的图形如图 4.2 所示，则 $f(x)$ 的单调增加区间为_____ ；

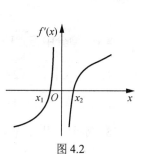

图 4.2

单调减少区间为＿＿＿＿＿＿；

极大值点为＿＿＿＿＿＿；

极小值点为＿＿＿＿＿＿．

（6）设某产品的供给函数为 $Q = 2 + 3P$，则 $P = 3$ 时的供给弹性为＿＿＿＿＿．

3. 解答题（每题 5 分，共 20 分）．

（1）求函数 $y = \arctan x - \dfrac{1}{2}\ln(1 + x^2)$ 的极值．

（2）求 $\lim\limits_{x \to 0} \dfrac{\cos x - e^x + x}{x^2}$．

（3）求曲线 $y = \ln(1 + x^2)$ 凹凸区间及拐点．

（4）求 $\lim\limits_{x \to 0^+} \left(\dfrac{1}{x^2} - \dfrac{1}{x \tan x} \right)$．

4. 分析题（10 分）．

讨论方程 $x^3 - 3x + 1 = 0$ 在 $(-\infty, +\infty)$ 内实根的情况．

5. 应用题（每题 9 分，共 18 分）．

（1）某产品的需求函数为 $Q = Q(P)$，收益函数为 $R = PQ$，其中 P 为产品的价格，Q 为需求量，$Q(P)$ 为单调递减函数．如果价格 P_0 对应的产量为 Q_0 时，边际收益 $\left. \dfrac{dR}{dQ} \right|_{P = P_0} = a > 0$，收益对价格的边际效应，需求对价格的导数 $\left. \dfrac{dR}{dP} \right|_{Q = Q_0} = c < 0$，弹性为 $E_0 = b > 1$，求 P_0 和 Q_0．

（2）在曲线 $y = 1 - x^2 (x > 0)$ 上求一点 P 的坐标，使曲线在该点处的切线与两坐标轴所围成的三角形的面积最小．

6. 证明题（每题 8 分，共 16 分）．

（1）证明：当 $x \neq 0$ 时，$e^x > 1 + x$．

（2）函数 $f(x)$ 在 $\left[0, \dfrac{\pi}{4}\right]$ 上连续，在 $\left(0, \dfrac{\pi}{4}\right)$ 内可导，且 $f(0) = 0, f\left(\dfrac{\pi}{4}\right) = 1$，证明至少存在一点 $\xi \in \left(0, \dfrac{\pi}{4}\right)$，使得 $f'(\xi) = \sec^2 \xi$．

六、参考答案与提示

4.1　微分中值定理

1. （1）C；　　（2）A；　　（3）B；　　（4）B；　　（5）C．

2. 提示：令 $f(x) = \arctan x + \arctan \dfrac{1}{x}$，则 $f'(x) = 0$，故 $f(x) \equiv C = f(1) = \dfrac{\pi}{2}$．

3. 提示：引入函数 $F(x) = f(x) \sin x$，利用罗尔定理．

4. 提示：构造函数 $F(x)=f(x)-x$，利用零点定理证明存在性，利用罗尔定理证明唯一性.

5. 提示：$g(x)=x^3$, $f(x)$, $g(x)$, 在 $[a,b]$ 上利用柯西中值定理.

6*. 提示：构造辅助函数 $F(x)=f(x)-\varphi(0)x$，对 $F(x)$ 运用罗尔定理可得结论.

4.2 洛必达法则

1.（1）A; （2）B; （3）D; （4）C; （5）B.

2.（1）$\dfrac{1}{3}$; （2）$+\infty$; （3）1; （4）e^2; （5）0.

3.（1）$\dfrac{3}{2}$; （2）$\dfrac{1}{2}$; （3）1; （4）e^2; （5）$\dfrac{3}{2}$;

（6）$e^{\frac{1}{3}}$.

4*. $a=\dfrac{1}{2}$, $b=1$. 提示：麦克劳林展开式 $e^x=1+x+\dfrac{1}{2!}x^2+o(x^2)$,

$$\lim_{x\to0}\frac{e^x-(ax^2+bx+1)}{x^2}=\lim_{x\to0}\frac{\left(\frac{1}{2}-a\right)x^2+(1-b)x+o(x^2)}{x^2}=0\Rightarrow a=\frac{1}{2},\ b=1.$$

4.3 函数的单调性与极值

1.（1）A; （2）C; （3）B; （4）D; （5）B.

2.（1）$(-\infty,+\infty)$; （2）4,13; （3）0,-3; （4）0;

（5）$[0,+\infty)$.

3*.（1）提示：设 $f(x)=x\sin x+2\cos x+\pi x$，求导两次，利用函数的单调性证明.

（2）提示：设 $f(x)=1+\dfrac{x^2}{2}-e^{-x}-\sin x$，求两次导数.

4. 在 $\left(0,\dfrac{1}{e}\right]$ 上单调减少，在 $\left[\dfrac{1}{e},+\infty\right)$ 上单调增加.

5*. 高与底面圆半径之比为 3：1.

4.4 曲线的凹凸性与函数作图

1.（1）C. （2）A. （3）B. （4）A.（5）C.

2.（1）$(-\infty,+\infty)$; （2）$y=0$, $x=-1$; （3）$(2,1)$; （4）3;

（5）$\left(\dfrac{1}{2},+\infty\right)$.

3. 凸区间为 $(-\infty,0),(0,1)$，凹区间为 $[1,+\infty)$，拐点为 $(1,0)$.

4. 略.

4.5 导数在经济学中的应用

1.（1）①A; ②B; ③D; （2）①A; ②C.

2. $P=\dfrac{5}{8}b+\dfrac{1}{2}a,\ L=\dfrac{c}{16b}(5b-4a)^2$. 提示：设 P 为降价后的销售价，x 为增加的销售量，$L(x)$ 为总利润，则 $\dfrac{x}{b-P}=\dfrac{0.4c}{0.1b}\Rightarrow P=b-\dfrac{b}{4c}x\Rightarrow L(x)=\left(b-\dfrac{b}{4c}x-a\right)\cdot(c+x)$，对 x 求导，得 $L'(x)=-\dfrac{b}{2c}x+\dfrac{3}{4}b-a$，令 $L'(x)=0$，得唯一驻点 $x_0=\dfrac{(3b-4a)c}{2b}$. 由于 $L''(x)<0$，所以 x_0 对应的为最大值点，故售价为 $P=b-\left(\dfrac{3}{8}b-\dfrac{1}{2}a\right)=\dfrac{5}{8}b+\dfrac{1}{2}a$ 时有最大值 $L(x_0)=\dfrac{c}{16b}(5b-4a)^2$.

3.（1）边际成本 $C'(Q)=5+\dfrac{1}{5}Q$；边际收入 $R'(Q)=200+\dfrac{1}{10}Q$；边际利润 $L'(Q)=195-\dfrac{1}{10}Q$；（2）$L'(25)=192.5$.

自测题

1.（1）C；　　　　（2）B；　　　　（3）A；　　　　（4）D；　　　（5）A；
（6）D.

2.（1）0；　　　　　　（2）$y=1$；　　　　　　（3）$\dfrac{f'''(x_0)}{3!}$；

（4）$[2,+\infty),(-\infty,2],(2,2e^{-2})$；

（5）$[x_1,0],[x_2,+\infty)$；$(-\infty,x_1),[0,x_2)$；0；x_1,x_2；　　　　（6）$\dfrac{9}{11}$.

3.（1）极大值 $y(1)=\dfrac{\pi}{4}-\dfrac{1}{2}\ln 2$；

（2）-1；

（3）拐点为 $(-1,\ln 2)$ 和 $(1,\ln 2)$，凹区间为 $[-1,1]$，凸区间为 $(-\infty,-1],[1,+\infty)$；

（4）$\dfrac{1}{3}$.

4. 三个实根，分别位于单调区间 $(-\infty,-1),(-1,1),(1,+\infty)$ 内.

提示：令 $f(x)=x^3-3x+1$，求出三个单调区间. $f(-1)=3>0,\ f(1)=-1<0$，由零点定理知，函数 $f(x)$ 在 $(-1,1)$ 内有一个实根；因为 $\lim\limits_{x\to-\infty}f(x)=-\infty$，所以存在点 $x_1=-2$，$f(-2)=-1<0$，函数 $f(x)$ 在 $(-2,-1)\subset(-\infty,-1)$ 内有一个实根；因为 $\lim\limits_{x\to+\infty}f(x)=+\infty$，所以存在点 $x_2=2,\ f(2)=1>0$，函数 $f(x)$ 在 $(1,2)\subset(1,+\infty)$ 内有一个实根.

5.（1）$P_0=\dfrac{ab}{b-1},\ Q_0=\dfrac{c}{1-b}$.

提示：$\dfrac{\mathrm{d}R}{\mathrm{d}Q}=P+Q\dfrac{\mathrm{d}P}{\mathrm{d}Q}=P-\dfrac{\mathrm{d}P}{\mathrm{d}Q}\cdot\dfrac{Q}{P}\cdot(-P)=P\left(1-\dfrac{1}{E_P}\right)=a\Rightarrow P_0=\dfrac{ab}{b-1}$，$\dfrac{\mathrm{d}R}{\mathrm{d}P}=Q+P\dfrac{\mathrm{d}Q}{\mathrm{d}P}=$

$Q-\dfrac{\mathrm{d}Q}{\mathrm{d}P}\cdot\dfrac{P}{Q}\cdot(-Q)=Q(1-E_P)=c\Rightarrow Q_0=\dfrac{c}{1-b}$.

（2）$P\left(\dfrac{1}{\sqrt{3}},\dfrac{2}{3}\right)$. 提示：切线方程 $Y-y=-2x(X-x)$，$y=1-x^2$，面积为

$$A=\frac{1}{2}\left(x+\frac{y}{2x}\right)(y+2x^2)=\frac{1}{4}\left(x^3+2x+\frac{1}{x}\right),\ 0<x<1,$$

求导即可.

6.（1）提示：令 $f(x)=\mathrm{e}^x-1-x,f'(x)=\mathrm{e}^x-1=0\Rightarrow x=0,f''(0)=1>0$，所以点 $x=0$ 是函数 $f(x)$ 的极小值点，也是最小值点，且 $f(0)=0$. 故当 $x\ne0$ 时，$f(x)>0$，即 $\mathrm{e}^x>1+x$.

（2）提示：$F(x)=f(x)-\tan x$，在 $\left[0,\dfrac{\pi}{4}\right]$ 上利用罗尔定理.

第五章 不定积分

 一、基本概念、性质与结论

1. 不定积分的概念、换元积分法、分部积分法

（1）概念.

1）原函数：若在某区间 I 内，可导函数 $F(x)$ 的导数为 $f(x)$，即对任意 $x \in I$，都有
$$F'(x) = f(x) \text{ 或 } \mathrm{d}F(x) = f(x)\mathrm{d}x,$$
那么函数 $F(x)$ 就称为 $f(x)$ [或 $f(x)\mathrm{d}x$] 在区间 I 上的一个原函数.

2）不定积分：函数 $f(x)$ 的带有一个任意常数项的原函数 $F(x) + C$ 称为 $f(x)$ 的不定积分，记作 $\int f(x)\mathrm{d}x$，即 $\int f(x)\mathrm{d}x = F(x) + C$（$C$ 为任意常数）.

3）求不定积分的运算叫做积分法，它是微分法的逆运算.

（2）不定积分的基本性质.

1）$\int [f(x) \pm g(x)]\mathrm{d}x = \int f(x)\mathrm{d}x \pm \int g(x)\mathrm{d}x$；

2）$\int kf(x)\mathrm{d}x = k\int f(x)\mathrm{d}x$；

3）$\left[\int f(x)\mathrm{d}x\right]' = f(x)$ 或 $\mathrm{d}\left[\int f(x)\mathrm{d}x\right] = f(x)\mathrm{d}x$；

4）$\int F'(x)\mathrm{d}x = F(x) + C$ 或 $\int \mathrm{d}F(x) = F(x) + C$.

（3）不定积分公式.

1）基本积分公式：

① $\int k\mathrm{d}x = kx + C$；

② $\int x^{\mu}\mathrm{d}x = \dfrac{x^{\mu+1}}{\mu+1} + C, \mu \neq -1$；$\int \dfrac{1}{x}\mathrm{d}x = \ln|x| + C$；

③ $\int a^x\mathrm{d}x = \dfrac{a^x}{\ln a} + C\,(a > 0,\ a \neq 1)$；$\int \mathrm{e}^x\mathrm{d}x = \mathrm{e}^x + C$；

④ $\int \sin x\mathrm{d}x = -\cos x + C$；

⑤ $\int \cos x\mathrm{d}x = \sin x + C$；

⑥ $\int \dfrac{\mathrm{d}x}{\cos^2 x} = \int \sec^2 x\mathrm{d}x = \tan x + C$；

⑦ $\int \dfrac{\mathrm{d}x}{\sin^2 x} = \int \csc^2 x\mathrm{d}x = -\cot x + C$；

⑧ $\int \tan x \mathrm{d}x = -\ln|\cos x| + C$;

⑨ $\int \cot x \mathrm{d}x = \ln|\sin x| + C$;

⑩ $\int \sec x \mathrm{d}x = \ln|\sec x + \tan x| + C$;

⑪ $\int \csc x \mathrm{d}x = \ln|\csc x - \cot x| + C$;

⑫ $\int \dfrac{\mathrm{d}x}{\sqrt{1-x^2}} = \arcsin x + C = -\arccos x + C$;

⑬ $\int \dfrac{\mathrm{d}x}{1+x^2} = \arctan x + C = -\operatorname{arccot} x + C$;

⑭ $\int \dfrac{\mathrm{d}x}{\sqrt{a^2-x^2}} = \arcsin \dfrac{x}{a} + C$;

⑮ $\int \dfrac{\mathrm{d}x}{a^2+x^2} = \dfrac{1}{a}\arctan \dfrac{x}{a} + C$;

⑯ $\int \dfrac{\mathrm{d}x}{x^2-a^2} = \dfrac{1}{2a}\ln\left|\dfrac{x-a}{x+a}\right| + C$;

⑰ $\int \dfrac{\mathrm{d}x}{\sqrt{x^2\pm a^2}} = \ln\left|x+\sqrt{x^2\pm a^2}\right| + C$;

⑱ $\int \mathrm{sh}x \mathrm{d}x = \mathrm{ch}x + C$; $\int \mathrm{ch}x \mathrm{d}x = \mathrm{sh}x + C$.

2）第一类换元积分公式（凑微分法）：
$$\int f[\varphi(x)]\varphi'(x)\mathrm{d}x \xlongequal{u=\varphi(x)} \left[\int f(u)\mathrm{d}u\right]_{u=\varphi(x)}.$$

3）第二类换元积分公式：
$$\int f(x)\mathrm{d}x \xlongequal{x=\varphi(t)} \int f[\varphi(t)]\varphi'(t)\mathrm{d}t \Big|_{t=\varphi^{-1}(x)},$$
其中 $x=\varphi(t)$ 单调、可导且 $\varphi'(t)\neq 0$ ，其反函数为 $t=\varphi^{-1}(x)$.

4）分部积分公式：
$$\int u\mathrm{d}v = uv - \int v\mathrm{d}u \quad 或 \quad \int uv'\mathrm{d}x = uv - \int u'v\mathrm{d}x,$$
其中， $u=u(x), v=v(x)$ 均为可导函数.

2. 有理函数、三角函数有理式及简单无理函数的积分

（1）概念.

1）有理函数：
$$\frac{P_n(x)}{Q_m(x)} = \frac{a_0 x^n + a_1 x^{n-1} + \cdots + a_n}{b_0 x^m + b_1 x^{m-1} + \cdots + b_m},$$
其中， $P_n(x), Q_m(x)$ 为多项式函数且 $a_0 b_0 \neq 0$.

特别地，当 $n<m$ 时为真分式， $n \geq m$ 时为假分式.

2）三角函数有理式：由 $\sin x, \cos x$ 以及常数经过有限次的四则运算所构成的函数称为三角函数有理式，记为 $R(\sin x, \cos x)$.

（2）结论.

1）有理函数的积分：归结为多项式和最简真分式的积分.

①$\int \dfrac{\mathrm{d}x}{(x-a)^n}$；　　　　②$\int \dfrac{Mx+N}{(x^2+px+q)^n}\mathrm{d}x$.

2）三角函数有理式的积分：通过万能代换可化为有理函数的积分.

$$\int R(\sin x,\cos x)\mathrm{d}x\xlongequal{u=\tan\frac{x}{2}}\int R\left(\dfrac{2u}{1+u^2},\dfrac{1-u^2}{1+u^2}\right)\dfrac{2}{1+u^2}\mathrm{d}u.$$

3）简单无理函数的积分：通过变量代换，去掉根号，化为有理函数的积分.

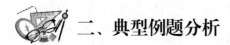 二、典型例题分析

1. 原函数与不定积分的概念及直接积分法

例 5.1　设 $f(x)$ 的导函数为 $\cos x$，求 $f(x)$ 及 $\int f(x)\mathrm{d}x$.

解　已知 $f'(x)=\cos x$，则 $f(x)=\int \cos x\mathrm{d}x=\sin x+C_1$，所以

$$\int f(x)\mathrm{d}x=\int(\sin x+C_1)\mathrm{d}x=-\cos x+C_1 x+C_2.$$

例 5.2　已知函数 $f(x)=4x^3$ 的一条积分曲线过点 $(1,2)$，求该积分曲线方程.

解　积分曲线 $F(x)=\int 4x^3\mathrm{d}x=x^4+C$，将 $F(1)=2$ 代入得 $C=1$，故所求积分曲线方程为

$$F(x)=x^4+1.$$

例 5.3　设 $f(x)=x+\sqrt{x}\,(x>0)$，求 $\int f'(x^2)\mathrm{d}x$.

解　因为 $f'(x)=1+\dfrac{1}{2\sqrt{x}}$，所以 $f'(x^2)=1+\dfrac{1}{2x}$. 故

$$\int f'(x^2)\mathrm{d}x=\int\left(1+\dfrac{1}{2x}\right)\mathrm{d}x=x+\dfrac{1}{2}\ln x+C.$$

例 5.4　设 $f(x)$ 是连续函数，且满足 $\int f(x)\sin x\mathrm{d}x=\cos^2 x+C$，又 $F(x)$ 是 $f(x)$ 的原函数，且满足 $F(0)=0$，求 $F(x)$.

解　对等式 $\int f(x)\sin x\mathrm{d}x=\cos^2 x+C$ 两边关于 x 求导，得

$$f(x)\sin x=-2\cos x\sin x,\quad 即 f(x)=-2\cos x,$$

所以

$$F(x)=\int f(x)\mathrm{d}x=\int(-\cos x)\mathrm{d}x=-\sin x+C_1.$$

由 $F(0)=0$ 得 $C_1=0$，故 $F(x)=-\sin x$.

评注　已知导函数 $f'(x)$，要计算 $f(x)$，用积分运算；已知 $f(x)$ 的原函数 $F(x)$，要计算 $f(x)$，用求导运算.

例 5.5 求 $\int \max(x,1)\mathrm{d}x$.

解 令

$$f(x)=\max(x,1)=\begin{cases}x, & x\geqslant 1\\ 1, & x<1\end{cases}.$$

当 $x\geqslant 1$ 时，$\int \max(x,1)\mathrm{d}x=\int x\mathrm{d}x=\dfrac{1}{2}x^2+C_1$；

当 $x<1$ 时，$\int \max(x,1)\mathrm{d}x=\int 1\mathrm{d}x=x+C_2$.

故

$$F(x)=\int f(x)\mathrm{d}x=\begin{cases}\dfrac{1}{2}x^2+C_1, & x\geqslant 1\\ x+C_2, & x<1\end{cases}.$$

不定积分只有一个任意常数，由原函数的连续性，$F(x)$ 在点 $x=1$ 处连续，则

$$\begin{cases}F(1^+)=F(1^-)=F(1)=\dfrac{1}{2}+C_1\\ F(1^+)=\lim\limits_{x\to 1^+}\left(\dfrac{1}{2}x^2+C_1\right)=\dfrac{1}{2}+C_1\Rightarrow C_2=C_1-\dfrac{1}{2}.\\ F(1^-)=\lim\limits_{x\to 1^-}(x+C_2)=1+C_2\end{cases}$$

故

$$\int \max(x^2,1)\mathrm{d}x=\begin{cases}\dfrac{1}{2}x^2+C_1, & x\geqslant 1\\ x+C_1-\dfrac{1}{2}, & x<1\end{cases}.$$

评注 求分段函数 $f(x)$ 的不定积分时，应先考查函数 $f(x)$ 在分界点处的连续性，如果分界点是函数 $f(x)$ 的第一类间断点，则在包含该点的区间内不存在原函数（见本章疑难问题解析 1）. 如果 $f(x)$ 在分界点处连续，则可分别求出各区间段的不定积分表达式，然后由原函数的连续性确定出各积分常数的关系，从而得到函数 $f(x)$ 的不定积分.

例 5.6 求下列不定积分.

（1）$\displaystyle\int \dfrac{2\times 3^x-2^x}{\mathrm{e}^x}\mathrm{d}x$；

（2）$\displaystyle\int \dfrac{1+2x}{x(1+x)}\mathrm{d}x$；

（3）$\displaystyle\int \dfrac{3x^2}{1+x^2}\mathrm{d}x$；

（4）$\displaystyle\int \dfrac{1}{x^4+x^6}\mathrm{d}x$；

（5）$\displaystyle\int \dfrac{\cos 2x}{\cos x-\sin x}\mathrm{d}x$；

（6）$\displaystyle\int \dfrac{\tan^3 x+\tan^2 x-\tan x-1}{\tan x+1}\mathrm{d}x$.

解 用分项积分法求这些不定积分，关键是如何实现分项.

（1）原式 $=2\displaystyle\int \left(\dfrac{3}{\mathrm{e}}\right)^x\mathrm{d}x-\int \left(\dfrac{2}{\mathrm{e}}\right)^x\mathrm{d}x=2\times\dfrac{\left(\dfrac{3}{\mathrm{e}}\right)^x}{\ln\left(\dfrac{3}{\mathrm{e}}\right)}-\dfrac{\left(\dfrac{2}{\mathrm{e}}\right)^x}{\ln\left(\dfrac{2}{\mathrm{e}}\right)}+C$；

（2）原式 $= \int \frac{(1+x)+x}{x(1+x)} \mathrm{d}x = \int \frac{1}{x} \mathrm{d}x + \int \frac{1}{1+x} \mathrm{d}x = \ln|x| + \ln|1+x| + C$；

（3）原式 $= \int \frac{3(1+x^2)-3}{1+x^2} \mathrm{d}x = \int 3\mathrm{d}x - 3\int \frac{\mathrm{d}x}{1+x^2} = 3x - 3\arctan x + C$；

（4）原式 $= \int \frac{(1+x^2)-x^2}{x^4(1+x^2)} \mathrm{d}x = \int \frac{\mathrm{d}x}{x^4} - \int \frac{1+x^2-x^2}{x^2(1+x^2)} \mathrm{d}x$

$$= -\frac{1}{3}x^{-3} - \int \frac{\mathrm{d}x}{x^2} + \int \frac{1}{1+x^2} \mathrm{d}x = -\frac{1}{3x^3} + \frac{1}{x} + \arctan x + C$$；

（5）原式 $= \int \frac{\cos^2 x - \sin^2 x}{\cos x - \sin x} \mathrm{d}x = \int \cos x \mathrm{d}x + \int \sin x \mathrm{d}x = \sin x - \cos x + C$；

（6）原式 $= \int (\tan^2 x - 1)\mathrm{d}x = \int (\sec^2 x - 2)\mathrm{d}x = \tan x - 2x + C$.

评注　熟记基本公式，分子迎合分母进行恒等变形，掌握将被积函数分项的常用技巧和方法.

2. 第一类换元积分法（凑微分法）

要熟记常用的几种凑微分法：

（1）$\int f(ax+b)\mathrm{d}x = \frac{1}{a}\int f(ax+b)\mathrm{d}(ax+b)$（$a \neq 0$）；

（2）$\int f(x^\alpha)x^{\alpha-1}\mathrm{d}x = \frac{1}{\alpha}\int f(x^\alpha)\mathrm{d}x^\alpha$（$a \neq 0$）；

（3）$\int f(\ln x)\frac{1}{x}\mathrm{d}x = \int f(\ln x)\mathrm{d}\ln x$；

（4）$\int f(\sin x)\cos x\mathrm{d}x = \int f(\sin x)\mathrm{d}\sin x$，$\int f(\cos x)\sin x\mathrm{d}x = -\int f(\cos x)\mathrm{d}\cos x$，

$\int f(\tan x)\sec^2 x\mathrm{d}x = \int f(\tan x)\mathrm{d}\tan x$，$\int f(\cot x)\csc^2 x\mathrm{d}x = -\int f(\cot x)\mathrm{d}\cot x$；

（5）$\int f(\arcsin x)\frac{1}{\sqrt{1-x^2}}\mathrm{d}x = \int f(\arcsin x)\mathrm{d}\arcsin x$，

$\int f(\arctan x)\frac{1}{1+x^2}\mathrm{d}x = \int f(\arctan x)\mathrm{d}\arctan x$.

例 5.7　求下列不定积分.

（1）$\int \frac{x\mathrm{d}x}{x^2+4x+5}$；　　　　（2）$\int \frac{\sin x\cos^3 x}{1+\cos^2 x}\mathrm{d}x$；　　　　（3）$\int \frac{\mathrm{d}x}{(1+\mathrm{e}^x)^2}$；

（4）$\int \frac{1+\ln x}{(x\ln x)^2}\mathrm{d}x$；　　（5）$\int \frac{\ln(\tan x)}{\sin x\cos x}\mathrm{d}x$；　　（6）$\int \frac{\arcsin\sqrt{x}}{\sqrt{x(1-x)}}\mathrm{d}x$；

（7）$\int \frac{\mathrm{d}x}{\sin^4 x+\cos^4 x}$；　　（8）$\int \frac{3\sin x+\cos x}{\sin x+2\cos x}\mathrm{d}x$；

（9）$\int \frac{\mathrm{e}^x\cos x - \mathrm{e}^x\sin x}{\mathrm{e}^{2x}}\mathrm{d}x$.

解　（1）原式 $= \int \frac{x+2-2}{(x+2)^2+1}\mathrm{d}x = \int \frac{x+2}{(x+2)^2+1}\mathrm{d}x - 2\int \frac{\mathrm{d}x}{(x+2)^2+1}$

$$= \frac{1}{2}\int \frac{d\left[(x+2)^2+1\right]}{(x+2)^2+1} - 2\int \frac{d(x+2)}{(x+2)^2+1}$$

$$= \frac{1}{2}\ln[1+(x+2)^2] - 2\arctan(x+2) + C.$$

（2）原式$= -\int \frac{\cos^3 x}{1+\cos^2 x} d\cos x = -\frac{1}{2}\int \frac{\cos^2 x}{1+\cos^2 x} d\cos^2 x$

$$= -\frac{1}{2}\int \frac{\cos^2 x+1-1}{1+\cos^2 x} d\cos^2 x = \frac{1}{2}\int \left[\frac{1}{1+\cos^2 x}-1\right] d\cos^2 x$$

$$= \frac{1}{2}\left[\ln\left(1+\cos^2 x\right) - \cos^2 x\right] + C.$$

（3）因为$\int \frac{dx}{1+e^x} = \int \frac{1+e^x-e^x}{1+e^x} dx = \int \left(1-\frac{e^x}{1+e^x}\right)dx = x - \ln(1+e^x) + C$. 故

原式$= \int \frac{1+e^x-e^x}{(1+e^x)^2} dx = \int \left[\frac{1}{1+e^x} - \frac{e^x}{(1+e^x)^2}\right]dx = x - \ln(1+e^x) + \frac{1}{1+e^x} + C.$

另解：设$u = 1+e^x$进行变量代换（略）.

（4）因为$(x\ln x)' = 1+\ln x$，则$(1+\ln x)dx = d(x\ln x)$，故

原式$= \int \frac{d(x\ln x)}{(x\ln x)^2} = -\frac{1}{x\ln x} + C.$

（5）因为$[\ln(\tan x)]' = \frac{1}{\sin x\cos x}$，则$\frac{dx}{\sin x\cos x} = d\ln(\tan x)$. 故

原式$= \int \ln(\tan x)d\ln(\tan x) = \frac{1}{2}\ln^2(\tan x) + C.$

（6）因为$\frac{dx}{\sqrt{x}} = 2d\sqrt{x}$，进一步有$\frac{d\sqrt{x}}{\sqrt{1-x}} = d\left(\arcsin\sqrt{x}\right)$，故

原式$= 2\int \frac{\arcsin\sqrt{x}}{\sqrt{1-x}} d\sqrt{x} = 2\int \arcsin\sqrt{x}d\arcsin\sqrt{x} = \left(\arcsin\sqrt{x}\right)^2 + C.$

另解：设$\arcsin\sqrt{x} = t$，则$x = \sin^2 t, dx = \sin 2tdt$进行变量代换（略）.

（7）因为$\sin^4 x + \cos^4 x = (\cos^2 x - \sin^2 x)^2 + 2\sin^2 x\cos^2 x = \cos^2 2x + \frac{1}{2}\sin^2 2x$，故

原式$= \int \frac{dx}{\cos^2 2x + \frac{1}{2}\sin^2 2x} = \int \frac{2}{2+\tan^2 2x}\cdot \sec^2 2xdx$

$$= \int \frac{1}{2+\tan^2 2x} d(\tan 2x) = \frac{1}{\sqrt{2}}\arctan\left(\frac{\tan 2x}{\sqrt{2}}\right) + C.$$

（8）设$3\sin x+\cos x = a(\sin x+2\cos x)+b(\cos x-2\sin x)$，比较系数，解得$a=1$，$b=-1$，于是有

$$\int \frac{3\sin x+\cos x}{\sin x+2\cos x} dx = \int \frac{(\sin x+2\cos x)-(\cos x-2\sin x)}{\sin x+2\cos x} dx = \int dx - \int \frac{(\sin x+2\cos x)'}{\sin x+2\cos x} dx$$

$$= x - \int \frac{d(\sin x + 2\cos x)}{\sin x + 2\cos x} = x - \ln|\sin x + 2\cos x| + C.$$

（9）被积表达式可凑成商式的微分为

$$\frac{e^x \cos x - e^x \sin x}{e^{2x}} dx = \frac{e^x d\sin x - \sin x de^x}{(e^x)^2} = d\frac{\sin x}{e^x},$$

故

$$\int \frac{e^x \cos x - e^x \sin x}{e^{2x}} dx = \frac{\sin x}{e^x} + C.$$

评注　解决形如 $\int \frac{a\sin x + b\cos x}{c\sin x + d\cos x} dx$ 类型题目的一般方法如下：

令 $a\sin x + b\cos x = A(c\sin x + d\cos x) + B(c\sin x + d\cos x)'$，其中 A, B 为待定常数，可通过比较等式两边关于 $\sin x, \cos x$ 的系数确定，然后积分.

例 5.8　求下列不定积分.

（1）$\int \sin^2 x \cos^3 x dx$;　　　　　　　　（2）$\int \sin^2 x \cos^2 x dx$;

（3）$\int \tan^5 x \sec^4 x dx$;　　　　　　　　（4）$\int \tan^5 x \sec^3 x dx$;

（5）$\int \sin 4x \cos 2x \cos 3x dx$.

解　（1）拆开奇次项凑微分：

$$\int \sin^2 x \cos^3 x dx = \int \sin^2 x \cdot (1 - \sin^2 x) d\sin x = \frac{1}{3}\sin^3 x - \frac{1}{5}\sin^5 x + C.$$

（2）利用倍角公式降幂次：

$$\int \sin^2 x \cos^2 x dx = \frac{1}{4}\int \sin^2 2x dx = \frac{1}{4}\int \frac{1 - \cos 4x}{2} dx = \frac{1}{8}\left(x - \frac{\sin 4x}{4}\right) + C.$$

（3）由于 $1 + \tan^2 x = \sec^2 x, (\tan x)' = \sec^2 x$，选择凑微分 $\sec^2 x dx = d\tan x$

$$\int \tan^5 x \sec^4 x dx = \int \tan^5 x \cdot (1 + \tan^2 x) d\tan x = \frac{1}{6}\tan^6 x + \frac{1}{8}\tan^8 x + C.$$

（4）由于 $(\sec x)' = \tan x \cdot \sec x$，选择凑微分：$\tan x \cdot \sec x dx = d\sec x$，于是有

$$\int \tan^5 x \sec^3 x dx = \int \tan^4 x \cdot \sec^2 x d\sec x = \int (\sec^2 x - 1)^2 \cdot \sec^2 x d\sec x$$

$$= \int (\sec^6 x - 2\sec^4 x + \sec^2 x) d\sec x = \frac{1}{7}\sec^7 x - \frac{2}{5}\sec^5 x + \frac{1}{3}\sec^3 x + C.$$

（5）积化和差，有

$$\sin 4x \cos 2x \cos 3x = \frac{1}{2}(\sin 6x + \sin 2x)\cos 3x = \frac{1}{2}\sin 6x \cos 3x + \frac{1}{2}\sin 2x \cos 3x$$

$$= \frac{1}{4}(\sin 9x + \sin 3x) + \frac{1}{4}(\sin 5x - \sin x),$$

所以有

$$\int \sin 4x \cos 2x \cos 3x dx = -\frac{1}{36}\cos 9x - \frac{1}{20}\cos 5x - \frac{1}{12}\cos 3x + \frac{1}{4}\cos x + C.$$

评注　（1）$\int \sin^m x \cos^n x dx$ 的积分方法如下：

① 若 m,n 至少有一个是奇数，不妨设 $n=2k+1$，则有

$$\int \sin^m x \cdot \cos^n x \mathrm{d}x = \int \sin^m x \cdot \cos^{2k} x \mathrm{d}\sin x = \int \sin^m x \cdot (1-\sin^2 x)^k \mathrm{d}\sin x,$$

化为关于 $\sin x$ 的积分；

② 若 m,n 都是偶数，则利用倍角公式降幂次，有 $\sin^2 x = \dfrac{1-\cos 2x}{2}$，$\cos^2 x = \dfrac{1+\cos 2x}{2}$.

（2）$\int \tan^m x \cdot \sec^n x \mathrm{d}x$ 的积分方法如下：

① 当 m 为奇数时，选择凑微分 $\tan x \cdot \sec x \mathrm{d}x = \mathrm{d}\sec x$，化为关于 $\sec x$ 的积分；

② 当 n 为偶数时，选择凑微分 $\sec^2 x \mathrm{d}x = \mathrm{d}\tan x$，化为关于 $\tan x$ 的积分.

（3）积化和差公式：

$$\cos \alpha x \cos \beta x = \frac{1}{2}[\cos(\alpha+\beta)x + \cos(\alpha-\beta)x];$$

$$\sin \alpha x \cos \beta x = \frac{1}{2}[\sin(\alpha+\beta)x + \sin(\alpha-\beta)x];$$

$$\sin \alpha x \sin \beta x = -\frac{1}{2}[\cos(\alpha+\beta)x - \cos(\alpha-\beta)x].$$

3. 第二类换元积分法

（1）三角代换. 当被积函数含有根式 $\sqrt{a^2 \pm x^2}$，$\sqrt{x^2-a^2}\,(a>0)$ 又不能凑微分时，可分别作代换 $x=a\sin t, x=a\tan t, x=a\sec t$ 去掉根号，化为三角函数有理式的积分. 当被积函数含有根式 $\sqrt{ax^2+bx+c}$ 时，总可通过配方化为 $\sqrt{a_1^2 \pm u^2}$，$\sqrt{u^2-a_1^2}$ 的形式，故可考虑作适当三角代换，使其成为三角有理式.

已知 $\sin t = x$（或 $\cos t = x, \tan t = x, \sec t = x$），而要将其余三角函数表成 x 的函数时，可画一个直角三角形作参考.

例 5.9 求下列不定积分.

（1）$\displaystyle\int \frac{\mathrm{d}x}{(x^2+2x+5)^{\frac{3}{2}}}$；

（2）$\displaystyle\int \frac{1}{1+\sqrt{1-x^2}} \mathrm{d}x$；

（3）$\displaystyle\int \frac{1}{x+\sqrt{1-x^2}} \mathrm{d}x$；

（4）$\displaystyle\int \frac{\sqrt{x^2-a^2}}{x} \mathrm{d}x\,(a>0)$.

解 （1）由于 $\sqrt{x^2+2x+5} = \sqrt{(x+1)^2+4}$，设 $x+1 = 2\tan t$，$t \in \left(-\dfrac{\pi}{2}, \dfrac{\pi}{2}\right)$，$\mathrm{d}x = 2\sec^2 t \mathrm{d}t$，则

$$\text{原式} = \int \frac{\mathrm{d}x}{[(x+1)^2+4]^{\frac{3}{2}}} = \frac{1}{8}\int \frac{2\sec^2 t}{\sec^3 t} \mathrm{d}t = \frac{1}{4}\sin t + C = \frac{x+1}{4\sqrt{x^2+2x+5}} + C.$$

（2）令 $x = \sin t\left(-\dfrac{\pi}{2} < t < \dfrac{\pi}{2}\right)$，$\mathrm{d}x = \cos t \mathrm{d}t$，于是有

$$\text{原式} = \int \frac{\cos t}{1+\cos t} \mathrm{d}t = \int \frac{2\cos^2 \dfrac{t}{2} - 1}{2\cos^2 \dfrac{t}{2}} \mathrm{d}t = \int \left(1 - \frac{1}{2}\sec^2 \frac{t}{2}\right)\mathrm{d}t$$

$$= t - \tan\frac{t}{2} + C = \arcsin x - \frac{2\sin\dfrac{t}{2}\cos\dfrac{t}{2}}{2\cos^2\dfrac{t}{2}} + C = t - \frac{\sin t}{\cos t + 1} + C$$

$$= \arcsin x - \frac{x}{\sqrt{1-x^2}+1} + C.$$

（3）令 $x = \sin t\left(-\dfrac{\pi}{2} < x < \dfrac{\pi}{2}\right)$，则 $\mathrm{d}x = \cos t\,\mathrm{d}t\left(-\dfrac{\pi}{2} < x < \dfrac{\pi}{2}\right)$.

法一　原式 $= \displaystyle\int \frac{\cos t}{\sin t + \cos t}\,\mathrm{d}t = \frac{1}{2}\int \frac{(\sin t + \cos t)' + (\sin t + \cos t)}{\sin t + \cos t}\,\mathrm{d}t$

$$= \frac{1}{2}\left(\ln|\sin t + \cos t| + t\right) + C = \frac{1}{2}\left(\ln|x + \sqrt{1-x^2}| + \arcsin x\right) + C.$$

法二　原式 $= \displaystyle\int \frac{\cos t}{\sin t + \cos t}\,\mathrm{d}t = \int \frac{\cos t(\cos t - \sin t)}{\cos^2 t - \sin^2 t}\,\mathrm{d}t$

$$= \int \frac{\cos^2 t - \dfrac{1}{2}\sin 2t}{\cos 2t}\,\mathrm{d}t = \int \frac{\dfrac{1+\cos 2t}{2} - \dfrac{1}{2}\sin 2t}{\cos 2t}\,\mathrm{d}t$$

$$= \frac{1}{2}\int (\sec 2t + 1 - \tan 2t)\,\mathrm{d}t = \frac{1}{2}\left(\frac{1}{2}\ln|\sec 2t + \tan 2t| + t + \frac{1}{2}\ln|\cos 2t|\right) + C$$

$$= \frac{1}{2}\left(\frac{1}{2}\ln|1 + \sin 2t| + t\right) + C = \frac{1}{2}\left(\ln|\sin t + \cos t| + t\right) + C$$

$$= \frac{1}{2}\left(\ln\left|x + \sqrt{1-x^2}\right| + \arcsin x\right) + C.$$

（4）当 $x > a$ 时，令 $x = a\sec t$，$0 < t < \dfrac{\pi}{2}$，有

$$\int \frac{\sqrt{x^2 - a^2}}{x}\,\mathrm{d}x = \int \frac{a\tan t}{a\sec t} \cdot a\sec t \cdot \tan t\,\mathrm{d}t = \int a\tan^2 t\,\mathrm{d}t = \int a(\sec^2 t - 1)\,\mathrm{d}t$$

$$= a(\tan t - t) + C = \sqrt{x^2 - a^2} - a\arccos\frac{a}{x} + C;$$

当 $x < -a$ 时，令 $x = -t$，有

$$\int \frac{\sqrt{x^2 - a^2}}{x}\,\mathrm{d}x = \int \frac{\sqrt{t^2 - a^2}}{t}\,\mathrm{d}t = \sqrt{t^2 - a^2} - a\arccos\frac{a}{t} + C$$

$$= \sqrt{x^2 - a^2} - a\arccos\frac{a}{-x} + C.$$

综合所得，有 $\displaystyle\int \frac{\sqrt{x^2 - a^2}}{x}\,\mathrm{d}x = \sqrt{x^2 - a^2} - a\arccos\dfrac{a}{|x|} + C.$

评注　三角代换：用三角代换化无理为有理的被积函数通常特点比较鲜明，但使用时要注意 t 的范围，因为第二类换元法中的函数 $x = \varphi(t)$ 要求 $\varphi(t)$ 单调、可导且 $\varphi'(t) \neq 0$，所以三角代换中 t 的范围要选取得当，如被积函数中含有 $\sqrt{a^2 - x^2}$ 时，可使用 $x = a\sin t$，

为保证单调性，同时保证定义域 $a^2-x^2>0$ 不变，可取 $-\dfrac{\pi}{2}<x<\dfrac{\pi}{2}$，而且在此范围内 $\sqrt{a^2-x^2}=\sqrt{a^2-a^2\sin^2 t}=a\sqrt{\cos^2 t}=a\cos t$. 但要注意的是，当被积函数含 $\sqrt{x^2-a^2}$ 时（如上述第（4）题），常作变换 $x=a\sec t$. 为保证被积函数的定义域 $|x|\geqslant a$，t 对应的定义域为 $\left[0,\dfrac{\pi}{2}\right)\cup\left(\dfrac{\pi}{2},\pi\right]$. 但此时 $\sqrt{x^2-a^2}=\sqrt{a^2\sec^2 t-a^2}=\sqrt{a^2\tan^2 t}=a|\tan t|$，因此积分时要分开积. 三角代换是求不定积分的常用方法，一定要熟练掌握.

（2）倒代换、指数代换. 当被积函数分母的最高次数高于分子的最高次数时，可考虑倒代换 $x=\dfrac{1}{t}$. 当被积函数是含有 a^x 或 e^x 的代数式时，可作代换 $t=a^x$，$\mathrm{d}x=\dfrac{1}{\ln a}\cdot\dfrac{1}{t}\mathrm{d}t$ 或 $t=\mathrm{e}^x$，$\mathrm{d}x=\dfrac{1}{t}\mathrm{d}t$.

例 5.10 求下列不定积分.

（1）$\displaystyle\int\dfrac{1}{x^4(1+x^2)}\mathrm{d}x$；　　　（2）$\displaystyle\int\dfrac{1}{\sqrt{1+\mathrm{e}^{2x}}}\mathrm{d}x$.

解 （1）$\displaystyle\int\dfrac{1}{x^4(1+x^2)}\mathrm{d}x=\int\dfrac{t^4}{1+\dfrac{1}{t^2}}\cdot\dfrac{-1}{t^2}\mathrm{d}t=-\int\dfrac{t^4-1+1}{t^2+1}\mathrm{d}t=-\int\left(t^2-1+\dfrac{1}{t^2+1}\right)\mathrm{d}t$

$$=-\left(\dfrac{1}{3}t^3-t+\arctan t\right)+C=\dfrac{1}{x}-\dfrac{1}{3x^3}-\arctan\dfrac{1}{x}+C.$$

（2）令 $\sqrt{1+\mathrm{e}^{2x}}=t$，即 $x=\dfrac{1}{2}\ln(t^2-1)$，$\mathrm{d}x=\dfrac{t}{t^2-1}\mathrm{d}t$，则

$$\int\dfrac{1}{\sqrt{1+\mathrm{e}^{2x}}}\mathrm{d}x=\int\dfrac{1}{t^2-1}\mathrm{d}t=\dfrac{1}{2}\int\left(\dfrac{1}{t-1}-\dfrac{1}{t+1}\right)\mathrm{d}t=\dfrac{1}{2}\ln\left|\dfrac{t-1}{t+1}\right|+C$$

$$=\dfrac{1}{2}\ln\left|\dfrac{\sqrt{1+\mathrm{e}^{2x}}-1}{\sqrt{1+\mathrm{e}^{2x}}+1}\right|+C=\dfrac{1}{2}\ln\left|\dfrac{\left(\sqrt{1+\mathrm{e}^{2x}}-1\right)^2}{\mathrm{e}^{2x}}\right|+C=\ln\left(\sqrt{1+\mathrm{e}^{2x}}-1\right)-x+C.$$

4. 分部积分法

应用分部积分法时，恰当选取 u 和 v' 是一个关键，下面介绍一种 u 和 v' 的选择法——LIATE 选择法：L—对数函数；I—反三角函数；A—代数函数；T—三角函数；E—指数函数.

使用方法：在积分中，如果被积函数中有这五种基本初等函数中任何两种的乘积，就选择出现在排列 LIATE 中顺序靠前的那一类函数为 u，余下的则是 v'.

原理：微分对数函数和反三角函数，它们就变成了代数函数，而微分代数函数仍产生代数函数（有时也变成非代数函数），所以在积分前尽可能先对它们进行微分，故把代数函数放在 LIATE 中间. 因为三角函数和指数函数的微分和原函数还是三角函数和指数函数，故把三角函数和指数函数排在最后.

例 5.11 求下列不定积分.

（1）$\int x^3 \ln x \mathrm{d}x$；　　　　　　　　（2）$\int x^2 \arctan x \mathrm{d}x$；

（3）$\int \dfrac{x\mathrm{e}^x}{(1+x)^2}\mathrm{d}x$；　　　　　　　　（4）$\int \mathrm{e}^x \arcsin \mathrm{e}^x \mathrm{d}x$．

解　（1）设 $u=\ln x$，$v'=x^3$，则 $\mathrm{d}u=\dfrac{1}{x}\mathrm{d}x$，$\mathrm{d}v=x^3\mathrm{d}x=\mathrm{d}\left(\dfrac{1}{4}x^4\right)$，

$$\int x^3 \ln x \mathrm{d}x = \frac{1}{4}\int \ln x \mathrm{d}x^4 = \frac{1}{4}\left(x^4 \ln x - \int x^4 \mathrm{d}\ln x\right)$$

$$= \frac{1}{4}\left(x^4 \ln x - \int x^3 \mathrm{d}x\right) = \frac{x^4}{16}\left(4\ln x - 1\right)+C.$$

（2）设 $u=\arctan x$，$v'=x^2$，则 $\mathrm{d}u=\dfrac{1}{1+x^2}\mathrm{d}x$，$\mathrm{d}v=x^2\mathrm{d}x=\mathrm{d}\left(\dfrac{1}{3}x^3\right)$，

$$\int x^2 \arctan x \mathrm{d}x = \frac{1}{3}\int \arctan x \mathrm{d}x^3 = \frac{1}{3}\left(x^3 \arctan x - \int x^3 \mathrm{d}\arctan x\right)$$

$$= \frac{1}{3}\left(x^3 \arctan x - \int \frac{x^3+x-x}{1+x^2}\mathrm{d}x\right) = \frac{1}{3}\left(x^3 \arctan x - \frac{1}{2}x^2 + \frac{1}{2}\int \frac{1}{1+x^2}\mathrm{d}x^2\right)$$

$$= \frac{1}{3}\left[x^3 \arctan x - \frac{1}{2}x^2 + \frac{1}{2}\ln\left(1+x^2\right)\right]+C.$$

（3）设 $u=x\mathrm{e}^x$，$\mathrm{d}v=\dfrac{1}{(1+x)^2}\mathrm{d}x=\mathrm{d}\left(-\dfrac{1}{1+x}\right)$，则

$$\int \frac{x\mathrm{e}^x}{(1+x)^2}\mathrm{d}x = \int x\mathrm{e}^x\mathrm{d}\left(-\frac{1}{1+x}\right) = -\frac{x\mathrm{e}^x}{1+x} + \int \frac{(1+x)\mathrm{e}^x}{1+x}\mathrm{d}x = -\frac{x\mathrm{e}^x}{1+x} + \mathrm{e}^x + C.$$

此题若选 $u=\dfrac{x}{(1+x)^2}$，$\mathrm{d}v=\mathrm{e}^x\mathrm{d}x$，则由于 u 是商的形式，求导后作为新的被积函数的一个因子更复杂了，因此选择 $u,\mathrm{d}v$ 时，一定要使 $\int v\mathrm{d}u$ 比 $\int u\mathrm{d}v$ 容易积出．

（4）$\int \mathrm{e}^x \arcsin \mathrm{e}^x \mathrm{d}x = \int \arcsin \mathrm{e}^x \mathrm{d}\mathrm{e}^x = \mathrm{e}^x \cdot \arcsin \mathrm{e}^x - \int \mathrm{e}^x \mathrm{d}\left(\arcsin \mathrm{e}^x\right)$

$$= \mathrm{e}^x \cdot \arcsin \mathrm{e}^x - \int \frac{\mathrm{e}^{2x}}{\sqrt{1-\mathrm{e}^{2x}}}\mathrm{d}x = \mathrm{e}^x \cdot \arcsin \mathrm{e}^x - \frac{1}{2}\int \frac{1}{\sqrt{1-\mathrm{e}^{2x}}}\mathrm{d}\mathrm{e}^{2x}$$

$$= \mathrm{e}^x \cdot \arcsin \mathrm{e}^x + \sqrt{1-\mathrm{e}^{2x}} + C.$$

例 5.12　求下列不定积分．

（1）$\int \mathrm{e}^{ax}\cos nx \mathrm{d}x$；　　　　（2）$\int \sin \ln x \mathrm{d}x$．

解　（1）法一

$$\int \mathrm{e}^{ax}\cos nx \mathrm{d}x = \frac{1}{a}\int \cos nx \mathrm{d}\mathrm{e}^{ax} = \frac{1}{a}\left[\cos nx \cdot \mathrm{e}^{ax} + \int \mathrm{e}^{ax} n \sin nx \mathrm{d}x\right]$$

$$= \frac{1}{a}\mathrm{e}^{ax}\cos nx + \frac{n}{a^2}\int \sin nx \mathrm{d}\mathrm{e}^{ax}$$

$$= \frac{1}{a}\mathrm{e}^{ax}\cos nx + \frac{n}{a^2}\left[\sin nx \cdot \mathrm{e}^{ax} - \int \mathrm{e}^{ax} \cdot n \cos nx \mathrm{d}x\right]$$

$$= \frac{1}{a} e^{ax} \cos nx + \frac{n}{a^2} \sin nx \cdot e^{ax} - \frac{n^2}{a^2} \int e^{ax} \cos nx dx.$$

等式两边出现了相同项 $\int e^{ax} \cos nx dx$，移项合并得

$$\int e^{ax} \cos nx dx = \frac{e^{ax}}{a^2 + n^2} (a \cos nx + n \sin nx) + C.$$

法二

$$\int e^{ax} \cos nx dx = \frac{1}{n} \int e^{ax} d \sin nx = \frac{1}{n} (e^{ax} \sin nx - \int \sin nx de^{ax})$$

$$= \frac{1}{n} \cdot e^{ax} \sin nx - \frac{a}{n} \cdot \int \sin nx \cdot e^{ax} dx$$

$$= \frac{1}{n} \cdot e^{ax} \sin nx + \frac{a}{n^2} \cdot \int e^{ax} d \cos nx$$

$$= \frac{1}{n} \cdot e^{ax} \sin nx + \frac{a}{n^2} \cdot e^{ax} \cos nx - \frac{a^2}{n^2} \int \cos nx e^{ax} dx,$$

移向整理，得

$$\int e^{ax} \cos nx dx = \frac{e^{ax}}{a^2 + n^2} (a \cos nx + n \sin nx) + C.$$

（2）令 $u = \sin \ln x$，$dv = dx$，直接分部积分，得

$$\int \sin \ln x dx = x \sin \ln x - \int x (\cos \ln x) \frac{1}{x} dx = x \sin \ln x - \int \cos \ln x dx.$$

再对 $\int \cos \ln x dx$ 用分部积分法，可得

$$\int \cos \ln x dx = x \cdot \cos \ln x + \int \sin \ln x dx$$

代入上式，得

$$\int \sin \ln x dx = x \sin \ln x - x \cos \ln x - \int \sin \ln x dx.$$

移项后解出

$$\int \sin \ln x dx = \frac{x}{2} (\sin \ln x - \cos \ln x) + C.$$

评注 （1）以上两题虽然用一次分部积分得不出结果，但对右端的不定积分再用一次分部积分法，就得到关于原不定积分的一个方程式，由此方程即可求出欲求之不定积分.

（2）指数函数与三角函数的乘积的积分，例 5.12（1），选取哪一项作为 u 都可以，一般选取三角函数作为 u，因为指数函数的原函数更容易求出.

例 5.13 求 $\int x f'(x) dx$，其中 $f(x)$ 的一个原函数为 $\frac{\cos x}{x}$.

解 由已知条件得

$$\int f(x) dx = \frac{\cos x}{x} + C, \text{ 求导得 } f(x) = \left(\frac{\cos x}{x} \right)' = \frac{-x \sin x - \cos x}{x^2}, \text{ 所以有}$$

$$\int xf'(x)\mathrm{d}x = \int x\mathrm{d}f(x) = x \cdot f(x) - \int f(x)\mathrm{d}x$$

$$= \frac{-x\sin x - \cos x}{x} - \frac{\cos x}{x} + C$$

$$= -\sin x - \frac{2\cos x}{x} + C.$$

评注　求抽象函数的不定积分一般采用换元法和分部积分法.

例 5.14　导出计算积分 $I_n = \int \cot^n x\mathrm{d}x$ 的递推公式，其中 $n \geqslant 2$ 为自然数.

解　当 $n \geqslant 2$ 时，则

$$I_n = \int \cot^n x\mathrm{d}x = \int \cot^{n-2} x \cdot (\csc^2 x - 1)\mathrm{d}x$$

$$= -\int \cot^{n-2} x\mathrm{d}\cot x - \int \cot^{n-2} x\mathrm{d}x$$

$$= -\frac{1}{n-1}\cot^{n-1} x - \int \cot^{n-2} x\mathrm{d}x,$$

故

$$I_n = -\frac{1}{n-1}\cot^{n-1} x - I_{n-2},$$

$$I_1 = \int \cot x\mathrm{d}x = \ln|\sin x| + C, \quad I_0 = \int 1\mathrm{d}x = x + C.$$

例 5.15　求不定积分 $\displaystyle\int \mathrm{e}^{\sin x}\frac{x\cos^3 x - \sin x}{\cos^2 x}\mathrm{d}x$.

解　被积函数是两类函数之积，应使用分部积分法.

$$\int \mathrm{e}^{\sin x}\frac{x\cos^3 x - \sin x}{\cos^2 x}\mathrm{d}x = \int \mathrm{e}^{\sin x}x\cos x\mathrm{d}x + \int \mathrm{e}^{\sin x}\frac{\mathrm{d}\cos x}{\cos^2 x} = \int x\mathrm{d}\mathrm{e}^{\sin x} - \int \mathrm{e}^{\sin x}\mathrm{d}\sec x$$

$$= x\mathrm{e}^{\sin x} - \int \mathrm{e}^{\sin x}\mathrm{d}x - \sec x\mathrm{e}^{\sin x} + \int \sec x\mathrm{d}\mathrm{e}^{\sin x}$$

$$= x\mathrm{e}^{\sin x} - \int \mathrm{e}^{\sin x}\mathrm{d}x - \sec x\mathrm{e}^{\sin x} + \int \mathrm{e}^{\sin x}\mathrm{d}x = (x - \sec x)\mathrm{e}^{\sin x} + C.$$

评注　本题属"自消型"积分，即通过分部积分使分项中出现的不定积分的部分正好消去.

分部积分是不定积分的重点内容，分部积分法在积分中运用非常广泛、灵活，它通常与换元法综合使用，是重点也是难点，要掌握好此部分内容必须多总结，而且要熟练掌握各种类型函数的凑微分形式，熟能生巧.

5. 有理函数的积分

例 5.16　将下列真分式分解成部分分式之和，并求其不定积分.

（1）$\dfrac{2x^2 + 41x - 91}{(x-1)(x+3)(x-4)}$；　　　　　　（2）$\dfrac{1}{x^4 + x^2 + 1}$.

解　（1）设

$$\frac{2x^2 + 41x - 91}{(x-1)(x+3)(x-4)} = \frac{A}{x-1} + \frac{B}{x+3} + \frac{C}{x-4},$$

则

$$2x^2 + 41x - 91 = A(x+3)(x-4) + B(x-1)(x-4) + C(x-1)(x+3).$$

利用赋值法，在上式中令 $x=1$，得 $A=4$；令 $x=-3$，得 $B=-7$；令 $x=4$，得 $C=5$. 因此

$$\frac{2x^2 + 41x - 91}{(x-1)(x+3)(x-4)} = \frac{4}{x-1} - \frac{7}{x+3} + \frac{5}{x-4}.$$

所以

$$\int \frac{2x^2 + 41x - 91}{(x-1)(x+3)(x-4)} dx = \int \left(\frac{4}{x-1} - \frac{7}{x+3} + \frac{5}{x-4} \right) dx$$
$$= 4\ln|x-1| - 7\ln|x+3| + 5\ln|x-4| + C.$$

（2）因为 $x^4 + x^2 + 1 = (x^2 + x + 1)(x^2 - x + 1)$，故设

$$\frac{1}{x^4 + x^2 + 1} = \frac{Ax + B}{x^2 + x + 1} + \frac{Cx + D}{x^2 - x + 1},$$

则 $1 = (Ax + B)(x^2 - x + 1) + (Cx + D)(x^2 + x + 1)$，比较 x 的同次幂的系数得

$$\begin{cases} A + C = 0 \\ -A + B + C + D = 0 \\ A - B + C + D = 0 \\ B + D = 1 \end{cases}.$$

由此得到 $A = \dfrac{1}{2}$，$B = \dfrac{1}{2}$，$C = -\dfrac{1}{2}$，$D = \dfrac{1}{2}$. 因此

$$\frac{1}{x^4 + x^2 + 1} = \frac{x+1}{2(x^2 + x + 1)} - \frac{x-1}{2(x^2 - x + 1)}.$$

所以

$$\int \frac{1}{x^4 + x^2 + 1} dx = \frac{1}{2} \int \frac{x+1}{x^2 + x + 1} dx - \frac{1}{2} \int \frac{x-1}{x^2 - x + 1} dx$$
$$= \frac{1}{4} \left[\int \frac{(2x+1)+1}{x^2 + x + 1} dx - \int \frac{(2x-1)-1}{x^2 - x + 1} dx \right]$$
$$= \frac{1}{4} \left[\int \frac{d(x^2 + x + 1)}{x^2 + x + 1} + \int \frac{d\left(x + \frac{1}{2}\right)}{\left(x + \frac{1}{2}\right)^2 + \frac{3}{4}} - \int \frac{d(x^2 - x + 1)}{x^2 - x + 1} + \int \frac{d\left(x - \frac{1}{2}\right)}{\left(x - \frac{1}{2}\right)^2 + \frac{3}{4}} \right]$$
$$= \frac{1}{4} \ln \frac{x^2 + x + 1}{x^2 - x + 1} + \frac{1}{2\sqrt{3}} \left(\arctan \frac{2x+1}{\sqrt{3}} + \arctan \frac{2x-1}{\sqrt{3}} \right) + C.$$

例 5.17 求下列不定积分.

（1）$\displaystyle \int \frac{2x^5 + 6x^3 + 1}{x^4 + 3x^2} dx$；（2）$\displaystyle \int \frac{x^2}{(x^2 + 2x + 2)^2} dx$.

解 分子适当变形与分母呼应.

（1）$\displaystyle \int \frac{2x^5 + 6x^3 + 1}{x^4 + 3x^2} dx = \int \frac{2x(x^4 + 3x^2) + 1}{x^4 + 3x^2} dx = \int 2x dx + \int \frac{dx}{x^2(x^2 + 3)}$

$$= x^2 + \frac{1}{3}\int \frac{(x^2+3)-x^2}{x^2(x^2+3)}dx = x^2 + \frac{1}{3}\int \left(\frac{1}{x^2} - \frac{1}{x^2+3} \right)dx$$

$$= x^2 - \frac{1}{3x} - \frac{1}{3\sqrt{3}}\arctan \frac{x}{\sqrt{3}} + C.$$

（2）$\displaystyle\int \frac{x^2}{(x^2+2x+2)^2}dx = \int \frac{(x^2+2x+2)-2x-2}{(x^2+2x+2)^2}dx = \int \frac{dx}{x^2+2x+2} - \int \frac{2x+2}{(x^2+2x+2)^2}dx$

$$= \int \frac{d(x+1)}{(x+1)^2+1} - \int \frac{d(x^2+2x+2)}{(x^2+2x+2)^2} = \arctan(x+1) + \frac{1}{x^2+2x+2} + C.$$

评注　在求有理函数的不定积分时，应首先考虑是否有其他简便办法，只有在万不得已时，再使用一般方法.

例 5.18　求下列不定积分.

（1）$\displaystyle\int \frac{dx}{x(x^{10}+1)^2}$；　　　　（2）$\displaystyle\int \frac{x^2}{(x+1)^{100}}dx.$

解　（1）分子迎合分母，恒等变形凑微分：

$$\int \frac{dx}{x(x^{10}+1)^2} = \frac{1}{10}\int \frac{10x^9 dx}{x^{10}(x^{10}+1)^2} = \frac{1}{10}\int \frac{dx^{10}}{x^{10}(x^{10}+1)^2} = \frac{1}{10}\int \frac{x^{10}+1-x^{10}}{x^{10}(x^{10}+1)^2}dx^{10}$$

$$= \frac{1}{10}\int \left[\frac{1}{x^{10}} - \frac{1}{x^{10}+1} - \frac{1}{(x^{10}+1)^2} \right]dx^{10} = \ln|x| - \frac{1}{10}\ln(1+x^{10}) + \frac{1}{10}\frac{1}{x^{10}+1} + C.$$

（2）令 $t=x+1$，则

$$\int \frac{x^2}{(x+1)^{100}}dx = \int \frac{(t-1)^2}{t^{100}}dt = \int \frac{t^2-2t+1}{t^{100}}dt = \int \left(\frac{1}{t^{98}} - \frac{2}{t^{99}} + \frac{1}{t^{100}} \right)dt$$

$$= -\frac{1}{97t^{97}} + \frac{1}{49t^{98}} - \frac{1}{99t^{99}} + C = -\frac{1}{97(x+1)^{97}} + \frac{1}{49(x+1)^{98}} - \frac{1}{99(x+1)^{99}} + C.$$

例 5.19　计算 $\displaystyle\int \frac{1}{(2+\cos x)\sin x}dx.$

解　**法一**　万能代换：令 $\tan \dfrac{x}{2}=u$，则 $\cos x = \dfrac{1-u^2}{1+u^2}$，$\sin x = \dfrac{2u}{1+u^2}$，$dx = \dfrac{2}{1+u^2}du$，

$$\int \frac{1}{(2+\cos x)\sin x}dx = \int \frac{1+u^2}{u(3+u^2)}du = \frac{1}{3}\int \left(\frac{1}{u} + \frac{2u}{3+u^2} \right)du$$

$$= \frac{1}{3}\ln|u| + \frac{1}{3}\ln(3+u^2) + C = \frac{1}{3}\ln \left| \tan \frac{x}{2} \right| + \frac{1}{3}\ln \left(3+\tan^2 \frac{x}{2} \right) + C.$$

法二　凑微分，变量替换法：

$$\int \frac{1}{(2+\cos x)\sin x}dx = \int \frac{\sin x}{(2+\cos x)\sin^2 x}dx$$

$$= \int \frac{-1}{(2+\cos x)(1-\cos^2 x)}d\cos x \xlongequal{u=\cos x} -\int \frac{du}{(2+u)(1+u)(1-u)}$$

$$= \frac{1}{3}\int \frac{du}{2+u} - \frac{1}{2}\int \frac{1}{1+u}du - \frac{1}{6}\int \frac{1}{1-u}du$$

$$= \frac{1}{3}\ln|2+u| - \frac{1}{2}\ln|1+u| + \frac{1}{6}\ln|1-u| + C$$

$$= \frac{1}{3}\ln(2+\cos x) - \frac{1}{2}\ln(1+\cos x) + \frac{1}{6}\ln(1-\cos x) + C.$$

评注　利用万能代换 $u = \tan\frac{x}{2}$ 总可以将三角函数有理式的积分化为有理函数的积分，但对具体问题，万能代换不一定是最简便的方法，需要根据被积函数的特点，灵活选择方法，同时，要对积分做到一题多解，就要对于常见的积分类型以及每一种积分类型适合使用哪些方法比较熟悉，而且在解题过程中，往往要进行必要的变换（包括恒等变换和变量代换），应注意一题多解的练习，以加强知识之间的纵横联系，提高分析问题和解决问题的能力.

例 5.20　求下列不定积分.

（1）$\displaystyle\int \frac{\mathrm{d}x}{x\sqrt{x+1}}$；　　　　　　　（2）$\displaystyle\int \frac{1}{\sqrt{x}+\sqrt[3]{x}}\,\mathrm{d}x.$

解　（1）为去根号，令 $\sqrt{x+1} = t,\ x = t^2-1,\ \mathrm{d}x = 2t\mathrm{d}t$，则

$$\int \frac{1}{x\sqrt{x+1}}\mathrm{d}x = 2\int \frac{1}{t^2-1}\mathrm{d}t = \ln\left|\frac{t-1}{t+1}\right| + C = \ln\left|\frac{\sqrt{x+1}-1}{\sqrt{x+1}+1}\right| + C.$$

（2）为同时去掉两个根号，令 $\sqrt[6]{x} = t$，则 $x = t^6,\ \mathrm{d}x = 6t^5\mathrm{d}t.$

$$\int \frac{1}{\sqrt{x}+\sqrt[3]{x}}\mathrm{d}x = \int \frac{6t^5}{t^3+t^2}\mathrm{d}t = 6\int \frac{t^3+1-1}{t+1}\mathrm{d}t.$$

$$= 6\left[\int(t^2-t+1) - \frac{1}{1+t}\right]\mathrm{d}t = 6\left[\frac{1}{3}t^3 - \frac{1}{2}t^2 + t - \ln(1+t)\right] + C$$

$$= 2\sqrt{x} - 3\sqrt[3]{x} + 6\left[\sqrt[6]{x} - \ln(1+\sqrt[6]{x})\right] + C.$$

评注　有理函数的原函数一定存在且能用初等函数表示出来，但无理函数是否一定可积？其原函数是否为初等函数？这些问题尚不能做肯定回答。但是，含有简单根式 $\sqrt[n]{ax+b}$、$\sqrt[n]{\dfrac{ax+b}{cx+d}}$ 或 $\sqrt{ax^2+bx+c}$ 的被积函数，是可积的.

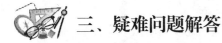

三、疑难问题解答

1. 满足什么条件的函数才有原函数？为什么跳跃函数不存在原函数？

答　原函数存在的充分条件：如果函数 $f(x)$ 在某区间上连续，则在该区间上 $f(x)$ 的原函数一定存在.

但原函数存在是一回事，能否用初等函数表示出来又是一回事. 由于初等函数在其有定义的区间上都是连续的，因此初等函数在其定义区间上都有原函数. 但有些初等函数的原函数很难求出，甚至不能表示为初等函数. 例如，e^{-x^2}，$\dfrac{\sin x}{x}$，$\dfrac{1}{\ln x}$，$\dfrac{1}{\sqrt{1+x^4}}$，$\sin x^2$，$\cos x^2$ 等都是俗称"积不出"的函数，即其原函数都不能用初等函数表示出来.

但有一点必须强调,原函数不存在和原函数存在但不能用初等函数表示是两个不同的概念.由定义可知,在某个区间上,若 $F'(x)=f(x)$ 或 $\mathrm{d}F(x)=f(x)\mathrm{d}x$,则 $F(x)$ 才是 $f(x)$ 的原函数,所以,只有当 $F(x)$ 可微时,$F(x)$ 才是 $f(x)$ 的原函数.而可微函数的导函数不可能有第一类间断点,故跳跃函数没有原函数.下面以"符号函数"

$$f(x)=\begin{cases}1, & x>0\\0, & x=0\\-1, & x<0\end{cases}$$

为例说明 $f(x)$ 在 $(-\infty,+\infty)$ 内没有原函数.

事实上,假设 $f(x)$ 在 $(-\infty,+\infty)$ 内存在原函数 $F(x)$,则 $F(x)$ 一定可微,且 $F'(x)=f(x)$,$x\in(-\infty,+\infty)$,那么,$F(x)$ 必取如下形式

$$F(x)=x+C_1, \ x>0, \ F(x)=-x+C_2, \ x<0.$$

既然 $F(x)$ 可微,故在 $x=0$ 处应连续,即

$$\lim_{x\to 0^+}(x+C_1)=\lim_{x\to 0^-}(-x+C_2)=F(0)=C.$$

所以 $C_1=C_2=C$,这样就得到

$$F(x)=\begin{cases}x+C, & x>0\\C, & x=0\\-x+C, & x<0\end{cases}.$$

但我们知道,这个函数在 $x=0$ 处不可微,所以,$f(x)$ 在 $(-\infty,+\infty)$ 内没有原函数.

2. 区间 I 上的不连续函数在该区间上一定没有原函数吗?

答 不一定,如

$$F(x)=\begin{cases}x^2\cos\dfrac{1}{x}, & x\neq 0\\0, & x=0\end{cases}$$

在 $(-\infty,+\infty)$ 内处处有 $F'(x)$.

$$F'(x)=f(x)=\begin{cases}2x\cos\dfrac{1}{x}+\sin\dfrac{1}{x}, & x\neq 0\\0, & x=0\end{cases}.$$

$f(x)$ 在 $x=0$ 处不连续,但在 $(-\infty,+\infty)$ 内有原函数.

容易看出 $x=0$ 是 $f(x)$ 的第二类间断点,因此说不连续的函数也可能有原函数,函数连续仅是原函数存在的充分条件而不是必要条件.由上一问题可知,有第一类间断点的函数不存在原函数.也就是说,凡具有原函数的不连续函数,它的间断点必为第二类.

3. 在什么条件下求不定积分时使用第一类换元积分法?使用第一类换元积分法要特别注意哪些事项?

答 如果被积函数具有形式 $f[\varphi(x)]\varphi'(x)$,则求不定积分时采用第一类换元积分法(也叫凑微分法),使用第一类换元积分法主要在于选取适当的变换 $u=\varphi(x)$,把原积分化成变量 u 的积分.因此识别并能迅速求解这类积分的关键:一是要熟记简单或基本初等函数的微分公式;二是要熟记基本积分公式表,才能明确怎样去"凑"和"凑"到哪

个基本公式上去.

使用第一类换元积分法求出了 $f(u)$ 的原函数 $F(u)$ 以后,必须把 $u=\varphi(x)$ 代回,还原成原来的变量 x 的函数 $F[\varphi(x)]$.

4. 在什么条件下求不定积分时用第二类换元积分法?使用第二类换元积分法要特别注意哪些事项?

答 解决被积函数含有根式的积分问题,常使用第二类换元积分法,中心思想是消去根式,它的实质是:当直接求某个积分 $\int f(x)\mathrm{d}x$ 有困难时,可以试作变换 $x=\psi(t)$,把原来的积分转化为对新变量 t 的积分,即

$$\int f(x)\mathrm{d}x = \int f[\psi(t)]\psi'(t)\mathrm{d}t.$$

如果 $x=\psi(t)$ 选取恰当,则关于变量 t 的原函数易于求出.

应用第二类换元积分法时,要注意以下事项:

(1)所作的代换 $x=\psi(t)$,要使新变量 t 的积分 $\int f[\psi(t)]\psi'(t)\mathrm{d}t$ 易于求出.

(2)为了保证 $x=\psi(t)$ 的反函数 $t=\psi^{-1}(x)$ 存在,以及保证不定积分 $\int f[\psi(t)]\psi'(t)\mathrm{d}t$ 有意义,要求 $x=\psi(t)$ 是单调可导的函数且 $\psi'(t)\neq 0$.

(3)使用第二类换元积分法求出了关于变量 t 的原函数 $F(t)$ 以后,必须把 $t=\psi^{-1}(x)$ 代回,还原成原来的变量 x 的函数 $F[\psi^{-1}(x)]$.

5. 在什么条件下求不定积分时使用分部积分法?应注意哪些事项?

答 被积函数是两个函数的乘积,且至少有一个因子是初等超越函数的积分时,我们可以考虑把积分 $\int uv'\mathrm{d}x$ 的问题转化为求积分 $\int vu'\mathrm{d}x$ 的问题,而后一个积分比前一个更简单,与前一个积分相类似,这时往往采用分部积分法.

分部积分法使用的目的在于化难为易,能否达到此目的,关键在于怎样选取 u 和 v' 使其乘积恰等于被积函数,一般原则如下:

(1) v' 的原函数易求;

(2) $\int vu'\mathrm{d}x$ 要比 $\int uv'\mathrm{d}x$ 易积.

四、同步训练题

5.1 不定积分的概念与性质

1. 选择题.

(1)已知曲线 $f(x)$ 在任意一点 x 处的切线的斜率为 $2x$,且曲线过点 $(1,2)$,则此曲线方程为（ ）.

      A. $y=x^2+1$ B. $y=x^2$ C. $y=2x^2+1$ D. $y=2x^2$

(2)设 $\int f(x)\mathrm{d}x = x^2\mathrm{e}^{2x}+C$,则 $f(x)=$（ ）.

A. $2x\mathrm{e}^{2x}$　　　　　B. $2x^2\mathrm{e}^{2x}$　　　　　C. $x\mathrm{e}^{2x}(2+x)$　　　　D. $2x\mathrm{e}^{2x}(1+x)$

（3）$\displaystyle\int\frac{\mathrm{e}^{3x}+1}{\mathrm{e}^x+1}\mathrm{d}x=$（　　）.

A. $\dfrac{1}{2}\mathrm{e}^{2x}+\mathrm{e}^x+x+C$　　　　　　　B. $\dfrac{1}{2}\mathrm{e}^{2x}+\mathrm{e}^x+C$

C. $\dfrac{1}{2}\mathrm{e}^{2x}-\mathrm{e}^x+x+C$　　　　　　　D. $\dfrac{1}{2}\mathrm{e}^{2x}-\mathrm{e}^x+C$

（4）若 $f(x)$ 的一个原函数为 $\ln x$，则 $f'(x)=$（　　）.

A. $\dfrac{1}{x}$　　　　　B. $-\dfrac{1}{x^2}$　　　　C. $x\ln x-x+C$　　　D. e^x

（5）$\displaystyle\int\frac{3x^4+3x^2+1}{x^2+1}\mathrm{d}x=$（　　）.

A. $\dfrac{1}{3}x^3+\operatorname{arc\,cot}x+C$　　　　　　　B. $x^3+\arctan x+C$

C. $x^3+\operatorname{arc\,cot}x+C$　　　　　　　D. $\dfrac{1}{3}x^3+\arctan x+C$

2. 填空题.

（1）设 $\displaystyle\int xf(x)\,\mathrm{d}x=\arccos x+C$，则 $f(x)=$ _____.

（2）设 $f(x)$ 的一个原函数为 e^{-2x}，则 $f(x)=$ _____.

（3）$\displaystyle\int\frac{1}{x^4}\mathrm{d}x=$ _____.

（4）生产某产品 Q 单位的边际成本函数为 $C'(Q)=2Q+10$（元/单位），固定成本为 20 元，则总成本函数为 _____.

（5）$\displaystyle\int\left(\cos x+\sin^2\frac{x}{2}\right)\mathrm{d}x=$ _____.

3. 求下列不定积分.

（1）$\displaystyle\int\frac{x^2+\sin^2 x}{x^2\sin^2 x}\mathrm{d}x$；　　　　　　（2）$\displaystyle\int\frac{\sqrt{x}-2\sqrt[3]{x^2}}{\sqrt[4]{x}}\mathrm{d}x$；

（3）$\displaystyle\int\left(\cos\frac{x}{2}-\sin\frac{x}{2}\right)^2\mathrm{d}x$；　　　（4）$\displaystyle\int\frac{1+\cos^2 x}{1+\cos 2x}\mathrm{d}x$.

4. 某工厂生产产品 Q 吨时的边际利润为 $L'(Q)=320-2Q$，求产量为多少时可获最大利润，并求此时的总利润是多少？（已知 $Q=0$ 时，$L=0$）

5.2　不定积分的换元积分法

1. 选择题.

（1）$\displaystyle\int(2x+1)^{10}\,\mathrm{d}x=$（　　）.

A. $\dfrac{1}{22}(2x+1)^{11}+C$　　　　　　　B. $\dfrac{1}{11}(2x+1)^{11}+C$

C. $\dfrac{1}{2}(2x+1)^{11}+C$　　　　　　　　　　D. $(2x+1)^{11}+C$

（2）$\displaystyle\int\dfrac{\sqrt{1-x^2}}{1-x}\mathrm{d}x=$（　　　）.

　　A. $x-\cos x+C$　　　　　　　　　　B. $\arcsin x+\sqrt{1-x^2}+C$

　　C. $\arcsin x-\sqrt{1-x^2}+C$　　　　　D. $\arccos x-\sqrt{1-x^2}+C$

（3）下列不定积分中，正确的是（　　　）.

　　A. $\displaystyle\int\dfrac{1}{\sqrt[3]{5-3x}}\mathrm{d}x=-\dfrac{1}{3}(5-3x)^{\frac{2}{3}}+C$　　　B. $\displaystyle\int e^{3t}\,\mathrm{d}t=\dfrac{1}{3}e^{3t}+C$

　　C. $\displaystyle\int(3-5x)^3\,\mathrm{d}t=\dfrac{1}{20}(3-5x)^4+C$　　　D. $\displaystyle\int\dfrac{1}{3-2x}\mathrm{d}x=\dfrac{1}{2}\ln|3-2x|+C$

（4）设 $I=\displaystyle\int\dfrac{1}{x(1+x^8)}\mathrm{d}x$，下列等式不成立的是（　　　）.

　　A. $I=\displaystyle\int\dfrac{x^7}{x^8(1+x^8)}\mathrm{d}x=\dfrac{1}{8}\int\dfrac{1}{x^8(1+x^8)}\mathrm{d}x^8$

　　B. 令 $x=\dfrac{1}{t}$，$I=\displaystyle\int\dfrac{1}{\dfrac{1}{t}\left(1+\dfrac{1}{t^8}\right)}\cdot\dfrac{1}{t^2}\mathrm{d}t=\int\dfrac{t^7}{1+t^8}\mathrm{d}t$

　　C. $I=\displaystyle\int\dfrac{1}{x^9(1+x^{-8})}\mathrm{d}x=-\dfrac{1}{8}\int\dfrac{1}{1+x^{-8}}\mathrm{d}(1+x^{-8})$

　　D. $I=\displaystyle\int\dfrac{1+x^8-x^8}{x(1+x^8)}\mathrm{d}x=\int\dfrac{1}{x}\mathrm{d}x-\int\dfrac{x^7}{1+x^8}\mathrm{d}x$

（5）$\displaystyle\int\dfrac{1}{\sqrt{1+x^2}}\mathrm{d}x=$（　　　）.

　　A. $\arctan x+C$　　　　　　　　　　B. $2\sqrt{1+x^2}+C$

　　C. $\dfrac{1}{2}\ln(1+x^2)+C$　　　　　　D. $\ln\left(x+\sqrt{1+x^2}\right)+C$

2. 填空题.

（1）$\displaystyle\int\tan^3 x\sec x\,\mathrm{d}x=$ _____ ；

（2）$\displaystyle\int\dfrac{\sin x}{1-\cos x}\mathrm{d}x=$ _____ ；

（3）$\displaystyle\int\dfrac{e^{\sqrt{x}}}{2\sqrt{x}}\mathrm{d}x=$ _____ ；

（4）设 $\displaystyle\int xf(x)\mathrm{d}x=\arcsin x+C$，则 $\displaystyle\int\dfrac{\mathrm{d}x}{f(x)}=$ _____ ；

（5）$\displaystyle\int\dfrac{1}{x\sqrt{x+1}}\mathrm{d}x=$ _____ .

3. 求下列不定积分.

（1）$\int x(x^2+1)^{20}\mathrm{d}x$；　　　（2）$\int \mathrm{e}^x\cos(\mathrm{e}^x)\mathrm{d}x$；　　　　　（3）$\int \tan^4 x\cdot\sec^2 x\mathrm{d}x$；

（4）$\int \sin^2 x\cos^3 x\mathrm{d}x$；　　（5）$\int \dfrac{\mathrm{e}^x}{\sqrt{1+\mathrm{e}^x}}\mathrm{d}x$；　　　（6）$\int \sin 2x\cos 3x\mathrm{d}x$；

（7）$\int \dfrac{1}{\sqrt{(x^2+1)^3}}\mathrm{d}x$；　（8）$\int \dfrac{1}{\sqrt{1-(2x+3)^2}}\mathrm{d}x$；　　（9）$\int \dfrac{1}{x(x^3+1)}\mathrm{d}x$.

4*. 求下列不定积分.

（1）$\int \dfrac{\arcsin x+x}{\sqrt{1-x^2}}\mathrm{d}x$；　　　　　（2）$\int \dfrac{1}{\sqrt{2x+3}+\sqrt{2x+2}}\mathrm{d}x$；

（3）$\int \dfrac{1+x}{\sqrt{x-x^2}}\mathrm{d}x$；　　　　　（4）$\int \dfrac{\mathrm{e}^{2x}}{\sqrt[3]{\mathrm{e}^x-1}}\mathrm{d}x$.

5.3　不定积分的分部积分法

1. 选择题.

（1）$\int x\mathrm{e}^{-x}\mathrm{d}x=$（　　　）.

　　A. $-(x+1)\mathrm{e}^{-x}+C$　　　　　　　B. $-(x-1)\mathrm{e}^{-x}+C$

　　C. $(x+1)\mathrm{e}^{-x}+C$　　　　　　　D. $(x-1)\mathrm{e}^{-x}+C$

（2）$\int x\cos\dfrac{x}{2}\mathrm{d}x=$（　　　）.

　　A. $x\cos\dfrac{x}{2}+\tan\dfrac{x}{2}+C$　　　　B. $x^2\sin\dfrac{x}{2}+\cos\dfrac{x}{2}+C$

　　C. $2x\sin\dfrac{x}{2}+4\cos\dfrac{x}{2}+C$　　　D. $\sin\dfrac{x}{2}+x\cos\dfrac{x}{2}+C$

（3）$\int x\tan^2 x\mathrm{d}x=$（　　　）.

　　A. $-\dfrac{1}{2}x^2-x\sin x+\ln|\cos x|+C$　　　B. $-\dfrac{1}{2}x^2+x\tan x+\ln|\cos x|+C$

　　B. $\dfrac{1}{2}x^2+x\sin x-\ln|\sin x|+C$　　　D. $\dfrac{1}{2}x^2+x\tan x-\ln|\sin x|+C$

（4）$\int\left(\dfrac{\ln x}{x}\right)^2\mathrm{d}x=$（　　　）.

　　A. $-\dfrac{1}{x}(\ln^2 x+2\ln x+2)+C$　　　B. $\ln^2 x+2\ln x-\dfrac{1}{x}+C$

　　C. $\dfrac{1}{x}\ln^2 x-\dfrac{2}{x}\ln x+\dfrac{1}{x}+C$　　　D. $-\dfrac{1}{x}(\ln^2 x+2\ln x-2)+C$

（5）$\int \dfrac{x}{1+\cos x}\mathrm{d}x=$（　　　）.

　　A. $x\tan\dfrac{x}{2}+2\ln\left|\cos\dfrac{x}{2}\right|+C$　　　　　B. $x^2\tan\dfrac{x}{2}+\ln(1-\sin x)+C$

C.　$x\arcsin\dfrac{x}{2}+\ln(1+\tan x)+C$　　　　D.　$x\cot\dfrac{x}{2}-\ln(1-\cos x)+C$

2. 填空题.

（1）计算 $\displaystyle\int\dfrac{\ln x}{x^2}\mathrm{d}x$ 时，可设 $u=$ _____，$\mathrm{d}v=$ _____.

（2）计算 $\displaystyle\int\dfrac{x}{\cos^2 x}\mathrm{d}x$ 时，可设 $u=$ _____，$\mathrm{d}v=$ _____.

（3）设函数 $f(x)$ 具有二阶连续导数，则 $\displaystyle\int xf''(x)\,\mathrm{d}x=$ _____.

（4）$\displaystyle\int\dfrac{\ln(x+1)}{\sqrt{x+1}}\mathrm{d}x=$ _____.

（5）$\displaystyle\int \mathrm{e}^{-x}\cos x\,\mathrm{d}x=$ _____.

3. 求下列不定积分.

（1）$\displaystyle\int\ln\left(x+\sqrt{x^2+a^2}\right)\mathrm{d}x$;　　　　（2）$\displaystyle\int x\sin^2 x\mathrm{d}x$;

（3）$\displaystyle\int\arctan\sqrt{x}\,\mathrm{d}x$;　　　　（4）$\displaystyle\int\dfrac{x\cos x}{\sin^3 x}\mathrm{d}x$.

4*. 求下列不定积分.

（1）$\displaystyle\int\dfrac{\mathrm{e}^{\arctan x}}{(1+x^2)^{\frac{3}{2}}}\mathrm{d}x$;　　（2）$\displaystyle\int\dfrac{1}{\sqrt{1+x+x^2}}\mathrm{d}x$;　　（3）$\displaystyle\int \mathrm{e}^{2x}(1+\tan x)^2\,\mathrm{d}x$.

5.4　有理函数的积分

1. 选择题.

（1）$\displaystyle\int\sqrt{\dfrac{1+x}{1-x}}\,\mathrm{d}x=$（　　）.

　　A.　$\arcsin x-\sqrt{1-x^2}+C$　　　　B.　$x-\cos x+C$

　　C.　$\arcsin x+\sqrt{1-x^2}+C$　　　　D.　$\arccos x-\sqrt{1-x^2}+C$

（2）$\displaystyle\int\dfrac{1}{x^2+2x+5}\mathrm{d}x=$（　　）.

　　A.　$\dfrac{1}{2}\arctan\dfrac{x+1}{\sqrt{2}}+C$　　　　B.　$\arctan\dfrac{x+1}{2}+C$

　　C.　$\dfrac{1}{\sqrt{2}}\arctan\dfrac{x+1}{2}+C$　　　　D.　$\dfrac{1}{2}\arctan\dfrac{x+1}{2}+C$

（3）$\displaystyle\int\dfrac{2x+1}{x^2-5x+4}\mathrm{d}x=$（　　）.

　　A.　$3\ln|x-4|-\ln|x-1|+C$　　　　B.　$2\ln|x-4|+\ln|x-1|+C$

　　C.　$\ln|x-4|-2\ln|x-1|+C$　　　　D.　$3\ln|x-4|-2\ln|x-1|+C$

（4）$\displaystyle\int\dfrac{1}{\sqrt{1+\mathrm{e}^x}}\mathrm{d}x=$（　　）.

A. $2\ln\left(\sqrt{e^x+1}+1\right)-x+C$　　　　　B. $2\ln\left(\sqrt{e^x+1}-1\right)+x+C$

C. $2\ln\left(\sqrt{e^x+1}-1\right)-x+C$　　　　　D. $2\ln\left(\sqrt{e^x+1}+1\right)+x+C$

（5）$\displaystyle\int\frac{1}{1+\sin x+\cos x}dx=$（　　　）.

A. $\ln|\tan x+1|+C$　　　　　　　　B. $\ln\left|\tan\dfrac{x}{2}+1\right|+C$

C. $\ln\left|\cot\dfrac{x}{2}+1\right|+C$　　　　　　D. $\ln|\cot x+1|+C$

2. 填空题.

（1）$\displaystyle\int\frac{1}{x(x^2+1)}dx=$ _____ .

（2）$\displaystyle\int\frac{1}{1+\sqrt{x}}dx=$ _____ .

（3）$\displaystyle\int\frac{1}{x\sqrt{1+\ln x}}dx=$ _____ .

（4）$\displaystyle\int\frac{1}{1+\sin x}dx=$ _____ .

（5）$\displaystyle\int\frac{1}{x^2-4x+3}dx=$ _____ .

3. 求下列不定积分.

（1）$\displaystyle\int\frac{2x+3}{x^2+3x-10}dx$;　　　　　（2）$\displaystyle\int\frac{x}{(x^2+1)(x^2+4)}dx$;

（3）$\displaystyle\int\frac{1}{x^2}\cdot\sqrt{\frac{x}{1+x}}dx$;　　　　　（4）$\displaystyle\int\frac{1}{3-\cos x}dx$.

4*. 求下列不定积分.

（1）$\displaystyle\int\frac{1}{(2-x)^2}\sqrt[3]{\frac{2-x}{2+x}}dx$;　　　　　（2）$\displaystyle\int\frac{1}{\sqrt{2x-1}-\sqrt[4]{2x-1}}dx$.

五、自测题

1. 选择题（每题 3 分，共 15 分）.

（1）$\displaystyle\int\frac{(1-x)^2}{x}dx=$（　　　）.

A. $\ln x-2x+\dfrac{1}{2}x^2+C$　　　　　　B. $\ln|x|-2x+\dfrac{1}{2}x^2+C$

B. $\ln|x|-2x^2+\dfrac{1}{2}x^2+C$　　　　　D. $\ln|x|-2x^2+C$

（2）设 $f(x) = \dfrac{1}{1-x^2}$，则 $f(x)$ 的一个原函数为（　　）.

　　A. $\arcsin x$　　　　　　　　　　　B. $\arctan x$

　　B. $\dfrac{1}{2}\ln\left|\dfrac{1-x}{1+x}\right| + C$　　　　　　　D. $\dfrac{1}{2}\ln\left|\dfrac{1+x}{1-x}\right| + C$

（3）$\displaystyle\int \dfrac{\ln x}{x^2}\mathrm{d}x = $（　　）.

　　A. $-\dfrac{1}{x}(\ln x + 1) + C$　　　　　　B. $\dfrac{1}{x}(\ln x + 1) + C$

　　C. $-\dfrac{1}{x}(\ln x - 1) + C$　　　　　　D. $\dfrac{1}{x}(\ln x - 1) + C$

（4）若 $\displaystyle\int f(x)\mathrm{d}x = F(x) + C$，则 $\displaystyle\int \sin x \cdot f(\cos x)\mathrm{d}x = $（　　）.

　　A. $F(\sin x) + C$　　　　　　　　　B. $-F(\sin x) + C$

　　C. $F(\cos x) + C$　　　　　　　　　D. $-F(\cos x) + C$

（5）若 $f'(x) = \sin x$，则 $f(x)$ 的原函数之一是（　　）.

　　A. $1 + \sin x$　　　　B. $1 - \sin x$　　　　C. $1 + \cos x$　　　　D. $1 - \cos x$

2. 填空题（每题 3 分，共 15 分）.

（1）$\alpha \neq -1$，$\displaystyle\int [f(x)]^{\alpha} f'(x)\mathrm{d}x = $ _____.

（2）$\displaystyle\int \dfrac{\mathrm{e}^x \cos \mathrm{e}^x}{\sin \mathrm{e}^x}\mathrm{d}x = $ _____.

（3）$\displaystyle\int \dfrac{\cos x}{1 + \sin x}\mathrm{d}x = $ _____.

（4）若 $\displaystyle\int f(x)\cos x\,\mathrm{d}x = \ln(\sin x) + C\left(0 < x < \dfrac{\pi}{2}\right)$，则 $f(x) = $ _____.

（5）$\displaystyle\int \sin x \cdot \ln(\cos x)\mathrm{d}x = $ _____.

3. 计算题（每题 5 分，共 45 分）.

（1）$\displaystyle\int (6 + 5x)^9\mathrm{d}x$；　　　（2）$\displaystyle\int \tan^3 x \cdot \sec^2 x\,\mathrm{d}x$；　　　（3）$\displaystyle\int \dfrac{1-x}{\sqrt{4-x^2}}\mathrm{d}x$；

（4）$\displaystyle\int \dfrac{1}{x(x^4+1)}\mathrm{d}x$；　　　（5）$\displaystyle\int \dfrac{1-\ln x}{x^2}\mathrm{d}x$；　　　（6）$\displaystyle\int \dfrac{1+x}{\sqrt{1+x^2}}\mathrm{d}x$；

（7）$2\displaystyle\int x\arctan x\,\mathrm{d}x$；　　　（8）$\displaystyle\int \dfrac{1}{\sqrt{\mathrm{e}^x - 1}}\mathrm{d}x$；　　　（9）$\displaystyle\int \sin^4 x \cos^3 x\,\mathrm{d}x$.

4. 分析题（10 分）.

设 $f(x)$ 的一个原函数为 $\dfrac{\sin x}{x}$，求 $\displaystyle\int xf'(x)\mathrm{d}x$.

5. 应用题（10 分）.

某工厂生产一种耳机，若固定成本为 10，边际成本为 $C'(Q) = 40 - 20Q + 3Q^2$，边际收益为 $R'(Q) = 32 - 10Q$.（1）求总利润函数；（2）求总利润最大时的产量.

6. 证明题（5 分）.

设 $I_n = \int \tan^n x\mathrm{d}x$ （ $n \geqslant 2$ 是整数），证明： $I_n = \dfrac{1}{n-1}\tan^{n-1} x - I_{n-2}$.

六、参考答案与提示

5.1　不定积分的概念与性质

1.（1）A；　　　　（2）D；　　　　（3）C；　　　　（4）B；　　（5）B.

2.（1） $\dfrac{-1}{x\sqrt{1-x^2}}$ ；　（2） $-2\mathrm{e}^{-2x}$ ；　（3） $-\dfrac{1}{3}x^{-3}+C$ ；

（4） $Q^2 +10Q+20$ ；　　　　　（5） $\dfrac{1}{2}(x+\sin x)+C$.

3.（1） $-\cot x - \dfrac{1}{x}+C$ ；　　　　（2） $\dfrac{4}{5}x^{\frac{5}{4}} - \dfrac{24}{17}x^{\frac{17}{12}}+C$ ；

（3） $x+\cos x +C$ ；　　　　　　（4） $\dfrac{1}{2}(x+\tan x)+C$.

4. $L(160)=25600$.

5.2　不定积分的换元积分法

1.（1）A；　　　　（2）C；　　　　（3）B；　　　　（4）B；　　（5）D.

2.（1） $\dfrac{1}{3}\sec^3 x - \sec x +C$ ；　　（2） $\ln(1-\cos x)+C$ ；　　（3） $\mathrm{e}^{\sqrt{x}}+C$ ；

（4） $-\dfrac{1}{3}(1-x^2)^{\frac{3}{2}}+C$ ；　　（5） $\ln\left|\dfrac{\sqrt{x+1}-1}{\sqrt{x+1}+1}\right|+C$.

3.（1） $\dfrac{1}{42}(x^2+1)^{21}+C$ ；　　（2） $\sin\mathrm{e}^x +C$ ；

（3） $\dfrac{1}{5}\tan^5 x +C$ ；　　　　（4） $\dfrac{1}{3}\sin^3 x - \dfrac{1}{5}\sin^5 x +C$ ；

（5） $2\sqrt{1+\mathrm{e}^x}+C$ ；　　　　（6） $\dfrac{1}{2}\left(\cos x - \dfrac{1}{5}\cos 5x\right)+C$ ；

（7） $\dfrac{x}{\sqrt{1-x^2}}+C$ ；　　　　（8） $\dfrac{1}{2}\arcsin(2x+3)+C$ ；

（9） $\ln|x| - \dfrac{1}{3}\ln|x^3+1|+C$.

4*.（1） $\dfrac{1}{2}(\arcsin x)^2 - \sqrt{1-x^2}+C$. 提示：

$$\int \frac{\arcsin x + x}{\sqrt{1-x^2}}\,\mathrm{d}x = \int \arcsin x\,\mathrm{d}\arcsin x - \frac{1}{2}\int \frac{1}{\sqrt{1-x^2}}\,\mathrm{d}(1-x^2).$$

（2） $\dfrac{1}{3}\left[(2x+3)^{\frac{3}{2}}-(2x+2)^{\frac{3}{2}}\right]+C.$ 提示：分母有理化.

（3） $\dfrac{3}{2}\arcsin(2x-1)-\sqrt{x-x^2}+C.$

提示：令 $x-\dfrac{1}{2}=\dfrac{1}{2}\sin t,$ $\displaystyle\int\dfrac{1+x}{\sqrt{x-x^2}}\,dx=\int\dfrac{1+x}{\sqrt{\left(\dfrac{1}{2}\right)^2-\left(x-\dfrac{1}{2}\right)^2}}\,dx=\int(1+\sin t)\,dt.$

（4） $\dfrac{3}{5}\sqrt[3]{(e^x-1)^5}+\dfrac{3}{2}\sqrt[3]{(e^x-1)^2}+C.$ 提示：令 $\sqrt[3]{e^x-1}=t,$ 则

$$\int\dfrac{e^{2x}}{\sqrt[3]{e^x-1}}\,dx=\int\dfrac{(t^3+1)^2}{t}\dfrac{3t^2}{t^3+1}\,dt=3\int t(t^3+1)\,dt.$$

5.3 不定积分的分部积分法

1.（1）A; （2）C; （3）B; （4）A; （5）A.

2.（1） $\ln x,\mathrm{d}\left(-\dfrac{1}{x}\right);$ （2） $x,\mathrm{d}(\tan x);$ （3） $xf'(x)-f(x)+C;$

（4） $2\sqrt{x+1}[\ln(x+1)-2]+C;$ （5） $\dfrac{1}{2}e^{-x}(\sin x-\cos x)+C.$

3.（1） $x\ln\left(x+\sqrt{x^2+a^2}\right)-\sqrt{x^2+a^2}+C;$ （2） $\dfrac{x^2}{4}-\dfrac{x\sin 2x}{4}-\dfrac{\cos 2x}{8}+C;$

（3） $(x+1)\arctan\sqrt{x}-\sqrt{x}+C;$ （4） $-\dfrac{1}{2}(x\csc^2 x+\cot x)+C.$

4*.（1） $\dfrac{e^{\arctan x}}{2}\dfrac{1+x}{\sqrt{1+x^2}}+C.$ 提示：令 $x=\tan t,$ 则原式 $=\int e^t\cos t\,dt.$

（2） $\ln|\sqrt{1+x+x^2}+x+\dfrac{1}{2}|+C.$ 提示：令 $x+\dfrac{1}{2}=\dfrac{\sqrt{3}}{2}\tan t,$ 则原式 $=\int\sec t\mathrm{d}t.$

（3） $e^{2x}\tan x+C.$

提示：原式 $=\int e^{2x}(1+\tan x)^2\,\mathrm{d}x=\int e^{2x}(1+\tan^2 x+2\tan x)\mathrm{d}x=\int e^{2x}\sec^2 x\mathrm{d}x+2\int e^{2x}\tan x\mathrm{d}x=\int e^{2x}\mathrm{d}(\tan x)+2\int e^{2x}\tan x\mathrm{d}x=\cdots$（属自消型）.

5.4 有理函数的积分

1.（1）A; （2）D; （3）A; （4）C; （5）B.

2.（1） $\ln|x|-\dfrac{1}{2}\ln(1+x^2)+C;$ （2） $2\left[\sqrt{x}-\ln(1+\sqrt{x})\right]+C;$

（3） $2\sqrt{1+\ln x}+C;$ （4） $\tan x-\sec x+C;$ （5） $\dfrac{1}{2}\ln\left|\dfrac{x-3}{x-1}\right|+C.$

3.（1） $\ln|x^2+3x-10|+C=\ln|x-2|+\ln|x+5|+C$;

（2） $\dfrac{1}{6}\ln\left(\dfrac{x^2+1}{x^2+4}\right)+C$; （3） $-2\sqrt{\dfrac{1+x}{x}}+C$;

（4） $\dfrac{\sqrt{2}}{2}\arctan\left(\sqrt{2}\tan\dfrac{x}{2}\right)+C$.

4*.（1） $\dfrac{3}{8}\sqrt[3]{\left(\dfrac{2+x}{2-x}\right)^2}+C$. 提示：令 $\sqrt[3]{\dfrac{2-x}{2+x}}=t$ ，则 $x=\dfrac{2-2t^3}{1+t^3}$, $\mathrm{d}x=\dfrac{-12t^2}{(1+t^3)^2}\mathrm{d}t$,

原式 $=-\dfrac{3}{4}\int t^{-3}\mathrm{d}t=\dfrac{3}{8}t^{-2}+C$.

（2） $\left(\sqrt[4]{2x-1}+1\right)^2+2\ln\left|\sqrt[4]{2x-1}-1\right|+C$. 提示：令 $\sqrt[4]{2x-1}=t$.

自测题

1.（1）B;   （2）D;   （3）A;   （4）D;   （5）B.

2.（1） $\dfrac{[f(x)]^{\alpha+1}}{\alpha+1}+C$;   （2） $\ln|\sin\mathrm{e}^x|+C$;

（3） $\ln|1+\sin x|+C$;   （4） $\dfrac{1}{\sin x}=\csc x$;

（5） $\cos x[1-\ln(\cos x)]+C$.

3.（1） $\dfrac{1}{50}(6+5x)^{10}+C$;   （2） $\dfrac{1}{4}\tan^4 x+C$;

（3） $\arcsin\dfrac{x}{2}+\sqrt{4-x^2}+C$;   （4） $\ln|x|-\dfrac{1}{4}\ln(x^4+1)+C$;

（5） $\dfrac{\ln x}{x}+C$;   （6） $\ln\left(x+\sqrt{1+x^2}\right)+\sqrt{1+x^2}+C$;

（7） $(x^2+1)\arctan x-x+C$;   （8） $2\arctan\sqrt{\mathrm{e}^x-1}+C$;

（9） $\dfrac{1}{5}\sin^5 x-\dfrac{1}{7}\sin^7 x+C$.

4. $\int xf'(x)\mathrm{d}x=\dfrac{x\cos x-2\sin x}{x}+C$.

5.（1）总利润函数 $L(Q)=-Q^3+5Q^2-8Q-10$;

（2） $Q=2$. 提示： $C(Q)=Q^3-10Q^2+40Q+10$, $R(Q)=32Q-5Q^2$.

6. 提示：利用分部积分证明.

$I_n=\int\tan^n x\mathrm{d}x=\int\tan^{n-2}x\cdot(\sec^2 x-1)\mathrm{d}x=\int\tan^{n-2}x\mathrm{d}\tan x-\int\tan^{n-2}x\mathrm{d}x$

$=\tan^{n-1}x-\int\tan x\mathrm{d}\tan^{n-2}x-I_{n-2}=\tan^{n-1}x-(n-2)\int\tan x\cdot\tan^{n-3}x(\tan^2 x+1)\mathrm{d}x-I_{n-2}$

$=\tan^{n-1}x-(n-2)I_n-(n-2)I_{n-2}-I_{n-2}=\tan^{n-1}x-(n-2)I_n-(n-1)I_{n-2}$.

故 $(n-1)I_n=\tan^{n-1}x-(n-1)I_{n-2}\Rightarrow I_n=\dfrac{1}{n-1}\tan^{n-1}x-I_{n-2}$.

第六章 定积分及其应用

 一、基本概念、性质与结论

1. 概念

（1）定积分的定义.

（2）积分上限函数的定义.

（3）无穷限的反常积分：

$$\int_a^{+\infty} f(x)\mathrm{d}x = \lim_{t\to+\infty}\int_a^t f(x)\mathrm{d}x;$$

$$\int_{-\infty}^b f(x)\mathrm{d}x = \lim_{t\to-\infty}\int_t^b f(x)\mathrm{d}x;$$

$$\int_{-\infty}^{+\infty} f(x)\mathrm{d}x = \lim_{t\to-\infty}\int_t^0 f(x)\mathrm{d}x + \lim_{t\to+\infty}\int_0^t f(x)\mathrm{d}x.$$

（4）无界函数的反常积分（瑕积分）：

$$\int_a^b f(x)\mathrm{d}x = \lim_{t\to a^+}\int_t^b f(x)\mathrm{d}x, \ x=a \text{ 为瑕点};$$

$$\int_a^b f(x)\mathrm{d}x = \lim_{t\to b^-}\int_a^t f(x)\mathrm{d}x, \ x=b \text{ 为瑕点};$$

$$\int_a^b f(x)\mathrm{d}x = \lim_{t\to c^-}\int_a^t f(x)\mathrm{d}x + \lim_{t\to c^+}\int_t^b f(x)\mathrm{d}x, \ x=c \text{ 为瑕点}.$$

评注 反常积分实质上是正常积分的极限，所以定积分中的牛顿—莱布尼兹公式、换元积分公式和分部积分公式等仍然成立，但这里代入的是极限值.

2. 性质

（1）$\int_a^a f(x)\mathrm{d}x = 0, \ \int_a^b f(x)\mathrm{d}x = -\int_b^a f(x)\mathrm{d}x, \ \int_a^b 1\mathrm{d}x = b-a.$

（2）线性性质：$\int_a^b [\alpha f(x) \pm \beta g(x)]\mathrm{d}x = \alpha\int_a^b f(x)\mathrm{d}x \pm \beta\int_a^b g(x)\mathrm{d}x$（$\alpha, \beta$ 为常数）.

（3）区间可加性：$\int_a^b f(x)\mathrm{d}x = \int_a^c f(x)\mathrm{d}x + \int_c^b f(x)\mathrm{d}x$（$c$ 为任意常数）.

（4）比较定理：在区间 $[a,b]$ 上，若 $f(x) \geqslant 0$，则 $\int_a^b f(x)\mathrm{d}x \geqslant 0$.

推论 1 若在 $[a,b]$ 上，$f(x) \leqslant g(x)$，则 $\int_a^b f(x)\mathrm{d}x \leqslant \int_a^b g(x)\mathrm{d}x$.

推论 2 $\left|\int_a^b f(x)\mathrm{d}x\right| \leqslant \int_a^b |f(x)|\mathrm{d}x$.

（5）估值定理：设 M 与 m 分别是函数 $f(x)$ 在 $[a,b]$ 上的最大值与最小值，则

$$m(b-a) \leqslant \int_a^b f(x)\mathrm{d}x \leqslant M(b-a).$$

（6）定积分中值定理：若函数 $f(x)$ 在 $[a,b]$ 上连续，则在 $[a,b]$ 上至少存在一点 ξ，使得 $\int_a^b f(x)\mathrm{d}x = f(\xi)(b-a)\ (a\leqslant \xi\leqslant b)$.

（7）定积分广义中值定理：设 $f(x)$ 在 $[a,b]$ 上连续，$g(x)$ 在 $[a,b]$ 上可积且不变号，则在 $[a,b]$ 上至少存在一点 ξ，使 $\int_a^b f(x)g(x)\mathrm{d}x = f(\xi)\int_a^b g(x)\mathrm{d}x$.

（8）积分上限函数的导数：
$$\frac{\mathrm{d}}{\mathrm{d}x}\int_{v(x)}^{u(x)} f(t)\mathrm{d}t = f[u(x)]u'(x) - f[v(x)]v'(x);$$

特殊地，有
$$\frac{\mathrm{d}}{\mathrm{d}x}\int_a^x f(t)\mathrm{d}t = f(x); \qquad\qquad \frac{\mathrm{d}}{\mathrm{d}x}\int_x^b f(t)\mathrm{d}t = -f(x);$$
$$\frac{\mathrm{d}}{\mathrm{d}x}\int_a^{u(x)} f(t)\mathrm{d}t = f[u(x)]u'(x); \qquad \frac{\mathrm{d}}{\mathrm{d}x}\int_{v(x)}^b f(t)\mathrm{d}t = -f[v(x)]v'(x).$$

3. 结论与公式

（1）可积的充分条件：

1）闭区间上的连续函数一定可积；

2）闭区间上有界且只有有限个第一类间断点的函数一定可积；

3）闭区间上单调有界的函数一定可积.

（2）牛顿-莱布尼兹公式：如果 $f(x)$ 在 $[a,b]$ 上连续，$F(x)$ 为 $f(x)$ 在 $[a,b]$ 上的一个原函数，即 $F'(x)=f(x)$，则
$$\int_a^b f(x)\mathrm{d}x = \big[F(x)\big]_a^b = F(b) - F(a).$$

（3）换元积分法. 设函数 $f(x)$ 在 $[a,b]$ 上连续，函数 $x=\varphi(t)$ 满足条件：

1）$\varphi(\alpha)=a,\ \varphi(\beta)=b$；

2）$\varphi(t)$ 在 $[\alpha,\beta]$（或 $[\beta,\alpha]$）上单值、有连续导数，并且其值域不越出 $[a,b]$，则有 $\int_a^b f(x)\mathrm{d}x = \int_\alpha^\beta f[\varphi(t)]\varphi'(t)\mathrm{d}t$.

（4）分部积分法. 设 $u=u(x)$，$v=v(x)$ 在 $[a,b]$ 上具有连续导数，则有
$$\int_a^b uv'\mathrm{d}x = \int_a^b u\mathrm{d}v = [uv]_a^b - \int_a^b v\mathrm{d}u.$$

评注　定积分的分部积分法的关键之处在于如何把被积函数分解成 $u(x)v'(x)$，这与不定积分的分部积分法的考虑方式完全相同.

（5）几个常用的积分公式：

① $\int_{-a}^a f(x)\mathrm{d}x = \int_0^a [f(x)+f(-x)]\mathrm{d}x = \begin{cases} 2\int_0^a f(x)\mathrm{d}x, & f(x)\ \text{为偶函数} \\ 0, & f(x)\ \text{为奇函数} \end{cases}.$

② $\int_a^{a+T} f(x)\mathrm{d}x = \int_0^T f(x)\mathrm{d}x = \int_{-\frac{T}{2}}^{\frac{T}{2}} f(x)\mathrm{d}x$；

$\int_a^{a+nT} f(x)\mathrm{d}x = n\int_0^T f(x)\mathrm{d}x$ （其中 T 为 $f(x)$ 的周期，n 为自然数）.

③ 设 $f(x)$ 在 $[0,\pi]$ 上连续，则

$$\int_0^{\frac{\pi}{2}} f(\sin x)\mathrm{d}x = \int_0^{\frac{\pi}{2}} f(\cos x)\mathrm{d}x; \quad \int_0^{\pi} f(\sin x)\mathrm{d}x = 2\int_0^{\frac{\pi}{2}} f(\sin x)\mathrm{d}x;$$

$$\int_0^{\pi} xf(\sin x)\mathrm{d}x = \frac{\pi}{2}\int_0^{\pi} f(\sin x)\mathrm{d}x;$$

$$\int_0^{\frac{\pi}{2}} \sin^n x\mathrm{d}x = \int_0^{\frac{\pi}{2}} \cos^n x\mathrm{d}x = \begin{cases} \dfrac{(n-1)(n-3)\times\cdots\times 2}{n(n-2)\times\cdots\times 3}\times\dfrac{\pi}{2}, & n\text{为偶数} \\[3mm] \dfrac{(n-1)(n-3)\times\cdots\times 1}{n(n-2)\times\cdots\times 2}\times 1, & n\text{为奇数} \end{cases}.$$

（6）反常积分中几个特殊的积分：

$\int_a^{+\infty} \dfrac{1}{x^p}\mathrm{d}x\,(a>0)$，当 $p>1$ 时收敛，$p\leqslant 1$ 时发散；$\int_0^a \dfrac{1}{x^q}\mathrm{d}x\,(a>0)$，当 $0<q<1$ 时收敛，$q\geqslant 1$ 时发散；$\int_0^{+\infty} \mathrm{e}^{-x^2}\mathrm{d}x = \dfrac{\sqrt{\pi}}{2}$.

4. 微元法

（1）应用元素法的条件. 如果某一个实际问题中所求量 U 符合下列条件：

1）U 是与一个变量 x 的变化区间 $[a\ b]$ 有关的量；

2）U 对于区间 $[a\ b]$ 具有可加性，也就是说，如果把区间 $[a\ b]$ 分成许多部分区间，则 U 相应地分成许多部分量，而 U 等于所有部分量之和；

3）部分量 ΔU 的近似值可表示为 $f(\xi_i)\Delta x_i$.

那么就可考虑用定积分来表示这个量 U.

（2）通常写出这个量 U 的积分表达式的步骤如下：

1）根据问题的具体情况，选取一个变量. 例如，x 为积分变量，并确定它的变化区间 $[a,b]$.

2）设想把区间 $[a,b]$ 分成 n 个小区间，取其中任一小区间并记作 $[x, x+\mathrm{d}x]$，求出相应于这个小区间的部分量 ΔU 的近似值. 如果 ΔU 能近似表示为 $[a,b]$ 上的一个连续函数在 x 处的值 $f(x)$ 与 $\mathrm{d}x$ 的乘积，就把 $f(x)\mathrm{d}x$ 称为量 U 的元素且记作 $\mathrm{d}U$，即

$$\mathrm{d}U = f(x)\mathrm{d}x.$$

3）以所求量 U 的元素 $f(x)\mathrm{d}x$ 为被积表达式，在区间 $[a,b]$ 上作定积分，得

$$U = \int_a^b f(x)\mathrm{d}x.$$

5. 平面图形的面积公式

直角坐标系下.

（1）直线 $x=a$、$x=b\,(a<b)$ 和曲线 $y=f(x)\geqslant 0$（连续或分段连续）及 x 轴所围成的曲边梯形的面积为

$$A = \int_a^b f(x)\,\mathrm{d}x.$$

（2）直线 $y=c$、$y=d(c<d)$ 和曲线 $x=\varphi(y)\geqslant 0$（连续或分段连续）及 y 轴所围成

的曲边梯形的面积为

$$A = \int_c^d \varphi(y)\mathrm{d}y.$$

（3）直线 $x = a$、$x = b(a < b)$ 和曲线 $y = f(x)$、$y = g(x)$（$f(x)$，$g(x)$ 连续或分段连续，且 $f(x) \geqslant g(x)$）所围成的平面图形的面积为

$$A = \int_a^b [f(x) - g(x)]\,\mathrm{d}x.$$

（4）直线 $y = c$、$y = d(c < d)$ 和曲线 $x = \varphi(y)$、$x = \psi(y)$（$\varphi(y)$，$\psi(y)$ 连续或分段连续，且 $\varphi(y) \geqslant \psi(y)$）所围成的平面图形的面积为

$$A = \int_c^d [\varphi(y) - \psi(y)]\,\mathrm{d}y.$$

6. 体积公式

（1）旋转体的体积.

1）$y = f(x)$ 在区间 $[a,b]$ 上连续，由连续曲线 $y=f(x)$、直线 $x=a$、$x=b$ 及 x 轴所围成的曲边梯形绕 x 轴旋转一周而成的立体的体积为

$$V = \int_a^b \pi[f(x)]^2 \mathrm{d}x.$$

2）$x = \varphi(y)$ 在区间 $[c,d]$ 上连续，曲线 $x = \varphi(y)$、直线 $y = c$、$y = d$ 及 y 轴所围成的曲边梯形绕 y 轴旋转一周而成的立体的体积为

$$V = \int_c^d \pi[\varphi(y)]^2 \mathrm{d}y$$

3）$y = f(x)$，$y = g(x)$ 在区间 $[a,b]$ 上连续，由 $x = a$、$x = b(a < b)$ 及 $0 \leqslant g(x) \leqslant y \leqslant f(x)$ 所围成的平面图形绕 x 轴旋转而成旋转体的体积为

$$V = \pi \int_a^b [f^2(x) - g^2(x)]\mathrm{d}x.$$

4）$x = \varphi(y)$，$x = \psi(y)$ 在区间 $[c,d]$ 上连续，由 $y = c$、$y = d(c < \mathrm{d})$ 及 $0 \leqslant \varphi(y) \leqslant x \leqslant \psi(y)$ 所围成的平面图形绕 y 轴旋转所得旋转体的体积为

$$V = \pi \int_c^d [\psi^2(y) - \varphi^2(y)]\mathrm{d}y.$$

（2）平行截面面积为已知的立体的体积. 设立体在 x 轴的投影区间为$[a,b]$，过点 x 且垂直于 x 轴的平面与立体相截，截面面积 $A(x)$ 为 x 连续函数，则立体的体积为

$$V = \int_a^b A(x)\mathrm{d}x.$$

7. 总产量、总收益、总成本

设总产量变化率是时间 t 的函数 $x = x(t)$，在生产连续进行时，在时间区间 $a \leqslant t \leqslant b$ 内的总产量为 $z = \int_a^b x(t)\mathrm{d}t$.

设生产 x 件产品的总收益 R 的变化率（边际收益）是 $r(x)$，则总收益为 $R(x) = \int_0^x r(x)\mathrm{d}x$.

设生产 x 件产品的总成本 C 的变化率（边际成本）为 $C'(x)$，固定成本为 $C(0)$，则

总成本为 $C(x) = \int_0^x C'(x)\mathrm{d}x + C(0)$.

函数 $f(x)$ 在 $[a,b]$ 上的平均值为 $\bar{y} = \dfrac{1}{b-a}\int_a^b f(x)\mathrm{d}x$.

 二、典型例题分析

1. 利用定积分的定义求极限

例 6.1　利用定积分的定义求下列极限.

（1）　$\lim\limits_{n\to\infty}\left(\dfrac{1}{n+1} + \dfrac{1}{n+2} + \cdots + \dfrac{1}{2n}\right)$；

（2）　$\lim\limits_{n\to\infty}\dfrac{1}{n}\left[\sin\dfrac{\pi}{n} + \sin\dfrac{2\pi}{n} + \cdots + \sin\dfrac{(n-1)\pi}{n}\right]$.

解　（1）因为

$$\text{原式} = \lim_{n\to\infty}\sum_{i=1}^{n}\frac{1}{n+i} = \lim_{n\to\infty}\sum_{i=1}^{n}\frac{1}{1+\frac{i}{n}}\cdot\frac{1}{n},$$

令 $x_i = \dfrac{i}{n}$，则有 $x_0 = 0$，$x_n = 1$，$\Delta x_i = \dfrac{1}{n}$. 取 $f(x) = \dfrac{1}{1+x}$，则 $f(x)$ 在 $[0,1]$ 上连续，由定积分的定义知

$$\text{原式} = \lim_{n\to\infty}\sum_{i=1}^{n}f(x_i)\Delta x_i = \int_0^1\frac{1}{1+x}\mathrm{d}x = \left[\ln(x+1)\right]_0^1 = \ln 2.$$

（2）因为

$$\text{原式} = \lim_{n\to\infty}\frac{1}{n}\left[\sin\frac{\pi}{n} + \sin\frac{2\pi}{n} + \cdots + \sin\frac{(n-1)\pi}{n} + \sin\frac{n\pi}{n}\right] = \lim_{n\to\infty}\sum_{i=1}^{n}\sin\frac{i\pi}{n}\cdot\frac{1}{n},$$

令 $x_i = \dfrac{i}{n}$，则 $x_0 = 0$，$x_n = 1$，$\Delta x_i = \dfrac{1}{n}$. 取 $f(x) = \sin\pi x$. 因为 $f(x)$ 在 $[0,1]$ 上连续，所以由定积分的定义知

$$\text{原式} = \int_0^1\sin\pi x\mathrm{d}x = -\frac{1}{\pi}\left[\cos\pi x\right]_0^1 = \frac{2}{\pi}.$$

评注　利用定积分的定义求某类和式的数列极限，关键步骤是要将所求极限看成是某个函数在某个区间上积分和的极限，因此寻找对应的函数与对应的区间是最重要的.

2. 定积分的几何意义

例 6.2　利用定积分的几何意义计算定积分.

（1）　$\int_a^b x\mathrm{d}x\,(a < b)$；　　　　　　（2）　$\int_{-4}^{0}\left(\sqrt{16-x^2}+1\right)\mathrm{d}x$.

解　（1）设 $0 \leqslant a < b$，则 $I = \int_a^b x\mathrm{d}x$ 表示图 6.1 中梯形 $ABCD$（当 $a=0$ 时，A、D 重

合为三角形）的面积，梯形的高为 $b-a$，两个底边长分别为 a 与 b，于是有

$$I = \frac{1}{2}(b+a)(b-a) = \frac{1}{2}(b^2 - a^2).$$

设 $a < 0 < b$，则 I 表示图 6.2 中三角形 OBC 的面积减去三角形 OAD 的面积，于是

$$I = \frac{1}{2}b \cdot b - \frac{1}{2}a \cdot a = \frac{1}{2}(b^2 - a^2).$$

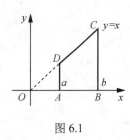

图 6.1　　　　　　　　　　　　　图 6.2

当 $a < b \leqslant 0$ 时类似.

（2）$y = \sqrt{16 - x^2} + 1 (-4 \leqslant x \leqslant 0)$ 是以原点为圆心，以 4 为半径的上半圆周之左半部分向上平移一单位所得的曲线，故所求定积分的值等于 $\frac{1}{4} \times$ 圆面积与矩形 $ABCO$ 面积之和（图 6.3）. 故

$$\int_{-4}^{0} \left(\sqrt{16 - x^2} + 1 \right) \mathrm{d}x = \frac{1}{4} \times \pi \times 4^2 + 4 \times 1 = 4(\pi + 1).$$

评注　定积分 $\int_{a}^{b} f(x)\mathrm{d}x$ 的几何意义是曲线 $y = f(x)$ 和直线 $x = a$、$x = b$ 及 x 轴所围成的曲边梯形面积的代数和（x 轴上方面积取"正"，x 轴下方面积取"负"，如图 6.4 所示）.

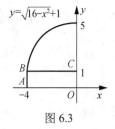

图 6.3

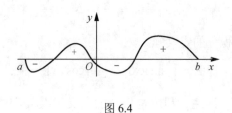

图 6.4

例 6.3　若 $f(x) = \dfrac{1}{1 + x^2} + \sqrt{1 - x^2} \int_{0}^{1} f(x)\,\mathrm{d}x$，求 $\int_{0}^{1} f(x)\,\mathrm{d}x$.

解　等式两端取 $[0,1]$ 上的定积分，有

$$\int_{0}^{1} f(x)\,\mathrm{d}x = \int_{0}^{1} \frac{1}{1+x^2}\mathrm{d}x + \int_{0}^{1} \sqrt{1 - x^2}\,\mathrm{d}x \cdot \int_{0}^{1} f(x)\,\mathrm{d}x = \frac{\pi}{4} + \frac{\pi}{4}\int_{0}^{1} f(x)\,\mathrm{d}x.$$

移项可得

$$\int_0^1 f(x)\mathrm{d}x = \frac{\pi}{4-\pi}.$$

例 6.4　求 $\int_{-1}^1 \sqrt{1-x^2}\ln\frac{x+\sqrt{1+x^2}}{2}\mathrm{d}x.$

解　因为

$$\int_{-1}^1 \sqrt{1-x^2}\ln\frac{x+\sqrt{1+x^2}}{2}\mathrm{d}x = \int_{-1}^1 \sqrt{1-x^2}\ln\left(x+\sqrt{1+x^2}\right)\mathrm{d}x - \ln 2\int_{-1}^1 \sqrt{1-x^2}\mathrm{d}x.$$

又因 $\ln\left(x+\sqrt{1+x^2}\right)$ 为奇函数，$\sqrt{1-x^2}$ 为偶函数，则

$$\int_{-1}^1 \sqrt{1-x^2}\ln\left(x+\sqrt{1+x^2}\right)\mathrm{d}x = 0,\ \int_{-1}^1 \sqrt{1-x^2}\mathrm{d}x = 2\int_0^1 \sqrt{1-x^2}\mathrm{d}x,$$

所以

$$原式 = -2\ln 2\int_0^1 \sqrt{1-x^2}\mathrm{d}x = -\frac{\pi}{2}\ln 2 \quad (定积分的几何意义).$$

3. 定积分的性质

例 6.5　比较下列定积分的值的大小.

（1）$\int_3^4 \ln x\mathrm{d}x$ 与 $\int_3^4 \ln^2 x\mathrm{d}x$;

（2）$\int_0^{2\pi} \sin^2 x\mathrm{d}x$ 与 $\int_0^{2\pi} |\sin x|\mathrm{d}x$.

解　（1）由于 $x\in[3,4]$，于是 $x\geqslant 3 > \mathrm{e}$, $\ln x\geqslant\ln 3 > 1$. 因此 $\ln^2 x > \ln x$，故

$$\int_3^4 \ln x\mathrm{d}x < \int_3^4 \ln^2 x\mathrm{d}x.$$

（2）因为 $\sin^2 x = |\sin x|^2 \leqslant |\sin x|$, $\sin^2 x \not\equiv |\sin x|$, $x\in[0,2\pi]$，所以

$$\int_0^{2\pi} \sin^2 x\mathrm{d}x < \int_0^{2\pi} |\sin x|\mathrm{d}x.$$

例 6.6　估计定积分 $\int_{\frac{\pi}{4}}^{\frac{5}{4}\pi} (1+\sin^2 x)\mathrm{d}x$ 的值.

解　设 $f(x) = 1+\sin^2 x$, $f'(x) = \sin 2x.$ 令 $f'(x) = 0,$ 解得驻点 $x_1 = \frac{\pi}{2}$, $x_2 = \pi$. 比较函数 $f(x)$ 在驻点及区间端点处的函数值大小，有

$$f\left(\frac{\pi}{2}\right) = 2,\ f(\pi) = 1,\ f\left(\frac{\pi}{4}\right) = \frac{3}{2},\ f\left(\frac{5}{4}\pi\right) = \frac{3}{2}.$$

得到 $f(x)$ 在 $\left[\frac{\pi}{4}, \frac{5\pi}{4}\right]$ 上的最大值 $M = 2$，最小值 $m = 1$，从而有

$$\pi = 1\times\left(\frac{5\pi}{4}-\frac{\pi}{4}\right) \leqslant \int_{\frac{\pi}{4}}^{\frac{5}{4}\pi}(1+\sin^2 x)\mathrm{d}x \leqslant 2\left(\frac{5\pi}{4}-\frac{\pi}{4}\right) = 2\pi.$$

评注　估计连续函数的积分值 $\int_a^b f(x)\mathrm{d}x$ 的一般方法是求 $f(x)$ 在 $[a,b]$ 上的最大值 M 与最小值 m，则

$$m(b-a) \leqslant \int_a^b f(x)\mathrm{d}x \leqslant M(b-a).$$

例 6.7 求 $\lim\limits_{n\to\infty}\int_n^{n+2}\dfrac{x^2}{\mathrm{e}^{x^2}}\mathrm{d}x$.

解 法一 由积分中值定理,有

$$\int_n^{n+2}\frac{x^2}{\mathrm{e}^{x^2}}\mathrm{d}x = \frac{\xi^2}{\mathrm{e}^{\xi^2}}\cdot(n+2-n) = \frac{2\xi^2}{\mathrm{e}^{\xi^2}},$$

其中 ξ 介于 $n, n+2$ 之间,且当 $n\to\infty$ 时 $\xi\to+\infty$,又 $\lim\limits_{x\to+\infty}\dfrac{x^2}{\mathrm{e}^{x^2}} = \lim\limits_{x\to+\infty}\dfrac{2x}{2x\mathrm{e}^{x^2}} = 0$,所以

$$原式 = 2\lim_{\xi\to+\infty}\frac{\xi^2}{\mathrm{e}^{\xi^2}} = 0.$$

法二 因为 $n\leqslant x\leqslant n+2$,所以 $0 < \dfrac{x^2}{\mathrm{e}^{x^2}} < \dfrac{(n+2)^2}{\mathrm{e}^{n^2}}$,则

$$0 < \int_n^{n+2}\frac{x^2}{\mathrm{e}^{x^2}}\mathrm{d}x < \frac{(n+2)^2}{\mathrm{e}^{n^2}}\times 2$$

又

$$\lim_{x\to\infty}\frac{(x+2)^2}{\mathrm{e}^{x^2}} = \lim_{x\to\infty}\frac{2(x+2)}{2x\mathrm{e}^{x^2}} = 0$$

所以

$$\lim_{n\to\infty}\frac{(n+2)^2}{\mathrm{e}^{n^2}} = 0.$$

由夹逼准则得

$$\lim_{n\to\infty}\int_n^{n+2}\frac{x^2}{\mathrm{e}^{x^2}}\mathrm{d}x = 0.$$

例 6.8 判断下列函数是否可积?为什么?

(1) $f(x) = x^\alpha$, $x\in[0,1]$, $a > 0$;　　　(2) $f(x) = \begin{cases} \ln x, & x > 0 \\ 0, & x = 0 \end{cases}$, $x\in[0,2]$;

(3) $f(x) = \begin{cases} \sin\dfrac{1}{x}, & x\neq 0 \\ 1, & x = 0 \end{cases}$, $x\in[-1,1]$;

(4) $f(x) = \begin{cases} \dfrac{1}{2^n}, & \dfrac{1}{2^n} < x \leqslant \dfrac{1}{2^{n-1}} \\ 0, & x = 0 \end{cases}$, $n = 1,2,3,\cdots, x\in[0,1]$.

解 (1) 可积. 因为 $x^\alpha (\alpha > 0)$ 在 $[0,1]$ 连续,所以可积.

(2) 不可积. 因为 $\ln x$ 在 $(0,2)$ 内无界,所以不可积.

(3) 可积. 因为 $|f(x)| \leqslant 1$ 在 $[-1,1]$ 有界,除 $x = 0$ 外连续,所以可积.

(4) 可积. 因为 $f(x)$ 在 $[0,1]$ 单调(上升)且有界,所以可积.

4. 积分上限函数的导数、单调性和极值

例6.9 求下列函数的导数.

（1）$y = \int_1^{x^2} t^2 \mathrm{e}^{-t} \mathrm{d}t;$　　　　　　　　　（2）$y = \int_{x^2}^{x^3} \ln(1+t^2) \mathrm{d}t.$

解　（1）$y' = \dfrac{\mathrm{d}}{\mathrm{d}x} \left(\int_1^{x^2} t^2 \mathrm{e}^{-t} \mathrm{d}t \right) = x^4 \mathrm{e}^{-x^2} (x^2)' = 2x^5 \mathrm{e}^{-x^2}.$

（2）$y' = \dfrac{\mathrm{d}}{\mathrm{d}x} \left[\int_{x^2}^{x^3} \ln(1+t^2) \mathrm{d}t \right] = \ln(1+x^6) \cdot 3x^2 - \ln(1+x^4) \cdot 2x.$

例6.10 求下列函数的导数.

（1）$y = \int_0^x x^2 \sin t \mathrm{d}t;$　　　　　　　　　（2）$y = \int_0^x (x-t) g(t) \mathrm{d}t.$

解　（1）因为 $y = \int_0^x x^2 \sin t \mathrm{d}t = x^2 \int_0^x \sin t \mathrm{d}t$，所以

$$y' = \frac{\mathrm{d}}{\mathrm{d}x} \left(x^2 \int_0^x \sin t \mathrm{d}t \right) = 2x \int_0^x \sin t \mathrm{d}t + x^2 \sin x.$$

（2）因为 $y = \int_0^x x g(t) \mathrm{d}t - \int_0^x t g(t) \mathrm{d}t = x \int_0^x g(t) \mathrm{d}t - \int_0^x t g(t) \mathrm{d}t$，所以

$$y' = \int_0^x g(t) \mathrm{d}t + x g(x) - x g(x) = \int_0^x g(t) \mathrm{d}t.$$

评注　当积分上限函数的被积函数中出现变量 x，不能直接用求导公式，应先经过整理变形或变量替换，将 x 提到积分号外面，再求导数.

例6.11 求由方程 $\int_0^y \mathrm{e}^{t^2} \mathrm{d}t + \int_0^{\sin x} \cos^2 t \mathrm{d}t = 0$ 所确定的隐函数 $y = y(x)$ 的导数 $\dfrac{\mathrm{d}y}{\mathrm{d}x}$.

解　将 y 看成 x 的函数，方程两边对 x 求导，得

$$\mathrm{e}^{y^2} \frac{\mathrm{d}y}{\mathrm{d}x} + (\cos^2 \sin x) \cos x = 0,$$

解得

$$\frac{\mathrm{d}y}{\mathrm{d}x} = -\mathrm{e}^{-y^2} \cos x \cdot \cos^2 \sin x.$$

例6.12 讨论函数 $f(x) = \int_0^{x^2} (1-t) \arctan t \mathrm{d}t$ 的单调区间和极值点.

解　因为 $f'(x) = 2x(1-x^2) \arctan x^2$，令 $f'(x) = 0$，得驻点 $x = \pm 1$，$x = 0$. 于是，当 $x \in (-1, 0)$, $(1, +\infty)$ 时，$f'(x) < 0$；当 $x \in (-\infty, -1)$, $(0, 1)$ 时，$f'(x) > 0$. 又 $f(x)$ 在 $(-\infty, +\infty)$ 连续，因此在 $[-1, 0]$, $[1, +\infty)$ 上 $f(x)$ 单调递减，在 $(-\infty, -1]$, $[0, 1]$ 上 $f(x)$ 单调递增.

由上述单调性分析知，$x = \pm 1$ 是极大值点，$x = 0$ 是极小值点.

评注　研究积分上限函数的单调性、极值等问题时，不必先通过计算积分得到该函数的具体表达式后再求导数，可直接对积分上限函数求导数，然后做进一步讨论.

5. 积分上限函数的极限

例6.13 求下列极限.

（1）$\lim\limits_{x \to 0} \dfrac{\displaystyle\int_0^{\frac{x^2}{2}} \sin^2 t \mathrm{d}t}{\displaystyle\int_x^0 t^2 (t - \sin t) \mathrm{d}t};$　　　　（2）$\lim\limits_{x \to a} \dfrac{x^2}{x-a} \int_a^x f(t) \mathrm{d}t$，其中 $f(x)$ 为连续函数.

解 （1）这是"$\dfrac{0}{0}$"型未定式，可用洛必达法则求解.

$$原式 = \lim_{x \to 0} \frac{x \cdot \sin^2 \dfrac{x^2}{2}}{-x^2(x - \sin x)} = \lim_{x \to 0} \frac{x \cdot \dfrac{x^4}{4}}{-x^2(x - \sin x)} = \lim_{x \to 0} \frac{x^3}{-4(x - \sin x)}$$

$$= \lim_{x \to 0} \frac{3x^2}{-4(1 - \cos x)} = \lim_{x \to 0} \frac{3x^2}{-4 \cdot \dfrac{x^2}{2}} = -\frac{3}{2}.$$

（2）**法一**　由积分中值定理知

$$原式 = \lim_{x \to a} \frac{x^2}{x - a}(x - a)f(\xi) = \lim_{x \to a} x^2 f(\xi)$$

$$= \lim_{x \to a} x^2 \lim_{\xi \to a} f(\xi) = a^2 f(a),$$

其中，ξ 介于 a, x 之间，且当 $x \to a$ 时 $\xi \to a$.

法二　由洛必达法则可知

$$原式 = \lim_{x \to a} \frac{2x \displaystyle\int_a^x f(t)\mathrm{d}t + x^2 f(x)}{1} = a^2 f(a).$$

例 6.14　设 $F(x) = \dfrac{\displaystyle\int_0^x (x^2 - t^2)f(t)\mathrm{d}t}{x - \sin x}$，其中 $f(x)$ 为连续函数，计算 $\lim\limits_{x \to 0} F(x)$.

解　$\lim\limits_{x \to 0} F(x) = \lim\limits_{x \to 0} \dfrac{x^2 \displaystyle\int_0^x f(t)\mathrm{d}t - \displaystyle\int_0^x t^2 f(t)\mathrm{d}t}{x - \sin x} = \lim\limits_{x \to 0} \dfrac{2x \displaystyle\int_0^x f(t)\mathrm{d}t}{1 - \cos x} = \lim\limits_{x \to 0} \dfrac{2x \displaystyle\int_0^x f(t)\mathrm{d}t}{\dfrac{x^2}{2}}$

$$= \lim_{x \to 0} \frac{4\displaystyle\int_0^x f(t)\mathrm{d}t}{x} = 4\lim_{x \to 0} \frac{f(x)}{1} = 4f(0).$$

6. 分段函数的变上限积分

例 6.15　设 $\varphi(x) = \begin{cases} 2x, & 0 \leqslant x \leqslant 1 \\ 2, & 1 < x \leqslant 2 \end{cases}$，求 $f(x) = \displaystyle\int_0^x \varphi(t)\mathrm{d}t$ 的表达式.

解　当 $x \in [0,1]$ 时，$[0,x] \subset [0,1]$，$\varphi(t) = 2t$，故

$$f(x) = \int_0^x \varphi(t)\mathrm{d}t = \int_0^x 2t\mathrm{d}t = [t^2]_0^x = x^2.$$

当 $x \in (1,2]$ 时，$[0,x] = [0,1] \bigcup (1,x]$，故

$$f(x) = \int_0^x \varphi(t)\mathrm{d}t = \int_0^1 \varphi(t)\mathrm{d}t + \int_1^x \varphi(t)\mathrm{d}t$$

$$= \int_0^1 2t\mathrm{d}t + \int_1^x 2\mathrm{d}t = [t^2]_0^1 + [2t]_1^x = 2x - 1,$$

故

$$f(x) = \begin{cases} x^2, & 0 \leqslant x \leqslant 1 \\ 2x - 1, & 1 < x \leqslant 2 \end{cases}.$$

评注　此题易犯的错误是，当 $x \in (1,2]$ 时，$f(x) = \int_0^x \varphi(t)\mathrm{d}t = \int_0^x 2\mathrm{d}t = 2x$，错误的原因是误认为当 $x \in (1,2]$ 时，$\varphi(t) = 2$，$t \in [0,x]$. 事实上，此时 $[0,x] = [0,1] \bigcup (1,x]$，在 $[0,1]$ 上 $\varphi(t) = 2t$，而在 $(1,2]$ 上 $\varphi(t) = 2$.

7. 定积分的换元积分法

例 6.16　求下列定积分.

（1）$\int_0^{\frac{\pi}{4}} \dfrac{\sin x}{1 + \sin x}\mathrm{d}x$；　　（2）$\int_{\frac{1}{\sqrt{2}}}^1 \dfrac{\sqrt{1-x^2}}{x^2}\mathrm{d}x$；　　（3）$\int_0^4 \dfrac{x+2}{\sqrt{2x+1}}\mathrm{d}x$.

解　（1）$\int_0^{\frac{\pi}{4}} \dfrac{\sin x}{1+\sin x}\mathrm{d}x = \int_0^{\frac{\pi}{4}} \dfrac{\sin x(1-\sin x)}{1-\sin^2 x}\mathrm{d}x = \int_0^{\frac{\pi}{4}} \dfrac{\sin x}{\cos^2 x}\mathrm{d}x - \int_0^{\frac{\pi}{4}} \tan^2 x\mathrm{d}x$

$= -\int_0^{\frac{\pi}{4}} \dfrac{\mathrm{d}\cos x}{\cos^2 x} - \int_0^{\frac{\pi}{4}}(\sec^2 x - 1)\mathrm{d}x = \left[\dfrac{1}{\cos x}\right]_0^{\frac{\pi}{4}} - \left[\tan x - x\right]_0^{\frac{\pi}{4}} = \dfrac{\pi}{4} - 2 + \sqrt{2}$.

（2）利用三角代换，令 $x = \sin t$，$x : \dfrac{1}{\sqrt{2}} \to 1$，则 $t : \dfrac{\pi}{4} \to \dfrac{\pi}{2}$，则

$$\int_{\frac{1}{\sqrt{2}}}^1 \dfrac{\sqrt{1-x^2}}{x^2}\mathrm{d}x = \int_{\frac{\pi}{4}}^{\frac{\pi}{2}} \dfrac{\cos^2 t}{\sin^2 t}\mathrm{d}t = \int_{\frac{\pi}{4}}^{\frac{\pi}{2}}(\csc^2 t - 1)\mathrm{d}t = \left[-\cot t - t\right]_{\frac{\pi}{4}}^{\frac{\pi}{2}} = 1 - \dfrac{\pi}{4}.$$

（3）令 $\sqrt{2x+1} = t$，则 $x = \dfrac{t^2-1}{2}$，$\mathrm{d}x = t\mathrm{d}t$，$x : 0 \to 4$，$t : 1 \to 3$，代入得

$$\int_0^4 \dfrac{x+2}{\sqrt{2x+1}}\mathrm{d}x = \int_1^3 \dfrac{\frac{t^2-1}{2}+2}{t} t\mathrm{d}t = \int_1^3 \dfrac{t^2+3}{2}\mathrm{d}t = \dfrac{22}{3}.$$

评注　定积分换元积分法在使用时需注意：

（1）$x = \varphi(t)$ 是区间 $[\alpha,\beta]$ 或 $[\beta,\alpha]$ 上单调且具有连续导数的函数；

（2）换元必换限，换限必须对限 [上（下）限对应上（下）限]；

（3）若只凑微分，不引入新的变量，则不必换积分限.

例 6.17　试证 $\int_0^{\frac{\pi}{2}} \dfrac{\sin^3 x}{\sin x + \cos x}\mathrm{d}x = \int_0^{\frac{\pi}{2}} \dfrac{\cos^3 x}{\sin x + \cos x}\mathrm{d}x$，并计算其值.

解　令 $x = \dfrac{\pi}{2} - t$，则

$$\int_0^{\frac{\pi}{2}} \dfrac{\sin^3 x}{\sin x + \cos x}\mathrm{d}x = -\int_{\frac{\pi}{2}}^0 \dfrac{\cos^3 t}{\sin t + \cos t}\mathrm{d}t = \int_0^{\frac{\pi}{2}} \dfrac{\cos^3 x}{\sin x + \cos x}\mathrm{d}x,$$

故

$$\int_0^{\frac{\pi}{2}} \dfrac{\sin^3 x}{\sin x + \cos x}\mathrm{d}x = \int_0^{\frac{\pi}{2}} \dfrac{\cos^3 x}{\sin x + \cos x}\mathrm{d}x = \dfrac{1}{2}\int_0^{\frac{\pi}{2}} \dfrac{\sin^3 x + \cos^3 x}{\sin x + \cos x}\mathrm{d}x$$

$$= \dfrac{1}{2}\int_0^{\frac{\pi}{2}}(\sin^2 x - \sin x \cos x + \cos^2 x)\mathrm{d}x = \dfrac{\pi-1}{4}.$$

8. 定积分的分部积分法

例 6.18　计算定积分 $\int_{\frac{1}{e}}^{e} |\ln x| \mathrm{d}x$.

解　利用分部积分法，有

$$\int_{\frac{1}{e}}^{e} |\ln x| \mathrm{d}x = -\int_{\frac{1}{e}}^{1} \ln x \mathrm{d}x + \int_{1}^{e} \ln x \mathrm{d}x = -\left[x\ln x - x\right]_{\frac{1}{e}}^{1} + \left[x\ln x - x\right]_{1}^{e} = 1 - \frac{2}{e} + 1 = 2\left(1 - \frac{1}{e}\right).$$

例 6.19　计算 $\int_{0}^{1} x^2 f(x)\,\mathrm{d}x$，其中 $f(x) = \int_{1}^{x} \dfrac{\mathrm{d}t}{\sqrt{1+t^4}}$.

解　由分部积分法，有

$$原式 = \frac{1}{3}\int_{0}^{1} f(x)\,\mathrm{d}x^3 = \frac{1}{3}[x^3 f(x)]_{0}^{1} - \frac{1}{3}\int_{0}^{1} \frac{x^3}{\sqrt{1+x^4}}\mathrm{d}x$$

$$= -\frac{1}{12}\int_{0}^{1} \frac{1}{\sqrt{1+x^4}}\mathrm{d}(1+x^4) = \frac{1}{6}\left(1 - \sqrt{2}\right).$$

例 6.20　设 $f(x) = \int_{0}^{x} \dfrac{\cos t}{\pi - t}\mathrm{d}t$，求 $\int_{0}^{\pi} f(x)\mathrm{d}x$.

解　因为 $f(x) = \int_{0}^{x} \dfrac{\cos t}{\pi - t}\mathrm{d}t$，所以 $f(\pi) = \int_{0}^{\pi} \dfrac{\cos x}{\pi - x}\mathrm{d}x$，$f'(x) = \dfrac{\cos x}{\pi - x}$. 故

$$\int_{0}^{\pi} f(x)\mathrm{d}x = [xf(x)]_{0}^{\pi} - \int_{0}^{\pi} xf'(x)\mathrm{d}x = \pi f(\pi) - \int_{0}^{\pi} x \cdot \frac{\cos x}{\pi - x}\mathrm{d}x$$

$$= \pi \int_{0}^{\pi} \frac{\cos x}{\pi - x}\mathrm{d}x - \int_{0}^{\pi} \frac{x\cos x}{\pi - x}\mathrm{d}x = \int_{0}^{\pi} \cos x\mathrm{d}x = 0.$$

例 6.21　已知 $f(2) = \dfrac{1}{2}$，$f'(2) = 0$ 及 $\int_{0}^{2} f(x)\mathrm{d}x = 1$，求 $\int_{0}^{1} x^2 f''(2x)\mathrm{d}x$，其中 $f(x)$ 具有连续的导数.

解　$\displaystyle\int_{0}^{1} x^2 f''(2x)\mathrm{d}x = \frac{1}{2}\int_{0}^{1} x^2 \mathrm{d}f'(2x) = \frac{1}{2}[x^2 f'(2x)]_{0}^{1} - \frac{1}{2}\int_{0}^{1} f'(2x)\mathrm{d}x^2$

$$= -\int_{0}^{1} xf'(2x)\mathrm{d}x = -\frac{1}{2}\int_{0}^{1} x\mathrm{d}f(2x)$$

$$= -\frac{1}{2}[xf(2x)]_{0}^{1} + \frac{1}{2}\int_{0}^{1} f(2x)\mathrm{d}x \xlongequal{t=2x} -\frac{1}{2}f(2) + \frac{1}{4}\int_{0}^{2} f(t)\mathrm{d}t$$

$$= -\frac{1}{4} + \frac{1}{4} = 0.$$

评注　定积分的分部积分法 u, v' 的选择与不定积分类似，即 LIATE 选择法. 当被积函数中出现抽象函数或抽象函数的导数时，直接积分比较困难，要采用分部积分，且往往将抽象函数的导数选为 v'. 如果被积函数含有较高次乘方，可设法降低其次数，也可以用分部积分法导出递推公式.

9. 利用区间对称和函数的奇偶性简化定积分的计算及周期函数的定积分的计算

例 6.22　求下列定积分.

（1）$\displaystyle\int_{-2}^{2} \frac{|x| + x}{2 + x^2}\mathrm{d}x$；　　　　　（2）$\displaystyle\int_{-1}^{1} \frac{2x^2 + x\cos x}{1 + \sqrt{1 - x^2}}\mathrm{d}x$.

解　（1）$\int_{-2}^{2}\dfrac{|x|+x}{2+x^2}dx = \int_{-2}^{2}\dfrac{|x|}{2+x^2}dx + \int_{-2}^{2}\dfrac{x}{2+x^2}dx = 2\int_{0}^{2}\dfrac{x}{2+x^2}dx = \int_{0}^{2}\dfrac{d(2+x^2)}{2+x^2} = \ln 3.$

（2）$\int_{-1}^{1}\dfrac{2x^2+x\cos x}{1+\sqrt{1-x^2}}dx = \int_{-1}^{1}\dfrac{2x^2}{1+\sqrt{1-x^2}}dx + \int_{-1}^{1}\dfrac{x\cos x}{1+\sqrt{1-x^2}}dx.$

$$= 4\int_{0}^{1}\dfrac{x^2}{1+\sqrt{1-x^2}}dx \xlongequal{\text{有理化}} 4\int_{0}^{1}\left(1-\sqrt{1-x^2}\right)dx = 4-\pi.$$

评注　当被积函数具有奇偶性且积分区间对称时，利用对称性可简化计算. 如果积分区间关于原点不对称，或积分区间虽关于原点对称，但被积函数非奇非偶，有时前者可通过换元或利用区间可加性简化计算，后者可通过拆项来利用函数的奇、偶性简化计算.

例 6.23　求下列定积分.

（1）$\int_{a}^{a+\pi}\tan^2 x \cdot \sin^2 2x\,dx\,(a\in\mathbf{R})$;　　　（2）$\int_{0}^{10\pi}\sqrt{1-\cos 2x}\,dx.$

解　（1）由于 $\tan^2 x \cdot \sin^2 2x = \dfrac{\sin^2 x}{\cos^2 x}\cdot 4\sin^2 x\cdot \cos^2 x = 4\sin^4 x$，它是以 π 为周期的偶函数，故

$$\int_{a}^{a+\pi}\tan^2 x\cdot\sin^2 2x\,dx = \int_{-\frac{\pi}{2}}^{\frac{\pi}{2}}4\sin^4 x\,dx = 8\int_{0}^{\frac{\pi}{2}}\sin^4 x\,dx = 8\times\dfrac{3}{4}\times\dfrac{1}{2}\times\dfrac{\pi}{2} = \dfrac{3}{2}\pi.$$

（2）由于 $\sqrt{1-\cos 2x} = \sqrt{2}|\sin x|$ 的周期为 π，故

$$\int_{0}^{10\pi}\sqrt{1-\cos 2x}\,dx = \int_{0}^{10\pi}\sqrt{2}|\sin x|\,dx = 10\sqrt{2}\int_{0}^{\pi}\sin x\,dx = 20\sqrt{2}.$$

评注　当被积函数是以 T 为周期的周期函数，积分区间也为 T 或者 T 的整数倍时，可利用公式简化计算.

例 6.24　$F(x) = \int_{x}^{x+2\pi}\mathrm{e}^{\sin t}\sin t\,dt$，则下列结论正确的是（　　　）.

A. $F(x)$ 为正常数　　　　　　　　　　　　　B. $F(x)$ 为负常数

C. $F(x)$ 恒为零　　　　　　　　　　　　　　D. $F(x)$ 不为常数

解　选 A.

法一　$F'(x) = \mathrm{e}^{\sin(x+2\pi)}\sin(x+2\pi) - \mathrm{e}^{\sin x}\sin x = 0$，所以 $F(x)\equiv c.$ 被积函数是以 2π 为周期的函数，所以

$$F(x) = \int_{x}^{x+2\pi}\mathrm{e}^{\sin t}\sin t\,dt = \int_{0}^{2\pi}\mathrm{e}^{\sin t}\sin t\,dt = \int_{0}^{\pi}\mathrm{e}^{\sin t}\sin t\,dt + \int_{\pi}^{2\pi}\mathrm{e}^{\sin t}\sin t\,dt$$

$$= \mathrm{e}^{\sin\xi}\int_{0}^{\pi}\sin t\,dt + \mathrm{e}^{\sin\eta}\int_{\pi}^{2\pi}\sin t\,dt = 2(\mathrm{e}^{\sin\xi}-\mathrm{e}^{\sin\eta}),$$

其中，$\xi\in(0,\pi)$，$\eta\in(\pi,2\pi)$，所以 $\sin\xi>0$，$\sin\eta<0$，于是 $\sin\xi>\sin\eta$，从而 $F(x)>0$ 且等于常数.

法二　用另一种方法说明 c 的符号.

$$F(0) = c = \int_{0}^{2\pi}\mathrm{e}^{\sin t}\sin t\,dt = -\int_{0}^{2\pi}\mathrm{e}^{\sin t}\mathrm{d}\cos t = \int_{0}^{2\pi}\mathrm{e}^{\sin t}\cos^2 t\,dt > 0.$$

所以，$F(x)$ 为正常数.

例 6.25　设函数 $f(x) = \int_x^{x+\frac{\pi}{2}} |\sin t| \mathrm{d}t$.

（1）证明 $f(x+\pi) = f(x)$;　　　　　　（2）求 $f(x)$ 的最大值和最小值.

解　（1）$f(x+\pi) = \int_{x+\pi}^{x+\pi+\frac{\pi}{2}} |\sin t| \mathrm{d}t$，令 $t = u + \pi$，则

$$f(x+\pi) = \int_x^{x+\frac{\pi}{2}} |\sin(u+\pi)| \mathrm{d}u$$

$$= \int_x^{x+\frac{\pi}{2}} |\sin u| \mathrm{d}u = \int_x^{x+\frac{\pi}{2}} |\sin t| \mathrm{d}t = f(x).$$

（2）由（1）可知，函数 $f(x)$ 以 π 为周期，故只需要求出 $f(x)$ 在 $[0,\pi]$ 上的最值即可.

$$f'(x) = \left| \sin\left(x + \frac{\pi}{2}\right) \right| - |\sin x| = |\cos x| - |\sin x|,$$

令 $f'(x) = 0$，得 $x = \dfrac{\pi}{4}$ 或 $\dfrac{3\pi}{4}$，则

$$f(0) = f(\pi) = \int_0^{\frac{\pi}{2}} \sin t \mathrm{d}t = 1,$$

$$f\left(\frac{\pi}{4}\right) = \int_{\frac{\pi}{4}}^{\frac{\pi}{4}+\frac{\pi}{2}} |\sin t| \mathrm{d}t = \sqrt{2},$$

$$f\left(\frac{3\pi}{4}\right) = \int_{\frac{3\pi}{4}}^{\frac{3\pi}{4}+\frac{\pi}{2}} |\sin t| \mathrm{d}t = 2 - \sqrt{2}.$$

比较而知，最大值为 $\sqrt{2}$，最小值为 $2 - \sqrt{2}$.

10. 被积函数含有绝对值或分段函数的定积分

例 6.26　计算 $\int_{-2}^2 \max\{x, x^2\} \mathrm{d}x$.

解　依题意可知

$$\max\{x, x^2\} = \begin{cases} x^2, & -2 \leqslant x \leqslant 0 \\ x, & 0 < x \leqslant 1 \\ x^2, & 1 < x \leqslant 2 \end{cases},$$

所以

$$原式 = \int_{-2}^0 x^2 \mathrm{d}x + \int_0^1 x \mathrm{d}x + \int_1^2 x^2 \mathrm{d}x = \left[\frac{x^3}{3}\right]_{-2}^0 + \frac{1}{2} + \left[\frac{x^3}{3}\right]_1^2 = \frac{11}{2}.$$

例 6.27　设 $f(x) = \begin{cases} 0, & |x| \leqslant 1 \\ \dfrac{1}{x^2}, & |x| > 1 \end{cases}$，试求 $\int_0^3 x f(x-1) \mathrm{d}x$.

解　法一　令 $x - 1 = t$，当 $x: 0 \to 3$ 时，$t: -1 \to 2$，则

$$\int_0^3 x f(x-1) \mathrm{d}x = \int_{-1}^2 (1+t) f(t) \mathrm{d}t = \int_1^2 (1+t) \frac{1}{t^2} \mathrm{d}t = \frac{1}{2} + \ln 2.$$

法二　因为 $0 \leqslant x \leqslant 3$，$f(x-1) = \begin{cases} 0, & 0 \leqslant x \leqslant 2 \\ \dfrac{1}{(x-1)^2}, & 2 < x \leqslant 3 \end{cases}$，所以

$$\int_0^3 x f(x-1) \mathrm{d}x = \int_2^3 \frac{x}{(x-1)^2} \mathrm{d}x = -\int_2^3 x \mathrm{d}\left(\frac{1}{x-1}\right) = \left[\frac{-x}{x-1}\right]_2^3 + \int_2^3 \frac{\mathrm{d}x}{x-1} = \frac{1}{2} + \ln 2.$$

评注　计算分段函数（含绝对值函数）的定积分应先确定被积函数的分段表达式，再确定自变量的变化范围，然后利用定积分关于积分区间的可加性，将分段函数的定积分化为分段区间上的定积分. 也可直接进行变量代换（注意换元必换限），再化为分段区间上的定积分.

例 6.28　设 $f(x) = \begin{cases} x, & 0 \leqslant x < 1 \\ 2-x, & 1 \leqslant x \leqslant 2 \end{cases}$，试求：

（1）$a_n = \int_0^2 f(x) \mathrm{e}^{-nx} \mathrm{d}x$ $(n=1,2,\cdots)$;　　　　　（2）$\lim\limits_{n \to \infty} n^2 a_n.$

解　（1）$a_n = \int_0^1 x \mathrm{e}^{-nx} \mathrm{d}x + \int_1^2 (2-x) \mathrm{e}^{-nx} \mathrm{d}x = -\frac{1}{n} \int_0^1 x \mathrm{d}\mathrm{e}^{-nx} - \frac{1}{n} \int_1^2 (2-x) \mathrm{d}\mathrm{e}^{-nx}$

$$= -\frac{1}{n} [x \mathrm{e}^{-nx}]_0^1 + \frac{1}{n} \int_0^1 \mathrm{e}^{-nx} \mathrm{d}x - \frac{1}{n} [(2-x) \mathrm{e}^{-nx}]_1^2 - \frac{1}{n} \int_1^2 \mathrm{e}^{-nx} \mathrm{d}x$$

$$= -\frac{1}{n^2} [\mathrm{e}^{-nx}]_0^1 + \frac{1}{n^2} [\mathrm{e}^{-nx}]_1^2 = \frac{\mathrm{e}^{-2n} - 2\mathrm{e}^{-n} + 1}{n^2};$$

（2）$\lim\limits_{n \to \infty} n^2 a_n = \lim\limits_{n \to \infty} (\mathrm{e}^{-2n} - 2\mathrm{e}^{-n} + 1) = 1.$

11. 反常积分的计算

例 6.29　计算下列积分.

（1）$\displaystyle\int_{\sqrt{2}}^{+\infty} \frac{\mathrm{d}x}{x\sqrt{x^2-1}}$;　　　　（2）$\displaystyle\int_{-1}^1 \frac{1}{x^2} \mathrm{d}x.$

解　（1）属无穷限反常积分.

法一　去根号，令 $x = \sec t$，则 $\mathrm{d}x = \sec t \tan t \mathrm{d}t$，$x: \sqrt{2} \to +\infty$，$t: \dfrac{\pi}{4} \to \dfrac{\pi}{2}$，故

$$\int_{\sqrt{2}}^{+\infty} \frac{\mathrm{d}x}{x\sqrt{x^2-1}} = \int_{\frac{\pi}{4}}^{\frac{\pi}{2}} \frac{\sec t \cdot \tan t}{\sec t \cdot \tan t} \mathrm{d}t = \int_{\frac{\pi}{4}}^{\frac{\pi}{2}} 1 \mathrm{d}t = \frac{\pi}{4}.$$

法二　倒代换，令 $x = \dfrac{1}{t}$，则 $\mathrm{d}x = \dfrac{-1}{t^2} \mathrm{d}t$，$x: \sqrt{2} \to +\infty$，$t: \dfrac{\sqrt{2}}{2} \to 0$，故

$$\int_{\sqrt{2}}^{+\infty} \frac{\mathrm{d}x}{x\sqrt{x^2-1}} = \int_{\frac{\sqrt{2}}{2}}^0 \frac{-\dfrac{1}{t^2}}{\dfrac{1}{t} \cdot \sqrt{\dfrac{1}{t^2}-1}} \mathrm{d}t = \int_0^{\frac{\sqrt{2}}{2}} \frac{1}{\sqrt{1-t^2}} \mathrm{d}t = \left[\arcsin t\right]_0^{\frac{\sqrt{2}}{2}} = \frac{\pi}{4}.$$

（2）属无界函数的反常积分，瑕点为 $x = 0$，故

$$\int_{-1}^1 \frac{1}{x^2} \mathrm{d}x = \int_{-1}^0 \frac{1}{x^2} \mathrm{d}x + \int_0^1 \frac{1}{x^2} \mathrm{d}x,$$

而

$$\int_0^1 \frac{dx}{x^2} = \left[-\frac{1}{x}\right]_0^1 = \lim_{x\to 0^+} \frac{1}{x} - 1 = \infty,$$

所以反常积分 $\int_{-1}^1 \frac{1}{x^2}dx$ 发散.

评注　反常积分分为无穷限反常积分和瑕积分. 对于无穷限反常积分由于积分限明显, 一般不易发生错误, 而对于瑕积分由于形式上它和定积分一样, 易于疏忽, 以至于把瑕积分当定积分计算. 例如, 例 6.29（2）的错误解法: $\int_{-1}^1 \frac{1}{x^2}dx = \left[\frac{-1}{x}\right]_{-1}^1 = -2.$ 无论是无穷限反常积分还是瑕积分, 都要根据定义来讨论它的敛散性, 当反常积分收敛时要求其值.

12. 定积分不等式的证明

例 6.30　证明: 对任意的自然数 n 成立不等式 $\left|\int_0^1 \frac{\cos nx}{x+1}dx\right| \leqslant \ln 2$.

证明　$\left|\int_0^1 \frac{\cos nx}{x+1}dx\right| \leqslant \int_0^1 \frac{|\cos nx|}{x+1}dx \leqslant \int_0^1 \frac{1}{x+1}dx = [\ln|x+1|]_0^1 = \ln 2$, 即证.

例 6.31　设函数 $f(x)$ 在 $[a,b]$ 上连续, 且单调增加, 求证

$$\int_a^b xf(x)dx \geqslant \frac{a+b}{2}\int_a^b f(x)dx.$$

证明　构造辅助函数

$$F(x) = \int_a^x tf(t)dt - \frac{a+x}{2}\int_a^x f(t)dt, \ x\in[a,b],$$

欲证原不等式成立, 只需证明 $F(b) \geqslant F(a) = 0$.

$$F'(x) = xf(x) - \frac{1}{2}\int_a^x f(t)dt - \frac{a+x}{2}f(x) = \frac{x-a}{2}f(x) - \frac{1}{2}\int_a^x f(t)dt.$$

因为 $f(x)$ 在 $[a,b]$ 上单调增加且 $x\geqslant t$, 所以 $\frac{1}{2}\int_a^x f(t)dt \leqslant \frac{1}{2}\int_a^x f(x)dt = \frac{x-a}{2}f(x)$. 由此可推得 $F'(x)\geqslant 0$, 表明 $F(x)$ 在 $[a,b]$ 上单调增加, 又 $F(a)=0$, 故 $F(x)\geqslant F(a) = 0, x\in[a,b]$, 则 $F(b)\geqslant 0$. 即证.

评注　定积分不等式的证明常见的方法如下:
（1）利用定积分的比较定理、估值定理、函数绝对值积分不等式.
（2）利用积分上限函数的单调性以及积分与微分中值定理、泰勒公式等.

13. 微元法的应用

例 6.32　用定积分证明:
（1）半径为 R 的圆的面积为 πR^2;
（2）半径为 R 的球的体积为 $\frac{4}{3}\pi R^3$.

证明　（1）求面积. 设半径为 R 的圆的方程为 $x^2+y^2=R^2$, 下面用微元法给出三种证法.

法一 如图 6.5 所示，取 x 为积分变量，$x \in [0, R]$，在 $[0, R]$ 上取典型小区间 $[x, x + \mathrm{d}x]$，小块面积为 $\mathrm{d}A = \sqrt{R^2 - x^2} \, \mathrm{d}x$，则圆的面积为

$$A = 4 \int_0^R \sqrt{R^2 - x^2} \, \mathrm{d}x,$$

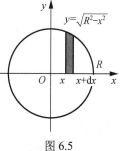

利用三角代换，令 $x = R \sin t$，则 $\mathrm{d}x = R \cos t$，$t : 0 \to \dfrac{\pi}{2}$，于是有

$$A = 4 \int_0^{\frac{\pi}{2}} R^2 \cos^2 t \, \mathrm{d}t = 4R^2 \frac{1}{2} \times \frac{\pi}{2} = \pi R^2.$$

图 6.5

法二 如图 6.6 所示，取 θ 为积分变量，$\theta \in [0, 2\pi]$，在 $[0, 2\pi]$ 上取典型小区间 $[\theta, \theta + \mathrm{d}\theta]$，小块扇形面积为 $dA = \dfrac{1}{2} R^2 \mathrm{d}\theta$，则圆的面积为

$$A = \int_0^{2\pi} \frac{1}{2} R^2 \mathrm{d}\theta = \pi R^2.$$

法三 如图 6.7 所示，取 r 为积分变量，$r \in [0, R]$，在 $[0, R]$ 上取典型小区间 $[r, r + \mathrm{d}r]$，小块圆环面积微元为 $\mathrm{d}A = 2\pi r \mathrm{d}r$，则圆的面积为 $A = \int_0^R 2\pi r \mathrm{d}r = \pi R^2$.

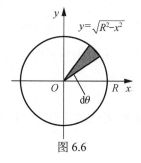

图 6.6

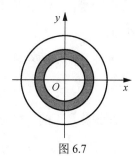

图 6.7

（2）求体积. 设半径为 R 的球的方程为 $x^2 + y^2 + z^2 = R^2$，下面用微元法给出三种求法.

法一 如图 6.5 所示，取 x 为积分变量，$x \in [0, R]$，在 $[0, R]$ 上取典型小区间 $[x, x + \mathrm{d}x]$，小块绕 x 轴旋转所得体积微元为 $\mathrm{d}v = \pi(R^2 - x^2)\mathrm{d}x$，则球的体积为 $V = 2 \int_0^R \pi(R^2 - x^2) \, \mathrm{d}x = \dfrac{4}{3} \pi R^3$.

法二 取 z 为积分变量，$z \in [-R, R]$，在 $[-R, R]$ 上，把球体看作横截面面积已知的立体的体积，如图 6.8 所示，横截面面积为 $\mathrm{d}A = \pi(R^2 - z^2)$，则球的体积为

$$V = \int_{-R}^R \pi(R^2 - z^2) \, \mathrm{d}z = \frac{4}{3} \pi R^3.$$

法三 如图 6.9 所示，用球壳法. 取 r 为积分变量，$r \in [0, R]$，在 $[0, R]$ 上取典型小区间 $[r, r + \mathrm{d}r]$，已知半径为 r 的球面面积为 $4\pi r^2$，体积微元（球壳的体积）为 $\mathrm{d}v = 4\pi r^2 \mathrm{d}r$，故球体的体积为 $V = \int_0^R 4\pi r^2 \mathrm{d}r = \dfrac{4}{3} \pi R^3$.

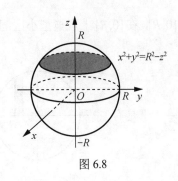

图 6.8

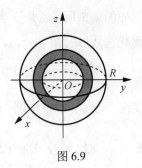

图 6.9

14. 平面图形的面积

例 6.33　计算正弦曲线 $y=\sin x\left(0\leqslant x\leqslant\frac{3}{2}\pi\right)$ 与 x 轴及直线 $x=\frac{3}{2}\pi$ 所围成图形的面积.

解　如图 6.10 所示，曲线 $y=\sin x$ 在 $\left(0,\frac{3\pi}{2}\right)$ 内与 x 轴有

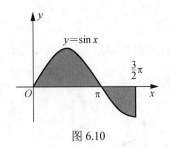

图 6.10

交点 $(\pi,0)$，且在 $[0,\pi]$ 上 $\sin x\geqslant 0$，在 $\left(\pi,\frac{3\pi}{2}\right)$ 上 $\sin x\leqslant 0$，故所求的面积为

$$S=\int_0^{\frac{3\pi}{2}}|\sin x|\mathrm{d}x=\int_0^{\pi}\sin x\mathrm{d}x-\int_{\pi}^{\frac{3\pi}{2}}\sin x\mathrm{d}x=3.$$

评注　（1）注意图形的对称性，往往可以简化计算，本例由对称性可得

$$S=3\int_0^{\frac{\pi}{2}}\sin x\mathrm{d}x=3.$$

（2）由于面积总是正的，在应用公式时必须注意被积表达式的符号，若把本题解答写成 $S=\int_0^{\frac{3\pi}{2}}\sin x\mathrm{d}x=1$，就会导致错误.

例 6.34　计算由曲线 $y=\ln x$ 与两直线 $y=(\mathrm{e}+1)-x$ 及 $y=0$ 所围成的平面图形的面积.

解　法一　如图 6.11 所示，令 $\ln x=0$，得 $x=1$；令 $\mathrm{e}+1-x=0$，得 $x=\mathrm{e}+1$；令 $\ln x=\mathrm{e}+1-x$，得 $x=\mathrm{e}$，$y=1$. 则所求面积为

$$S=\int_1^{\mathrm{e}}\ln x\mathrm{d}x+\int_{\mathrm{e}}^{\mathrm{e}+1}(\mathrm{e}+1-x)\mathrm{d}x=\frac{3}{2}.$$

法二　如图 6.12 所示，对 y 积分，则所求面积为

$$S=\int_0^1(\mathrm{e}+1-y-\mathrm{e}^y)\mathrm{d}y=\frac{3}{2}.$$

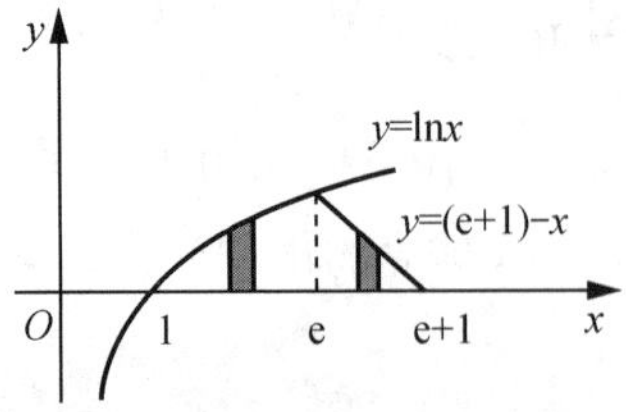

图 6.11 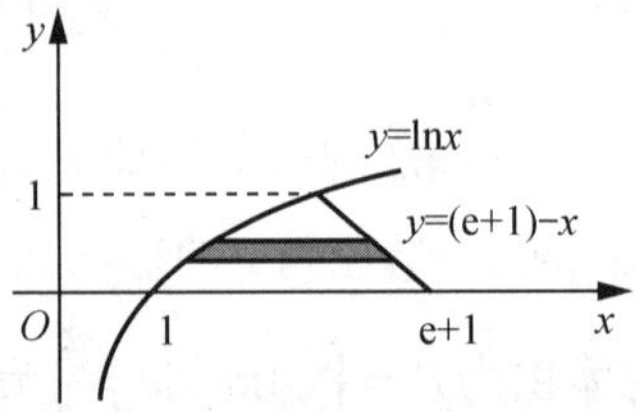　　　　图 6.12

评注　本题利用定积分求面积，显然第二种解法较第一种解法方便.

例 6.35　求曲线 $y^2 = x^2 - x^4$ 围成图形的面积，如图 6.13 所示.

解　由于曲线关于 x 轴和 y 轴对称，故只需在第一象限考虑，又因为曲线的直角坐标方程比较复杂，不易计算，故考虑化为参数方程.

令 $x = \cos t$，则可求出曲线在第一象限的参数方程

$$\begin{cases} x = \cos t \\ y = \cos t \sin t \end{cases}, \quad 0 \leqslant t \leqslant \frac{\pi}{2},$$

得所求面积 $S = 4S_1 = 4\left|\int_0^{\frac{\pi}{2}} \cos t \sin^2 t \, \mathrm{d}t\right| = 4\int_0^{\frac{\pi}{2}} \sin^2 t \, \mathrm{d}\sin t = \frac{4}{3}$.

例 6.36　求三叶玫瑰线 $\rho = a\sin 3\theta (a > 0)$ 所围成的图形的面积.

解　如图 6.14 所示，所求图形面积为第一象限图形面积的 3 倍. 在第一象限内，当 $\rho = 0$ 时可得 $\theta = 0$，$\theta = \frac{\pi}{3}$，故所求的面积为

$$S = 3 \times \frac{1}{2}\int_0^{\frac{\pi}{3}} a^2 \sin^2 3\theta \, \mathrm{d}\theta = \frac{1}{4}\pi a^2.$$

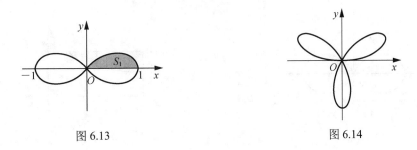

图 6.13　　　　　　　　　　　　　　图 6.14

评注　通过上面几个例子可以看到，用定积分求平面曲线所围图形的面积时，应注意以下几个问题.

（1）应尽量画出所求图形的草图，借助于几何直观了解所求面积的特点，合理地确定积分变量和积分区间.

（2）合理地选择曲线方程的形式（直角坐标方程、参数方程或极坐标方程）常常可以简化计算.

（3）当图形具有对称性或由几个面积相等的部分所组成时，可先求出一部分面积，再利用对称性或等积性求出全面积.

（4）由于面积都取正值，应注意面积公式中的被积函数的符号.

例 6.37　求由曲线 $\rho = \sqrt{2}\sin\theta$，$\rho^2 = \cos 2\theta$ 所围图形的公共部分的面积.

解　如图 6.15 所示，两曲线的交点为 $\left(\frac{\sqrt{2}}{2}, \frac{\pi}{6}\right)$，$\left(\frac{\sqrt{2}}{2}, \frac{5\pi}{6}\right)$，故

$$S = 2\left[\int_0^{\frac{\pi}{6}} \frac{1}{2}\left(\sqrt{2}\sin\theta\right)^2 \mathrm{d}\theta + \int_{\frac{\pi}{6}}^{\frac{\pi}{4}} \frac{1}{2}\cos 2\theta \, \mathrm{d}\theta\right]$$

$$=\int_{0}^{\frac{\pi}{6}}(1-\cos 2\theta)\mathrm{d}\theta+\int_{\frac{\pi}{6}}^{\frac{\pi}{4}}\cos 2\theta \mathrm{d}\theta$$

$$=\left[\theta-\frac{1}{2}\sin 2\theta\right]_{0}^{\frac{\pi}{6}}+\left[\frac{1}{2}\sin 2\theta\right]_{\frac{\pi}{6}}^{\frac{\pi}{4}}=\frac{\pi}{6}-\frac{\sqrt{3}-1}{2}.$$

例 6.38　设函数 $f(x)$ 在区间 $[a,b]$ 上连续，且在 (a,b) 内 $f'(x)>0$. 证明：在 (a,b) 内存在唯一的 ξ，使曲线 $y=f(x)$ 与两直线 $y=f(\xi)$，$x=a$ 所围平面图形的面积 S_1 是曲线 $y=f(x)$ 与两直线 $y=f(\xi)$，$x=b$ 所围平面图形的面积 S_2 的 3 倍.

证明　如图 6.16 所示，令

$$F(t)=\int_{a}^{t}[f(t)-f(x)]\mathrm{d}x-3\int_{t}^{b}[f(x)-f(t)]\mathrm{d}x,$$

其中 $t\in[a,b]$，显然 $F(t)$ 在 $[a,b]$ 上连续. 又由 $f'(x)>0$ 知

$$f(a)<f(x)<f(b),\ x\in(a,b),$$

于是

$$F(a)=-3\int_{a}^{b}[f(x)-f(a)]\mathrm{d}x<0,\quad F(b)=\int_{a}^{b}[f(b)-f(x)]\mathrm{d}x>0.$$

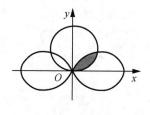

图 6.15

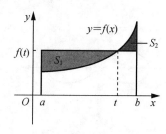

图 6.16

由连续函数的介值定理知，至少存在一点 $\xi\in(a,b)$，使 $F(\xi)=0$，即

$$\int_{a}^{\xi}[f(\xi)-f(x)]\mathrm{d}x=3\int_{\xi}^{b}[f(x)-f(\xi)]\mathrm{d}x.$$

ξ 的唯一性可由 $F(t)$ 的单调性得到，即

$$F'(t)=f(t)+f'(t)(t-a)-f(t)-3[-f(t)+f(t)-f'(t)(b-t)]$$
$$=f'(t)[t-a+3(b-t)]>0.$$

所以，$F(t)$ 在 $[a,b]$ 上单调增加，故在 (a,b) 内只有一个 ξ，使 $F(\xi)=0$，即 $S_1=3S_2$.

评注　本题是一道综合题，用到了平面图形的面积、变上限积分求导、连续函数介值定理.

15. 旋转体的体积

例 6.39　求平面 $z=c(c>0)$ 与椭圆抛物面 $z=\frac{1}{2}\left(\dfrac{x^2}{a^2}+\dfrac{y^2}{b^2}\right)(a>0,b>0)$ 所围立体的体积.

解　如图 6.17 所示. 过点 $(0,0,z)$ $(0<z<c)$，作垂直于 z 轴的平面，得到水平截线

的方程为 $\dfrac{x^2}{2a^2z}+\dfrac{y^2}{2b^2z}=1$, 这是一个椭圆, 其面积 $A(z)=\pi\sqrt{2a^2z}\cdot\sqrt{2b^2z}=2\pi abz$, 于是所求体积为 $V=\int_0^c 2\pi abz\mathrm{d}z=\pi abc^2$.

例 6.40　证明由平面图形 $0\leqslant a\leqslant x\leqslant b$, $0\leqslant y\leqslant f(x)$（$f(x)$ 为连续函数）绕 y 轴旋转一周所成立体的体积为 $V=2\pi\int_a^b xf(x)\mathrm{d}x$.

证明　体积 V 与 $[a,b]$ 有关, 对 $\forall[x,x+\mathrm{d}x]\in[a,b]$, 部分量 ΔV 近似等于内径为 x, 外径为 $x+\mathrm{d}x$, 高为 $f(x)$ 的薄圆柱壳的体积, 或沿母线剪开然后再摊开成为一长为 $2\pi x$, 宽为 $\mathrm{d}x$, 高为 $f(x)$ 的薄长方体的体积, 故 $\mathrm{d}V=2\pi xf(x)\mathrm{d}x$, 所以 $V=2\pi\int_a^b xf(x)\mathrm{d}x$.

例 6.41　求摆线的一拱 $\begin{cases}x=a(t-\sin t)\\y=a(1-\cos t)\end{cases}$ $(0\leqslant t\leqslant 2\pi)$ 与 x 轴所围成的平面图形的面积 S, 以及该图形分别绕 x 轴和 y 轴旋转而成的旋转体的体积 V_x 和 V_y.

解　（1）如图 6.18 所示, 摆线的一拱与 x 轴所围平面图形的面积为
$$S=\int_0^{2\pi a}y\mathrm{d}x=\int_0^{2\pi}a(1-\cos t)\mathrm{d}[a(t-\sin t)]$$
$$=\int_0^{2\pi}a^2(1-\cos t)^2\mathrm{d}t$$
$$=a^2\int_0^{2\pi}\left[1-2\cos t+\frac{1}{2}(1+\cos 2t)\right]\mathrm{d}t=3\pi a^2.$$

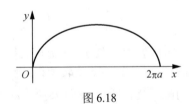

图 6.17　　　　　　　　　　　　图 6.18

（2）$V_x=\pi\int_0^{2\pi a}y^2\mathrm{d}x=\pi\int_0^{2\pi}a^2(1-\cos t)^2\cdot a(1-\cos t)\mathrm{d}t$
$$=\pi a^3\int_0^{2\pi}(1-3\cos t+3\cos^2 t-\cos^3 t)\mathrm{d}t=5\pi^2a^3.$$

（3）$V_y=2\pi\int_0^{2\pi a}xy\mathrm{d}x=2\pi\int_0^{2\pi}x(t)y(t)x'(t)\mathrm{d}t$
$$=2\pi\int_0^{2\pi}a(t-\sin t)\cdot a(1-\cos t)\cdot a(1-\cos t)\mathrm{d}t=6\pi^3a^3.$$

例 6.42　设 D_1 是由抛物线 $y=2x^2$ 和直线 $x=a$, $x=2$ 及 $y=0$ 所围的平面区域; 设 D_2 是由抛物线 $y=2x^2$ 和直线 $x=a$ 及 $y=0$ 所围的平面区域, 其中 $0<a<2$, 如图 6.19 所示.

（1）试求 D_1 绕 x 轴旋转而成的旋转体的体积 V_1, D_2 绕 y 轴

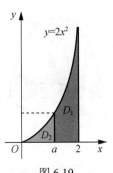

图 6.19

旋转而成的旋转体的体积 V_2；

（2）试问 a 为何值时 $V_1 + V_2$ 取得最大值？试求此最大值.

解　（1）$V_1 = \int_a^2 \pi (2x^2)^2 \, \mathrm{d}x = \left[\dfrac{4\pi}{5} x^5\right]_a^2 = \dfrac{4\pi}{5}(32 - a^5)$，

$$V_2 = \pi a^2 \cdot 2a^2 - \pi \int_0^{2a^2} \frac{y}{2} \, \mathrm{d}y = 2\pi a^4 - \pi a^4 = \pi a^4.$$

（2）设 $V = V_1 + V_2 = \dfrac{4\pi}{5}(32 - a^5) + \pi a^4$，　令

$$V' = -4\pi a^4 + 4\pi a^3 = 4\pi a^3(1 - a) = 0,$$

得区间 $(0, 2)$ 内的唯一驻点 $a = 1$，且 $V''(1) = -16\pi + 12\pi = -4\pi < 0$，所以 $a = 1$ 是极大值点，且此时 $V_1 + V_2$ 取得最大值，即

$$V_1 + V_2 = \frac{4\pi}{5}(32 - 1^5) + \pi \times 1^5 = \frac{129\pi}{5}.$$

例 6.43　过坐标原点作曲线 $y = \ln x$ 的切线，该切线与曲线 $y = \ln x$ 以及 x 轴围成平面图形 D，求：（1）D 的面积 A；（2）D 绕直线 $x = \mathrm{e}$ 旋转所得的旋转体的体积 V.

解　（1）如图 6.20 所示，设切点的横坐标为 x_0，则曲线 $y = \ln x$ 在点 $(x_0, \ln x_0)$ 处的切线方程为

$$y = \ln x_0 + \frac{1}{x_0}(x - x_0).$$

由该切线过原点知 $\ln x_0 - 1 = 0$，可得 $x_0 = \mathrm{e}$，所以该

切线方程为 $y = \dfrac{1}{\mathrm{e}} x$，所求平面图形的面积为

$$A = \int_0^1 (\mathrm{e}^y - \mathrm{e}y) \, \mathrm{d}y = \frac{1}{2}\mathrm{e} - 1.$$

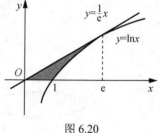

图 6.20

（2）区域 D 绕直线 $x = \mathrm{e}$ 旋转所得旋转体的体积，可视为切线与 x 轴及直线 $x = \mathrm{e}$ 所围成的图形绕直线 $x = \mathrm{e}$ 旋转所得的圆锥体的体积 V_1 与曲线 $y = \ln x$ 与 x 轴及直线 $x = \mathrm{e}$ 所围成的图形绕直线 $x = \mathrm{e}$ 旋转所得的旋转体的体积 V_2 之差，即

$$V = V_1 - V_2 = \frac{1}{3}\pi \mathrm{e}^2 - \int_0^1 \pi (\mathrm{e} - \mathrm{e}^y)^2 \, \mathrm{d}y = \frac{\pi}{6}(5\mathrm{e}^2 - 12\mathrm{e} + 3).$$

16. 平行截面面积为已知的立体体积

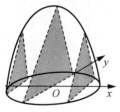

图 6.21

例 6.44　一空间物体的底面是长半轴 $a = 10$，短半轴 $b = 5$ 的椭圆，垂直于长半轴的截面都是等边三角形，求此空间体的体积.

解　如图 6.21 所示，截面面积为

$$A(x) = \frac{1}{2} \times 2y\sqrt{3}y = \sqrt{3} \times 25\left(1 - \frac{x^2}{100}\right),$$

$$V = \int_{-10}^{10} A(x) \, \mathrm{d}x = 25\sqrt{3} \int_{-10}^{10} \left(1 - \frac{x^2}{100}\right) \, \mathrm{d}x = \frac{1000}{3}\sqrt{3}.$$

评注　在求平行截面面积为已知的立体体积时，关键是选择适当的截面，并求出截

面面积.

17. 定积分在经济学中的应用

例 6.45　生产某产品 x 个单位时，总收入为 R. 设边际收益为 $R'(x)=200-\dfrac{x}{100}$ （$x\geq0$），求生产了 50 个单位的总收入（万元）.

解　在 $[x,x+\mathrm{d}x]$ 内总收入的微元为

$$\mathrm{d}R=R'(x)\mathrm{d}x=\left(200-\frac{x}{100}\right)\mathrm{d}x,$$

所以生产 50 个单位产品时的总收入为

$$R=\int_0^{50}\mathrm{d}R=\int_0^{50}\left(200-\frac{x}{100}\right)\mathrm{d}x=9987.5\text{（万元）}.$$

例 4.46　已知生产某商品 x 件的边际收益函数为 $R'(x)=a+bx$ （元/件），试求生产 x 件时的总收益函数 $R(x)$ 及平均收益.

解　生产 x 件产品时总收益应为

$$R(x)=\int_0^x(a+bx)\mathrm{d}x=ax+\frac{1}{2}bx^2\text{（元）},$$

从而平均收益为

$$\frac{ax+\dfrac{1}{2}bx^2}{x}=a+\frac{1}{2}bx\text{（元）}.$$

例 4.47　设生产某产品的固定成本为 10 元，而当产量为 x 时的边际成本函数为 $C'(x)=-40-20x+3x^2$，边际收入函数为 $R'(x)=32+10x$，试求：（1）总利润函数；（2）使利润最大的产量.

解　已知 $C'(x)=-40-20x+3x^2$，则有

总成本函数为

$$C=10+\int_0^x(-40-20x+3x^2)\mathrm{d}x=10-40x-10x^2+x^3.$$

总收入函数为

$$R=\int_0^x(32+10x)\mathrm{d}x=32x+5x^2.$$

总利润函数为

$$L=R-C=32x+5x^2-(10-40x-10x^2+x^3)$$
$$=-10+72x+15x^2-x^3,$$

$$\frac{\mathrm{d}L}{\mathrm{d}x}=72+30x-3x^2,\ \frac{\mathrm{d}^2L}{\mathrm{d}x^2}=30-6x.$$

令 $\dfrac{\mathrm{d}L}{\mathrm{d}x}=0$，得 $x_1=12$，$x_2=-2$（舍去），故

$$\left.\frac{\mathrm{d}^2L}{\mathrm{d}x^2}\right|_{x_1=12}=30-6\times12<0,$$

故当 $x_1 = 12$ 时 L 取极大值. 因为 L 在 $(0, +\infty)$ 内一定有最大值且只有一个驻点, 所以在驻点处的极大值就是最大值. 可见, 当产量为 12 时总利润最大.

 ## 三、疑难问题解答

1. 一个函数的定积分与不定积分有什么关联？为什么？

答　不定积分表示的是一簇函数, 而定积分表示的是一个数. 牛顿-莱布尼茨公式告诉我们：如果 $F(x)$ 是连续函数 $f(x)$ 在区间 $[a,b]$ 上的一个原函数, 那么

$$\int_a^b f(x)\mathrm{d}x = F(b) - F(a).$$

这个公式揭示了定积分与不定积分之间的内在联系, 作为一种和式极限的定积分与作为求导数的逆运算的不定积分之间的这种内在联系的建立, 就把连续函数的定积分的计算问题转化为原函数的问题, 即连续函数的定积分等于被积函数的任一个原函数在积分区间上的增量.

2. 在闭区间 $[a,b]$ 上有界的函数必可积吗？在 $[a,b]$ 上可积的函数必连续吗？

答　在 $[a,b]$ 上有界的函数未必可积. 例如, $D(x) = \begin{cases} 1, & x \text{ 是有理数} \\ 0, & x \text{ 是无理数} \end{cases}$ 在 $[0,1]$ 上有界, 但不可积, 有界只是可积的必要条件而非充分条件. 在 $[a,b]$ 上可积的函数未必连续. 例如, 在 $[a,b]$ 上只有有限个不连续点的有界函数在 $[a,b]$ 上是可积的.

3. 若 $f(x)$ 为 $[a,b]$ 上的一个连续函数, 则 $\int_a^x f(t)\mathrm{d}t$ 为其在该区间上的一个原函数, 对不对？$\int_x^b f(t)\mathrm{d}t$ 是否为 $f(x)$ 的原函数？为什么？

答　如果函数 $f(x)$ 在 $[a,b]$ 上连续, 则由定积分定义的"新函数"（称为积分上限的函数）

$$\varphi(x) = \int_a^x f(t)\mathrm{d}t, \ a \leqslant x \leqslant b \qquad (\mathrm{I})$$

是 $f(x)$ 在该区间上的一个原函数, 而且这个函数在 $[a,b]$ 上连续, 且

$$\varphi'(x) = \frac{\mathrm{d}}{\mathrm{d}x}\int_a^x f(t)\mathrm{d}t = f(x), \ a \leqslant x \leqslant b. \qquad (\mathrm{II})$$

这是一个十分重要的结论, 为加深对这个结论的理解, 请读者注意：

（1）用积分定义函数是一种新的表示函数的方法, 一定要从函数的定义弄清楚为什么说（Ⅰ）确定了上限 x 的一个函数；同时要分清 x 和 t 这两个变量的不同作用, x 在这里表示积分区间的右端点, 积分变量 t 在 $[a, x]$ 区间变化, 如果遇到积分变量仍用 x 表示的情形, 即记 $\varphi'(x) = \int_a^x f(x)\mathrm{d}x$, 一定要把作为上限这个变量的 x 与作为积分变量的 x 区别开来, 千万不能混淆.

（2）式（Ⅱ）表示式（Ⅰ）对积分上限函数的导数处处等于被积函数在积分上限

的值 $f(x)$，所以 $\varphi'(x) = \int_a^x f(t)\mathrm{d}t$ 是 $f(x)$ 的一个原函数，这揭示了定积分与原函数的本质联系.

现在我们讨论 $\int_x^b f(t)\mathrm{d}t$ 是否为 $f(x)$ 的原函数，由于 $\int_x^b f(t)\mathrm{d}t = -\int_b^x f(t)\mathrm{d}t$. 所以

$$\frac{\mathrm{d}}{\mathrm{d}x}\int_x^b f(t)\mathrm{d}t = \frac{\mathrm{d}}{\mathrm{d}x}\left[-\int_b^x f(t)\mathrm{d}t\right] = -f(x).$$

因此，$\int_x^b f(t)\mathrm{d}t$ 不是 $f(x)$ 的原函数.

4. 若把 $f(x)$ 在 $[a,b]$ 上连续的条件换掉，改为 $f(x)$ 在 $[a,b]$ 上可积，则牛顿-莱布尼茨公式是否成立？为什么？

答 牛顿-莱布尼茨公式成立的条件是 $f(x)$ 在 $[a,b]$ 上连续. 若把 $f(x)$ 在 $[a,b]$ 上连续的条件换掉，改为 $f(x)$ 在 $[a,b]$ 上可积，牛顿-莱布尼茨公式就不一定成立了. 这是因为存在没有原函数的黎曼可积函数. 例如，限定于 $[-1,1]$ 上的符号函数 $\mathrm{sgn}\, x$ 在该区间上是可积的，但是没有原函数（含第一类间断点的函数不存在原函数）.

例如，设符号函数

$$\mathrm{sgn}\, x = \begin{cases} 1, & x > 0 \\ 0, & x = 0 \\ -1, & x < 0 \end{cases},$$

求 $\int_{-1}^1 \mathrm{sgn}\, x\,\mathrm{d}x$.

解 $\int_{-1}^1 \mathrm{sgn}\, x\,\mathrm{d}x = \int_{-1}^0 \mathrm{sgn}\, x\,\mathrm{d}x + \int_0^1 \mathrm{sgn}\, x\,\mathrm{d}x = \int_{-1}^0 (-1)\mathrm{d}x + \int_0^1 1\mathrm{d}x = -1 + 1 = 0$.

此例说明当被积函数在闭区间 $[a,b]$ 上只有有限个第一类间断点时（虽然被积函数不存在原函数），此函数仍是可积的.

5. 若 $f(x)$ 在 $[a,b]$ 上有原函数，那么 $f(x)$ 在 $[a,b]$ 上是否可积？为什么？

答 不一定. 这是因为一个函数在某区间上存在原函数与在该区间上可积没有必然联系. 例如，

$$F(x) = \begin{cases} x^2 \sin\dfrac{1}{x^2}, & x \neq 0 \\ 0, & x = 0 \end{cases}$$

在区间 $[-1,1]$ 上处处可导，且

$$F'(x) = f(x) = \begin{cases} 2x\sin\dfrac{1}{x^2} - \dfrac{2}{x}\cos\dfrac{1}{x^2}, & x \neq 0 \\ 0, & x = 0 \end{cases}.$$

因此，$f(x)$ 在区间 $[-1,1]$ 上有原函数 $F(x)$，但 $f(x)$ 在区间 $[-1,1]$ 上无界，故 $f(x)$ 在区间 $[-1,1]$ 上不可积. 因此，在 $[a,b]$ 上有原函数存在的函数 $f(x)$ 未必是可积的.

6. 反常积分与定积分的关系如何？如何计算反常积分？

答 我们研究定积分时，有两个重要的条件：①积分区间是有限的；②被积函数在所讨论的区间上是有界的. 但在很多实际问题中所遇到的区间和被积函数并不完全满足

以上两个条件. 为解决实际问题，我们考虑将条件放宽，就引进了所谓的反常积分的概念，而把定积分称为常义积分.

　　一般来说，计算反常积分的方法是从定义出发，分为两步：第一步，先算出有意义的定积分；第二步，计算极限值.

　　7. 能用定积分解决的实际问题有什么特点？

　　答　能用定积分解决的实际问题，总可归结为求一个分布在某个区间上的非均匀分布的量，这个量有以下两个特点：

　　（1）对区间具有可加性；

　　（2）能找出部分量的近似表达式，且所舍去的误差是比 Δx 高阶的无穷小（$\Delta x \to 0$）.

　　8. 求解定积分在几何方面的应用问题时应注意什么？

　　答　在定积分的几何应用问题中，应充分利用等量关系（等面积、等体积）来化简计算.

四、同步训练题

6.1　定积分的概念与性质

1. 选择题.

（1）设在区间 $[a,b]$ 上，$f(x)>0$, $f'(x)<0$, $f''(x)>0$，令 $S_1 = \int_a^b f(x)\mathrm{d}x$, $S_2 = f(b)(b-a)$, $S_3 = \dfrac{1}{2}[f(a)+f(b)](b-a)$，则（　　　）.

    A. $S_2 < S_1 < S_3$ B. $S_1 < S_2 < S_3$

    C. $S_3 < S_1 < S_2$ D. $S_2 < S_3 < S_1$

（2）积分中值定理 $\int_a^b f(x)\mathrm{d}x = f(\xi)(b-a)$ 中的 ξ 是 $[a,b]$ 上（　　　）.

    A. 任意的一点   B. 必存在的某一点

    C. 唯一的某点   D. 的中点

（3）设 $f(x)$ 是 $[a,b]$ 上的非负连续函数，若 $[c,d]\subset[a,b]$, $I_1 = \int_a^b f(x)\mathrm{d}x$, $I_2 = \int_c^d f(x)\mathrm{d}x$，则 I_1, I_2 的大小关系为（　　　）.

    A. $I_1 > I_2$ B. $I_1 \geqslant I_2$ C. $I_1 \leqslant I_2$ D. $I_1 < I_2$

（4）曲线 $y = \sin x$ 在 $\left[-\dfrac{\pi}{2}, \dfrac{\pi}{2}\right]$ 上与 x 轴所围成的图形的面积为（　　　）.

    A. $\int_{-\frac{\pi}{2}}^{\frac{\pi}{2}} \sin x\,\mathrm{d}x$ B. $\int_0^{\frac{\pi}{2}} \sin x\,\mathrm{d}x$ C. 0   D. $\int_{-\frac{\pi}{2}}^{\frac{\pi}{2}} |\sin x|\,\mathrm{d}x$

（5）定积分 $I_1 = \int_0^{\frac{\pi}{2}} x\,\mathrm{d}x$ 与 $I_2 = \int_0^{\frac{\pi}{2}} \sin x\,\mathrm{d}x$ 的大小关系是（　　　）.

A. $I_1 < I_2$ B. $I_1 \leqslant I_2$ C. $I_1 > I_2$ D. $I_1 = I_2$

2. 填空题.

（1）由定积分的几何意义知 $\int_{-1}^{1} |x| \mathrm{d}x = $ _____.

（2）由定积分的几何意义知 $\int_{-\pi}^{\pi} \sin x \mathrm{d}x = $ _____, $\int_0^1 x \mathrm{d}x = $ _____.

（3）定积分 $\int_{-a}^{a} \sqrt{a^2 - x^2} \mathrm{d}x$ 的几何意义是 _____.

（4）估计定积分的值： _____ $\leqslant \int_0^2 \dfrac{1}{2+x} \mathrm{d}x \leqslant$ _____ .

（5）设 $f(x)$ 是 $[0,4]$ 上的连续函数，且 $\int_0^3 f(x)\mathrm{d}x = 3$，$\int_0^4 f(x)\mathrm{d}x = 7$，则 $\int_3^4 f(x)\mathrm{d}x = $ _____ .

3. 比较下列积分的大小.

（1）$\int_1^{\mathrm{e}} \ln x \mathrm{d}x$ 与 $\int_1^{\mathrm{e}} \ln^2 x \mathrm{d}x$；

（2）$\int_0^{\frac{\pi}{4}} \sin x \mathrm{d}x$ 与 $\int_0^{\frac{\pi}{4}} \cos x \mathrm{d}x$.

4. 估计下列积分的值.

（1）$\int_0^{\pi} \dfrac{1}{3+\sin^3 x} \mathrm{d}x$；

（2）$\int_0^2 \mathrm{e}^{x^2-x} \mathrm{d}x$.

5*. 设函数 $f(x)$ 在 $[0,1]$ 上连续，$(0,1)$ 内可导，且 $f(0) = 3\int_{\frac{2}{3}}^{1} f(x)\mathrm{d}x$，证明：在 $(0,1)$ 内至少存在一点 c，使 $f'(c) = 0$.

6*. 估计下列积分值.

（1）$\int_{\frac{\pi}{4}}^{\frac{\pi}{2}} \dfrac{\sin x}{x} \mathrm{d}x$；

（2）$\int_0^1 \dfrac{1}{\sqrt{4-x^2+x^3}} \mathrm{d}x$.

6.2 微积分基本公式

1. 选择题.

（1）设 $I(x) = \int_x^{x^2} \sin t \, \mathrm{d}t$，则 $I'(x) = ($ $)$.

     A. $\cos x^2 - \cos x$ B. $2x\cos x^2 - \cos x$

     C. $2x\sin x^2 - \sin x$ D. $2x\sin x^2 + \sin x$

（2）若 $f(x) = \begin{cases} \dfrac{\int_0^x (\mathrm{e}^{t^2}-1)\mathrm{d}t}{x^2}, & x \neq 0 \\ a, & x = 0 \end{cases}$，且已知 $f(x)$ 在 $x=0$ 处连续，则必有（   ）.

     A. $a=1$ B. $a=2$ C. $a=-1$ D. $a=0$

（3）函数 $f(x) = \int_0^x \dfrac{3t}{t^2-t+1} \mathrm{d}t$ 在区间 $[0,1]$ 上的最小值是（   ）.

     A. 0 B. $\dfrac{1}{2}$ C. $\dfrac{1}{3}$ D. $\dfrac{1}{4}$

(4) 若 $f(x)=\begin{cases} x, & x\geqslant 0 \\ \mathrm{e}^x, & x<0 \end{cases}$，则 $\int_{-1}^{2} f(x)\mathrm{d}x=$（　　）.

　　A. $3-\mathrm{e}^{-1}$　　　　　　B. $3+\mathrm{e}^{-1}$　　　　　　C. $3-\mathrm{e}$　　　　　　D. $3+\mathrm{e}$

(5) $\int_{0}^{1}(x^2+1)(x-1)\mathrm{d}x=$（　　）.

　　A. $\dfrac{5}{12}$　　　　　　B. $-\dfrac{7}{12}$　　　　　　C. $-\dfrac{5}{12}$　　　　　　D. $\dfrac{7}{12}$

2. 填空题.

(1) 设 $f(x)$ 在 $[0,+\infty)$ 上连续，且 $\int_{0}^{x} f(t)\mathrm{d}t=x(1+\cos x)$，则 $f\left(\dfrac{\pi}{2}\right)=$＿＿＿＿＿＿.

(2) 设 $f(x)$ 为连续函数且 $x\geqslant 0$ 时 $\int_{0}^{x^2+x} f(t)\mathrm{d}t=x^2$，则 $f(2)=$＿＿＿＿＿＿＿＿.

(3) $\lim\limits_{x\to+\infty}\dfrac{\int_{0}^{x}\left(\arctan t\right)^2\mathrm{d}t}{\sqrt{x^2+1}}=$＿＿＿＿＿＿＿.

(4) $\int_{1}^{4}\left(3\sqrt{x}+\dfrac{1}{2\sqrt{x}}\right)\mathrm{d}x=$＿＿＿＿＿＿＿.

(5) $\int_{0}^{2} f(x)\mathrm{d}x=$＿＿＿＿＿＿＿，其中 $=f(x)=\begin{cases} x^2, & 0\leqslant x\leqslant 1 \\ 2-x, & 1<x\leqslant 2 \end{cases}$.

3. 设 $y=f(x)$ 由方程 $x-\int_{1}^{x+y}\mathrm{e}^{-t^2}\mathrm{d}t=0$ 确定，求曲线 $y=f(x)$ 在 $x=0$ 处的切线方程.

4. 计算下列定积分.

(1) $\int_{1}^{2}\left(x+\dfrac{1}{\sqrt{x}}\right)^2\mathrm{d}x$；　　　　　　　(2) $\int_{-2}^{-1}\dfrac{\mathrm{d}x}{x}$；

(3) $\int_{0}^{\frac{\pi}{2}}\max\{\sin x,\cos x\}\mathrm{d}x$；　　　　　(4) $\int_{0}^{\frac{1}{2}}\dfrac{1}{\sqrt{1-x^2}}\mathrm{d}x$.

5. 求函数 $f(x)=\int_{-1}^{x}(1+t)\arctan t\,\mathrm{d}t$ 的极大值.

6. 设 $\begin{cases} x=\int_{0}^{t}\dfrac{\sin u}{u}\mathrm{d}u \\ y=\cos t \end{cases}$ $(t>0)$ 确定 y 是 x 的函数，求 $\dfrac{\mathrm{d}y}{\mathrm{d}x}$.

7*. 设 $f(x)=x^2-x\int_{0}^{2} f(x)\mathrm{d}x+2$，求 $f(x)$.

6.3　定积分的换元法和分部积分法

1. 选择题.

(1) 设 $M=\int_{-\frac{\pi}{2}}^{\frac{\pi}{2}}\dfrac{\sin x}{1+x^2}\mathrm{d}x$，$N=\int_{-\frac{\pi}{2}}^{\frac{\pi}{2}}(\sin^3 x+\cos^4 x)\mathrm{d}x$，$P=\int_{-\frac{\pi}{2}}^{\frac{\pi}{2}}(x^2\sin^3 x-\cos^4 x)\mathrm{d}x$，则有（　　）.

　　A. $N<P<M$　　　　　　　　　　　B. $M<P<N$

        C. $N < M < P$ D. $P < M < N$

（2）$\int_{-1}^{1}\left(x+\sqrt{1-x^2}\right)\mathrm{d}x=$（   ）.

      A. $\dfrac{\pi}{2}+\dfrac{1}{2}$ B. $\dfrac{\pi}{2}+1$ C. $\dfrac{\pi}{2}$ D. $\dfrac{\pi}{4}+1$

（3）$\int_{0}^{\frac{\pi}{4}}\dfrac{x}{1+\cos 2x}\mathrm{d}x=$（   ）.

      A. $\dfrac{\pi}{8}+\dfrac{\ln 2}{4}$ B. $\dfrac{\pi}{8}-\dfrac{\ln 2}{4}$ C. $\dfrac{\pi}{4}-\dfrac{\ln 2}{8}$ D. $\dfrac{\pi}{4}+\dfrac{\ln 2}{8}$

（4）$\int_{1}^{e}\dfrac{\ln x}{x}\mathrm{d}x=$（   ）.

      A. $\dfrac{e^2}{2}-\dfrac{1}{2}$ B. $\dfrac{1}{2e^2}-\dfrac{1}{2}$ C. $\dfrac{1}{2}$ D. -1

（5）$I=\int_{0}^{a}x^3 f(x^2)\mathrm{d}x\,(a>0)$，则 $I=$（   ）.

      A. $\int_{0}^{a^2}xf(x)\mathrm{d}x$ B. $\dfrac{1}{2}\int_{0}^{a}xf(x)\mathrm{d}x$

      C. $\int_{0}^{a}xf(x)\mathrm{d}x$ D. $\dfrac{1}{2}\int_{0}^{a^2}xf(x)\mathrm{d}x$

2. 填空题.

（1）$\int_{-1}^{1}\left(x+\sqrt{1-x^2}\right)^2\mathrm{d}x=$ _____.

（2）$\int_{0}^{1}\dfrac{1-x}{1+x}\mathrm{d}x=$ _____.

（3）$\int_{1}^{5}\dfrac{x}{\sqrt{2x-1}}\mathrm{d}x=$ _____.

（4）设 $f(x)$ 是以 T 为周期的连续函数，且 $\int_{0}^{T}f(x)\mathrm{d}x=1$，则 $\int_{1}^{1+nT}f(x)\mathrm{d}x=$ _____.

（5）$\int_{-\frac{\pi}{2}}^{\frac{\pi}{2}}\sin^4 x\,\mathrm{d}x=$ _____.

3. 计算下列定积分.

（1）$\int_{1}^{e^3}\dfrac{\mathrm{d}x}{x\sqrt{1+\ln x}}$;   （2）$\int_{0}^{\frac{\pi}{2}}\sin 2x\cdot\cos^5 x\,\mathrm{d}x$;

（3）$\int_{0}^{1}x\arcsin x\,\mathrm{d}x$;   （4）$\int_{\frac{1}{2}}^{1}e^{\sqrt{2x-1}}\mathrm{d}x$;

（5）$\int_{-1}^{1}\dfrac{|x|+\sin x}{1+x^2}\mathrm{d}x$;   （6）$\int_{0}^{\frac{\pi}{2}}\dfrac{x+\sin x}{1+\cos x}\mathrm{d}x$.

4. 设函数 $f(x)$ 连续且不等于 0，若 $\int xf(x)\mathrm{d}x=\arcsin x+c$，计算 $\int_{0}^{1}\dfrac{1}{f(x)}\mathrm{d}x$.

5. 证明：$\int_{0}^{\frac{\pi}{2}}\dfrac{\sin\theta\mathrm{d}\theta}{\sin\theta+\cos\theta}=\int_{0}^{\frac{\pi}{2}}\dfrac{\cos\theta\mathrm{d}\theta}{\sin\theta+\cos\theta}$，并利用结果计算 $\int_{0}^{\frac{\pi}{2}}\dfrac{\sin\theta\mathrm{d}\theta}{\sin\theta+\cos\theta}$.

6^*. 设函数 $f(x)$ 在 $(-\infty,+\infty)$ 内连续、可导，且 $F(x)=\int_0^x (x-2t)f(t)\mathrm{d}t$，证明：

（1）若 $f(x)$ 是偶函数，则 $F(x)$ 也是偶函数；

（2）若 $f'(x)<0$，则 $F(x)$ 在 $(-\infty,+\infty)$ 内单调增加.

7^*. 计算 $\int_0^1 xf(x)\mathrm{d}x$，其中 $f(x)=\int_1^{x^2}\dfrac{\sin t}{t}\mathrm{d}t$.

8^*. 比较积分 $I_1=\int_0^\pi \mathrm{e}^{-x^2}\cos^2 x\,\mathrm{d}x$ 与 $I_2=\int_\pi^{2\pi}\mathrm{e}^{-x^2}\cos^2 x\,\mathrm{d}x$ 的大小.

6.4 反常积分

1. 选择题.

（1）$\int_a^b \dfrac{\mathrm{d}x}{\sqrt{b-x}}$ （其中 $a<b$）（　　）.

    A. 发散   B. 收敛于 $\dfrac{1}{2}(b-a)^2$

    C. 收敛于 $2(b-a)^{1/2}$ D. 收敛于 $(b-a)^2$

（2）$\int_1^2 \dfrac{1}{x\ln x}\mathrm{d}x=$ （　　）.

    A. 0   B. 1   C. -1 D. ∞

（3）$\int_{-\infty}^{+\infty}\dfrac{\mathrm{d}x}{1+x^2}=$ （　　）.

    A. π B. $\dfrac{\pi}{2}$ C. 2π D. π^2

（4）若 $\int_0^{+\infty} a\mathrm{e}^{-x}\mathrm{d}x=1$，则 $a=$ （　　）.

    A. 2   B. 1   C. $\dfrac{1}{2}$ D. $-\dfrac{1}{2}$

（5）$\int_1^{+\infty}\dfrac{1}{x\sqrt{x^2-1}}\mathrm{d}x=$ （　　）.

    A. 0   B. $\dfrac{\pi}{2}$ C. $\dfrac{\pi}{4}$ D. 发散

2. 填空题.

（1）$\int_1^{+\infty} x\mathrm{e}^{-x^2}\mathrm{d}x=$ _____.

（2）$\int_1^{+\infty}\dfrac{1}{x^p}\mathrm{d}x$，当_____时收敛，当_____时发散.

（3）当_____时，$\int_0^1 \dfrac{1}{x^q}\mathrm{d}x$ 收敛.

（4）$\int_2^{+\infty}\dfrac{\mathrm{d}x}{x(\ln x)^p}$，当_____时收敛，当_____时发散.

（5）$\int_0^1 \dfrac{1}{\sqrt{1-x}}\mathrm{d}x=$ _____.

3. 判断下列反常积分的敛散性，若收敛计算其值.

（1）$\int_{-\infty}^{+\infty} \dfrac{dx}{x^2 + 2x + 5}$；
（2）$\int_0^{+\infty} e^{kt} e^{-pt} dt$（$p > k$）；

（3）$\int_0^1 \dfrac{x \, dx}{\sqrt{1 - x^2}}$；
（4）$\int_1^e \dfrac{dx}{x\sqrt{1 - (\ln x)^2}}$.

4. 设函数 $f(x) = \begin{cases} \dfrac{1}{2} e^x, & x \leqslant 0 \\ \dfrac{1}{4}, & 0 < x \leqslant 2 \\ 0, & x > 2 \end{cases}$，求 $F(x) = \int_{-\infty}^x f(t) dt$.

5. 设 $\lim\limits_{x \to \infty} \left(\dfrac{1+x}{x} \right)^{ax} = \int_{-\infty}^a t e^t dt$，求常数 a.

6. 设 $f(x) = \int_1^{\sqrt{x}} e^{-t^2} dt$，求 $\int_0^1 \dfrac{f(x)}{\sqrt{x}} dx$.

7*. 证明：$I_n = \int_0^{+\infty} x^n e^{-x} dx = n!$（$n$ 为正整数）.

6.5　定积分的应用

1. 选择题.

（1）曲线 $y = \sin x$ 在 $[-\pi, \pi]$ 上与 x 轴所围成的面积为（　　　）.

    A. 2　　　　　　　　B. 4　　　　　　　　C. 6　　　　　　　　D. 0

（2）由曲线 $y = 3x$ 及 $y = 4 - x^2$ 所围成的平面图形的面积为（　　　）.

    A. $\int_{-1}^4 (4 - x^2 - 3x) dx$　　　　　　　　B. $\int_{-12}^3 \left(\dfrac{y}{3} - \sqrt{4 - y} \right) dy$

    C. $\int_{-4}^1 (4 - x^2 - 3x) dx$　　　　　　　　D. $\int_{-4}^1 \left(\dfrac{y}{3} - \sqrt{4 - y} \right) dy$

（3）由曲线 $y = x^2$，$y = 0$ 及 $x = 1$ 所围成的平面图形绕 x 轴旋转而成的旋转体的体积 $V =$（　　　）.

    A. $\dfrac{\pi}{5}$　　　　　　B. $\dfrac{\pi}{4}$　　　　　　C. $\dfrac{\pi}{3}$　　　　　　D. $\dfrac{\pi}{2}$

（4）由曲线 $y = x^2$ 及 $y = \sqrt{2x - x^2}$ 所围成的平面图形绕 x 轴旋转而成的旋转体的体积 $V =$（　　　）.

    A. $\dfrac{\pi}{3}$　　　　　B. $\dfrac{\pi - 1}{3}$　　　　　C. $\pi - 1$　　　　　D. $\dfrac{7\pi}{15}$

（5）已知某产品生产 x 个单位时的总收益 R 的变化率为 $R' = 200 - \dfrac{x}{100}$，$x > 0$，则生产了 20 个单位时的总收益 $R =$（　　　）.

    A. 3998　　　　　　B. 4000　　　　　　C. 4100　　　　　　D. 3900

2. 填空题.

（1）由曲线 $y=e^x$，$y=e^{-x}$ 及 $x=1$ 所围成的平面图形的面积为_____.

（2）由曲线 $y=\sqrt{x}$ 和直线 $x=1$，$x=4$，$y=0$ 所围成的平面图形绕 x 轴旋转所得旋转体的体积为_____.

（3）由曲线 $y=x^2$ 与 $y=\sqrt{x}$ 所围成的图形的面积为_____.

（4）由曲线 $y=2-x^2$ 与 $y=|x|$ 所围成的图形的面积为_____.

（5）由曲线 $xy\leqslant 4$，$y\geqslant 1$ 及 $x>0$ 所夹的图形绕 y 轴旋转所成的立体的体积为_____.

3. 计算题.

（1）求由曲线 $y=x^2-2x+1$ 及 $y=1$ 所围成的平面图形的面积.

（2）求由曲线 $y=x^2$，$y=0$ 及 $x=1$ 所围成的图形绕 y 轴旋转所得的旋转体的体积.

4*. 求由曲线 $y=4-x^2$ 及 $y=0$ 所夹的图形绕 $x=3$ 旋转所成的立体的体积.

5*. 过点 $P(1,0)$ 作抛物线 $y=\sqrt{x-2}$ 的切线，该切线与抛物线及 x 轴围成一平面图形，求：

（1）切线方程；

（2）平面图形的面积；

（3）此平面图形绕 x 轴旋转一周所成旋转体的体积.

五、自测题

1. 选择题（每题 3 分，共 15 分）.

（1）设 $f(x)$ 为连续函数，又 $F(x)=\int_{x^3}^{e^x} f(t)\mathrm{d}t$，则 $F'(0)=$（　　）.

    A. e   B. $f(1)$ C. 0   D. $f(1)-f(0)$

（2）由 $[a,b]$ 上的连续函数 $y=f(x)$，直线 $x=a$，$x=b\,(a<b)$ 和 x 轴所围成的平面图形的面积为（　　）.

    A. $\int_a^b f(x)\mathrm{d}x$ B. $\left|\int_a^b f(x)\mathrm{d}x\right|$

    C. $\int_a^b |f(x)|\,\mathrm{d}x$ D. $\dfrac{[f(b)+f(a)](b-a)}{2}$

（3）设 $f''(x)$ 在 $[a,b]$ 上连续，且 $f'(a)=b,\ f'(b)=a$，则 $\int_a^b f'(x)f''(x)\,\mathrm{d}x=$（　　）.

    A. $a-b$ B. $\dfrac{1}{2}(a-b)$ C. a^2-b^2 D. $\dfrac{1}{2}(a^2-b^2)$

（4）$\displaystyle\int_0^{+\infty} \dfrac{e^x}{1+e^{2x}}\mathrm{d}x=$（　　）.

A. $\dfrac{\pi}{2}$ B. $\dfrac{\pi}{4}$ C. 发散   D. π

（5）$\displaystyle\int_{-2}^{2}(|x|+x)\mathrm{e}^{-|x|}\mathrm{d}x=$ （　　）.

A. $2-6\mathrm{e}^{-2}$ B. $2\mathrm{e}^{-2}-2$ C. $-2\mathrm{e}^{-2}+3$ D. $6\mathrm{e}^{-2}-3$

2. 填空题（每题 3 分，共 15 分）.

（1）$\displaystyle\int_{0}^{4}\dfrac{\mathrm{d}x}{\sqrt{4-x}}=$ _____.

（2）$\displaystyle\int_{-\frac{\pi}{2}}^{\frac{\pi}{2}}(\cos x+x^3)\cos x\,\mathrm{d}x=$ _____.

（3）$\displaystyle\int_{0}^{\sqrt{\ln 2}}x^3\mathrm{e}^{-x^2}\mathrm{d}x=$ _____.

（4）$\displaystyle\int_{1}^{2}\dfrac{1}{x(1+x^2)}\mathrm{d}x=$ _____.

（5）曲线 $y=\sqrt{x}$ 与 $x=1,\ x=4$ 所围的平面图形绕 x 轴旋转所得旋转体的体积为

_____.

3. 解答题（每题 6 分，共 42 分）.

（1）求 $\displaystyle\lim_{x\to 0}\dfrac{\displaystyle\int_{0}^{x^2}\ln(1+\sin t)\mathrm{d}t}{x^4}$.

（2）求 $\displaystyle\int_{0}^{\frac{\pi}{4}}x\tan x\sec x\,\mathrm{d}x$.

（3）设 $f(x)=\dfrac{1}{1+x^2}+(1+x^2)\displaystyle\int_{0}^{1}f(x)\mathrm{d}x$，求 $\displaystyle\int_{0}^{1}f(x)\mathrm{d}x$.

（4）设 $f(x)=\begin{cases}\cos\dfrac{\pi}{2}x, & x\geq 0\\[2mm] x, & x<0\end{cases}$，求 $\displaystyle\int_{-1}^{1}f(x)\mathrm{d}x$.

（5）求 $\displaystyle\int_{0}^{1}\arctan\sqrt{x}\,\mathrm{d}x$.

（6）求 $\displaystyle\int_{\mathrm{e}}^{+\infty}\dfrac{1}{x\ln^2 x}\mathrm{d}x$.

（7）求 $\displaystyle\int_{0}^{2}\max\{x,x^3\}\mathrm{d}x$.

4. 分析题（10 分）.

当 a 为何值时，抛物线 $y=x^2$ 与三直线 $x=a,\ x=a+1,\ y=0$ 所围的图形面积最小？

5. 应用题（10 分）.

设某产品每天生产 x 个单位时的固定成本为 20 元，边际成本为 $C'(x)=0.4x+2$（元/单位），求总成本函数 $C(x)$. 如果这种商品规定的销售单价为 18 元，且产品可以全部售出，求总利润函数 $L(x)$，并问每天生产多少单位时才能获得最大利润.

6. 证明题（8 分）.

设 $f(x)$ 是周期为 2 的连续函数，证明 $g(x)=\int_0^x 2f(t)\mathrm{d}t - x\int_0^2 f(t)\mathrm{d}t$ 也是周期为 2 的周期函数.

 六、参考答案与提示

6.1　定积分的概念与性质

1.（1）A;　　　　　（2）B;　　　　　（3）B;　　　　　（4）D;　　　　　（5）C.

2.（1）1;　　　　　（2）0, $\dfrac{1}{2}$;

（3）由 $y=\sqrt{a^2-x^2}$, $x=-a$, $x=a$ 所围的半径为 a 的半圆的面积;

（4）$\dfrac{1}{2}$, 1;　（5）4.

3.（1）$\displaystyle\int_1^e \ln x\,\mathrm{d}x>\int_1^e \ln^2 x\,\mathrm{d}x$;　　　　　（2）$\displaystyle\int_0^{\frac{\pi}{4}}\sin x\,\mathrm{d}x<\int_0^{\frac{\pi}{4}}\cos x\,\mathrm{d}x$.

4.（1）$\dfrac{\pi}{4}\leqslant\displaystyle\int_0^\pi \dfrac{1}{3+\sin^3 x}\,\mathrm{d}x\leqslant\dfrac{\pi}{3}$;　　　　　（2）$2\mathrm{e}^{-\frac{1}{4}}\leqslant\displaystyle\int_0^2 \mathrm{e}^{x^2-x}\,\mathrm{d}x\leqslant 2\mathrm{e}^2$.

5*. 提示：对于 $f(x)$ 在 $\left[\dfrac{2}{3},1\right]$ 上利用积分中值公式，至少存在一点 $\xi\in\left[\dfrac{2}{3},1\right]$ 使得

$$f(\xi)=\dfrac{1}{1-\dfrac{2}{3}}\int_{\frac{2}{3}}^1 f(x)\,\mathrm{d}x=3\int_{\frac{2}{3}}^1 f(x)\,\mathrm{d}x=f(0).$$

在 $[0,\xi]$ 上利用罗尔定理可得，至少存在一点 $c\in(0,\xi)\subset(0,1)$，使 $f'(c)=0$.

6*.（1）$\dfrac{1}{2}\leqslant\displaystyle\int_{\frac{\pi}{4}}^{\frac{\pi}{2}}\dfrac{\sin x}{x}\,\mathrm{d}x\leqslant\dfrac{\sqrt{2}}{2}$. 提示：令 $f(x)=\dfrac{\sin x}{x}$, $x\in\left[\dfrac{\pi}{4},\dfrac{\pi}{2}\right]$, 则 $f'(x)=$

$\dfrac{x\cos x-\sin x}{x^2}$, $g(x)=x\cos x-\sin x$, $g'(x)=-x\sin x<0$, 故 $f'(x)<0$.

（2）$\dfrac{1}{2}\leqslant\displaystyle\int_0^1 \dfrac{1}{\sqrt{4-x^2+x^3}}\,\mathrm{d}x\leqslant\dfrac{\pi}{6}$. 提示：令 $\dfrac{1}{2}\leqslant f(x)=\dfrac{1}{\sqrt{4-x^2+x^3}}\leqslant\dfrac{1}{\sqrt{4-x^2}}$, 则

$\displaystyle\int_0^1 \dfrac{1}{\sqrt{4-x^2}}\,\mathrm{d}x=\left[\arcsin\dfrac{x}{2}\right]_0^1=\dfrac{\pi}{6}$.

6.2　微积分基本公式

1.（1）C;　　　　　（2）D;　　　　　（3）A;　　　　　（4）A;　　　　　（5）B.

2.（1）$1-\dfrac{\pi}{2}$;　　　　　（2）$\dfrac{2}{3}$;　　　　　（3）$\dfrac{\pi^2}{4}$;　　　　　（4）15;　　　　　（5）$\dfrac{5}{6}$.

3．$y=(e-1)x+1$.

4．（1）$\dfrac{8\sqrt{2}}{3}+1+\ln 2$；　（2）$-\ln 2$；　（3）$\sqrt{2}$；　　　　（4）$\dfrac{\pi}{6}$.

5．$f(-1)=0$．提示：两边关于 x 求导，得 $f'(x)=(1+x)\arctan x$，$f'(x)=0$ 得 $x=0$，

$x=-1$，$f''(x)=\arctan x+\dfrac{1+x}{1+x^2}$，$f''(0)=1>0$，$f''(-1)=-\dfrac{\pi}{4}<0$，所以在 $x=-1$ 处取极大值.

6．$\dfrac{\mathrm{d}y}{\mathrm{d}x}=\dfrac{\dfrac{\mathrm{d}y}{\mathrm{d}t}}{\dfrac{\mathrm{d}x}{\mathrm{d}t}}=\dfrac{-\sin t}{\dfrac{\sin t}{t}}=-t$.

7*．$f(x)=x^2-\dfrac{20}{9}x+2$．提示：两边积分，有

$$\int_0^2 f(x)\,\mathrm{d}x=\int_0^2 x^2\,\mathrm{d}x-\int_0^2 x\,\mathrm{d}x\cdot\int_0^2 f(x)\,\mathrm{d}x+\int_0^2 2\,\mathrm{d}x=\dfrac{20}{3}-2\int_0^2 f(x)\,\mathrm{d}x,$$

故

$$\int_0^2 f(x)\,\mathrm{d}x=\dfrac{20}{9}.$$

6.3　定积分的换元法和分部积分法

1．（1）D；　　　　（2）C；　　　　（3）B；　　　　（4）C；　　　（5）D.

2．（1）2；　　　　（2）$2\ln 2-1$；　（3）$\dfrac{16}{3}$；　　　（4）n；　　　（5）$\dfrac{3}{8}\pi$.

3．（1）2；　　　　（2）$\dfrac{2}{7}$；　　　（3）$\dfrac{\pi}{8}$；　　　　（4）1；　　　（5）$\ln 2$；

（6）$\dfrac{\pi}{2}$.

4．$\dfrac{1}{3}$．提示：两边求导，得 $xf(x)=\dfrac{1}{\sqrt{1-x^2}}\Rightarrow f(x)=\dfrac{1}{x\sqrt{1-x^2}}$.

5．$\dfrac{\pi}{4}$．提示：令 $\theta=\dfrac{\pi}{2}-t$，则

$$\int_0^{\frac{\pi}{2}}\dfrac{\sin\theta}{\sin\theta+\cos\theta}\,\mathrm{d}\theta=-\int_{\frac{\pi}{2}}^{0}\dfrac{\sin\left(\dfrac{\pi}{2}-t\right)}{\sin\left(\dfrac{\pi}{2}-t\right)+\cos\left(\dfrac{\pi}{2}-t\right)}\,\mathrm{d}t=\int_0^{\frac{\pi}{2}}\dfrac{\cos t}{\cos t+\sin t}\,\mathrm{d}t=\int_0^{\frac{\pi}{2}}\dfrac{\cos\theta}{\sin\theta+\cos\theta}\,\mathrm{d}\theta,$$

$$\int_0^{\frac{\pi}{2}}\dfrac{\sin\theta}{\sin\theta+\cos\theta}\,\mathrm{d}\theta=\dfrac{1}{2}\left[\int_0^{\frac{\pi}{2}}\dfrac{\sin\theta}{\sin\theta+\cos\theta}\,\mathrm{d}\theta+\int_0^{\frac{\pi}{2}}\dfrac{\cos\theta}{\sin\theta+\cos\theta}\,\mathrm{d}\theta\right]=\dfrac{1}{2}\int_0^{\frac{\pi}{2}}1\,\mathrm{d}\theta=\dfrac{\pi}{4}.$$

6*．提示：（1）$F(-x)=\int_0^{-x}(-x-2t)f(t)\,\mathrm{d}t$，令 $t=-u$，则

$$F(-x)=-\int_0^{x}(-x+2u)f(-u)\,\mathrm{d}u=\int_0^{x}(x-2u)f(u)\,\mathrm{d}u=\int_0^{x}(x-2t)f(t)\,\mathrm{d}t=F(x)；$$

（2）$F(x)=x\int_0^x f(t)\mathrm{d}t-2\int_0^x tf(t)\mathrm{d}t$，存在 $\xi\in(0,x)$，使得

$$F'(x)=\int_0^x f(t)\mathrm{d}t-xf(x)=x[f(\xi)-f(x)]>0.$$

$7^*.$ $\dfrac{1}{2}(\cos1-1)$. 提示：运用分部积分即得结果.

$8^*.$ $I_1>I_2$. 提示：令 $x=t+\pi$，则

$$I_2=\int_\pi^{2\pi}\mathrm{e}^{-x^2}\cos^2 x\,\mathrm{d}x=\int_0^\pi\mathrm{e}^{-(t+\pi)^2}\cos^2(t+\pi)\mathrm{d}t=\int_0^\pi\mathrm{e}^{-(t+\pi)^2}\cos^2 t\,\mathrm{d}t=\int_0^\pi\mathrm{e}^{-(x+\pi)^2}\cos^2 x\,\mathrm{d}x.$$

因为 $\mathrm{e}^{-x^2}>\mathrm{e}^{-(x+\pi)^2}$，$x\in[0,\pi]$，所以 $I_1>I_2$.

6.4 反常积分

1.（1）C；　　　　　（2）D；　　　　（3）A；　　　　　（4）B；　　　（5）B.

2.（1）$\dfrac{1}{2\mathrm{e}}$；　　　　（2）$p>1,p\leqslant1$；　　　（3）$0<q<1$；

（4）$p>1,p\leqslant1$；　（5）2.

3.（1）$\dfrac{\pi}{2}$；　　　　　（2）$\dfrac{1}{p-k}$；　　（3）1；　　　　　（4）$\dfrac{\pi}{2}$.

4. $F(x)=\begin{cases}\dfrac{1}{2}\mathrm{e}^x, & x\leqslant0\\[2mm]\dfrac{1}{2}+\dfrac{1}{4}x, & 0<x\leqslant2.\\[2mm]1, & x>2\end{cases}$

5. $a=2$. 提示：$\int_{-\infty}^a t\mathrm{e}^t\mathrm{d}t=\int_{-\infty}^a t\,\mathrm{de}^t=\left[t\mathrm{e}^t\right]_{-\infty}^a-\int_{-\infty}^a\mathrm{e}^t\mathrm{d}t=a\mathrm{e}^a-\mathrm{e}^a$，而

$$\lim_{x\to\infty}\left(1+\frac{1}{x}\right)^{ax}=\mathrm{e}^a,\text{ 故 }a\mathrm{e}^a-\mathrm{e}^a=\mathrm{e}^a\Rightarrow a=2.$$

6. $\mathrm{e}^{-1}-1$. 提示：$\int_0^1\dfrac{f(x)}{\sqrt{x}}\mathrm{d}x=2\int_0^1 f(x)\mathrm{d}\sqrt{x}=\left[2\sqrt{x}f(x)\right]_0^1-\int_0^1\mathrm{e}^{-x}\mathrm{d}x=[\mathrm{e}^{-x}]_0^1$.

$7^*.$ 提示：$I_n=\int_0^{+\infty}x^n\mathrm{e}^{-x}\mathrm{d}x=-\int_0^{+\infty}x^n\mathrm{de}^{-x}=n\int_0^{+\infty}x^{n-1}\mathrm{e}^{-x}\mathrm{d}x$

$$=nI_{n-1}=n(n-1)I_{n-2}=n!I_0=n!\int_0^{+\infty}\mathrm{e}^{-x}\mathrm{d}x=n![-\mathrm{e}^{-x}]_0^{+\infty}=n!.$$

6.5 定积分的应用

1.（1）B；　　　　　（2）C；　　　　（3）A；　　　　　（4）D；　　　（5）A.

2.（1）$\mathrm{e}+\dfrac{1}{\mathrm{e}}-2$；　（2）$\dfrac{15\pi}{2}$；　　　（3）$\dfrac{1}{3}$；　　　　（4）$\dfrac{7}{3}$；　　（5）$16\pi$.

3.（1）$\dfrac{4}{3}$. 提示：面积 $A=\int_0^2[1-(x-1)^2]\mathrm{d}x$.

（2）$\dfrac{\pi}{2}$. 提示：$V=\pi-\pi\displaystyle\int_0^1 y\,\mathrm{d}y$ 或 $V=2\pi\displaystyle\int_0^1 xy\,\mathrm{d}x=2\pi\displaystyle\int_0^1 x^3\,\mathrm{d}x$.

4*. 64π. 提示：$x_1=-\sqrt{4-y},\,x_2=\sqrt{4-y}$.

$$V_1=\pi\int_0^4(3-x_1)^2\,\mathrm{d}y,\ V_2=\pi\int_0^4(3-x_2)^2\,\mathrm{d}y,\ V=V_1-V_2=12\pi\int_0^4\sqrt{4-y}\,\mathrm{d}y.$$

5*.（1）切线方程：$y=\dfrac{1}{2}(x-1)$；

（2）面积：$A=\displaystyle\int_0^1\Big[y^2+2-(2y+1)\Big]\mathrm{d}y=\dfrac{1}{3}$；

（3）体积：$V=\pi\displaystyle\int_1^3\dfrac{1}{4}(x-1)^2\,\mathrm{d}x-\pi\displaystyle\int_2^3(x-2)\,\mathrm{d}x=\dfrac{\pi}{6}$.

自测题

1.（1）B；　　　（2）C；　　　（3）D；　　　（4）B；　　（5）A.

2.（1）4；　　　（2）$\dfrac{\pi}{2}$；　　　（3）$\dfrac{1}{4}(1-\ln 2)$；　（4）$\dfrac{1}{2}(3\ln 2-\ln 5)$；

（5）$\dfrac{15}{2}\pi.$

3.（1）$\dfrac{1}{2}$. 提示：利用洛必达法则和等价无穷小代换可得

$$\lim_{x\to 0}\dfrac{\displaystyle\int_0^{x^2}\ln(1+\sin t)\mathrm{d}t}{x^4}=\lim_{x\to 0}\dfrac{2x\ln(1+\sin x^2)}{4x^3}=\lim_{x\to 0}\dfrac{\sin x^2}{2x^2}=\dfrac{1}{2}.$$

（2）$\dfrac{\sqrt{2}\pi}{4}-\ln\left(1+\sqrt{2}\right)$. 提示：$\displaystyle\int_0^{\frac{\pi}{4}}x\tan x\sec x\,\mathrm{d}x=\int_0^{\frac{\pi}{4}}x\,\mathrm{d}\sec x.$

（3）$-\dfrac{3}{4}\pi$. 提示：两边积分 $\displaystyle\int_0^1 f(x)\mathrm{d}x=\int_0^1\dfrac{1}{1+x^2}\mathrm{d}x+\int_0^1(1+x^2)\mathrm{d}x\cdot\int_0^1 f(x)\mathrm{d}x$.

（4）$\dfrac{2}{\pi}-\dfrac{1}{2}$. 提示：$\displaystyle\int_{-1}^1 f(x)\mathrm{d}x=\int_{-1}^0 f(x)\mathrm{d}x+\int_0^1 f(x)\mathrm{d}x.$

（5）$\dfrac{\pi}{2}-1$. 提示：令 $\sqrt{x}=t$，$\displaystyle\int_0^1\arctan\sqrt{x}\,\mathrm{d}x=\int_0^1\arctan t\,\mathrm{d}t^2$，利用分部积分法.

（6）1. 提示：$\displaystyle\int_e^{+\infty}\dfrac{1}{x\ln^2 x}\mathrm{d}x=\int_e^{+\infty}\dfrac{1}{\ln^2 x}\mathrm{d}\ln x=-\left[\dfrac{1}{\ln x}\right]_e^{+\infty}.$

（7）$\dfrac{17}{4}$. 提示：令 $x=x^3,\,x\in(0,2)$，得 $x=1$，

$$\int_0^2\max\{x,x^3\}\mathrm{d}x=\int_0^1 x\,\mathrm{d}x+\int_1^2 x^3\,\mathrm{d}x.$$

4. $a=-\dfrac{1}{2}$. 提示：面积 $A(a)=\displaystyle\int_a^{a+1}x^2\,\mathrm{d}x=\dfrac{1}{3}\Big[(a+1)^3-a^3\Big]=a^2+a+\dfrac{1}{3}$，$A'(a)=2a+1$，

$A''(a) = 2 > 0$，所以 $a = -\dfrac{1}{2}$ 时面积最小.

5．$C(x) = 0.2x^2 + 2x + 20$，最大利润 $L(40) = 300$.

提示：$C(x) = \displaystyle\int_0^x (0.4x + 2)\mathrm{d}x + 20$；$L(x) = 18x - C(x)$.

6．提示：

$$g(x+2) = 2\int_0^{x+2} f(t)\mathrm{d}t - (x+2)\int_0^2 f(t)\mathrm{d}t$$

$$= 2\int_0^x f(t)\mathrm{d}t + 2\int_x^{x+2} f(t)\mathrm{d}t - x\int_0^2 f(t)\mathrm{d}t - 2\int_0^2 f(t)\mathrm{d}t$$

$$= 2\int_0^x f(t)\mathrm{d}t - x\int_0^2 f(t)\mathrm{d}t = g(x).$$

第七章　常微分方程与差分方程

 一、基本概念与解法

1. 概念

（1）微分方程.

1）定义：表示未知函数、未知函数的导数与自变量之间的关系的方程叫作微分方程. 未知函数是一元函数的称为常微分方程，未知函数是多元函数的称为偏微分方程. 微分方程中未知函数的最高阶导数的阶数叫作微分方程的阶.

2）如果一个函数 $y = y(x)$ 代入某个微分方程能使该微分方程变成恒等式，那么这个函数就叫作该微分方程的解. 若函数 $F(x, y) = 0$ 确定的隐函数 $y = y(x)$ 是微分方程的解，则称 $F(x, y) = 0$ 为该方程的隐式解.

3）一般地，如果微分方程的解中含有任意常数，并且彼此独立的任意常数的个数等于微分方程的阶数，那么这样的解称为微分方程的通解. 确定了通解中的任意常数的值以后得到的解，称为微分方程的特解. 称确定任意常数的条件为初始条件，也称为定解条件.

4）求微分方程满足初始条件的特解的这样一个问题，叫作微分方程的初值问题.

5）微分方程的解的图形是一条曲线，叫作微分方程的积分曲线. 初值问题的几何意义，就是求微分方程的过点 (x_0, y_0) 的那条积分曲线.

（2）差分方程.

定义：设函数 $y = f(n)$，记为 y_n，当 n 取遍非负整数时，函数值可以排成一个数列

$$y_0, y_1, y_2, \cdots, y_n, \cdots$$

则称差 $y_{n+1} - y_n$ 为函数 y_n 的差分，也称一阶差分，记作 Δy_n，即 $\Delta y_n = y_{n+1} - y_n$. 称 $\Delta^2 y_n = \Delta(\Delta y_n) = \Delta(y_{n+1} - y_n) = y_{n+2} - 2y_{n+1} + y_n$ 为 y_n 的二阶差分.

含有变量 n 及未知函数 $y_n, y_{n+1}, y_{n+2}, \cdots$ 的方程称为差分方程. 如果一个函数 $y_n = f(n)$ 代入差分方程后，方程两边恒等，则称此函数为该差分方程的解. 差分方程中的 $y_n, y_{n+1}, \cdots$ 的下标的最大差称为差分方程的阶. 含有 n 个独立的任意常数 $c_1, c_2, \cdots, c_n$ 的解，称为 n 阶差分方程的通解.

2. 几种特殊类型的一阶微分方程及其解法

几种特殊类型的一阶微分方程及其解法见表 7-1.

表 7-1

方程类型	形式	求解方法
可分离变量的微分方程	$\dfrac{\mathrm{d}y}{\mathrm{d}x}=f(x)g(y)$	变量分离后两边积分 $\displaystyle\int\dfrac{\mathrm{d}y}{g(y)}=\int f(x)\mathrm{d}x$
齐次微分方程	$\dfrac{\mathrm{d}y}{\mathrm{d}x}=f\left(\dfrac{y}{x}\right)$ 或 $\dfrac{\mathrm{d}x}{\mathrm{d}y}=f\left(\dfrac{x}{y}\right)$	变量代换，令 $\dfrac{y}{x}=u$ 或 $\dfrac{x}{y}=u$，以 u 为函数，化为可分离变量的微分方程
可化为齐次方程的微分方程	$\dfrac{\mathrm{d}y}{\mathrm{d}x}=f\left(\dfrac{ax+by+c}{a_1x+b_1y+c_1}\right)$	令 $x=X+h,\ y=Y+k$，化为齐次微分方程 $\dfrac{\mathrm{d}Y}{\mathrm{d}X}=\dfrac{aX+bY}{a_1X+b_1Y}$
一阶线性非齐次微分方程	$\dfrac{\mathrm{d}y}{\mathrm{d}x}+P(x)y=Q(x)$ 或 $\dfrac{\mathrm{d}x}{\mathrm{d}y}+P(y)x=Q(y)$	常数变易法求解或直接代入通解的公式 $y=\mathrm{e}^{-\int P(x)\mathrm{d}x}\left[\int Q(x)\mathrm{e}^{\int P(x)\mathrm{d}x}\mathrm{d}x+C\right]$ 或 $x=\mathrm{e}^{-\int P(y)\mathrm{d}y}\left[\int Q(y)\mathrm{e}^{\int P(y)\mathrm{d}y}\mathrm{d}y+C\right]$
伯努利方程	$\dfrac{\mathrm{d}y}{\mathrm{d}x}+P(x)y=Q(x)y^n\quad(n\neq0,1)$	变量代换，令 $z=y^{1-n}$，原方程化为 $\dfrac{\mathrm{d}z}{\mathrm{d}x}+(1-n)P(x)z=(1-n)Q(x)$，通解为 $y^{1-n}=\mathrm{e}^{-\int(1-n)P(x)\mathrm{d}x}\left[\int(1-n)Q(x)\mathrm{e}^{\int(1-n)P(x)\mathrm{d}x}\mathrm{d}x+C\right]$
*全微分方程	$P(x,y)\mathrm{d}x+Q(x,y)\mathrm{d}y=0$，其中 $\dfrac{\partial P}{\partial y}=\dfrac{\partial Q}{\partial x}$	曲线积分法 $u(x,y)=\displaystyle\int_{(x_0,y_0)}^{(x,y)}P(x,y)\mathrm{d}x+Q(x,y)\mathrm{d}y=\int_{x_0}^{x}P(x,y_0)\mathrm{d}x+\int_{y_0}^{y}Q(x,y)\mathrm{d}y$ 或 $\displaystyle\int_{y_0}^{y}Q(x_0,y)\mathrm{d}y+\int_{x_0}^{x}P(x,y)\mathrm{d}x$，通解为 $u(x,y)=C$

3. 可降阶的高阶微分方程的解法

可降阶的高阶微分方程的解法见表 7-2.

表 7-2

方程类型	求解方法
$y^{(n)}=f(x)$ 型的微分方程	连续积分 n 次，即得通解（含有 n 个相互独立的任意常数）
不显含未知函数型 $y''=f(x,y')$	变量代换，令 $y'=p$，则 $y''=p'$，得一阶微分方程 $p'=f(x,p)$，然后按一阶微分方程的解法求其通解 $p=\varphi(x,C_1)$，回代得 $\dfrac{\mathrm{d}y}{\mathrm{d}x}=\varphi(x,C_1)$，其通解为 $y=\displaystyle\int\varphi(x,C_1)\mathrm{d}x+C_2$
不显含自变量型 $y''=f(y,y')$	变量代换，令 $p=y'$，则 $p'=p\dfrac{\mathrm{d}p}{\mathrm{d}y}$，得一阶微分方程 $p\dfrac{\mathrm{d}p}{\mathrm{d}y}=f(y,p)$，求其通解 $p=\varphi(y,C_1)$，回代得 $\dfrac{\mathrm{d}y}{\mathrm{d}x}=\varphi(y,C_1)$，求通解为 $\displaystyle\int\dfrac{\mathrm{d}y}{\varphi(y,C_1)}=x+C_2$

4. 二阶线性微分方程解的结构

设二阶线性齐次微分方程为

$$y'' + P(x)y' + Q(x)y = 0，\tag{Ⅰ}$$

与其相应的非齐次方程为

$$y'' + P(x)y' + Q(x)y = f(x).\tag{Ⅱ}$$

1）如果 y_1, y_2 是方程（Ⅰ）的两个解，则 $Y = C_1y_1 + C_2y_2$ 也是（Ⅰ）的解，若 y_1, y_2 线性无关，则 $Y = C_1y_1 + C_2y_2$ 是（Ⅰ）的通解，C_1, C_2 是两个任意常数.

2）方程（Ⅱ）的任意两个解 $y_1{}^*, y_2{}^*$ 之差 $y_1{}^* - y_2{}^*$ 是相应齐次方程（Ⅰ）的解.

3）设 $Y = C_1y_1 + C_2y_2$ 是齐次方程（Ⅰ）的通解，$y_1{}^*$ 是非齐次方程（Ⅱ）的一个特解，则 $y = Y + y_1{}^*$ 是非齐次方程（Ⅱ）的通解.

4）设 $y_1{}^*$ 和 $y_2{}^*$ 分别为方程 $y'' + P(x)y' + Q(x)y = f_1(x)$ 和 $y'' + P(x)y' + Q(x)y = f_2(x)$ 的特解，则 $y_1{}^* + y_2{}^*$ 为方程 $y'' + P(x)y' + Q(x)y = f_1(x) + f_2(x)$ 的特解.

5. 常系数线性微分方程的解法

（1）二阶常系数齐次线性微分方程的解法.

二阶常系数齐次微分方程：$y'' + py' + qy = 0$（p, q 为常数）.

解法：采用特征根法，见表 7-3.

表 7-3

特征方程	特征方程的根	$y'' + py' + qy = 0$ 的通解
$r^2 + pr + q = 0$	不同实根 $r_1 \neq r_2$	$y = C_1\mathrm{e}^{r_1x} + C_2\mathrm{e}^{r_2x}$
	相同实根 $r_1 = r_2 = r$	$y = (C_1 + C_2x)\mathrm{e}^{rx}$
	共轭复根 $r_{1,2} = \alpha \pm \mathrm{i}\beta$	$y = \mathrm{e}^{\alpha x}(C_1\cos\beta x + C_2\sin\beta x)$

（2*）n 阶常系数齐次线性微分方程的解法.

n 阶常系数齐次线性微分方程：

$$y^{(n)} + p_1y^{(n-1)} + p_2y^{(n-2)} + \cdots + p_{n-1}y' + p_ny = 0 \quad (p_1, p_2, \cdots, p_n \text{为常数}).$$

解法：采用特征根法，特征方程为

$$r^n + p_1r^{n-1} + p_2r^{n-2} + \cdots + p_{n-1}r + p_n = 0.$$

微分方程通解中对应项见表 7-4.

表 7-4

特征方程的根	微分方程通解中对应项
单实根 r	给出一项：$C\mathrm{e}^{rx}$
一对单复根 $r_{1,2} = \alpha \pm \mathrm{i}\beta$	给出两项：$\mathrm{e}^{\alpha x}(C_1\cos\beta x + C_2\sin\beta x)$
k 重实根 r	给出 k 项：$\mathrm{e}^{rx}(C_1 + C_2x + \cdots + C_kx^{k-1})$
一对 k 重复根 $r_{1,2} = \alpha \pm \mathrm{i}\beta$	给出 $2k$ 项：$\mathrm{e}^{\alpha x}[(C_1 + C_2x + \cdots + C_kx^{k-1})\cos\beta x + (D_1 + D_2x + \cdots + D_kx^{k-1})\sin\beta x]$

（3）二阶常系数非齐次线性微分方程的特解的求法.

二阶常系数非齐次微分方程：$y'' + py' + qy = f(x)$ （p, q 为常数）.

通解：$y = Y + y^*$，Y 为对应齐次方程的通解，y^* 为非齐次方程的特解.

y^* 用待定系数法求解，形式见表 7-5.

表 7-5

$f(x)$ 的形式	y^* 的形式
（1）$f(x) = \mathrm{e}^{\lambda x} P_m(x)$	$y^* = x^k \mathrm{e}^{\lambda x} Q_m(x)$，$Q_m(x) = a_0 + a_1 x + \cdots + a_m x^m$, 其中，$k = \begin{cases} 0, \lambda \text{不是特征方程的根} \\ 1, \lambda \text{是特征方程的单根} \\ 2, \lambda \text{是特征方程的二重根} \end{cases}$, 将 y^* 代入原方程，令等式两边同类项系数相同，确定待定常数
（2）$f(x) = \mathrm{e}^{\lambda x}[P_l(x)\cos wx + P_n(x)\sin wx]$	$y^* = x^k \mathrm{e}^{\lambda x}[Q_m(x)\cos wx + R_m(x)\sin wx]$, $Q_m(x) = a_0 + a_1 x + \cdots + a_m x^m$, $R_m(x) = b_0 + b_1 x + \cdots + b_m x^m$. 其中，$m = \max\{l, n\}$, $k = \begin{cases} 0, \lambda + \mathrm{i}w \text{不是特征根} \\ 1, \lambda + \mathrm{i}w \text{是特征根} \end{cases}$, 将 y^* 代入原方程，令等式两边同类项系数相同，确定待定常数

6*. 欧拉（Euler）方程

方程：$x^n y^{(n)} + p_1 x^{n-1} y^{(n-1)} + \cdots + p_{n-1} xy' + p_n y = f(x)$ （$p_1, p_2, \cdots, p_n$ 为常数）.

解法：作变换，令 $x = \mathrm{e}^t$，将其化为以 t 为自变量的常系数线性微分方程.

7. 差分方程的解法

（1）$y_{n+1} + ay_n = 0$，通解 $y_n = c(-a)^n$，其中 c 为任意常数.

（2）$y_{n+1} + ay_n = f(n)$,

1）若 $f(n) = b$，则 $y_n^* = \begin{cases} c_1, & a \neq -1 \\ c_2 n, & a = -1 \end{cases}$，$n = 0, 1, 2, \cdots$;

2）若 $f(n) = b_0 + b_1 n$，则 $y_n^* = \begin{cases} B_0 + B_1 n, & a \neq -1 \\ B_0 n + B_1 n^2, & a = -1 \end{cases}$;

3）若 $f(n) = bd^n$，则 $y_n^* = \begin{cases} Ad^n, & a + d \neq 0 \\ And^n, & a + d = 0 \end{cases}$;

4）若 $f(n) = P_m(n)$，其中 $P_m(n)$ 为 n 的 m 次多项式，则 $y_n^* = n^k R_m(n)$，$k = \begin{cases} 0, & a \neq -1 \\ 1, & a = -1 \end{cases}$;

5）若 $f(n) = P_m(n)d^n$，其中 $P_m(n)$ 为 n 的 m 次多项式，则 $y_n^* = n^k R_m(n)d^n$，

$k = \begin{cases} 0, & a + d \neq 0 \\ 1, & a + d = 0 \end{cases}$;

6）若 $f(n) = b_0 \cos wn + b_1 \sin wn$，$D = (a + \cos w)^2 + \sin^2 w$，则 $y_n^* = n^k(B_1 \cos wn +$

$b_2 \sin wn)$. 其中 $k = \begin{cases} 0, & D \neq 0 \\ 1, & D = 0 \end{cases}$.

 二、典型例题分析

1. 微分方程的基本概念

例 7.1 求函数 $y = \cos(x + C)$（C 为任意常数）所满足的一阶微分方程.

解 将上述函数求导得 $y' = -\sin(x + C)$，所以函数 $y = \cos(x + C)$ 所满足的一阶微分方程为

$$y^2 + (y')^2 = 1.$$

评注 此类题目是求解微分方程的反问题，解法是将所给解中的任意常数用求导的方法消去. 本题要求的是一阶微分方程，所以只能求一阶导数，然后想办法消掉 C.

例 7.2 设某曲线上点 (x, y) 处的切线从切点到纵坐标轴间的切线长度为定长 2，求该曲线满足的微分方程.

解 设曲线为 $y = f(x)$，则点 (x, y) 处切线方程为

$$Y - y = y'(X - x).$$

当 $X = 0$ 时，$Y = y - xy'$，即切线与 y 轴交点为 $(0, y - xy')$，由题意知

$$x^2 + (xy')^2 = 4,$$

该方程即为曲线满足的微分方程.

例 7.3 设方程 $(2t + 1)x'' + (2t - 1)x' - 2x = 0$ 有形如：$x_1 = t + a$ 及 $x_2 = e^{\lambda t}$ 的特解，试确定 a, λ 的值，并求方程的通解.

解 由于 $x_1' = 1$，$x_1'' = 0$，代入微分方程得 $2t - 1 - 2(t + a) = 0$，所以 $a = -\dfrac{1}{2}$.

由于 $x_2' = \lambda e^{\lambda x}$，$x_2'' = \lambda^2 e^{\lambda x}$，代入微分方程并整理得 $\lambda^2(2t + 1) + \lambda(2t - 1) - 2 \equiv 0$，即 $2(\lambda^2 + \lambda)t + \lambda^2 - \lambda - 2 \equiv 0$，所以有 $\lambda^2 + \lambda = 0$ 且 $\lambda^2 - \lambda - 2 = 0$，解得 $\lambda = -1$.

由于 $x_1 = t - \dfrac{1}{2}$，$x_2 = e^{-t}$，显然 x_1 与 x_2 线性无关，所以原方程的通解为

$$x = C_1\left(t - \frac{1}{2}\right) + C_2 e^{-t}.$$

例 7.4 已知：$y_1 = \sin^2 x$ 与 $y_2 = 1 - \cos 2x$ 均为方程

$$y'' + \frac{2x\cos 2x}{\sin^2 x - x\sin 2x}y' + \frac{2\cos 2x}{x\sin 2x - \sin^2 x}y = 0$$

的解，试问 $y = C_1 \sin^2 x + C_2(1 - \cos 2x)$ 是否是方程的通解（其中 C_1, C_2 为任意常数）.

解 因为 $y_2 = 1 - \cos 2x = 2\sin^2 x$，所以 y_1, y_2 线性相关，故

$$y = C_1 \sin^2 x + C_2(1 - \cos 2x) = (C_1 + 2C_2)\sin^2 x = C \sin^2 x$$

不是方程的通解，其中 $C = C_1 + C_2$ 为任意常数.

评注 验证一个函数是某个微分方程的通解，一般方法如下：①先验证是解；②再证明解中含有相互独立的任意函数的个数等于微分方程的阶数，或者是所给的与微分方程阶数相同的各个解线性无关.

2. 一阶微分方程的求解

例 7.5 求微分方程 $\dfrac{\mathrm{d}y}{\mathrm{d}x} = \mathrm{e}^{x-y} - \mathrm{e}^x$ 的通解.

解 整理方程得

$$\frac{\mathrm{d}y}{\mathrm{d}x} = \mathrm{e}^x(\mathrm{e}^{-y} - 1),$$

这是一个可分离变量的微分方程，分离变量，得

$$\frac{\mathrm{d}y}{\mathrm{e}^{-y} - 1} = \mathrm{e}^x \mathrm{d}x, \quad \text{即} \quad \frac{\mathrm{e}^y \mathrm{d}y}{1 - \mathrm{e}^y} = \mathrm{e}^x \mathrm{d}x,$$

两边积分，得

$$\int \frac{-1}{1 - \mathrm{e}^y} \mathrm{d}(1 - \mathrm{e}^y) = \int \mathrm{e}^x \mathrm{d}x,$$

故所求隐式通解为

$$\mathrm{e}^x + \ln|1 - \mathrm{e}^y| = C.$$

例 7.6 求微分方程 $x(\ln x - \ln y)\mathrm{d}y - y\mathrm{d}x = 0$ 的通解.

解 该方程可化为

$$\frac{\mathrm{d}y}{\mathrm{d}x} = -\frac{\dfrac{y}{x}}{\ln \dfrac{y}{x}},$$

这是齐次方程，令 $\dfrac{y}{x} = u$，则 $y = ux$，$\dfrac{\mathrm{d}y}{\mathrm{d}x} = x\dfrac{\mathrm{d}u}{\mathrm{d}x} + u$，代入上式化简，得

$$-\frac{\ln u + 1 - 1}{u(1 + \ln u)} \mathrm{d}u = \frac{1}{x} \mathrm{d}x,$$

两边积分，得

$$-\ln u + \ln|1 + \ln u| = \ln x + \ln|C_1|,$$

换回原来自变量并整理得通解为

$$Cy = 1 + \ln \frac{y}{x},$$

其中，$C = \pm C_1$.

例 7.7* 求解下列微分方程.

(1) $f(xy)y\mathrm{d}x + g(xy)x\mathrm{d}y = 0$；　　　　(2) $y' = \dfrac{y}{2x} + \dfrac{1}{2y}\tan\dfrac{y^2}{x}$.

解 (1) 令 $u = xy$，代入微分方程，得

$$f(u)\frac{u}{x}\mathrm{d}x + g(u)x\mathrm{d}\frac{u}{x} = f(u)\frac{u}{x}\mathrm{d}x + g(u)x\frac{x\mathrm{d}u - u\mathrm{d}x}{x^2} = 0$$

$$\Rightarrow [f(u) - g(u)]\frac{u}{x}\mathrm{d}x + g(u)\mathrm{d}u = 0.$$

分离变量，得

$$\frac{\mathrm{d}x}{x}=-\frac{g(u)\mathrm{d}u}{\left[f(u)-g(u)\right]u},$$

两边积分，得

$$\ln|x|+\int\frac{g(u)}{u\left[f(u)-g(u)\right]}\mathrm{d}u=C,$$

其中，C 为任意常数.

（2）原方程化为

$$yy'=\frac{1}{2}\left(\frac{y^2}{x}+\tan\frac{y^2}{x}\right),$$

令 $u=\dfrac{y^2}{x}$，则 $y^2=xu\Rightarrow 2yy'=u+xu'$，代入微分方程整理，得

$$u+xu'=u+\tan u\Rightarrow u'=\frac{\tan u}{x},$$

分离变量，得

$$\cot u\mathrm{d}u=\frac{1}{x}\mathrm{d}x,$$

两边积分，得

$$\int\frac{\cos u}{\sin u}\mathrm{d}u=\int\frac{1}{x}\mathrm{d}x,$$

即有

$$\ln|\sin u|=\ln|x|+\ln|C|,$$

化简，得 $\sin\dfrac{y^2}{x}=Cx$，其中，C 为任意常数.

评注　当方程中出现 $f(xy),f(x\pm y),f(x^2+y^2)$ 等形式的项时，通常做相应的变量代换：$u=xy,u=x\pm y,u=x^2+y^2,\cdots$.

例 7.8[*]　将方程 $(2x-5y+3)\mathrm{d}x-(2x+4y-6)\mathrm{d}y=0$ 化为齐次方程，并求其通解.

解　将方程整理形式为

$$\frac{\mathrm{d}y}{\mathrm{d}x}=\frac{2x-5y+3}{2x+4y-6},$$

令 $x=X+h,y=Y+k$，则得

$$\frac{\mathrm{d}Y}{\mathrm{d}X}=\frac{2X-5Y+2h-5k+3}{2X+4Y+2h+4k-6},$$

令

$$\begin{cases}2h-5k+3=0\\2h+4k-6=0\end{cases},$$

得 $h=1,k=1$. 此时方程化为齐次方程，即

$$\frac{\mathrm{d}Y}{\mathrm{d}X} = \frac{2X - 5Y}{2X + 4Y} = \frac{2 - 5\dfrac{Y}{X}}{2 + 4\dfrac{Y}{X}}.$$

令 $\dfrac{Y}{X} = u$, 得 $Y = Xu$, $\dfrac{\mathrm{d}Y}{\mathrm{d}X} = u + X\dfrac{\mathrm{d}u}{\mathrm{d}X}$, 代入齐次方程并化简, 得

$$X\frac{\mathrm{d}u}{\mathrm{d}X} = \frac{2 - 7u - 4u^2}{2 + 4u} = \frac{(1 - 4u)(u + 2)}{2 + 4u},$$

即

$$\left(\frac{4}{3} \times \frac{1}{1 - 4u} - \frac{2}{3} \times \frac{1}{u + 2} \right)\mathrm{d}u = \frac{1}{X}\mathrm{d}X.$$

积分, 得 $X^3(1 - 4u)(u + 2)^2 = C$, 即 $(X - 4Y)(Y + 2X)^2 = C$, 将 $X = x - 1, Y = y - 1$ 代入, 得通解为

$$(x - 4y + 3)(2x + y - 3)^2 = C.$$

评注　对于微分方程 $\dfrac{\mathrm{d}y}{\mathrm{d}x} = f\left(\dfrac{a_1 x + b_1 y + c_1}{a_2 x + b_2 y + c_2} \right)$, 则将其化为齐次方程, 方法如下:

（1）当 $c_1 = c_2 = 0$ 时, 则 $\dfrac{\mathrm{d}y}{\mathrm{d}x} = f\left(\dfrac{a_1 + b_1\dfrac{y}{x}}{a_2 + b_2\dfrac{y}{x}} \right) = g\left(\dfrac{y}{x} \right)$ 属于齐次方程.

（2）当 $\begin{vmatrix} a_1 & b_1 \\ a_2 & b_2 \end{vmatrix} = 0$, 即 $\dfrac{a_1}{a_2} = \dfrac{b_1}{b_2} = \lambda$ 时,

$$\frac{\mathrm{d}y}{\mathrm{d}x} = f\left[\frac{\lambda(a_2 x + b_2 y) + c_1}{a_2 x + b_2 y + c_2} \right] = g(a_2 x + b_2 y),$$

令 $u = a_2 x + b_2 y$, 化为可分离变量的微分方程.

（3）当 $\begin{vmatrix} a_1 & b_1 \\ a_2 & b_2 \end{vmatrix} \neq 0$, 且 c_1, c_2 不全为零时, 解方程组

$$\begin{cases} a_1 x + b_1 y + c_1 = 0 \\ a_2 x + b_2 y + c_2 = 0 \end{cases},$$

求出交点 (α, β). 令 $x = X + \alpha, y = Y + \beta$, 则原方程化为 $\dfrac{\mathrm{d}Y}{\mathrm{d}X} = g\left(\dfrac{Y}{X} \right)$, 属于齐次方程.

此方法是本题所用的方法.

例 7.9　求微分方程 $y' + y\tan x = \sin 2x$ 的通解.

解　法一　常数变易法, 先求对应齐次方程 $y' + y\tan x = 0$ 的通解.

分离变量, 得

$$\frac{1}{y}\mathrm{d}y = -\tan x \mathrm{d}x,$$

两边积分, 得

$$\ln|y| = \ln|\cos x| + \ln|C'| \Rightarrow y = C'\cos x, \quad C' \text{ 为任意常数}.$$

利用常数变易法, 将 C' 变为 $u(x)$, 即令 $y = u(x)\cos x$, 将其代入原方程, 得

$$u'(x)\cos x - u(x)\sin x + u(x)\sin x = \sin 2x, \quad \text{即 } u'(x) = 2\sin x.$$

积分, 得

$$u(x) = -2\cos x + C, \quad C \text{ 为任意常数}.$$

故原方程的通解为

$$y = \cos x(-2\cos x + C).$$

法二 直接代入求解公式, $P(x) = \tan x$, $Q(x) = \sin 2x$, 利用通解公式, 得

$$
\begin{aligned}
y &= e^{-\int P(x)\mathrm{d}x}\left[\int Q(x)e^{\int P(x)\mathrm{d}x}\mathrm{d}x + C\right] \\
&= e^{-\int \tan x\mathrm{d}x}\left(\int \sin 2x e^{\int \tan x\mathrm{d}x}\mathrm{d}x + C\right) \\
&= \cos x(-2\cos x + C).
\end{aligned}
$$

例 7.10 求微分方程 $y' + \dfrac{1}{x}y = \dfrac{e^x}{x}$ 满足条件 $y(1) = e$ 的特解.

解 $P(x) = \dfrac{1}{x}$, $Q(x) = \dfrac{e^x}{x}$, 代入通解公式, 得

$$y = e^{-\int \frac{1}{x}\mathrm{d}x}\left(\int \frac{e^x}{x}\cdot e^{\int \frac{1}{x}\mathrm{d}x}\mathrm{d}x + C\right) = e^{-\ln x}\left(\int e^x\mathrm{d}x + C\right) = \frac{1}{x}(e^x + C).$$

代入初始条件 $y(1) = e$, 得 $C = 0$. 所以所求特解为

$$y = \frac{e^x}{x}.$$

例 7.11 求方程 $y\ln y\mathrm{d}x + (x - \ln y)\mathrm{d}y = 0$ 的通解.

解 该方程关于 y 是非线性的, 所以考虑将 x 看作 y 的函数, 整理得

$$\frac{\mathrm{d}x}{\mathrm{d}y} + \frac{1}{y\ln y}x = \frac{1}{y},$$

此方程为一阶线性非齐次方程, $P(y) = \dfrac{1}{y\ln y}$, $Q(y) = \dfrac{1}{y}$, 所以通解为

$$
\begin{aligned}
x &= e^{-\int \frac{1}{y\ln y}\mathrm{d}y}\left(\int \frac{1}{y}e^{\int \frac{1}{y\ln y}\mathrm{d}y}\mathrm{d}y + C\right) = \frac{1}{\ln y}\left(\int \frac{1}{y}\ln y\mathrm{d}y + C\right) \\
&= \frac{1}{\ln y}\left[\frac{1}{2}(\ln y)^2 + C\right].
\end{aligned}
$$

例 7.12* 求方程 $\dfrac{\mathrm{d}y}{\mathrm{d}x} + xy - x^3y^3 = 0$ 的通解.

解 此方程为伯努利方程, $n = 3$, 引入新变量 $z = y^{1-n} = y^{-2}$, 则有

$$\frac{\mathrm{d}z}{\mathrm{d}x} = y^{-3}\frac{\mathrm{d}y}{\mathrm{d}x},$$

代入方程化简得一阶线性非其次微分方程为

$$\frac{\mathrm{d}z}{\mathrm{d}x} - 2xz = -2x^3,$$

代入求解公式，得

$$z = y^{-2} = \mathrm{e}^{\int 2x\,\mathrm{d}x}\left(\int -2x^3 \mathrm{e}^{-\int 2x\,\mathrm{d}x}\,\mathrm{d}x + C\right) = \mathrm{e}^{x^2}\left(\int -2x^3 \mathrm{e}^{-x^2}\,\mathrm{d}x + C\right)$$

$$= \mathrm{e}^{x^2}\left(\int -x^2 \mathrm{e}^{-x^2}\,\mathrm{d}x^2 + C\right) = \mathrm{e}^{x^2}\left(\int x^2 \mathrm{d}\mathrm{e}^{-x^2} + C\right)$$

$$= \mathrm{e}^{x^2}\left(x^2 \mathrm{e}^{-x^2} - \int \mathrm{e}^{-x^2}\,\mathrm{d}x^2 + C\right) = (x^2 + 1) + C\mathrm{e}^{x^2}.$$

故，原方程通解为 $y = (x^2 + 1 + C\mathrm{e}^{x^2})^{-\frac{1}{2}}$.

例 7.13* 求解微分方程 $(2x\mathrm{e}^y + 3x^2 - 1)\mathrm{d}x + (x^2 \mathrm{e}^y - 2y)\mathrm{d}y = 0$.

解 $P = 2x\mathrm{e}^y + 3x^2 - 1$, $Q = x^2 \mathrm{e}^y - 2y$, $\dfrac{\partial P}{\partial y} = 2x\mathrm{e}^y = \dfrac{\partial Q}{\partial x}$. 所以此方程为全微分方程，可采用以下解法求解.

法一　原函数法.

因为 $\dfrac{\partial u}{\partial x} = P = 2x\mathrm{e}^y + 3x^2 - 1$, 两边关于 x 积分，得

$$u(x, y) = x^2 \mathrm{e}^y + x^3 - x + \varphi(y), \ \varphi(y) \text{ 是关于 } y \text{ 的函数},$$

因为

$$\frac{\partial u}{\partial y} = Q = x^2 \mathrm{e}^y - 2y = x^2 \mathrm{e}^y + \varphi'(y),$$

所以有 $\varphi'(y) = -2y$, 可取 $\varphi(y) = -y^2$. 因此 $u(x, y) = x^2 \mathrm{e}^y + x^3 - x - y^2$, 所以原方程的隐式通解为

$$x^3 - x + x^2 \mathrm{e}^y - y^2 = C.$$

法二　分项组合凑微分法.

$$(2x\mathrm{e}^y + 3x^2 - 1)\mathrm{d}x + (x^2 \mathrm{e}^y - 2y)\mathrm{d}y = \mathrm{e}^y \mathrm{d}x^2 + \mathrm{d}x^3 - \mathrm{d}x + x^2 \mathrm{d}\mathrm{e}^y - \mathrm{d}y^2$$

$$= (\mathrm{e}^y \mathrm{d}x^2 + x^2 \mathrm{d}\mathrm{e}^y) + \mathrm{d}x^3 - (\mathrm{d}x + \mathrm{d}y^2)$$

$$= \mathrm{d}(x^2 \mathrm{e}^y + x^3 - x - y^2) = 0,$$

所以隐式通解为

$$x^3 - x + x^2 \mathrm{e}^y - y^2 = C.$$

3. 一阶微分方程的应用

例 7.14 小船从河边 O 处出发驶向对岸（两岸为平行直线）. 设船速为 a, 船行方向始终与河岸垂直，又设河宽为 h, 河中任一点处的水流速度与该点到两岸距离的乘积成正比（比例系数为 k）. 求小船的航行路线.

解 设水流速度为 $\boldsymbol{b}$, 大小为 b, 船速为 $\boldsymbol{a}$, 船速大小为 a, 如图 7.1 所示.

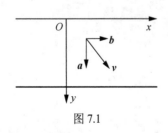

图 7.1

由题意知 $b = ky(h - y) = \dfrac{\mathrm{d}x}{\mathrm{d}t}$，而 $a = \dfrac{\mathrm{d}y}{\mathrm{d}t}$，所以有

$$\begin{cases} \dfrac{\mathrm{d}y}{\mathrm{d}x} = \dfrac{a}{ky(h - y)}, \\[3mm] y\big|_{x=0} = 0 \end{cases}$$

此方程为可分离变量的方程，变量分离，得

$$ky(h - y)\mathrm{d}y = a\mathrm{d}x,$$

两边积分，得

$$\frac{1}{2}khy^2 - \frac{1}{3}ky^3 = ax + C,$$

代入初始条件，得 $C = 0$，所以小船航线为

$$x = \frac{k}{a}\left(\frac{h}{2}y^2 - \frac{1}{3}y^3 \right).$$

例 7.15　设有一质量为 m 的质点作直线运动，从速度等于零的时刻起，有一个与该质点运动方向一致，大小与时间成正比（比例系数为 k_1）的力作用于它，此外它还受到一个与速度成正比（比例系数为 k_2）的阻力作用，求质点运动的速度与时间的函数关系.

解　由题意可建立如下微分方程

$$\begin{cases} m\dfrac{\mathrm{d}v}{\mathrm{d}t} = k_1 t - k_2 v \\[3mm] v\big|_{t=0} = 0 \end{cases}.$$

整理可得一阶线性非齐次方程为 $\dfrac{\mathrm{d}v}{\mathrm{d}t} + \dfrac{k_2}{m}v = \dfrac{k_1}{m}t$，所以可得通解为

$$v = \mathrm{e}^{-\int \frac{k_2}{m}\mathrm{d}t}\left(\int \frac{k_1}{m}t\,\mathrm{e}^{\int \frac{k_2}{m}\mathrm{d}t}\,\mathrm{d}t + C \right) = \mathrm{e}^{-\frac{k_2}{m}t}\left(\frac{k_1}{k_2}t\,\mathrm{e}^{\frac{k_2}{m}t} - \frac{mk_1}{k_2^{\,2}}\mathrm{e}^{\frac{k_2}{m}t} + C \right)$$

$$= \frac{k_1}{k_2}t - \frac{mk_1}{k_2^{\,2}} + C\mathrm{e}^{-\frac{k_2}{m}t}.$$

代入初始条件，得 $C = \dfrac{mk_1}{k_2^2}$，故速度函数为

$$v = \frac{k_1}{k_2}t - \frac{mk_1}{k_2^2}\left(1 - \mathrm{e}^{-\frac{k_2}{m}t} \right).$$

例 7.16　设曲线上任一点 $P(x, y)$ 的切线及该点到坐标原点 O 的连线 OP 与 y 轴围成的图形的面积为 A，求此曲线方程.

解　如图 7.2 所示，设曲线方程为 $y = f(x)$，则 $P(x, y)$ 处的切线方程为 $Y - y = y'(X - x)$，即 $Y = y + y'(X - x)$，令 $X = 0$，得在 y 轴上截距为 $Y = y - xy'$. 由题意知

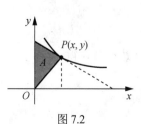

图 7.2

$$\frac{1}{2}\,|\,x(y-xy')\,|=A,$$

即 $y'-\dfrac{1}{x}y=\pm\dfrac{2A}{x^2}$，所以通解为

$$y=\mathrm{e}^{\int\frac{1}{x}\mathrm{d}x}\left(\int\pm\frac{2A}{x^2}\mathrm{e}^{\int-\frac{1}{x}\mathrm{d}x}\mathrm{d}x+C\right)=\pm\frac{A}{x}+Cx\ \ (C\text{ 为任意常数}).$$

故所求曲线方程为 $y=\pm\dfrac{A}{x}+Cx.$

4. 可降阶的高阶微分方程

例 7.17　解下列微分方程.

（1）$\mathrm{e}^{2x}y'''=1$；　　　　（2）$xy''+y'=0$；　　　　（3）$y''=(y')^3+y'.$

解　（1）方程化为 $y'''=\mathrm{e}^{-2x}$，两边连续积分 3 次，得

$$\int y'''\mathrm{d}x=\int\mathrm{e}^{-2x}\mathrm{d}x\Rightarrow y''=-\frac{1}{2}\mathrm{e}^{-2x}+C_1';$$

$$\int y''\mathrm{d}x=-\frac{1}{2}\int\mathrm{e}^{-2x}\mathrm{d}x+\int C_1'\mathrm{d}x\Rightarrow y'=\frac{1}{4}\mathrm{e}^{-2x}+C_1'x+C_2;$$

$$\int y'\mathrm{d}x=\frac{1}{4}\int\mathrm{e}^{-2x}\mathrm{d}x+\int C_1'x\mathrm{d}x+\int C_2\mathrm{d}x,$$

得通解为

$$y=-\frac{1}{8}\mathrm{e}^{-2x}+\frac{1}{2}C_1'x^2+C_2x+C_3=-\frac{1}{8}\mathrm{e}^{-2x}+C_1x^2+C_2x+C_3,$$

其中，$C_1=\dfrac{1}{2}C_1'.$

（2）该方程不显含未知函数 y，令 $y'=p$，$y''=p'$，原方程化为 $xp'+p=0$，即 $x\dfrac{\mathrm{d}p}{\mathrm{d}x}=-p$，在 $x\neq0$，$p\neq0$ 时分离变量得 $\dfrac{1}{p}\mathrm{d}p=-\dfrac{1}{x}\mathrm{d}x$，两边积分得 $\ln|p|=-\ln|x|+\ln|C_1|$，即有 $px=C_1$，$\dfrac{\mathrm{d}y}{\mathrm{d}x}=\dfrac{1}{x}C_1$，所以有通解 $y=C_1\ln|x|+C_2.$

（3）该方程既不显含自变量 x，也不显含未知函数 y，下面按两种方法求解.

法一　不显含自变量 x. 令 $y'=p$，则 $y''=\dfrac{\mathrm{d}p}{\mathrm{d}x}=\dfrac{\mathrm{d}p}{\mathrm{d}y}\dfrac{\mathrm{d}y}{\mathrm{d}x}=p\dfrac{\mathrm{d}p}{\mathrm{d}y}$，原方程化为

$$p\frac{\mathrm{d}p}{\mathrm{d}y}=p^3+p.$$

若 $p=0$，则 $y=C$；若 $p\neq0$，则两边消去 p，整理，得

$$\frac{\mathrm{d}p}{1+p^2}=\mathrm{d}y,$$

两边积分，得

$$\arctan p=y+C_1,$$

即

$$\frac{\mathrm{d}y}{\mathrm{d}x}=p=\tan(y+C_1).$$

分离变量，得

$$\frac{\mathrm{d}y}{\tan(y+C_1)} = \mathrm{d}x,$$

两边积分，得通解为 $\ln|\sin(y+C_1)| = x+C_2'$，即 $\sin(y+C_1) = C_2\mathrm{e}^x$，$C_2 = \pm\mathrm{e}^{C_2'}$，其中，$C_1, C_2$ 为任意常数.

法二　不显含未知函数 y. 令 $y' = p$，则 $y'' = \dfrac{\mathrm{d}p}{\mathrm{d}x} = p'$，原方程化为

$$\frac{\mathrm{d}p}{\mathrm{d}x} = p^3 + p = p(p^2+1),$$

分离变量，并两边积分，

$$\int\left(\frac{1}{p} - \frac{p}{p^2+1}\right)\mathrm{d}p = \mathrm{d}x,$$

得

$$\ln|p| - \frac{1}{2}\ln(1+p^2) = x + C_1',$$

即

$$\frac{p^2}{p^2+1} = C\mathrm{e}^{2x}, \quad C = \mathrm{e}^{2C_1'} > 0.$$

从而

$$p = \frac{\mathrm{d}y}{\mathrm{d}x} = \pm\sqrt{\frac{C\mathrm{e}^{2x}}{1-C\mathrm{e}^{2x}}} = \pm\frac{\sqrt{C}\mathrm{e}^x}{\sqrt{1-\left(\sqrt{C}\mathrm{e}^x\right)^2}},$$

积分得

$$y = \pm\arcsin\left(\sqrt{C}\mathrm{e}^x\right) + C_2 = \arcsin\left(\pm\sqrt{C}\mathrm{e}^x\right) + C_2,$$

即通解为

$$y = \arcsin(C_1\mathrm{e}^x) + C_2, C_1 = \pm\sqrt{C},$$

其中，C_1, C_2 为任意常数.

评注　在求解可降阶的微分方程时，应先辨别类型，再选择合适的方法降阶求解.

5. 二阶线性微分方程解的结构

例 7.18　已知二阶非齐次线性微分方程 $(x-1)y'' - xy' + y = -x^2 + 2x - 2$ 的三个特解分别为 $y_1^* = x^2$，$y_2^* = x + x^2$，$y_3^* = \mathrm{e}^x + x^2$，求该方程满足 $y(0) = 1$，$y'(0) = 2$ 的特解.

解　先求出原方程的通解，再求满足初始条件的特解.

因为 $y_1 = y_2^* - y_1^* = x$，$y_2 = y_3^* - y_1^* = \mathrm{e}^x$ 是对应齐次方程的解，且 y_1 与 y_2 线性无关，所以由解的结构定理知，原非齐次方程的通解可表示为

$$y = C_1 x + C_2\mathrm{e}^x + x^2.$$

将初始条件代入，可得

$$\begin{cases} C_2 = 1 \\ C_1 + C_2 = 2 \end{cases},$$

即 $C_1 = 1$，$C_2 = 1$，故所求特解为

$$y = x + \mathrm{e}^x + x^2.$$

例 7.19　已知方程 $(x+2)y'' - (2x+5)y' + 2y = 0$ 的一个解为 $y_1 = \mathrm{e}^{2x}$，求这个方程的通解.

解　设方程的另一个与 y_1 线性无关的解为 y_2，且设 $y_2 = u(x)y_1 = u(x)\mathrm{e}^{2x}$，则

$$y_2' = [u'(x) + 2u(x)]\mathrm{e}^{2x},\ y_2'' = [u''(x) + 4u'(x) + 4u(x)]\mathrm{e}^{2x},$$

代入原方程化简，得

$$(x+2)u''(x) + (2x+3)u'(x) = 0,$$

分离变量，得

$$\frac{u''(x)}{u'(x)} = -2 + \frac{1}{x+2} \Rightarrow \frac{\mathrm{d}u'(x)}{u'(x)} = \left(-2 + \frac{1}{x+2}\right)\mathrm{d}x,$$

积分，得

$$\ln|u'(x)| = -2x + \ln|x+2| + C_3,$$

即

$$u'(x) = C_4(x+2)\mathrm{e}^{-2x},\ C_4 = \pm\mathrm{e}^{c_3},$$

积分，得

$$u(x) = -\frac{1}{4}C_4(2x+5)\mathrm{e}^{-2x} + C_5.$$

取最简单的情况，令 $C_4 = -4$，$C_5 = 0$，得 $u(x) = (2x+5)\mathrm{e}^{-2x}$. 所以 $y_2 = (2x+5)$，故原方程的通解为

$$y = C_1\mathrm{e}^{2x} + C_2(2x+5).$$

6. 二阶常系数线性微分方程

例 7.20　求解下列方程.

（1）$y'' + 10y' + 25y = 0$;　　　　　　　　（2）$y'' - 4y' + 3y = 0$;

（3）$\begin{cases} y'' + 2y' + 2y = 0 \\ y(0) = 2,\ y'(0) = -1 \end{cases}$.

解　此题属于求解二阶常系数齐次线性微分方程，利用特征根法.

（1）特征方程为 $r^2 + 10r + 25 = 0$，特征根为 $r_1 = r_2 = -5$（二重根），所以通解为

$$y = (C_1 + C_2 x)\mathrm{e}^{-5x}.$$

（2）特征方程为 $r^2 - 4r + 3 = 0$，特征根为 $r_1 = 3$，$r_2 = 1$，所以通解为 $y = C_1\mathrm{e}^{3x} + C_2\mathrm{e}^x$.

（3）特征方程为 $r^2 + 2r + 2 = 0$，特征根为 $r_{1,2} = -1 \pm i$，所以通解为

$$y = \mathrm{e}^{-x}(C_1\cos x + C_2\sin x).$$

代入初值条件，得

$$\begin{cases} C_1 = 2 \\ -C_1 + C_2 = -1 \end{cases},$$

即 $C_1 = 2$，$C_2 = 1$，故所求解为

$$y = e^{-x}(2\cos x + \sin x).$$

例 7.21　已知常系数线性齐次微分方程的特征根为

（1）$r_1 = 2$，$r_2 = 3$；　　　　（2）$r_1 = -r_2 = i$.

试写出相应的阶数最低的常系数线性齐次微分方程.

解　首先写出相应的特征方程，再由特征方程写出相应的微分方程，注意所要求的阶数等于微分方程根的个数.

（1）特征方程为 $(r-2)(r-3) = 0$，即 $r^2 - 5r + 6 = 0$，所以所求的微分方程为

$$y'' - 5y' + 6y = 0.$$

（2）特征方程为 $(r-i)(r+i) = 0$，即 $r^2 + 1 = 0$，所以所求的微分方程为

$$y'' + y = 0.$$

例 7.22　求解下列微分方程.

（1）$y'' - 2y' - 3y = xe^{-x}$；　　　　（2）$y'' + 4y' + 4y = e^{2x}\cos 2x$.

解　（1）先求齐次方程 $y'' - 2y' - 3y = 0$ 的通解. 特征方程为 $r^2 - 2r - 3 = 0$，特征根为 $r_1 = 3$，$r_2 = -1$，所以齐次通解为

$$Y = C_1 e^{3x} + C_2 e^{-x}.$$

再求方程的一个特解，设特解为 y^*，因为右端项的 $\lambda = -1$ 是特征方程的单根，故设特解为 $y^* = x(ax+b)e^{-x}$，将 y^* 代入原方程，得 $(-8ax + 2a - 4b)e^{-x} = xe^{-x}$，即 $-8ax + 2a - 4b = x$，令两边 x 的同次幂系数相同，得

$$\begin{cases} -8a = 1 \\ 2a - 4b = 0 \end{cases},$$

解得 $a = -\dfrac{1}{8}$，$b = -\dfrac{1}{16}$. 故特解为

$$y^* = -\frac{1}{16}x(2x+1)\ e^{-x},$$

所以，原方程的通解为

$$y = C_1 e^{3x} + C_2 e^{-x} - \frac{1}{16}x(2x+1)\ e^{-x}.$$

（2）先求齐次方程 $y'' + 4y' + 4y = 0$ 的通解. 特征方程为 $r^2 + 4r + 4 = 0$，特征根为 $r_1 = r_2 = -2$，所以齐次通解为

$$Y = (C_1 + C_2 x)e^{-2x}.$$

再求方程的一个特解，设特解为 y^*，因为右端项的 $\lambda + iw = 2 + 2i$ 不是特征方程的根，故设特解为 $y^* = e^{2x}(a\cos 2x + b\sin 2x)$，将 y^* 代入原方程，得

$$4e^{2x}[(3a+4b)\cos 2x + (-4a+3b)\sin 2x] = e^{2x}\cos 2x,$$

即

$$4[(3a+4b)\cos 2x + (-4a+3b)\sin 2x] = \cos 2x.$$

令两边同类项系数相同，得

$$\begin{cases} 4(3a+4b)=1 \\ -4a+3b=0 \end{cases},$$

解得 $a=\dfrac{3}{100}$, $b=\dfrac{1}{25}$. 故特解为

$$y^*=\frac{1}{100}e^{2x}(3\cos 2x+4\sin 2x),$$

所以，原方程的通解为

$$y=(C_1+C_2 x)e^{-2x}+\frac{1}{100}e^{2x}(3\cos 2x+4\sin 2x).$$

例 7.23 求微分方程 $y''+2ay'+a^2 y=e^x$（a 为实数）的通解.

解 齐次微分方程对应的特征方程为 $r^2+2ar+a^2=0$, 特征根为 $r_1=r_2=-a$. 所以，齐次通解为 $Y=(C_1+C_2 x)e^{-ax}$.

若 $a=-1$, 设特解 $y^*=Ax^2 e^x$, 代入微分方程得 $A=\dfrac{1}{2}$, 此时通解为

$$y=(C_1+C_2 x)e^x+\frac{1}{2}x^2 e^x.$$

若 $a\neq -1$, 设特解 $y^*=Ae^x$, 代入微分方程得 $A=\dfrac{1}{(a+1)^2}$, 此时通解为

$$y=(C_1+C_2 x)e^x+\frac{1}{(a+1)^2}e^x.$$

例 7.24 设函数 $f(x)$ 连续，且满足 $f(x)=\cos 2x+\displaystyle\int_0^x f(t)\sin t\,\mathrm{d}t$, 求 $f(x)$.

解 方程两边关于自变量 x 求导，得

$$f'(x)=-2\sin 2x+f(x)\sin x,$$

整理，得

$$f'(x)-\sin x\cdot f(x)=-2\sin 2x,$$

故有微分方程的初值问题

$$\begin{cases} f'(x)-\sin x\cdot f(x)=-2\sin 2x \\ f(0)=1 \end{cases}.$$

由通解公式得

$$\begin{aligned} f(x)&=e^{\int \sin x\mathrm{d}x}\left(\int -2\sin 2x\cdot e^{-\int \sin x\mathrm{d}x}\mathrm{d}x+C\right)\\ &=e^{-\cos x}\left(\int -4\sin x\cdot\cos x\cdot e^{\cos x}\mathrm{d}x+C\right)\\ &=e^{-\cos x}\left(\int 4\cos x\cdot\mathrm{d}e^{\cos x}+C\right)=e^{-\cos x}(4\cos x e^{\cos x}-4e^{\cos x}+C)\\ &=4(\cos x-1)+Ce^{-\cos x}. \end{aligned}$$

由 $f(0)=1$ 得 $C=e$, 故

$$f(x)=4(\cos x-1)+e^{1-\cos x}.$$

7. 二阶微分方程的应用

例 7.25 已知某车间的体积为 $30\text{m} \times 30\text{m} \times 6\text{m}$，其中的空气含 0.12% 的 CO_2（以体积计算）. 现以含 CO_2 0.04% 的新鲜空气输入，问每秒应输入多少，才能在 30min 后使空气中 CO_2 的含量不超过 0.06%？（假设输入的新鲜空气与原有的空气很快混合均匀后，以相同的流量排出）？

解 设每秒钟输入新鲜空气 $a\text{m}^3$，t 时刻 CO_2 的浓度为 $x(t)\%$，则在 $[t, t+\text{d}t]$ 内 CO_2 的输入量为 $a \times 0.04 \times \text{d}t$，$CO_2$ 的排出量为 $a \times x(t) \times \text{d}t$，$CO_2$ 的改变量为 $30 \times 30 \times 6 \times \text{d}x$，由于

$$CO_2 \text{ 的改变量} = CO_2 \text{ 的输入量} - CO_2 \text{ 的排出量},$$

所以有

$$30 \times 30 \times 6 \times \text{d}x = a \times 0.04 \times \text{d}t - a \times x(t) \times \text{d}t,$$

整理得微分方程

$$\frac{\text{d}x}{\text{d}t} + \frac{a}{5400} x = \frac{0.04a}{5400}.$$

此为一阶线性非齐次方程，解得

$$x(t) = \text{e}^{-\int \frac{a}{5400}\text{d}t} \left[\int \frac{0.04a}{5400} \text{e}^{\int \frac{a}{5400}\text{d}t} \text{d}t + C \right] = 0.04 + C\text{e}^{-\frac{at}{5400}}.$$

由已知条件，$t=0$ 时 $x(0)=0.12$，$t=30$ 时 $x(30)=0.06$，代入可知 $a = 249.533$，即每秒输入新鲜空气约 250m^3.

例 7.26 一质量为 m 的物体，在黏性液体中由静止自由下落，加入液体阻力和运动速度成正比，比例系数为 k，试求物体运动的规律.

解 物体的重力为 mg，阻力为 $-kv$，由牛顿第二定律可知 $-kv + mg = ma$，其中 $v = \dfrac{\text{d}x}{\text{d}t}$，$a = \dfrac{\text{d}^2 x}{\text{d}t^2}$，则得微分方程 $\dfrac{\text{d}^2 x}{\text{d}t^2} + \dfrac{k}{m}\dfrac{\text{d}x}{\text{d}t} = g$，初始条件为 $x'(0) = 0$，$x(0) = 0$. 令 $\dfrac{\text{d}x}{\text{d}t} = p$，$\dfrac{\text{d}^2 x}{\text{d}t^2} = p'$，则有 $p' + \dfrac{k}{m} p = g$，所以

$$\frac{\text{d}x}{\text{d}t} = p = \text{e}^{\int -\frac{k}{m}\text{d}t} \left[\int g\text{e}^{\int \frac{k}{m}\text{d}t} \text{d}t + C_1 \right] = C_1\text{e}^{-\frac{k}{m}t} + \frac{mg}{k}.$$

由 $x'(0) = 0$，得 $C_1 = -\dfrac{mg}{k}$，因此

$$x(t) = \frac{mg}{k} t + \frac{m^2 g}{k^2} \text{e}^{-\frac{k}{m}t} + C_2.$$

由 $x(0) = 0$，得 $C_2 = -\left(\dfrac{m}{k}\right)^2 g$. 故物体运动的规律为

$$x(t) = \frac{mg}{k} t + \frac{m^2 g}{k^2} \left(\text{e}^{-\frac{k}{m}t} - 1 \right).$$

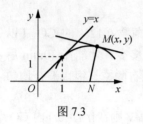

图 7.3

例 7.27　一条凸曲线位于上半平面，其上任一点 $M(x, y)$ 处的曲率等于此曲线在该点的法线段 MN 的长度，其中 N 是法线与 x 轴的交点，且曲线在点$(1,1)$处与直线 $y = x$ 相切，求此曲线所满足的微分方程及初始条件.

解　如图 7.3 所示，设曲线方程为 $y = y(x)$，其在点 $M(x, y)$ 处的法线方程为 $Y - y = -\dfrac{1}{y'}(X - x)$，它在 x 轴上的截距为 $X = x + yy'$，所以点 N 的坐标为 $N(x + yy', 0)$，于是

$$|MN| = \sqrt{(yy')^2 + y^2} = y\sqrt{1 + y'^2} = \frac{|y''|}{(1 + y'^2)^{\frac{3}{2}}},$$

即 $(y'')^2 = y^2(1 + y'^2)^4$，由于曲线位于上半平面且是凸的，所以 $y > 0$，$y'' < 0$，因此曲线所满足的微分方程为

$$y'' = -y(1 + y'^2)^2,$$

由题意所满足的初始条件为

$$y(1) = 1,\quad y'(1) = 1.$$

8*. 欧拉方程

例 7.28　解下列微分方程.

（1）$x^2 y'' + xy' + y = 2\sin(\ln x)$；

（2）$(x + 1)^2 y'' - (x + 1)y' + y = 6(x + 1)\ln(x + 1)$.

解　（1）令 $x = e^t$，即 $t = \ln x$，则原方程化为 $\dfrac{d^2 y}{dt^2} + y = 2\sin t$，特征方程为 $r^2 + 1 = 0$，特征根为 $r = \pm i$，所以对应的齐次通解为

$$Y = C_1 \cos t + C_2 \sin t.$$

由右端项的形式，可设特解为 $y^* = t(A\cos t + B\sin t)$，代入微分方程，得

$$2B\cos t - 2(1 + A)\sin t = 0,$$

所以 $A = -1$，$B = 0$，即 $y^* = -t\cos t$，所以通解为

$$y = C_1 \cos t + C_2 \sin t - t\cos t,$$

即原方程的通解为

$$y = C_1 \cos(\ln x) + C_2 \sin(\ln x) - t\cos(\ln x).$$

（2）令 $x + 1 = e^t$，即 $t = \ln(x + 1)$，则原方程化为 $\dfrac{d^2 y}{dt^2} - 2\dfrac{dy}{dx} + y = 6te^t$，其特征方程为 $r^2 - 2r + 1 = 0$，特征根为 $r_1 = r_2 = 1$，所以对应的齐次通解为

$$Y = (C_1 + C_2 t)e^t.$$

由右端项形式，可设特解为 $y^* = t^2(at + b)e^t$，代入微分方程整理，得

$$2(b + 3at - 3t)e^t = 0,$$

所以 $a = 1$，$b = 0$，$y^* = t^3 e^t$，

故通解为

$$y = (C_1 + C_2 t)e^t + t^3 e^t,$$

即原方程的通解为 $y = \left[C_1 + C_2 \ln(x+1)\right](x+1) + (x+1)\left[\ln(x+1)\right]^3$.

9. 微分方程在经济方面的应用

例 7.29 某商品的需求量对价格的弹性 $\eta = -3P^3$，市场对该商品的最大需求量为 1（万元），求需求函数.

解 建立微分方程. 根据弹性定义，有

$$\eta = \frac{\dfrac{dx}{x}}{\dfrac{dP}{P}} = -3P^3, \quad \frac{dx}{x} = -3P^2 dP.$$

由此得 $x = Ce^{-P^3}$，C 为待定常数.

由题设知 $P = 0$ 时 $x = 1$，从而 $C = 1$，所求的需求函数为 $x = e^{-P^3}$.

例 7.30 设商品的需求量 D 和供给量 S，各自对价格 P 的函数为 $D(P) = \dfrac{a}{p^2}$，$S(P) = bP$，且 P 是时间 t 的函数，并满足方程

$$\frac{dP}{dt} = k[D(P) - S(P)] \quad (a, b, k \text{ 为正常数}).$$

求：（1）需求量与供给量相等时的均衡价格 P；（2）当 $t = 0$，$P = 1$ 时的价格函数 $P(t)$；（3）$\lim\limits_{t \to \infty} P(t)$.

解 建立微分方程.

（1）当需求等于供给量时，有 $\dfrac{a}{P^2} = bP$，$P^3 = \dfrac{a}{b}$，因此均衡价格为 $P = \left(\dfrac{a}{b}\right)^{\frac{1}{3}}$.

（2）由条件知

$$\frac{dP}{dt} = k\left[D(P) - S(P)\right] = k\left[\frac{a}{P^2} - bP\right] = \frac{kb}{P^2}\left(\frac{a}{b} - P^3\right) = k\frac{a - bP^3}{P^2}.$$

因此有

$$P = \left(\frac{a}{b} - \frac{a-b}{b}e^{-3kbt}\right)^{\frac{1}{3}}.$$

（3）$\lim\limits_{t \to \infty} P(t) = \left(\dfrac{a}{b}\right)^{\frac{1}{3}}$.

10. 差分方程

例 7.31 求下列差分方程的通解.

（1）$3y_n - 3y_{n-1} = n3^n + 1$；　　　　　（2）$2y_{n+1} + 10y_n - 5n = 0$；

（3）$y_{n+1} - 3y_n = \sin\dfrac{\pi}{2}n$.

解 （1）经整理，原方程化简为

$$y_{n+1} - y_n = (n+1)3^n + \frac{1}{3},$$

相应的齐次方程的通解为常数 c，非齐次方程的特解应分成为

$$y_{n+1} - y_n = (n+1)3^n, \quad y_{n+1} - y_n = \frac{1}{3}.$$

求特解，第一个方程的特解可设为 $\overline{Y}_1(n) = (A+Bn)3^n$，从而 $\overline{Y}_1(n+1) = (A+Bn+B)3^{n+1}$，代入第一方程，得

$$(A+Bn+B)3^{n+1} - (A+Bn)3^n = (n+1)3^n,$$

比较等式左、右两端同类项系数，得

$$\begin{cases} 2A+3B=1 \\ 2B=1 \end{cases},$$

解得

$$\begin{cases} A = -\dfrac{1}{4}, \\ B = \dfrac{1}{2} \end{cases}$$

故特解为

$$\overline{Y}_1(n) = \left(\frac{n}{2} - \frac{1}{4}\right) \times 3^n.$$

第二个方程的特解可设为 $\overline{Y}_2(n) = An$，同理可求得 $A = \dfrac{1}{3}$，故特解 $\overline{Y}_2(n) = \dfrac{1}{3}n$。所以，原方程的特解为

$$\overline{Y}_n = \left(\frac{n}{2} - \frac{1}{4}\right) \times 3^n + \frac{1}{3}n,$$

因此原方程的通解为

$$y_n = \left(\frac{n}{2} - \frac{1}{4}\right) \cdot 3^n + \frac{1}{3}n + C.$$

（2）将原方程变形为 $y_{n+1} + 5y_n = \dfrac{5}{2}n$，相应的齐次方程 $y_{n+1} + 5y_n = 0$，通解 $y_n = (-5)^n$，非齐次项 $f(n) = \dfrac{5}{2}n$，故可设特解 $\overline{Y}_n = An+B$，从而 $\overline{Y}_{n+1} = (A+B) + An$，代入原非齐次方程，得

$$2[A(n+1)+B] + 10(An+B) = 5n.$$

整理并比较等式左、右两端同类项系数，得

$$\begin{cases} 12A=5 \\ 2A+12B=0 \end{cases},$$

从而

$$\begin{cases} A = \dfrac{5}{12} \\ B = -\dfrac{5}{12} \times \dfrac{1}{6} \end{cases},$$

故原方程的特解为 $\overline{Y}_n = n - \dfrac{1}{6}$. 因此原方程的通解为

$$y_n = c(-5)^n + \frac{5}{12}\left(n - \frac{1}{6}\right).$$

（3）相应的齐次方程 $Y_{n+1} - 3Y_n = 0$ 的通解为 $c3^n$, 非齐次项 $f(n) = \sin\left(\dfrac{\pi}{2}n\right)$, 故可设特解为 $\overline{Y}_n = A\cos\left(\dfrac{\pi}{2}n\right) + B\sin\left(\dfrac{\pi}{2}n\right)$, 从而 $\overline{Y}_{n+1} = A\cos\left(\dfrac{\pi}{2}n + \dfrac{\pi}{2}\right) + B\sin\left(\dfrac{\pi}{2}n + \dfrac{\pi}{2}\right)$, 代入原非齐次方程, 得

$$(B - 3A)\cos\left(\frac{\pi}{2}n\right) - (A + 3B)\sin\left(\frac{\pi}{2}n\right) = \sin\left(\frac{\pi}{2}n\right).$$

整理并比较等式左、右两端同类项系数, 得

$$\begin{cases} B - 3A = 0 \\ A + 3B = -1 \end{cases},$$

从而

$$\begin{cases} A = -\dfrac{1}{10} \\ B = -\dfrac{3}{10} \end{cases},$$

故原方程的特解为

$$\overline{Y}_n = -\frac{1}{10}\cos\left(\frac{\pi}{2}n\right) - \frac{3}{10}\sin\left(\frac{\pi}{2}n\right).$$

因此原方程的通解为

$$y_n = c3^n - \frac{1}{10}\cos\left(\frac{\pi}{2}n\right) - \frac{3}{10}\sin\left(\frac{\pi}{2}n\right).$$

 三、疑难问题解答

1. 微分方程的通解是否包含它的所有解？

答 微分方程的通解不一定包含它的所有解. 例如, 方程 $(y')^2 - 4y = 0$ 的通解为 $y = (x + C)^2$, 但它不包含方程的解 $y = 0$. 不能从通解中得到的解称为奇解, 解微分方程注意不要丢掉奇解.

2. 易证, 函数 $y_1 = (x-1)^2$ 和 $y_2 = (x+1)^2$ 都是微分方程 $(x^2 - 1)y'' - 2xy' + 2y = 0$ 和 $yy'' - (y')^2 = 0$ 的解, 但这两个解的叠加 $y = C_1(x-1)^2 + C_2(x+1)^2$ （其中 C_1、C_2 为任意

常数）为什么只能满足前一个方程而不能满足最后一个方程？原因何在？

答　本问题中两个微分方程的本质差异是：前一个微分方程是齐次线性微分方程，而后一个方程不是线性微分方程．解的叠加原理只适用于齐次线性微分方程，换句话说，解的叠加原理是齐次线性微分方程所具有的特性，非线性方程不具有此性质，两个解叠加后之所以满足前一个方程而不满足后一个方程的原因就在于此．

3. 是否所有微分方程都存在通解？

答　不是所有的微分方程都存在通解．例如，方程$(y'')^2 + y^2 = 0$只有解$y = 0$，不存在通解（因为通解要含有两个独立的任意常数）．

4. 如何求解$f(y', y'') = 0$型的微分方程？

答　此类方程属于可降阶的微分方程，即可看作不显含未知函数y的类型，也可看作不显含自变量x的类型．一般情况下，采用哪种方法求解都可以，实际问题中可选取相对简单的一种方法．如例 7.17（3），看作不显含自变量x的类型的解法稍简单些．

5. 如何用微分方程求解应用问题？

答　可用微分方程求解的实际问题是很多的，按教学大纲要求，只要求会解简单的几何问题和物理问题，其关键是建立微分方程，方法上主要是用导数的几何意义、物理意义及各种物理定律（如牛顿第二定律）去描述所给问题各变量的内在联系，得到相应的微分方程．用微分方程解应用题的一般步骤如下：

（1）分析实际问题：建立微分方程；

（2）按问题所给的条件，写出定解条件；

（3）求微分方程的通解，由定解条件定出所要求的特解．

四、同步训练题

7.1　微分方程的基本概念

1. 选择题.

（1）函数$y = Cx^2$所满足的一阶微分方程为（　　　）.

    A. $xy' = x$　　　　　　　B. $xy' = 2x$　　　　　　C. $xy' = y$　　　　　　D. $xy' = 2y$

（2）下列方程中，是二阶微分方程的是（　　　）.

    A. $y'' + x^2 y' + x^2 = 0$　　　　　　　　　　B. $(y')^2 + 3x^2 y = x^3$

    C. $y''' + 3y'' + y = 0$　　　　　　　　　　　D. $y' - y^2 = \sin x$

（3）微分方程$\dfrac{\mathrm{d}^2 y}{\mathrm{d}x^2} + w^2 y = 0$的通解是（　　　）（其中$C, C_1, C_2$均为任意常数）.

    A. $y = C \cos wx$　　　　　　　　　　　　B. $y = C \sin wx$

    C. $y = C_1 \cos wx + C_2 \sin wx$　　　　　　D. $y = C \cos wx + C \sin wx$

（4）下列方程中，是线性微分方程的有（　　　）个.

    ① $y' = x^2 + y$；　　　　　　　　　　　　② $x(y')^2 - 4yy' + 3xy = 0$；

③ $xy'' + 2y' + x^2 y = 0$ ；　　　　　　　　　④ $xy''' + 5y'' + 2y = 0$.

A. 1　　　　　　　B. 2　　　　　　　C. 3　　　　　　　D. 4

（5）设一曲线经过点 $(1,2)$ ，且该曲线上任一点 (x,y) 处的切线的斜率为 $2x$ ，则此曲线方程是（　　　）.

A. $y = x^2 - 1$　　　B. $y = x^2 + 1$　　　C. $y = x^2 + C$　　　D. $y = -x^2 + 1$

2．填空题.

（1）微分方程 $(7x - 6y)\mathrm{d}x + \mathrm{d}y = 0$ 的阶数是_____.

（2）积分曲线族 $y = (C_1 + C_2 x)\mathrm{e}^{2x}$ 中满足 $y|_{x=0} = 0$ ，$y'|_{x=0} = 1$ 的曲线是_____.

（3）设 $y = f(x)$ 是微分方程 $y'' - 2y' = \sin x$ 的解，且 $f'(x_0) = 0$ ，则 $f''(x_0) = $_____.

（4）设曲线 $y = y(x) > 0$ 在 $[0,x]$ 上所围成的曲边梯形的面积的值与 $y^{n+1}(x)$ 成正比（比例系数为 k ），则该曲线所满足的一阶微分方程为_____.

（5）曲线上任一点 (x,y) 处的切线的斜率恒为该点的横坐标与纵坐标之比，则该曲线满足的微分方程为_____.

3．验证 $x^2 + y^2 = C$ （ C 为任意常数）是微分方程 $y' = -\dfrac{x}{y}$ 的通解.

4*．在 xOy 面上，连续曲线 L 过点 $M(1,0)$ ，其上任一点 $P(x,y)$（ $x \neq 0$ ）处的切线斜率与直线 OP 的斜率之差为 ax （常数 $a > 0$ ），求曲线所满足的微分方程.

7.2　一阶微分方程

1．选择题.

（1）方程 $(1 + \mathrm{e}^x)yy' = \mathrm{e}^x$ 的满足初始条件 $y(0) = 0$ 的特解是（　　　）.

A. $y^2 = 2\ln\dfrac{1 + \mathrm{e}^x}{2}$　　B. $y^2 = \ln\dfrac{1 + \mathrm{e}^x}{2}$　　C. $y = 2\ln\dfrac{1 + \mathrm{e}^x}{2}$　　D. $y^2 = \ln\dfrac{\mathrm{e}^x}{2}$

（2）微分方程 $\dfrac{\mathrm{d}y}{\mathrm{d}x} + 2xy = 2x$ 的通解是（　　　）.

A. $y = \mathrm{e}^{-x^2} + C$　　　B. $y = \mathrm{e}^{-x^2} + Cx$　　　C. $y = C\mathrm{e}^{-x^2} + 1$　　　D. $y = x\mathrm{e}^{-x^2} + 2$

（3）微分方程 $\dfrac{\mathrm{d}x}{\sqrt{x}} + \dfrac{\mathrm{d}y}{\sqrt{y}} = 0$ 的通解是（　　　）.

A. $\dfrac{1}{x} + \dfrac{1}{y} = C$　　　B. $\dfrac{1}{\sqrt{x}} + \dfrac{1}{\sqrt{y}} = C$　　　C. $x + y = C$　　　D. $\sqrt{x} + \sqrt{y} = C$

（4）微分方程 $\dfrac{\mathrm{d}y}{\mathrm{d}x} + \cot x \cdot y = \csc x$ 的通解是（　　　）.

A. $y = \dfrac{x + C}{\cos x}$　　　　　　　　　　B. $y = \dfrac{x + C}{\sin x}$

C. $y = \sin x(x + C)$　　　　　　　　　D. $y = \cos x(x + C)$

（5）伯努利方程 $y' + \dfrac{1}{x}y = x^2 y^3$ 的解为（　　　）.

A. $y^{-2} = x^2(C - 2x)$　　　　　　　　B. $y^{-2} = x^2(C - x)$

C. $y^{-2} = x^2(C + 2x)$　　　　　　　　D. $y^{-2} = x^2(C + x)$

2. 求下列微分方程的通解.

（1）$y' = 2x(y - 3)$；　　　（2）$y' = \dfrac{y^2 - x^2}{xy}$；　　　（3）$(x^2 - 1)y' + 2xy = \cos x$.

3. 求下列微分方程满足所给初始条件的特解.

（1）$x^2 y' + 3xy = 1, y\big|_{x=1} = 1$；

（2）$\dfrac{\sec x}{1 + y^2}\,\mathrm{d}y = x\,\mathrm{d}x, y\big|_{x=\pi} = \dfrac{\pi}{4}$；

（3）$\dfrac{\mathrm{d}y}{\mathrm{d}x} = \dfrac{\ln x}{x}y^2 - \dfrac{1}{x}y, y\big|_{x=1} = 1$.

4*. 设 $f(x) = x + \displaystyle\int_0^x f(u)\,\mathrm{d}u, f(x)$ 是可微函数，求 $f(x)$.

5*. 设 L 是一条曲线，其上任一点 $P(x, y)\,(x > 0)$ 到原点的距离等于该点处切线在 y 轴上的截距，且 L 过点 $\left(\dfrac{1}{2}, 0\right)$，求曲线方程.

7.3　可降阶的高阶微分方程

1. 选择题.

（1）微分方程 $y'' = \mathrm{e}^{3x} + \sin x$ 的通解是（　　　）.

　　A. $y = \dfrac{1}{9}\mathrm{e}^{3x} - \cos x + C_1 x + C_2$，其中 C_1, C_2 为任意常数

　　B. $y = \dfrac{1}{9}\mathrm{e}^{3x} + \sin x + C_1 x^2 + C_2 x$，其中 C_1, C_2 为任意常数

　　C. $y = \dfrac{1}{9}\mathrm{e}^{3x} - \sin x + C_1 x + C_2$，其中 C_1, C_2 为任意常数

　　D. $y = \dfrac{1}{9}\mathrm{e}^{3x} + \cos x + C_1 x^2 + C_2 x$，其中 C_1, C_2 为任意常数

（2）微分方程 $y'' = y' + x$ 的通解是（　　　）.

　　A. $y = C_1\mathrm{e}^x - \dfrac{1}{2}x^2 - x + C_2$　　　　　　B. $y = C_1\mathrm{e}^x + x^2 - 2x + C_2$

　　C. $y = C_1 x\mathrm{e}^x - \dfrac{1}{2}x^2 + x + C_2$　　　　　　D. $y = C_1 x\mathrm{e}^x + x^2 - x + C_2$

（3）微分方程 $y'' + (y')^2\mathrm{e}^x = 0$ 满足初始条件 $y(0) = 1, y'(0) = 1$ 的解是（　　　）.

　　A. $y = \dfrac{1}{2}\mathrm{e}^{-x} + \dfrac{1}{2}$　　B. $y = \dfrac{1}{2}\mathrm{e}^x + \dfrac{1}{2}$　　C. $y = 2\mathrm{e}^{-x} - 1$　　D. $y = 2 - \mathrm{e}^{-x}$

（4）微分方程 $yy'' - (y')^2 = 0$ 的通解是（　　　）.

　　A. $y = C_2\mathrm{e}^{C_1 x}$　　　　　　　　　　　B. $y = C_2 x\mathrm{e}^{C_1 x}$

　　C. $y = C_2\mathrm{e}^{C_1 x^2}$　　　　　　　　　　D. $y = C_2 x^2\mathrm{e}^{C_1 x}$

（5）微分方程 $y'' = \dfrac{3}{2}y^2$ 满足初始条件 $y(0) = 1, y'(0) = 1$ 的特解是（　　　）.

　　A. $y = \dfrac{2}{(x+2)^2}$ 　　B. $y = \dfrac{4}{(x-2)^2}$ 　　C. $y = \dfrac{2x}{(x-2)^2}$ 　　D. $y = \dfrac{4x}{(x+2)^2}$

2. 求下列各微分方程的通解.

（1）$\dfrac{1}{x} y'' = \dfrac{1}{1+x^2}$；　　（2）$\left(1+x^2\right)y'' + 2xy' = 1$；　　（3）$y'' - 2(y')^2 \cot y = 0$.

3. 求下列各微分方程满足所给初始条件的特解.

（1）$y'' = \sin 2x$，$y\big|_{x=0} = 0$，$y'\big|_{x=0} = 1$；

（2）$(1-y)y'' = -y'^2$，$y(0) = y'(0) = 2$.

4*. 函数 $f(x)$ 在 $x > 0$ 内二阶导函数连续且 $f(1) = 2$，以及 $f'(x) - \dfrac{f(x)}{x} - \displaystyle\int_1^x \dfrac{f(t)}{t^2}\mathrm{d}t = 0$，求 $f(x)$.

7.4 二阶线性微分方程解的结构

1. 选择题.

（1）已知 $y_1 = \mathrm{e}^{x^2}$ 及 $y_2 = x\mathrm{e}^{x^2}$ 是方程 $y'' - 4xy' + (4x^2 - 2)y = 0$ 的解，则方程的通解为（ ）.

　　A. $y = (1+x)\mathrm{e}^{x^2}$ 　　　　　　　　B. $y = (C_1 + C_2 x)x\mathrm{e}^{x^2}$

　　C. $y = (C_1 + C_2 x)\mathrm{e}^{x^2}$ 　　　　　D. $y = C_1 x\mathrm{e}^{x^2} + C_2$

（2）已知函数 $y_1 = \mathrm{e}^{x^2 + \frac{1}{x^2}}$，$y_2 = \mathrm{e}^{x^2 - \frac{1}{x^2}}$，$y_3 = \mathrm{e}^{\left(x - \frac{1}{x}\right)^2}$，则（ ）.

　　A. 仅 y_1 与 y_2 线性相关 　　　　　　B. 仅 y_1 与 y_3 线性相关

　　C. 仅 y_2 与 y_3 线性相关 　　　　　　D. 它们两两线性相关

（3）若 y_1 和 y_2 是二阶齐次线性方程 $y'' + P(x)y' + Q(x)y = 0$ 的两个特解，其中 C_1，C_2 为任意常数，则 $y = C_1 y_1 + C_2 y_2$（ ）.

　　A. 一定是该方程的通解 　　　　　　　　B. 是该方程的特解

　　C. 是该方程的解 　　　　　　　　　　　D. 不一定是方程的解

（4）下列函数中，（ ）组是线性无关的.

　　A. $\ln x$，$\ln x^2$ 　　B. $\ln \sqrt{x}$，$\ln x^2$ 　　C. x，$\ln 2^x$ 　　D. 1，$\ln x$

（5）已知 $y_1 = 3$，$y_2 = 3 + x^2$，$y_3 = 3 + x^2 + \mathrm{e}^x$ 都是某二阶线性齐次微分方程的解，则方程的通解为（ ）.

　　A. $y = C_1 \mathrm{e}^x + C_2 x^2 + 3$ 　　　　　B. $y = C_1 \mathrm{e}^x + C_2 x^2$

　　C. $y = C_1 \mathrm{e}^x + C_2 x^2 + C_3$ 　　　　D. $y = C_1 \mathrm{e}^x + C_2$

2. 证明下列函数是微分方程的通解.

（1）$y = C_1 x^2 + C_2 x^2 \ln x$（$C_1, C_2$ 是任意常数）是方程 $x^2 y'' - 3xy' + 4y = 0$ 的通解.

（2）$y = C_1 + C_2 \mathrm{e}^{-\frac{x}{2}} + \dfrac{2}{3}\mathrm{e}^x$（$C_1, C_2$ 是任意常数）是方程 $2y'' + y' = 2\mathrm{e}^x$ 的通解.

$3^*.$ 设 $y_1(x), y_2(x), y_3(x)$ 是某个二阶线性非齐次微分方程的三个解，且 $y_1(x)$, $y_2(x)$, $y_3(x)$ 线性无关. 证明：微分方程的通解为 $y = C_1 y_1(x) + C_2 y_2(x) + (1 - C_1 - C_2) y_3(x)$.

7.5　二阶常系数线性微分方程

1. 选择题.

（1）微分方程 $y'' + 2y' + y = 0$ 满足初始条件 $y|_{x=0} = 1, y'|_{x=0} = 0$ 的特解为（　　）.

　　A. $y = \cos x + \sin x$　　　　　　　　B. $y = e^{-x}$

　　C. $y = (1 + x^{-2}) e^{-x}$　　　　　　　D. $y = (1 + x) e^{-x}$

（2）微分方程 $y'' - 2y' - 3y = 0$ 的通解是（　　）.

　　A. $y = C_1 e^{-x} + C_2 e^{3x}$　　　　　　B. $y = C(e^{-x} + e^{3x})$

　　C. $y = e^{-x} + C e^{3x}$　　　　　　　D. $y = C e^{-x} + e^{3x}$

（3）微分方程 $y'' + 4y' - 5y = x$ 的一个特解应具有形式 $y^* =$（　　）.

　　A. Ax　　　　　B. A　　　　　C. $Ax + B$　　　　　D. $Ax^2 + Bx$

（4）微分方程 $y'' + y = x \sin x$ 的一个特解应具有形式 $y^* =$（　　）.

　　A. $(A + B) \sin x$　　　　　　　B. $x[(Ax + B) \sin x + (Cx + D) \cos x]$

　　C. $x(Ax + B)(\cos x + \sin x)$　　　　D. $x(Ax + B)(C \sin x + D \cos x)$

（5）$y = C_1 e^x + C_2 e^{-x}$ 是微分方程（　　）的通解.

　　A. $y'' + y = 0$　　　B. $y'' - y = 0$　　　C. $y'' + y' = 0$　　　D. $y'' - y' = 0$

2. 填空题.

（1）微分方程 $y'' - 4y' = 0$ 的通解为_____.

（2）若某个二阶常系数线性齐次微分方程的通解为 $y = C_1 e^x + C_2$，其中 C_1, C_2 为独立的任意常数，则该方程为_____.

（3）微分方程 $y'' - 4y' + 5y = 0$ 的通解为_____.

（4）微分方程 $y'' - 6y' + 9y = (x + 1) e^{3x}$ 的特解形式为 $y^* =$_____.

（5）微分方程 $y'' - 4y' - 5y = \sin 5x$ 的特解形式为 $y^* =$_____.

3. 求下列微分方程的通解.

（1）$y'' - 8y' = 0$；　　　　　　　　（2）$y'' + 4y' + 4y = 0$；

（3）$y'' - 7y' + 12y = 0$；　　　　　　　（4）$y'' - 2y' + 5y = 0$.

4. 求微分方程 $y'' + 9y = \cos x$ 满足 $y\big|_{x=\frac{\pi}{2}} = y'\big|_{x=\frac{\pi}{2}} = 0$ 的特解.

$5^*.$ 设 $y(x)$ 连续，有二阶导数，且由方程 $y(x) = 1 + \frac{1}{3} \int_0^x [y''(t) + 2y(t)] \mathrm{d}t$，$y'(0) = 3$ 确定，求 $y(x)$.

$6^*.$ k 为常数，试求 $y'' - 2ky' + k^2 y = e^x$ 的通解.

7.6　差分方程

1. 填空题.

（1）某楼盘的房价比上一季度增加 5% 的基础上再多 2 万，以 W_n 表示第 n 季度的房价（单位：万元），则 W_n 满足的差分方程是＿＿＿＿＿＿＿＿＿＿.

（2）差分方程 $y_{n+1} - 3y_n = 2n$ 满足 $y_0 = \dfrac{1}{2}$ 的特解为＿＿＿＿＿＿＿＿＿＿.

（3）差分方程 $2y_{n+1} - y_n = 3\left(\dfrac{1}{2}\right)^n$ 的通解为＿＿＿＿＿＿＿＿＿＿.

（4）差分方程 $y_{n+1} - y_n = 3n - 2$ 的通解为＿＿＿＿＿＿＿＿＿＿.

（5）差分方程 $y_{n+1} - 2y_n = 5\cos\dfrac{\pi}{2}n$ 的通解为＿＿＿＿＿＿＿＿＿＿.

2. 求下列差分方程的通解.

（1）$y_{n+1} - y_n = n2^n$；　　　（2）$y_{n+1} - y_n = 3n^2$；　　　（3）$y_{n+1} - \dfrac{2}{3}y_n = -\dfrac{5}{6}$.

3*. 某种商品 t 时刻供应量 S_t，需求量 D_t 与价格 P_t 的关系分别为 $S_t = 3 + 2P_t$，$D_t = 4 - 3P_{t-1}$. 又假设在每个时期中 $S_t = D_t$，当 $t = 0$ 时，$P_t = P_0$，求价格随时间的变化规律.

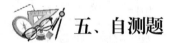

五、自测题

1. 选择题（每题 3 分，共 15 分）.

（1）设 $y = f(x)$ 是微分方程 $y'' - y' - e^{\sin x} = 0$ 的解，且 $f'(x_0) = 0$，则 $f(x)$ 在（　　）.

  A. x_0 的某个邻域内单调增加　　　　B. x_0 的某个邻域内单调减少

  C. x_0 处取极小值　　　　　　　　　D. x_0 处取极大值

（2）下列方程中，可利用 $p = y'$，$p' = y''$ 降为 p 的一阶微分方程的是（　　）.

  A. $(y'')^2 + xy' - x = 0$　　　　　　B. $y'' + yy' + y^2 = 0$

  C. $y'' + y^2 y' - y^2 x = 0$　　　　　D. $y'' + yy' + x = 0$

（3）微分方程 $\dfrac{\mathrm{d}y}{\mathrm{d}x} = \dfrac{y}{x} + \tan\dfrac{y}{x}$ 满足初始条件 $y|_{x=1} = \dfrac{\pi}{6}$ 的特解为（　　）.

  A. $\cos\dfrac{y}{x} = \dfrac{\sqrt{3}}{2}x$　　　　　　　　　　B. $\sin\dfrac{y}{x} = \dfrac{1}{2}x$

  C. $\cos\dfrac{y}{x} = \dfrac{\sqrt{3}}{2}(2x - 1)$　　　　　D. $\sin\dfrac{y}{x} = x - \dfrac{1}{2}$

（4）微分方程 $y'' - 2y' = xe^{2x}$ 的特解形式可设为 $y^* = $（　　）.

  A. $(ax + b)e^{2x}$　　　B. $x(ax + b)$　　　C. axe^{2x}　　　D. $x(ax + b)e^{2x}$

（5）设 $y = e^{2x}$ 是微分方程 $y'' + py' + 6y = 0$ 的一个特解，则此方程的通解为（　　）.

  A. $y = C_1 e^{2x} + C_2 e^{-3x}$　　　　　　B. $y = (C_1 + C_2 x)e^{2x}$

C. $y = C_1 e^{2x} + C_2 e^{3x}$ D. $y = e^{2x}(C_1 \sin 3x + C_2 \cos 3x)$

2. 填空题（每题 3 分，共 15 分）.

（1）已知曲线 $y = f(x)$ 过点 $(0,1)$，且其上任一点 (x, y) 处的切线的斜率为 $\ln(1+x)$，则 $f(x) = $ _____.

（2）微分方程 $y' - 3y = 3$ 的通解是 _____.

（3）若方程 $y'' + py' + qy = 0$（p, q 均为实常数）有特解 $y_1 = \sin 2x$, $y_2 = \cos 2x$，则 $p = $ _____, $q = $ _____.

（4）差分方程 $y_{n+1} - 3y_n = n$ 的通解是 _____.

（5）微分方程 $y'' - 2y' + 5y = e^x \cos 2x$，则该方程的特解（形式）为 $y^* = $ _____.

3. 解答题（每题 6 分，共 42 分）.

（1）求微分方程 $\tan x \dfrac{\mathrm{d}y}{\mathrm{d}x} = 1 + y$ 的通解.

（2）求微分方程 $\dfrac{\mathrm{d}y}{\mathrm{d}x} - \cos x \cdot y = e^{\sin x}$ 满足条件 $y(0) = 1$ 的解.

（3）求微分方程 $(1 + x^2)\mathrm{d}y + 2xy\,\mathrm{d}x = 0$ 的通解.

（4）求方程 $y = e^x + \int_0^x y(t)\,\mathrm{d}t$ 的解.

（5）求微分方程 $y'' + 2y' - 3y = x$ 的通解.

（6）求微分方程 $y'' = \tan x \cdot y' + \sin x$ 满足初始条件 $y(0) = y'(0) = -\dfrac{1}{2}$ 的特解.

（7）试求以 $y = C_1 e^x + C_2 e^{-x} + 2e^{2x}$（$C_1, C_2$ 是任意常数）为通解的二阶线性微分方程.

4. 分析题（每题 10 分，共 20 分）.

（1）求微分方程 $x \cdot y' + (1-x)y = e^{2x}(0 < x < +\infty)$ 满足条件 $\lim\limits_{x \to 0^+} y(x) = 1$ 的特解.

（2）设函数 $f(x)$ 连续，且满足 $f(x) = e^x + \int_0^x t f(t)\,\mathrm{d}t - x\int_0^x f(t)\,\mathrm{d}t$，求 $f(x)$.

5. 应用题（8 分）.

设银行存款的年复利是 0.05，并依年复利计算. 现存入 a 万元，第一年取出 19 万元，第二年取出 28 万元……第 n 年取出 $(10 + 9n)$ 万元. 问 a 至少是多少时，可以一直取下去？

六、参考答案与提示

7.1 微分方程的基本概念

1.（1）D；　　　　（2）A；　　　　（3）C；　　　　（4）C；　　　　（5）B.

2.（1）1；　　　　（2）$y = xe^{2x}$　　　　（3）$\sin x_0$；　　　　（4）$(n+1)ky^{n-1}y' = 1$；

（5）$y' = \dfrac{x}{y}$.

3. 提示：$x^2 + y^2 = C$ 两边对 x 求导即可.

4^*. $\dfrac{dy}{dx} - \dfrac{1}{x}y = ax$, $y|_{x=1} = 0$.

7.2　一阶微分方程

1.（1）A;　　　　（2）C;　　　　（3）D;　　　　（4）B;　　　（5）A.

2.（1）$y = Ce^{x^2} + 3$;　　　　　　　　（2）$\dfrac{1}{2}\left(\dfrac{y}{x}\right)^2 = C - \ln|x|$;

（3）$y = \dfrac{1}{x^2 - 1}(\sin x + C)$.

3.（1）$y = \dfrac{1}{2x^3}(x^2 + 1)$;　　　（2）$\arctan y = x\sin x + \cos x + 2$;

（3）$y^{-1} = \ln x + 1$.

4^*. $f(x) = e^x - 1$. 提示：两边求导，整理得 $f'(x) - f(x) = 1$, $f(0) = 0$.

5^*. $y + \sqrt{x^2 + y^2} = \dfrac{1}{2}$. 提示：建立微分方程 $y' = \dfrac{y}{x} - \sqrt{1 + \left(\dfrac{y}{x}\right)^2}$, $y\left(\dfrac{1}{2}\right) = 0$.

令 $\dfrac{y}{x} = u$, 整理微分方程, 积分得 $\displaystyle\int \dfrac{1}{\sqrt{1 + u^2}}\,du = \int -\dfrac{1}{x}\,dx$. 令 $u = \tan t$, 得

$$\int \sec t\,dt = -\ln|x| + \ln|C|, \quad 即 \ln\left|u + \sqrt{1 + u^2}\right| = \ln\left|\dfrac{C}{x}\right|.$$

7.3　可降阶的高阶微分方程

1.（1）C;　　　　（2）A;　　　　（3）D;　　　　（4）A;　　　（5）B.

2.（1）$y = \dfrac{x}{2}\ln(1 + x^2) - x + \arctan x + C_1 x + C_2$;

（2）$y = \dfrac{1}{2}\ln(1 + x^2) + C_1 \arctan x + C_2$;

（3）$\cot y = C_1 x + C_2$.

3.（1）$y = -\dfrac{1}{4}\sin 2x + \dfrac{3}{2}x$;

（2）$y = e^{2x} + 1$.

4^*. $y = x^2 + 1$. 提示：两边关于 x 求导, 整理得 $f''(x) - \dfrac{1}{x}f'(x) = 0$.

7.4　二阶线性微分方程解的结构

1.（1）C;　　　　（2）B;　　　　（3）C;　　　　（4）D;　　　（5）B.

2. 略.

3^*. 提示：$y_1 - y_3$ 和 $y_2 - y_3$ 为二阶齐次线性微分方程的线性无关的解，故二阶非齐次线性微分方程的通解为

$$y = C_1(y_1 - y_3) + C_2(y_2 - y_3) + C_3 y_3 = C_1 y_1 + C_2 y_2 + (C_3 - C_1 - C_2) y_3.$$

7.5 二阶常系数线性微分方程

1. （1）D；　　　　　（2）A；　　　　（3）C；　　　　　　（4）B；　　　（5）B.

2. （1）$y = C_1 + C_2 e^{4x}$；　　　　　　　（2）$y'' - y' = 0$；

（3）$y = e^{2x}(C_1 \cos x + C_2 \sin x)$；　　　（4）$y^* = x^2(Ax + B)e^{3x}$；

（5）$y^* = C_1 \cos 5x + C_2 \sin 5x$.

3. （1）$y = C_1 + C_2 e^{8x}$；　　　　　　　（2）$y = (C_1 + C_2 x)e^{-2x}$；

（3）$y = C_1 e^{3x} + C_2 e^{4x}$；　　　　　（4）$y = e^x(C_1 \cos 2x + C_2 \sin 2x)$.

4. $y = \dfrac{1}{24} \cos 3x + \dfrac{1}{8} \cos x$.

5^*. $y(x) = 2e^{2x} - e^x$. 提示：方程两边求导，得 $y'' - 3y' + 2y = 0$，初始条件 $y(0) = 1$，$y'(0) = 3$.

6^*. $y = \begin{cases} (C_1 + C_2 x)e^x + \dfrac{1}{2} x^2 e^x, & k = 1 \\ (C_1 + C_2 x)e^{kx} + \dfrac{1}{(k-1)^2} e^x, & k \neq 1 \end{cases}$. 提示：当 $k = 1$ 时，设特解 $y^* = Ax^2 e^x$；当 $k \neq 1$ 时，设特解 $y^* = Ae^x$.

7.6 差分方程

1. （1）$W_n = 1.05 W_{n-1} + 2$；　　　　　（2）$y_n = 3^n - n - \dfrac{1}{2}$；

（3）$y_n - C\left(\dfrac{1}{2}\right)^n + 3n\left(\dfrac{1}{2}\right)^n$；　　　　（4）$y_n = C + n\left(\dfrac{3}{2} n - \dfrac{7}{2}\right)$；

（5）$y_n = C2^n + \sin \dfrac{\pi}{2} n - 2\cos \dfrac{\pi}{2} n$.

2. （1）$y = C + (x - 2)2^x$. 提示：齐次通解 $y = C$；非齐次特解 $y^* = (Ax + B)2^x$.

（2）$y = C + x\left(x^2 - \dfrac{3}{2} x + \dfrac{1}{2}\right)$. 提示：非齐次特解 $y^* = x(Ax^2 + Bx + d)$.

（3）$y = C\left(\dfrac{2}{3}\right)^x - \dfrac{5}{2}$.

3^*. $P_t = \dfrac{1}{5} + \left(P_0 - \dfrac{1}{5}\right)\left(-\dfrac{3}{2}\right)^t$. 提示：建立差分方程 $P_t + \dfrac{3}{2} P_{t-1} = \dfrac{1}{2}$.

自测题

1.（1）C；　　　　　（2）A；　　　　（3）B；　　　　（4）D；　　　（5）C.

2.（1）$x\ln(1+x)-x+\ln(1+x)+1$；　（2）$y=C\times e^{3x}-1$；

（3）$0,4$；　　　　　　　　　　　（4）$y=C\times 3^n-\dfrac{1}{2}n-\dfrac{1}{4}a$；

（5）$xe^x(a\cos 2x+b\sin 2x)$.

3.（1）$y=C\sin x-1$；　　　　　　（2）$y=e^{\sin x}(x+1)$；

（3）$y=\dfrac{C}{1+x^2}$；　　　　　　（4）$y=e^x(x+1)$；

（5）$y=C_1e^{-3x}+C_2e^x-\dfrac{1}{3}x-\dfrac{2}{9}$；　　（6）$y=-\dfrac{1}{2}(1+\sin x)$；

（7）$y''-y=6e^{2x}$.

4.（1）$y=\dfrac{e^x}{x}(e^x-1)$. 提示：微分方程 $y'+\dfrac{1-x}{x}y=\dfrac{e^{2x}}{x}$，通解 $y=\dfrac{e^x}{x}(e^x+C)$，

$$\lim_{x\to 0^+}y=\lim_{x\to 0^+}\dfrac{e^x}{x}(e^x+C)=0\Rightarrow\lim_{x\to 0^+}\left(e^x+C\right)=0\Rightarrow C=-1.$$

（2）$f(x)=\dfrac{1}{2}(\sin x+\cos x+e^x)$. 提示：连续求导两次，得 $f''(x)+f(x)=e^x$，初始

条件 $f(0)=f'(0)=1$.

5. 22. 3980. 提示：

$$y_0=a,\ y_1=1.05y_0-19,\ y_2=1.05y_1-28,\cdots,\ y_n=1.05y_{n-1}-(10+9n),$$
$$y_0=a,\ y_n-1.05y_{n-1}=-(10+9x)\Rightarrow y_n=(a-3980)1.05^n+180n+3980.$$

第八章　向量代数与空间解析几何

 一、基本概念、性质与结论

1. 向量代数

（1）概念.

1）向量：既有大小又有方向的量称为向量.

2）向量的模：向量的大小称为向量的长度或模，记作 $|\overrightarrow{AB}|$ 或 $|\boldsymbol{a}|$.

3）单位向量、零向量及负向量.

模为零的向量称为零向量，其方向是任意的；模为 1 的向量称为单位向量；与向量 $\boldsymbol{a}$ 的模相同，方向相反的向量称为 $\boldsymbol{a}$ 的负向量，记为 $-\boldsymbol{a}$.

4）向量相等：如果 $\boldsymbol{a}$ 和 $\boldsymbol{b}$ 的模大小相等且方向相同，则称 $\boldsymbol{a}$ 与 $\boldsymbol{b}$ 相等，记为 $\boldsymbol{a} = \boldsymbol{b}$.

5*）向量在轴上的投影. 向量在轴 u 上的投影 $\mathrm{Prj}_u \overrightarrow{AB} = |\overrightarrow{AB}| \cos \phi$，其中 ϕ 为 u 轴与向量 $\overrightarrow{AB}$ 正向间的夹角，$0 \leqslant \phi \leqslant \pi$，且 $\mathrm{Prj}_u(\boldsymbol{a}_1 + \boldsymbol{a}_2 + \cdots + \boldsymbol{a}_n) = \mathrm{Prj}_u \boldsymbol{a}_1 + \mathrm{Prj}_u \boldsymbol{a}_2 + \cdots + \mathrm{Prj}_u \boldsymbol{a}_n$. 向量在与其方向相同的轴上的投影为向量的模 $|\boldsymbol{a}|$.

6）向量的坐标表示. 向量 $\boldsymbol{a}$ 的坐标为 (x, y, z)，则 $\boldsymbol{a} = x\boldsymbol{i} + y\boldsymbol{j} + z\boldsymbol{k}$，$|\boldsymbol{a}| = \sqrt{x^2 + y^2 + z^2}$. $\boldsymbol{a}$ 的方向余弦为

$$\cos \alpha = \frac{x}{|\boldsymbol{a}|} = \frac{x}{\sqrt{x^2 + y^2 + z^2}}, \quad \cos \beta = \frac{y}{|\boldsymbol{a}|} = \frac{y}{\sqrt{x^2 + y^2 + z^2}},$$

$$\cos \gamma = \frac{z}{|\boldsymbol{a}|} = \frac{z}{\sqrt{x + y^2 + z^2}}.$$

α, β, γ 称为 $\boldsymbol{a}$ 的方向角，且满足 $\cos^2 \alpha + \cos^2 \beta + \cos^2 \gamma = 1$. 对任意的两点 $M_1(x_1, y_1, z_1)$，$M_2(x_2, y_2, z_2)$，则 $\overrightarrow{M_1 M_2} = \{x_2 - x_1, y_2 - y_1, z_2 - z_1\}$.

7）向量的加法. 两向量 $\boldsymbol{a}$ 与 $\boldsymbol{b}$ 的和可用平行四边形法则或三角形法则求得，坐标表示为 $\boldsymbol{a} + \boldsymbol{b} = \{a_x + b_x, a_y + b_y, a_z + b_z\}$.

满足运算律：

① $\boldsymbol{a} + \boldsymbol{b} = \boldsymbol{b} + \boldsymbol{a}$；② $(\boldsymbol{a} + \boldsymbol{b}) + \boldsymbol{c} = \boldsymbol{a} + (\boldsymbol{b} + \boldsymbol{c}) = \boldsymbol{a} + \boldsymbol{b} + \boldsymbol{c}$；③ $\boldsymbol{a} - \boldsymbol{b} = \boldsymbol{a} + (-\boldsymbol{b})$.

8）数乘向量. 以不等于零的数 λ 乘非零向量 $\boldsymbol{a}$ 的积 $\lambda \boldsymbol{a}$ 仍为向量：$\lambda \boldsymbol{a} = (\lambda a_x, \lambda a_y, \lambda a_z)$，$\lambda \boldsymbol{a}$ 与 $\boldsymbol{a}$ 共线，$\lambda > 0$ 时 $\lambda \boldsymbol{a}$ 与 $\boldsymbol{a}$ 同向，$\lambda < 0$ 时 $\lambda \boldsymbol{a}$ 与 $\boldsymbol{a}$ 反向，且 $0 \cdot \boldsymbol{a} = \boldsymbol{0}$，$-1 \cdot \boldsymbol{a} = -\boldsymbol{a}$.

满足运算律：

① $\lambda(\mu a) = \mu(\lambda a) = \lambda\mu a$; ② $(\lambda + \mu)a = \lambda a + \mu a$; ③ $\lambda(a + b) = \lambda a + \lambda b$.

9）向量的数量积（点积、内积）. $a \cdot b$ 是一个数，则

$$a \cdot b = |a| \cdot |b| \cos (\widehat{a,b}) |a| \mathrm{Prj}_a b = |b| \mathrm{Prj}_b a.$$

坐标表示为

$$a \cdot b = a_x b_x + a_y b_y + a_z b_z.$$

满足运算律：

① $a \cdot b = b \cdot a$; ② $(a + b) \cdot c = a \cdot c + b \cdot c$; ③ $(\lambda a) \cdot b = a \cdot (\lambda b) = \lambda(a \cdot b)$.

10）向量的向量积（叉积、外积）. 两向量的向量积是一个向量，其模 $|a \times b| = |a| \cdot |b| \sin(\widehat{a,b})$，方向垂直于 a 与 b 决定的平面，且 $a,b,a \times b$ 符合右手规则.

坐标表示为

$$a \times b = (a_y b_z - a_z b_y)i + (a_z b_x - a_x b_z)j + (a_x b_y - a_y b_x)k$$

$$= \begin{vmatrix} i & j & k \\ a_x & a_y & a_z \\ b_x & b_y & b_z \end{vmatrix}.$$

满足运算律：

① $a \times b = -b \times a$; ② $(a + b) \times c = a \times c + b \times c$;

③ $(\lambda a) \times b = \lambda(a \times b) = a \times \lambda b$.

11*）向量的混合积. 三个向量的混合积是一个数量，即

$$[abc] = (a \times b) \cdot c = \begin{vmatrix} a_x & a_y & a_z \\ b_x & b_y & b_z \\ c_x & c_y & c_z \end{vmatrix}.$$

（2）性质与结论.

1）两点间的距离：

$$|M_1 M_2| = \sqrt{(x_1 - x_2)^2 + (y_1 - y_2)^2 + (z_1 - z_2)^2}.$$

2）两向量垂直的条件. a 与 b 垂直的充分必要条件是 $a \cdot b = 0$.

3*）a 在 b 上的投影为 $\mathrm{Prj}_b a = a \cdot b^0$（$b^0$ 是 b 的单位向量）.

4）两向量的夹角. a 与 b 的夹角为

$$\theta = \arccos \frac{a \cdot b}{|a||b|}.$$

5）两向量平行的条件. a 与 b 平行的充分必要条件为 $a \times b = 0$.

6）三向量共面的条件. 三个非零向量 a,b,c 共面的充分必要条件有两种情况：

① 当 a 与 b 不共线时，$c = \lambda a + \mu b$;

② $(a \times b) \cdot c = 0$，即

$$\begin{vmatrix} a_x & a_y & a_z \\ b_x & b_y & b_z \\ c_x & c_y & c_z \end{vmatrix} = 0.$$

7）面积、体积的计算.

① 以 $\boldsymbol{a}$ 与 $\boldsymbol{b}$ 为邻边的平行四边形的面积 $S=|\boldsymbol{a}\times\boldsymbol{b}|$；

② 以 $\boldsymbol{a}$ 与 $\boldsymbol{b}$ 为邻边的三角形的面积 $S=\dfrac{1}{2}|\boldsymbol{a}\times\boldsymbol{b}|$；

③ 以 $\boldsymbol{a},\boldsymbol{b},\boldsymbol{c}$ 为棱的平行六面体的体积是 $V=|(\boldsymbol{a}\times\boldsymbol{b})\cdot\boldsymbol{c}|$；

④ 以 $\boldsymbol{a},\boldsymbol{b},\boldsymbol{c}$ 为棱形成的四面体的体积为 $V=\dfrac{1}{6}|(\boldsymbol{a}\times\boldsymbol{b})\cdot\boldsymbol{c}|$.

2. 平面与空间直线

（1）概念.

1）平面方程.

① 一般式：$Ax+By+Cz+D=0$；

② 点法式：$A(x-x_0)+B(y-y_0)+C(z-z_0)=0$，其中 $\boldsymbol{n}=\{A,B,C\}$ 为平面的法向量，点 $M(x_0,y_0,z_0)$ 为平面上一点；

③ 截距式：$\dfrac{x}{a}+\dfrac{y}{b}+\dfrac{z}{c}=1$，其中 a,b,c 为平面在三个坐标轴上的截距；

④ 三点式：过不共线三点 $M_1(x_1,y_1,z_1)$，$M_2(x_2,y_2,z_2)$，$M_3(x_3,y_3,z_3)$，有

$$\begin{vmatrix} x-x_1 & y-y_1 & z-z_1 \\ x_2-x_1 & y_2-y_1 & z_2-z_1 \\ x_3-x_1 & y_3-y_1 & z_3-z_1 \end{vmatrix}=0;$$

⑤ 点到平面的距离. 点 $P_0(x_0,y_0,z_0)$ 到平面 $\varPi$：$Ax+By+Cz+D=0$ 的距离为

$$d=\dfrac{|Ax_0+By_0+Cz_0+D|}{\sqrt{A^2+B^2+C^2}}.$$

2）直线方程：

① 一般式：$\begin{cases} A_1x+B_1y+C_1z+D_1=0 \\ A_2x+B_2y+C_2z+D_2=0 \end{cases}$；

② 点向式（标准式、对称式）：$\dfrac{x-x_0}{m}=\dfrac{y-y_0}{n}=\dfrac{z-z_0}{p}$，$\boldsymbol{s}=\{m,n,p\}$ 为方向向量，$M(x_0,y_0,z_0)$ 为直线上任一点；

③ 参数式：$\begin{cases} x=x_0+mt \\ y=y_0+nt \\ z=z_0+pt \end{cases}$；

④ 两点式：$\dfrac{x-x_1}{x_2-x_1}=\dfrac{y-y_1}{y_2-y_1}=\dfrac{z-z_1}{z_2-z_1}$；

⑤ 点到直线的距离：点 P 到过点 P_0 且以 $\boldsymbol{s}$ 为方向向量的直线的距离为

$$d=\dfrac{\left|\overrightarrow{PP_0}\times\boldsymbol{s}\right|}{|\boldsymbol{s}|}.$$

（2）性质与结论. 设平面 $\varPi_1,\varPi_2$ 的法向量分别为 $\boldsymbol{n}_1,\boldsymbol{n}_2$，直线 L_1,L_2 的方向向量分别

为 s_1, s_2.

1）面面关系：
$$\varPi_1 // \varPi_2 \Leftrightarrow \boldsymbol{n}_1 // \boldsymbol{n}_2, \quad \varPi_1 \perp \varPi_2 \Leftrightarrow \boldsymbol{n}_1 \perp \boldsymbol{n}_2.$$

它们所夹不超过 $\dfrac{\pi}{2}$ 的角 θ 称为 $\varPi_1$ 与 $\varPi_2$ 的夹角，且 $\cos\theta = \dfrac{|\boldsymbol{n}_1 \cdot \boldsymbol{n}_2|}{|\boldsymbol{n}_1||\boldsymbol{n}_2|}$.

2）线线关系：
$$L_1 // L_2 \Leftrightarrow \boldsymbol{s}_1 // \boldsymbol{s}_2, \quad L_1 \perp L_2 \Leftrightarrow \boldsymbol{s}_1 \perp \boldsymbol{s}_2.$$

L_1 与 L_2 的夹角 $\cos\theta = \dfrac{|\boldsymbol{s}_1 \cdot \boldsymbol{s}_2|}{|\boldsymbol{s}_1||\boldsymbol{s}_2|}$.

L_1 与 L_2 共面 $\Leftrightarrow \overrightarrow{M_1M_2} \cdot (\boldsymbol{s}_1 \times \boldsymbol{s}_2) = 0$（$M_1$，$M_2$ 分别为直线 L_1，L_2 上的点）.

3）线面关系：
$$L // \varPi \Leftrightarrow \boldsymbol{s} \perp \boldsymbol{n}, \quad L \perp \varPi \Leftrightarrow \boldsymbol{s} // \boldsymbol{n}.$$

L 与 $\varPi$ 的夹角 $\sin\theta = \dfrac{|\boldsymbol{n} \cdot \boldsymbol{s}|}{|\boldsymbol{n}||\boldsymbol{s}|}$.

4*）平面束方程：

过直线 L：$\begin{cases} A_1x + B_1y + C_1z + D_1 = 0 \\ A_2x + B_2y + C_2z + D_2 = 0 \end{cases}$ 的平面束方程为

$$\lambda(A_1x + B_1y + C_1z + D_1) + \mu(A_2x + B_2y + C_2z + D_2) = 0.$$

3. 曲面与空间曲线、二次曲面

（1）空间曲面及其方程.

1）曲面方程的表示形式如下.

一般式：$F(x, y, z) = 0$；

参数式：$\begin{cases} x = x(u, v) \\ y = y(u, v). \\ z = z(u, v) \end{cases}$

2）常见的曲面方程.

① 旋转曲面：以一条平面曲线绕其平面上一条直线旋转一周而成的曲面.

在 yOz 平面内的曲线 C：
$$\begin{cases} f(y, z) = 0, \\ x = 0 \end{cases}$$

绕 z 轴旋转所得曲面方程为
$$f\left(\pm\sqrt{x^2 + y^2}, z\right) = 0;$$

绕 y 轴旋转所得的曲面方程为
$$f\left(y, \pm\sqrt{x^2 + z^2}\right) = 0.$$

类似可得 xOy 平面与 zOx 平面内的曲线绕该平面内坐标轴旋转所得曲面的方程.

② 柱面：平行于定直线并沿定曲线 C（准线）移动的直线 L（母线）形成的轨迹.

$F(x,y)=0$ 不含 z，表示母线平行于 z 轴，准线为 $\begin{cases} F(x,y)=0 \\ z=0 \end{cases}$ 的柱面；

$G(y,z)=0$ 不含 x，表示母线平行于 x 轴，准线为 $\begin{cases} G(y,z)=0 \\ x=0 \end{cases}$ 的柱面；

$H(x,z)=0$ 不含 y，表示母线平行于 y 轴，准线为 $\begin{cases} H(x,z)=0 \\ y=0 \end{cases}$ 的柱面.

若定曲线是抛物线、双曲线，则称之为抛物柱面、双曲柱面.

3）二次曲面. 三元二次方程表示的曲面称为二次曲面.

① 球面：以 (a,b,c) 为球心，R 为半径的球面方程为 $(x-a)^2+(y-b)^2+(z-c)^2=R^2$.

二次方程 $x^2+y^2+z^2+Ax+By+Cz+D=0$（其特点是没有 xy，yz 及 zx 等交叉项）是球面方程，可以通过配方法求出球心与半径.

② 椭球面：$\dfrac{x^2}{a^2}+\dfrac{y^2}{b^2}+\dfrac{z^2}{c^2}=1$，以原点为对称中心，与各坐标平面的交线都是椭圆.

③ 椭圆抛物面：$\dfrac{x^2}{a^2}+\dfrac{y^2}{b^2}=z$，它与平行于 xOy 面的平面的交线是椭圆，与平行于 zOx 面或 yOz 面的平面的交线是抛物线.

④ 双曲抛物面：$\dfrac{x^2}{a^2}-\dfrac{y^2}{b^2}=z$，它与平面 $z=z_0$ 的交线是双曲线，与 $x=x_0$ 或 $y=y_0$ 的交线是抛物线.

⑤ 双曲面：单叶双曲面 $\dfrac{x^2}{a^2}+\dfrac{y^2}{b^2}-\dfrac{z^2}{c^2}=1$，双叶双曲面 $\dfrac{x^2}{a^2}+\dfrac{y^2}{b^2}-\dfrac{z^2}{c^2}=-1$.

⑥ 锥面：$z^2=\dfrac{x^2}{a^2}+\dfrac{y^2}{b^2}$，其顶点在原点的椭圆锥面，与平面 $z=z_0$ 的交线是椭圆.

（2）空间曲线及其方程.

1）曲线方程的表示形式.

一般式：$\begin{cases} F(x,y,z)=0 \\ G(x,y,z)=0 \end{cases}$，参数式：$\begin{cases} x=x(t) \\ y=y(t) \\ z=z(t) \end{cases}$；

过已知曲线 $C:\begin{cases} F(x,y,z)=0 \\ G(x,y,z)=0 \end{cases}$ 的曲面束方程为 $\lambda F(x,y,z)+\mu G(x,y,z)=0$，其中 λ,μ 不同时为零.

2）曲线在坐标面上的投影. 设空间曲线 $C:\begin{cases} F(x,y,z)=0 \\ G(x,y,z)=0 \end{cases}$，消去 z 后的方程 $H(x,y)=0$ 表示母线平行于 z 轴的柱面，称为曲线 C 关于 xOy 面的投影柱面方程，$\begin{cases} H(x,y)=0 \\ z=0 \end{cases}$ 称为曲线在 xOy 面上投影曲线的方程. 同理可得曲线在其他坐标面上的投影曲线.

若 C：$\begin{cases} x = x(t) \\ y = y(t) \\ z = z(t) \end{cases}$，则 C 在坐标面 $x=0, y=0, z=0$ 上的投影曲线分别为

$$\begin{cases} x = 0 \\ y = y(t) \\ z = z(t) \end{cases} \quad \begin{cases} x = x(t) \\ y = 0 \\ z = z(t) \end{cases}, \quad \begin{cases} x = x(t) \\ y = y(t) \\ z = 0 \end{cases}.$$

 二、典型例题分析

1. 向量的运算

例 8.1　设向量 $a = \lambda i + 4j - 2k$，$b = 2j + \mu k$，问实数 λ, μ 取何值时，a 与 b 平行，并求与它们平行的单位向量.

解　因为 $a/\!/b$，所以对应分量成比例，即 $\dfrac{\lambda}{0} = \dfrac{4}{2} = \dfrac{-2}{\mu}$，从而 $\lambda = 0, \mu = -1$. 所以

$a = \{0, 4, -2\}$，$b = \{0, 2, -1\}$ 与 a 平行的单位向量为 $e = \pm\dfrac{a}{|a|} = \pm\left\{0, \dfrac{2}{\sqrt{5}}, -\dfrac{1}{\sqrt{5}}\right\}$.

例 8.2　判断下列等式是否成立.

（1）$(a \cdot b)c = a(b \cdot c)$；　　（2）$(a \cdot b)^2 = a^2 \cdot b^2$（$a^2$ 表示 $a \cdot a$）；

（3）$a \cdot (b \times c) = (a \times b) \cdot c$.

解　（1）不成立. $(a \cdot b)c$ 表示 a 与 b 作数量积所得实数，再与向量 c 作乘积，它是与 c 共线的向量. 同理，$a(b \cdot c)$ 与 a 共线，因此等式不成立.

（2）不成立. 因为 $(a \cdot b)^2 = |a|^2 |b|^2 \cos^2(\widehat{a, b})$，$a^2 = |a|^2$，$b^2 = |b|^2$，所以，当 $\cos^2(\widehat{a, b}) \neq 1$ 时，$(a \cdot b)^2 \neq a^2 \cdot b^2$.

（3）成立. 在空间中引进坐标系，设 $a = \{a_x, a_y, a_z\}$，$b = \{b_x, b_y, b_z\}$，$c = \{c_x, c_y, c_z\}$，则

$$a \cdot (b \times c) = \begin{vmatrix} a_x & a_y & a_z \\ b_x & b_y & b_z \\ c_x & c_y & c_z \end{vmatrix},$$

又

$$(a \times b) \cdot c = c \cdot (a \times b) = \begin{vmatrix} c_x & c_y & c_z \\ a_x & a_y & a_z \\ b_x & b_y & b_z \end{vmatrix} = \begin{vmatrix} a_x & a_y & a_z \\ b_x & b_y & b_z \\ c_x & c_y & c_z \end{vmatrix}.$$

因此

$$a \cdot (b \times c) = (a \times b) \cdot c.$$

例 8.3　已知 $|a| = 2$，$|b| = 1$，$(2a + b) \perp (a - 2b)$，求 $(\widehat{a, b})$.

解　$(2a + b) \perp (a - 2b) \Rightarrow 2|a|^2 - 2|b|^2 - 3a \cdot b = 6 - 3a \cdot b = 0$，即 $a \cdot b = 2$. 所以 $\cos(\widehat{a, b}) =$

$$\frac{\boldsymbol{a}\cdot\boldsymbol{b}}{|\boldsymbol{a}|\cdot|\boldsymbol{b}|}=\frac{2}{2}=1，即\ (\widehat{\boldsymbol{a},\boldsymbol{b}})=0.$$

例 8.4　设向量 $\boldsymbol{a},\boldsymbol{b}$ 满足 $|\boldsymbol{a}|+|\boldsymbol{b}|=2$，求以 $\boldsymbol{a},\boldsymbol{b}$ 为边的三角形面积的最大值.

解　三角形的面积 $S=\frac{1}{2}|\boldsymbol{a}\times\boldsymbol{b}|=\frac{1}{2}|\boldsymbol{a}||\boldsymbol{b}|\sin(\widehat{\boldsymbol{a},\boldsymbol{b}})$，当 S 取最大值时，$\sin(\widehat{\boldsymbol{a},\boldsymbol{b}})=1$，即

$$S\leqslant\frac{1}{2}|\boldsymbol{a}||\boldsymbol{b}|=\frac{1}{2}|\boldsymbol{a}|(2-|\boldsymbol{a}|)=\frac{1}{2}(2|\boldsymbol{a}|-|\boldsymbol{a}|^2)$$

$$=-\frac{1}{2}(|\boldsymbol{a}|-1)^2+\frac{1}{2}\leqslant\frac{1}{2}.$$

故以 $\boldsymbol{a},\boldsymbol{b}$ 为边的三角形面积的最大值为 $\frac{1}{2}$.

评注　本题用到了 $|\boldsymbol{a}|^2=\boldsymbol{a}\cdot\boldsymbol{a}\equiv\boldsymbol{a}^2$，即一个向量的模的平方等于这个向量点乘它自己.

例 8.5　设三个向量 $\boldsymbol{a}$、$\boldsymbol{b}$、$\boldsymbol{c}$ 满足 $(\boldsymbol{a}\times\boldsymbol{b})\cdot\boldsymbol{c}=2$，求 $[(\boldsymbol{a}+\boldsymbol{b})\times(\boldsymbol{b}+\boldsymbol{c})]\cdot(\boldsymbol{c}+\boldsymbol{a})$.

解　$[(\boldsymbol{a}+\boldsymbol{b})\times(\boldsymbol{b}+\boldsymbol{c})]\cdot(\boldsymbol{c}+\boldsymbol{a})=[\boldsymbol{a}\times\boldsymbol{b}+\boldsymbol{a}\times\boldsymbol{c}+\boldsymbol{b}\times\boldsymbol{c}]\cdot(\boldsymbol{c}+\boldsymbol{a})$
$$=(\boldsymbol{a}\times\boldsymbol{b})\cdot\boldsymbol{c}+(\boldsymbol{b}\times\boldsymbol{c})\cdot\boldsymbol{a}=2(\boldsymbol{a}\times\boldsymbol{b})\cdot\boldsymbol{c}=4.$$

评注　因为 $\boldsymbol{a}\times\boldsymbol{b}\perp\boldsymbol{a}$，$\boldsymbol{a}\times\boldsymbol{b}\perp\boldsymbol{b}$，所以 $(\boldsymbol{a}\times\boldsymbol{b})\cdot\boldsymbol{a}=0,(\boldsymbol{a}\times\boldsymbol{b})\cdot\boldsymbol{b}=0$. 再由混合积的轮换性质 $(\boldsymbol{a}\times\boldsymbol{b})\cdot\boldsymbol{c}=(\boldsymbol{b}\times\boldsymbol{c})\cdot\boldsymbol{a}$ 即得.

例 8.6　已知三个向量 $\boldsymbol{a}$、$\boldsymbol{b}$、$\boldsymbol{c}$ 满足 $|\boldsymbol{a}|=1,|\boldsymbol{b}|=2,|\boldsymbol{c}|=3$，且 $\boldsymbol{a}+\boldsymbol{b}+\boldsymbol{c}=\boldsymbol{0}$，求 $\boldsymbol{a}\cdot\boldsymbol{b}+\boldsymbol{b}\cdot\boldsymbol{c}+\boldsymbol{c}\cdot\boldsymbol{a}$.

解　由于

$$(\boldsymbol{a}+\boldsymbol{b}+\boldsymbol{c})\cdot(\boldsymbol{a}+\boldsymbol{b}+\boldsymbol{c})=\boldsymbol{a}^2+\boldsymbol{b}^2+\boldsymbol{c}^2+2(\boldsymbol{a}\cdot\boldsymbol{b}+\boldsymbol{b}\cdot\boldsymbol{c}+\boldsymbol{c}\cdot\boldsymbol{a})$$
$$=1+4+9+2(\boldsymbol{a}\cdot\boldsymbol{b}+\boldsymbol{b}\cdot\boldsymbol{c}+\boldsymbol{c}\cdot\boldsymbol{a}),$$

另一方面，由 $\boldsymbol{a}+\boldsymbol{b}+\boldsymbol{c}=\boldsymbol{0}$ 知，$(\boldsymbol{a}+\boldsymbol{b}+\boldsymbol{c})\cdot(\boldsymbol{a}+\boldsymbol{b}+\boldsymbol{c})=0$，代入上式，得

$$\boldsymbol{a}\cdot\boldsymbol{b}+\boldsymbol{b}\cdot\boldsymbol{c}+\boldsymbol{c}\cdot\boldsymbol{a}=-\frac{14}{2}=-7.$$

2. 向量的证明

例 8.7　设 $\overrightarrow{OA}=\boldsymbol{r}_A,\ \overrightarrow{OB}=\boldsymbol{r}_B,\ \overrightarrow{OC}=\boldsymbol{r}_C.$

（1）求 $\triangle ABC$ 的面积.

（2）证明：若 $\boldsymbol{r}_A\times\boldsymbol{r}_B+\boldsymbol{r}_B\times\boldsymbol{r}_C+\boldsymbol{r}_C\times\boldsymbol{r}_A=\boldsymbol{0}$，则 A、B、C 共线.

解　（1）如图 8.1 所示，记 $\triangle ABC$ 的面积为 S，则

$$S=\frac{1}{2}|\overrightarrow{AB}\times\overrightarrow{AC}|,$$

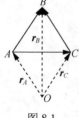

图 8.1

由向量的减法运算得

$$\overrightarrow{AB}=\boldsymbol{r}_B-\boldsymbol{r}_A,\overrightarrow{AC}=\boldsymbol{r}_C-\boldsymbol{r}_A,$$

于是

$$S=\frac{1}{2}|(\boldsymbol{r}_B-\boldsymbol{r}_A)\times(\boldsymbol{r}_C-\boldsymbol{r}_A)|=\frac{1}{2}|\boldsymbol{r}_B\times\boldsymbol{r}_C-\boldsymbol{r}_A\times\boldsymbol{r}_C-\boldsymbol{r}_B\times\boldsymbol{r}_A|$$

$$=\frac{1}{2}\left|\boldsymbol{r}_A\times\boldsymbol{r}_B+\boldsymbol{r}_B\times\boldsymbol{r}_C+\boldsymbol{r}_C\times\boldsymbol{r}_A\right|.$$

（2）用反证法. 若 A、B、C 不共线，则 $S\neq0$，因此
$\boldsymbol{r}_A\times\boldsymbol{r}_B+\boldsymbol{r}_B\times\boldsymbol{r}_C+\boldsymbol{r}_C\times\boldsymbol{r}_A\neq\boldsymbol{0}$，这与已知矛盾，因此 A、B、C
共线.

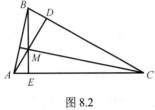

图 8.2

例 8.8　证明三角形的三条高共点.

证明　设 $\triangle ABC$ 中，$AD\perp BC$，$BE\perp AC$，BE 与 AD
交于 M，如图 8.2 所示，要证明 $CM\perp AB$，因为

$$\overrightarrow{CM}=\overrightarrow{CB}+\overrightarrow{BM},\ \overrightarrow{CM}=\overrightarrow{CA}+\overrightarrow{AM},$$
$$\overrightarrow{AB}=\overrightarrow{AC}+\overrightarrow{CB},$$

所以

$$
\begin{aligned}
\overrightarrow{AB}\cdot\overrightarrow{CM}&=(\overrightarrow{AC}+\overrightarrow{CB})\cdot\overrightarrow{CM}\\
&=\overrightarrow{AC}\cdot(\overrightarrow{CB}+\overrightarrow{BM})+\overrightarrow{CB}\cdot(\overrightarrow{CA}+\overrightarrow{AM})\\
&=\overrightarrow{AC}\cdot\overrightarrow{CB}+\overrightarrow{CB}\cdot\overrightarrow{CA}\\
&=\overrightarrow{AC}\cdot\overrightarrow{CB}-\overrightarrow{AC}\cdot\overrightarrow{CB}=0,
\end{aligned}
$$

即 $CM\perp AB$.

例 8.9　证明向量恒等式 $(\boldsymbol{a}\times\boldsymbol{b})^2+(\boldsymbol{a}\cdot\boldsymbol{b})^2=\left|\boldsymbol{a}\right|^2\cdot\left|\boldsymbol{b}\right|^2$.

证明　因为

$$(\boldsymbol{a}\times\boldsymbol{b})^2=\left|\boldsymbol{a}\times\boldsymbol{b}\right|^2=[\left|\boldsymbol{a}\right|\cdot\left|\boldsymbol{b}\right|\sin(\widehat{\boldsymbol{a},\boldsymbol{b}})]^2=\left|\boldsymbol{a}\right|^2\cdot\left|\boldsymbol{b}\right|^2\sin^2(\widehat{\boldsymbol{a},\boldsymbol{b}}),$$
$$(\boldsymbol{a}\cdot\boldsymbol{b})^2=[\left|\boldsymbol{a}\right|\cdot\left|\boldsymbol{b}\right|\cos(\widehat{\boldsymbol{a},\boldsymbol{b}})]^2=\left|\boldsymbol{a}\right|^2\cdot\left|\boldsymbol{b}\right|^2\cos^2(\widehat{\boldsymbol{a},\boldsymbol{b}}),$$

所以上两式相加即得欲证之等式.

例 8.10　对任意向量 $\boldsymbol{a}$、$\boldsymbol{b}$，证明：$(\boldsymbol{a}+\boldsymbol{b})^2+(\boldsymbol{a}-\boldsymbol{b})^2=2(\boldsymbol{a}^2+\boldsymbol{b}^2)$，当 $\boldsymbol{a}\neq\boldsymbol{0}$，$\boldsymbol{b}\neq\boldsymbol{0}$，且
$\boldsymbol{a}\neq\boldsymbol{b}$ 时，说明上式的几何意义.

证明　利用 $\boldsymbol{a}\cdot\boldsymbol{a}=\boldsymbol{a}^2$ 以及两向量点乘的可交换性，有

$$(\boldsymbol{a}+\boldsymbol{b})^2=(\boldsymbol{a}+\boldsymbol{b})\cdot(\boldsymbol{a}+\boldsymbol{b})=\boldsymbol{a}^2+2\boldsymbol{a}\cdot\boldsymbol{b}+\boldsymbol{b}^2,$$
$$(\boldsymbol{a}-\boldsymbol{b})^2=(\boldsymbol{a}-\boldsymbol{b})\cdot(\boldsymbol{a}-\boldsymbol{b})=\boldsymbol{a}^2-2\boldsymbol{a}\cdot\boldsymbol{b}+\boldsymbol{b}^2,$$

将上两式相加，即得欲证之等式.

当 $\boldsymbol{a}\neq\boldsymbol{0},\boldsymbol{b}\neq\boldsymbol{0}$ 且 $\boldsymbol{a}\neq\boldsymbol{b}$ 时，考虑以向量 $\boldsymbol{a}$ 与 $\boldsymbol{b}$ 为相邻两边的平行四边形. 这时 $\boldsymbol{a}+\boldsymbol{b}$ 与
$\boldsymbol{a}-\boldsymbol{b}$ 就是该平行四边形的两条对角线，因此，上述等式的几何意义如下：一个平行四边形
相邻两边的边长平方和的 2 倍，等于其两对角线的长度的平方和.

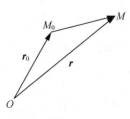

图 8.3

例 8.11　设 $\boldsymbol{a}\neq\boldsymbol{0}$ 为常向量，$\boldsymbol{r}=\overrightarrow{OM}$ 为动点 M 的向径，
$\boldsymbol{r}_0=\overrightarrow{OM_0}$ 为定点 M_0 的向径，问 $\boldsymbol{a}\cdot(\boldsymbol{r}-\boldsymbol{r}_0)=0$，$\boldsymbol{a}\times(\boldsymbol{r}-\boldsymbol{r}_0)=\boldsymbol{0}$ 各
表示什么方程？$\boldsymbol{a}$ 与 M_0 的几何意义是什么？

解　$\boldsymbol{r}_0$、$\boldsymbol{r}$、$\overrightarrow{M_0M}$ 的关系如图 8.3 所示，由 $\boldsymbol{r}-\boldsymbol{r}_0=\overrightarrow{M_0M}$ 及
$\boldsymbol{a}\cdot(\boldsymbol{r}-\boldsymbol{r}_0)=0$ 得 $\boldsymbol{a}\cdot\overrightarrow{M_0M}=0$，因此 $\boldsymbol{a}\cdot(\boldsymbol{r}-\boldsymbol{r}_0)=0$ 是平面方程，$\boldsymbol{a}$
为法向量，M_0 是平面通过的定点.

$a \times (r - r_0) = 0$ 即 $a \times \overrightarrow{M_0M} = \mathbf{0}$，$a$ 与 $\overrightarrow{M_0M}$ 共线，因此，这是直线方程，a 为直线方向向量，M_0 为直线所通过的定点.

3. 向量的垂直、平行关系

例 8.12　设 $a = \{3, -1, 5\}$，$b = \{1, 2, -3\}$，向量 p 与 z 轴垂直，且 $a \cdot p = 9$，$b \cdot p = -4$，求 p.

解　设 $p = \{x, y, z\}$，p 与 z 轴垂直，所以 $p \cdot \{0, 0, 1\} = z = 0$，即有 $p = \{x, y, 0\}$.

由 $a \cdot p = 9$ 可得 $3x - y = 9$，由 $b \cdot p = -4$ 可得 $x + 2y = -4$，联立求得 $x = 2$，$y = -3$，所以 $p = \{2, -3, 0\}$.

例 8.13　设 $m = 2a + b$，$n = ka + b$，其中 $|a| = 1, |b| = 2$，且 $a \perp b$，问：（1）k 为何值时，$m \perp n$；（2）k 为何值时，以 m 和 n 为邻边的平行四边形面积为 6.

解　（1）已知 $a \perp b$，故 $a \cdot b = 0$，又 $|a| = 1, |b| = 2$，由 $m \perp n$，有 $m \cdot n = 0$，即

$$(2a + b) \cdot (ka + b) = 2k|a|^2 + (2 + k)b \cdot a + |b|^2 = 2k + 4 = 0,$$

解得 $k = -2$.

（2）设以 m 和 n 为邻边的平行四边形面积为 S，则

$$S = |m \times n| = |(2a + b) \times (ka + b)| = |2 - k||a \times b|.$$

已知 $a \perp b$，有 $|a \times b| = |a||b|\sin\frac{\pi}{2} = 2$，故 $S = 2|2 - k| = 6$，则 $k = -1$ 或 $k = 5$.

评注　要求一个向量，即求满足一定条件的向量坐标，可采用以下几种方法：

（1）当所求向量平行于向量 $a = \{a_x, a_y, a_z\}$（或与之共线时），可设所求向量为 $p = \{\lambda a_x, \lambda a_y, \lambda a_z\}$，然后利用其他条件求得 λ.

（2）当所求向量垂直于向量 $a = \{a_x, a_y, a_z\}$ 时，可设所求向量为 $p = \{x, y, z\}$，由此得 $a_x x + a_y y + a_z z = 0$，再与其他条件建立的方程联立，求得 x, y, z.

（3）当所求向量同时满足垂直于两向量 $a = \{a_x, a_y, a_z\}$ 和 $b = \{b_x, b_y, b_z\}$ 时，即说明所求向量平行于向量 $a \times b$，故可设所求向量为 $p = \lambda(a \times b)$，然后利用其他条件求得 λ.

4. 求平面方程

例 8.14　判断下列各题中的两条直线的位置关系（是否平行、相交或重合）. 若相交求出交点的坐标；若共面，求出所确定平面的方程.

（1）$L_1: \dfrac{x+3}{3} = \dfrac{y+1}{2} = \dfrac{z-2}{4}$，$L_2: \begin{cases} x = 3t + 8 \\ y = t + 1 \\ z = 2t + 6 \end{cases}$.

（2）$L_1: \dfrac{x-1}{2} = \dfrac{y+1}{-1} = \dfrac{z+1}{1}$，$L_2: \dfrac{x+2}{-4} = \dfrac{y-2}{2} = \dfrac{z}{-2}$.

解　（1）L_1 的方向向量 $l_1 = \{3, 2, 4\}$，它通过点 $M_1 = (-3, -1, 2)$，L_2 的方向向量 $l_2 = \{3, 1, 2\}$，它通过点 $M_2 = (8, 1, 6)$，因为 $\dfrac{3}{3} \neq \dfrac{2}{1} = \dfrac{4}{2}$，所以 L_1 与 L_2 不共线，即 L_1 与 L_2 不平行也不重合，只需再判断是异面直线还是相交，不难算出 $\left|\overrightarrow{M_1M_2} \cdot (l_1 \times l_2)\right| = 0$，由此知 L_1 与 L_2 共面，又知 L_1 与 L_2 不平行，故它们相交，为求出交点坐标，可利用参数方程.

L_1 与 L_2 的参数方程分别为

$$\begin{cases} x = 3t_1 - 3 \\ y = 2t_1 - 1, \\ z = 4t_1 + 2 \end{cases} \quad \begin{cases} x = 3t_2 + 8 \\ y = t_2 + 1. \\ z = 2t_2 + 6 \end{cases}$$

直线 L_1 与 L_2 相交 $\Leftrightarrow$ 代数方程组 $\begin{cases} 3t_1 - 3 = 3t_2 + 8 \\ 2t_1 - 1 = t_2 + 1 \\ 4t_1 + 2 = 2t_2 + 6 \end{cases}$ 有解，不难解出 $t_1 = -\dfrac{5}{3}$，$t_2 = -\dfrac{16}{3}$. 即

交点作为 L_1 上的点，对应于参数 $t_1 = -\dfrac{5}{3}$，而作为 L_2 上的点，对应于参数 $t_2 = -\dfrac{16}{3}$. 故将

参数 $t_1 = -\dfrac{5}{3}$ 代入 L_1 的参数方程$\left(\text{或将 } t_2 = -\dfrac{16}{3} \text{ 代入 } L_2 \text{ 的参数方程}\right)$，便得到交点坐标

$\left(-8, -\dfrac{13}{3}, -\dfrac{14}{3}\right)$.

（2）L_1 与 L_2 的方向向量分别为 $\boldsymbol{l}_1 = \{2, -1, 1\}$，$\boldsymbol{l}_2 = \{-4, 2, -2\}$，并且分别通过点 $M_1 = (1, -1, -1)$，$M_2 = (-2, 2, 0)$. 因为 $\dfrac{2}{-4} = \dfrac{-1}{2} = \dfrac{1}{-2}$，所以 L_1 与 L_2 共线，又 $M_1 = (1, -1, -1)$ 不在 L_2 上，于是 L_1 与 L_2 平行，通过点 $M_1 = (1, -1, -1)$ 与 $\overrightarrow{M_1M_2} = \{-3, 3, 1\}$、$\boldsymbol{l}_1 = \{2, -1, 1\}$ 平行的平面是

$$\begin{vmatrix} x-1 & y+1 & z+1 \\ -3 & 3 & 1 \\ 2 & -1 & 1 \end{vmatrix} = 0,$$

它就是平行直线 L_1 与 L_2 所确定的平面方程.

评注 从本题（1）式可以看出，为求两直线的交点，将两直线的参数方程联立（两直线必须使用不同的变量作为参数）得一个方程组. 若该方程组有解，则两直线相交，否则两直线不相交.

例 8.15 设有两直线

$$L_1: \frac{x-1}{-1} = \frac{y}{2} = \frac{z+1}{1}, \quad L_2: \frac{x+2}{0} = \frac{y-1}{1} = \frac{z-2}{-2}.$$

（1）证明 L_1 与 L_2 是异面直线.

（2）求同时平行于 L_1、L_2 且与它们等距离的平面方程.

解　（1）直线 L_1 与 L_2 分别过两点 $M_1 = (1, 0, -1)$，$M_2 = (-2, 1, 2)$.

方向向量分别为 $\boldsymbol{l}_1 = \{-1, 2, 1\}$，$\boldsymbol{l}_2 = \{0, 1, -2\}$. 现只需证明 $\boldsymbol{l}_1, \boldsymbol{l}_2$ 与 $\overrightarrow{M_1M_2} = \{-3, 1, 3\}$ 不共面，即 $\overrightarrow{M_1M_2} \cdot (\boldsymbol{l}_1 \times \boldsymbol{l}_2) \neq 0$，易计算

$$\overrightarrow{M_1M_2} \cdot (\boldsymbol{l}_1 \times \boldsymbol{l}_2) = \begin{vmatrix} -3 & 1 & 3 \\ -1 & 2 & 1 \\ 0 & 1 & -2 \end{vmatrix} = 10 \neq 0,$$

所以 L_1 与 L_2 是异面直线.

（2）设所求平面为 Π，同时平行于 L_1、L_2 的平面即垂直于 $\boldsymbol{l}_1 \times \boldsymbol{l}_2$ 的平面，而

$$l_1 \times l_2 = \{-5, -2, -1\},$$

故设 $\varPi$ 的方程为 $5x + 2y + z + D = 0$，其中 D 为待定常数.

因为 L_i 平行于 $\varPi$，所以 L_i 到 $\varPi$ 的距离即 L_i 上的点 M_i 到 $\varPi$ 的距离（$i = 1, 2$），由点到平面的距离公式知，$\varPi$ 与 L_1, L_2 等距，即

$$\left|5 \times 1 + 2 \times 0 + 1 \times (-1) + D\right| = \left|5 \times (-2) + 2 \times 1 + 1 \times 2 + D\right|,$$

即 $\left|4 + D\right| = \left|-6 + D\right|$，解得 $D = 1$，因此所求平面方程为

$$5x + 2y + z + 1 = 0.$$

例 8.16 求通过直线 $L_1: \begin{cases} x + 2z - 4 = 0 \\ 3y - z + 8 = 0 \end{cases}$ 而与直线 $L_2: \begin{cases} x = y + 4 \\ z = y - 6 \end{cases}$ 平行的平面方程.

解 这两条直线的方向向量分别为

$$l_1 = \begin{vmatrix} i & j & k \\ 1 & 0 & 2 \\ 0 & 3 & -1 \end{vmatrix} = -6i + j + 3k, \quad l_2 = \begin{vmatrix} i & j & k \\ 1 & -1 & 0 \\ 0 & -1 & 1 \end{vmatrix} = -i - j - k.$$

$M_0(0, -2, 2)$ 为直线 L_1 上的一个点，过 M_0 且与 l_1, l_2 平行的平面方程为

$$\begin{vmatrix} x & y+2 & z-2 \\ -6 & 1 & 3 \\ -1 & -1 & -1 \end{vmatrix} = 0,$$

即 $2x - 9y + 7z - 32 = 0$ 就是通过 L_1 且与 L_2 平行的平面方程.

评注 本题用了下列事实：当一个平面与一直线平行且通过此直线上某一点时，则该平面就通过此直线.

例 8.17 已知平面 $\varPi$ 通过点 $\left(1, 1, \dfrac{3}{2}\right)$，并且在 x 轴、y 轴、z 轴上的截距成等差数列，又知三截距之和为 12，求平面的方程.

解 设所求的平面方程为

$$\frac{x}{a} + \frac{y}{b} + \frac{z}{c} - 1,$$

其中 a, b, c 为待定常数，设公差为 d，由所设条件知 $b = a + d, c = b + d = a + 2d$，又已知 $a + b + c = 3a + 3d = 12$，故有 $a + d = 4$，由此知 $b = 4$. 再将已知点 $\left(1, 1, \dfrac{3}{2}\right)$ 代入平面方程，得

$$\frac{1}{a} + \frac{1}{b} + \frac{3}{2c} = 1,$$

将 $b = 4$ 代入上式，并整理化简得

$$4c + 6a = 3ac.$$

又因为 $c = b + d = 4 + (4 - a) = 8 - a$，代入上式，整理得 $3a^2 - 22a + 32 = 0$，由此解得 $a = 2$ 或 $a = \dfrac{16}{3}$，于是 $c = 6$ 或 $c = \dfrac{8}{3}$，故所求平面方程为

$$\frac{x}{2}+\frac{y}{4}+\frac{z}{6}=1 \text{ 或 } \frac{x}{\frac{16}{3}}+\frac{y}{4}+\frac{z}{\frac{8}{3}}=1.$$

例 8.18　试确定 m 的值，使两直线

$$L_1:\frac{x-3}{2}=\frac{y-1}{m}=\frac{z}{-3},\ L_2:\frac{x+2}{3}=\frac{y-4}{-4}=\frac{z-3}{0}$$

相交，并求出交点的坐标.

解　两直线相交时，它们就共面，于是三个向量 l_1，l_2，$\overrightarrow{M_1M_2}=\{5,-3,-3\}$ 也共面（其中 l_1，l_2 分别为该两直线的方向向量，而 M_1,M_2 分别为它们所通过的点）. 由所给方程知，应有

$$\begin{vmatrix} 2 & m & -3 \\ 3 & -4 & 0 \\ 5 & -3 & -3 \end{vmatrix}=0,$$

即 $9m-9=0$，由此得 $m=1$. 为求交点，写出两直线的参数方程

$$L_1:\begin{cases} x=2t+3 \\ y=t+1 \\ z=-3t \end{cases},\ -\infty<t<+\infty,$$

代入 L_2 的参数方程，得 $t=-1$. 于是得交点坐标为 $(1,0,3)$.

5. 求空间直线方程

例 8.19　设直线 L 与直线 $L_0:\frac{x-1}{1}=\frac{y-5}{3}=\frac{z}{1}$ 垂直相交，且在平面 $x-y+z+3=0$ 上，求直线 L 的方程.

解　直线 L 的方向向量 l 既与直线 L_0 的方向向量 l_0 垂直，又与平面的法向量 n 垂直，所以 $l\ /\!/\ l_0\times n=\{1,3,1\}\times\{1,-1,1\}=4\{1,0,-1\}$. 又因直线 L 在平面上，所以 L 与 L_0 的交点，也就是平面与 L_0 的交点，将 L_0 的参数方程

$$\begin{cases} x=t+1 \\ y=3t+5 \\ z=t \end{cases}$$

代入平面方程得 $t+1=0$，由此解得 $t=-1$，代入 L_0 的参数方程即得交点坐标为 $(0,2,-1)$. 于是 L 的方程为

$$\frac{x}{1}=\frac{y-2}{0}=\frac{z+1}{-1}.$$

评注　求解本题的关键在于：L_0 与已知平面的交点就是 L_0 与 L 的交点，故只需求出此交点的坐标，直线 L 的方程也就易求了.

例 8.20　设有两平面

$$\Pi_1:2x+3y-7=0,\ \Pi_2:y+z+1=0$$

及两直线

$$L_1:\begin{cases} x=3t+3 \\ y=2t-2, \\ z=t \end{cases} L_2:\begin{cases} x=3t+6 \\ y=2t+12, \\ z=-2t-8 \end{cases}$$

求与两平面 Π_1、Π_2 都平行，且与两直线 L_1 及 L_2 都相交的直线 L 的方程.

解　设直线 L、L_1、L_2 的方向向量分别为 $\boldsymbol{l}$、$\boldsymbol{l}_1$、$\boldsymbol{l}_2$，平面 Π_1、Π_2 的法向量分别为 $\boldsymbol{n}_1$、$\boldsymbol{n}_2$，由题意知：$\boldsymbol{l}//\boldsymbol{n}_1$，$\boldsymbol{l}//\boldsymbol{n}_2$，所以

$$\boldsymbol{l}//\boldsymbol{n}_1\times\boldsymbol{n}_2=\{2,3,0\}\times\{0,1,1\}=\{3,-2,2\}.$$

再设直线 L 过点 $M_0(x_0,y_0,z_0)$，由于 L 与 L_1 相交它们就共面，于是 $(\boldsymbol{l}_1\times\boldsymbol{l})\cdot\overrightarrow{M_1M_0}=0$，其中 $M_1=(3,-2,0)$ 为 L_1 上的一个点. 故

$$\begin{vmatrix} x_0-3 & y_0+2 & z_0 \\ 3 & 2 & 1 \\ 3 & -2 & 2 \end{vmatrix}=0,$$

即

$$2x_0-y_0-4z_0-8=0. \tag{I}$$

同理，由直线 L 与 L_2 相交，就有 $(\boldsymbol{l}_2\times\boldsymbol{l})\cdot\overrightarrow{M_2M_0}=0$，其中 $M_2=(6,12,-8)$ 为 L_2 上的一点，故

$$\begin{vmatrix} x_0-6 & y_0-12 & z_0+8 \\ 3 & 2 & -2 \\ 3 & -2 & 2 \end{vmatrix}=0,$$

即

$$y_0+z_0-4=0. \tag{II}$$

将式（I）（II）联立，得一个三元一次方程组. 因为该方程组中方程的个数小于未知数的个数，于是方程组有无穷多个解. 所以不妨令 $x_0=0$，便可解得 $y_0=8$，$z_0=-4$. 因而直线 L 过点 $(0,8,-4)$，L 的方程为

$$\frac{x}{3}=\frac{y-8}{-2}=\frac{z+4}{2}.$$

评注　本题用到两直线相交，则 $(\boldsymbol{l}_1\times\boldsymbol{l}_2)\cdot\overrightarrow{M_1M_2}=0$. 其中，$\boldsymbol{l}_1$、$\boldsymbol{l}_2$ 分别为该两条直线的方向向量，而 M_1、M_2 分别为两直线通过的点.

例 8.21　验证三个平面 $x+y-2z-1=0$，$x+2y-z+1=0$，$4x+5y-7z-2=0$ 通过一条直线，并写出该直线的对称式方程.

解　三个平面过同一条直线，所以其中任意两个平面的交线在第三个平面上，先求两个平面的交线

$$\begin{cases} x+y-2z-1=0 \\ x+2y-z+1=0 \end{cases},$$

方向向量为 $\boldsymbol{s}=\{3,-1,1\}$，交线上一点 $(3,-2,0)$，所以交线的对称式方程为

$$\frac{x-3}{3}=\frac{y+2}{-1}=\frac{z}{1},$$

将参数方程 $\begin{cases} x = 3+3t \\ y = -2-t \\ z = t \end{cases}$ 代入平面方程 $4x + 5y - 7z - 2 = 0$, 有

$$左边 = 4(3+3t) + 5(-2-t) - 7t - 2 = 0 = 右边,$$

故直线在平面 $4x + 5y - 7z - 2 = 0$ 上. 所以三个平面过同一条直线, 且此直线方程的对称式方程为

$$\frac{x-3}{3} = \frac{y+2}{-1} = \frac{z}{1}.$$

例 8.22 求通过点 $M_0(57, 13, 8)$ 且与两直线

$$L_1 : \frac{x-1}{1} = \frac{y+1}{-1} = \frac{z+6}{-2}, \quad L_2 : \frac{x+2}{3} = \frac{y-1}{-1} = \frac{z-1}{1}$$

都相交的直线方程.

解 首先可验证点 M_0 不在直线 $L_i(i=1,2)$ 上, 故所求直线必在由点 M_0 与 $L_i(i=1,2)$ 所决定的平面 $\Pi_i(i=1,2)$ 上. 由所给条件知, L_1 与 L_2 的方向向量分别为 $l_1 = \{1, -1, -2\}$ 与 $l_2 = \{3, -1, 1\}$, 又 L_1 与 L_2 分别过点 $M_1(1, -1, -6)$ 与 $M_2(-2, 1, 1)$, 故 Π_1 的法向量为

$$\boldsymbol{n}_1 = \boldsymbol{l}_1 \times \overrightarrow{M_0 M_1} = -14\{1, -9, 5\},$$

平面 Π_2 的法向量为

$$\boldsymbol{n}_2 = \boldsymbol{l}_2 \times \overrightarrow{M_0 M_1} = 19\{1, -2, -5\}.$$

由此不难得到 $\Pi_i(i=1,2)$ 的方程

$$\Pi_1 : (x-57) - 9(y-13) + 5(z-8) = 0, \text{ 即 } x - 9y + 5z + 20 = 0.$$
$$\Pi_2 : (x-57) - 2(y-13) - 5(z-8) = 0, \text{ 即 } x - 2y - 5z + 9 = 0.$$

由 Π_1 与 Π_2 的方程可知它们不平行, 故所求直线就是 Π_1 与 Π_2 的交线, 其方程为

$$\begin{cases} x - 9y + 5z + 20 = 0 \\ x - 2y - 5z + 9 = 0 \end{cases}.$$

6. 求直线、平面间的夹角与距离

例 8.23 求直线 $L_1 : \begin{cases} 5x - 3y + 3z - 9 = 0 \\ 3x - 2y + z - 1 = 0 \end{cases}$ 与直线 $L_2 : \begin{cases} 2x + 2y - z + 23 = 0 \\ 3x + 8y + z - 18 = 0 \end{cases}$ 的夹角的余弦.

解 直线 L_1 的方向向量为

$$\boldsymbol{s}_1 = \{5, -3, 3\} \times \{3, -2, 1\} = \{3, 4, -1\},$$

同理, 直线 L_2 的方向向量为

$$\boldsymbol{s}_2 = \{2, 2, -1\} \times \{3, 8, 1\} = \{10, -5, 10\},$$

故

$$\cos\varphi = |\cos(\widehat{\boldsymbol{s}_1, \boldsymbol{s}_2})| = \frac{|3 \times 10 - 4 \times 5 - 10 \times 1|}{\sqrt{3^2 + 4^2 + (-1)^2} \times \sqrt{10^2 + (-5)^2 + 10^2}} = 0.$$

因此 $\varphi = \dfrac{\pi}{2}$.

评注 解决此类问题, 只需求出两直线的方向向量 $\boldsymbol{s}_1$、$\boldsymbol{s}_2$, 然后套用两直线夹角余

弦公式.

例 8.24* 求直线 $l: \dfrac{x-1}{2} = \dfrac{y+1}{3} = \dfrac{z}{-1}$ 在平面 $\Pi: 2x-y+3z+6=0$ 上的投影直线方程.

解 过直线 l，垂直于平面 Π 的平面 Π_1 的法向量为

$$\boldsymbol{n}_1 = \{2,3,-1\} \times \{2,-1,3\} = \{8,-8,-8\} = 8\{1,-1,-1\},$$

所以平面 Π_1 的方程为

$$(x-1)-(y+1)-z=0, \ \ 即 \ x-y-z-2=0.$$

故投影直线的一般方程为

$$\begin{cases} x-y-z-2=0 \\ 2x-y+3z+6=0 \end{cases}.$$

例 8.25 求原点到平面 $\Pi: \dfrac{x}{a} + \dfrac{y}{b} + \dfrac{z}{c} = 1$（其中 $a>0, b>0, c>0$）的距离及平面 Π 被三个坐标平面所截得的三角形的面积.

解 **法一** 原点到平面 Π 的距离为

$$d = \dfrac{1}{\sqrt{\left(\dfrac{1}{a}\right)^2 + \left(\dfrac{1}{b}\right)^2 + \left(\dfrac{1}{c}\right)^2}}.$$

记平面 Π 与三个坐标轴的交点分别为 A、B、C，则

$$A=(a,0,0), \ B=(0,b,0), \ C=(0,0,c).$$

并记 $\triangle ABC$ 的面积为 S，考虑以原点为顶点，以 $\triangle ABC$ 为底的四棱锥体的体积 V，显然有 $V = \dfrac{1}{3}d \cdot S$. 其中 d 为原点到平面 Π 的距离，另一方面，该四棱锥也可看成是以直角三角形 AOB 为底，以 OC 为高的立体，故其体积也可表示成 $V = \dfrac{c}{3} \cdot \dfrac{1}{2}ab = \dfrac{1}{6}abc$. 于是有 $\dfrac{1}{3}d \cdot S = \dfrac{1}{6}abc$，故

$$S = \dfrac{1}{2d}abc = \dfrac{1}{2}\sqrt{b^2c^2 + c^2a^2 + a^2b^2}.$$

法二 记法同解法一，先求 S，即

$$S = \dfrac{1}{2}\left|\overrightarrow{AB} \times \overrightarrow{AC}\right| = \dfrac{1}{2}\begin{Vmatrix} \boldsymbol{i} & \boldsymbol{j} & \boldsymbol{k} \\ -a & b & 0 \\ -a & 0 & c \end{Vmatrix}$$

$$= \dfrac{1}{2}\left|(bc,ca,ab)\right| = \dfrac{1}{2}\sqrt{b^2c^2 + c^2a^2 + a^2b^2},$$

再由 $\dfrac{1}{3}d \cdot S = \dfrac{1}{6}abc$，即可得 $d = \dfrac{abc}{2S} = \dfrac{1}{\sqrt{\left(\dfrac{1}{a}\right)^2 + \left(\dfrac{1}{b}\right)^2 + \left(\dfrac{1}{c}\right)^2}}.$

例 8.26 求两直线 $L_1: \dfrac{x-3}{2}=\dfrac{y}{4}=\dfrac{z}{3}$ 与 $L_2: \dfrac{x+1}{2}=\dfrac{y-3}{0}=\dfrac{z-2}{1}$ 间的距离.

解 两直线的方向向量分别为 $\boldsymbol{l}_1=\{2,4,3\}$ 与 $\boldsymbol{l}_2=\{2,0,1\}$，两直线又分别过点 $M_1(3,0,0)$ 与 $M_2(-1,3,2)$，不难算出 $\boldsymbol{l}_1\times\boldsymbol{l}_2=\{4,4,-8\}$，$\overrightarrow{M_1M_2}=\{-4,3,2\}$，由 $\overrightarrow{M_1M_2}\cdot(\boldsymbol{l}_1\times\boldsymbol{l}_2)=-20\neq0$ 知 L_1 与 L_2 是异面直线，故它们之间的距离为

$$d=\frac{\left|\overrightarrow{M_1M_2}\cdot(\boldsymbol{l}_1\times\boldsymbol{l}_2)\right|}{|\boldsymbol{l}_1\times\boldsymbol{l}_2|}=\frac{20}{\sqrt{96}}=\frac{5}{\sqrt{6}}.$$

例 8.27 已知两直线 L_1 与 L_2 的方向向量分别为 $\boldsymbol{l}_1=\{2,1,0\}$，$\boldsymbol{l}_2=\{1,0,1\}$，又分别过点 $M_1(3,0,1)$，$M_2(-1,2,0)$，求 L_1 与 L_2 的公垂线方程和公垂线长度.

解 不难算出 $\boldsymbol{l}_1\times\boldsymbol{l}_2=\{1,-2,-1\}$，$\overrightarrow{M_1M_2}=\{-4,2,-1\}$，$\overrightarrow{M_1M_2}\cdot(\boldsymbol{l}_1\times\boldsymbol{l}_2)=-7\neq0$，所以 L_1 与 L_2 是异面直线.

显然，公垂线与 L_1 与 L_2 都相交，故它既与 L_1 共面，也与 L_2 共面，通过 L_1 与公垂线的平面 Π_1 的方程为

$$\begin{vmatrix} x-3 & y & z-1 \\ 2 & 1 & 0 \\ 1 & -2 & -1 \end{vmatrix}=0,$$

即 $x-2y+5z-8=0$.

通过 L_2 与公垂线的平面 Π_2 的方程为

$$\begin{vmatrix} x+1 & y-2 & z \\ 1 & 0 & 1 \\ 1 & -2 & -1 \end{vmatrix}=0,$$

即 $x+y-z-1=0$.

故公垂线的两面式方程为

$$\begin{cases} x-2y+5z-8=0 \\ x+y-z-1=0 \end{cases}.$$

公垂线的长度 d 等于异面直线 L_1 与 L_2 之间的距离，即

$$d=\frac{\left|\overrightarrow{M_1M_2}\cdot(\boldsymbol{l}_1\times\boldsymbol{l}_2)\right|}{|\boldsymbol{l}_1\times\boldsymbol{l}_2|}=\frac{7}{\sqrt{6}}.$$

评注 求异面直线 L_1、L_2 之间的距离，亦即求公垂线上两垂足间的距离. 因此要认清公垂线的方向向量是解题关键. 公垂线与 L_1、L_2 均垂直，故方向向量 $\boldsymbol{n}=\boldsymbol{s}_1\times\boldsymbol{s}_2$，然后采取不同的分析思路，可得不同的解法.

（1）过 L_1 作平行于 $\boldsymbol{s}$ 的平面 Π_1，求出 Π_1 与 L_2 的交点 O_2，过 L_2 作平行于 $\boldsymbol{s}$ 的平面 Π_2，求出 Π_2 与 L_1 的交点 O_1，则 $d=|O_1O_2|$.

（2）过 L_1 作平行于 L_2 的平面 Π，所求距离为 L_2 上点到平面 Π 的距离.

（3）在 L_1、L_2 上任取点 M_1、M_2，则 $d=\left|\text{Prj}_s\overrightarrow{M_1M_2}\right|=\dfrac{1}{|\boldsymbol{s}|}\left|\boldsymbol{s}\cdot\overrightarrow{M_1M_2}\right|$.

7. 曲线、曲面与投影方程

例 8.28　将曲线方程 $\begin{cases} x^2 + y^2 = 1 \\ x + y + z = 1 \end{cases}$ 化为参数式方程.

解　该曲线为圆柱面 $x^2 + y^2 = 1$ 与平面 $x + y + z = 1$ 的交线,即为空间中的一个椭圆,它在 xOy 面上的投影曲线是圆周.

$$\begin{cases} x^2 + y^2 = 1 \\ z = 0 \end{cases}.$$

将圆周写成参数方程,再根据 $z = 1 - x - y$,可得曲线的参数方程为

$$\begin{cases} x = \cos\theta \\ y = \sin\theta \\ z = 1 - \cos\theta - \sin\theta \end{cases}, \quad 0 \leqslant \theta \leqslant 2\pi.$$

例 8.29　设有二元二次方程 $x^2 + y^2 + z^2 - 2x + 4y + 1 = 0$.

（1）验证方程是球面方程,求球心坐标与球的半径.

（2）写出通过点 $M_0\left(0, -1, \sqrt{2}\right)$ 的球面的切平面方程.

解　（1）用配方法将方程改写为 $(x-1)^2 + (y+2)^2 + z^2 = 2^2$.

因此,所给方程是球面方程,球心为 $Q = (1, -2, 0)$,半径长为 2.

（2）点 M_0 在球面上,$\overrightarrow{M_0Q} = \{1, -1, -\sqrt{2}\}$,过点 M_0 以 $\overrightarrow{M_0Q}$ 为法向量的平面方程是

$x - (y+1) - \sqrt{2}\left(z - \sqrt{2}\right) = 0$,即 $x - y - \sqrt{2}z + 1 = 0$ 就是所求的切平面方程.

例 8.30　求椭圆抛物面 $y^2 + z^2 = x$ 与平面 $x - 2y - z = 0$ 的截线在三个坐标平面上的投影曲线方程.

解　截线 L 的方程为

$$\begin{cases} y^2 + z^2 = x \\ x - 2y - z = 0 \end{cases},$$

把以上方程分别消去 z、y、x 后,便得通过 L 的三个柱面方程为

$$y^2 + (x - 2y)^2 = x; \quad \frac{1}{4}(z - x)^2 + z^2 = x; \quad y^2 + z^2 = z + 2y.$$

所以 L 在三个坐标面上的投影方程分别为

$$\begin{cases} x^2 + 5y^2 - 4xy = x \\ z = 0 \end{cases}, \quad \begin{cases} 5z^2 + x^2 - 2xz = 4x \\ y = 0 \end{cases}, \quad \begin{cases} z^2 + y^2 = z + 2y \\ x = 0 \end{cases}.$$

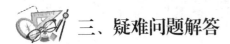 **三、疑难问题解答**

1. 确定向量的坐标常用的方法有哪些?

答　求向量的坐标一般要根据所给定的条件来确定,常用的方法有以下几种:

（1）如果已知向量 a 的起点坐标为 $A(x_1, y_1, z_1)$ 及终点坐标 $B(x_2, y_2, z_2)$，则 $a = \{x_2 - x_1, y_2 - y_1, z_2 - z_1\}$；

（2）如果已知向量 a 按基本单位向量的分解式为 $a = x\boldsymbol{i} + y\boldsymbol{j} + z\boldsymbol{k}$，则 $a = \{x, y, z\}$；

（3）当向量 a 的模 $|a|$ 及方向角 α, β, γ 已知时，$a = \{|a|\cos\alpha, |a|\cos\beta, |a|\cos\gamma\}$；

（4）当向量 a 与 $b = \{x, y, z\}$ 平行时，$a = \{\lambda x, \lambda y, \lambda z\}$，其中 λ 的值要由 a 的模及方向来确定；

（5）根据向量的数量积和向量积的性质确定.

例如，设 $a = \{1, 1, 0\}$，$b = \{2, 0, 2\}$，向量 c 与 a、b 共面，且 $\mathrm{Prj}_a c = 3$，$\mathrm{Prj}_b c = 3$，求 c 的坐标.

解　设 $c = \{x, y, z\}$．因为 a、b、c 共面，所以 $(a \times b) \cdot c = 0$，即 $x - y - z = 0$．由 $\mathrm{Prj}_a c = 3$，得 $\dfrac{1}{|a|} a \cdot c = 3$，即 $\dfrac{1}{\sqrt{2}}(x + y) = 3$，故 $x + y = 3\sqrt{2}$．由 $\mathrm{Prj}_b c = 3$，得 $\dfrac{1}{|b|} b \cdot c = 3$，即 $\dfrac{1}{2\sqrt{2}}(2x + 2z) = 3$，故 $x + z = 3\sqrt{2}$，联合以上三式，可得 $x = 2\sqrt{2}$，$y = z = \sqrt{2}$，故

$$c = \{2\sqrt{2}, \sqrt{2}, \sqrt{2}\} = \sqrt{2}\{2, 1, 1\}.$$

2. 如何用向量代数解决几何或解析几何问题？

答　用向量代数解几何问题，首先要熟悉有向线段的线性运算及它们的几何意义，如 $a + b + c = \mathbf{0}$ 表示三向量共线或组成三角形；$a \cdot b = 0$ 表示垂直等. 做题时，可先作图，然后从图形中分析有关的有向线段之间的相互联系，再运用向量运算达到解题目的. 另外，根据图形的特点建立适当的坐标系，用向量的坐标表达式进行运算.

3. 如何确定平面的法向量？

答　确定平面的法向量是建立平面方程的关键，平面法向量 n 的确定要根据不同的条件采用不同的方法.

（1）若已知点 $M_0(x_0, y_0, z_0)$ 在平面 Π 上的垂足为 $M_1(x_1, y_1, z_1)$，则 $n = \{x_1 - x_0, y_1 - y_0, z_1 - z_0\}$；

（2）如果平面 Π 与已知平面 $Ax + By + Cz + D = 0$ 平行，则 $n = \{A, B, C\}$；

（3）如果平面 Π 过三点 A、B、C，则 $n = \overrightarrow{AB} \times \overrightarrow{AC}$；

（4）如果平面 Π 与（不平行的）两条直线（或向量）平行，则 $n = s_1 \times s_2$，其中 s_1、s_2 分别为两直线的方向向量（或向量）；

（5）如果平面 Π 过 A、B 两点，且与一直线（或向量）平行，则当直线的方向向量（或向量）s 与 $\overrightarrow{AB}$ 不平行时，有 $n = s \times \overrightarrow{AB}$；

（6）如果平面 Π 过一直线（方向向量为 s）和直线上一点 M，则 $n = \overrightarrow{M_0 M} \times s$（其中 M_0 为直线外一点）；

（7）如果平面 Π 垂直于一已知直线（方向向量为 s），则 $n = s$；

（8）如果平面 Π 过 A、B 两点，且与另一平面 Π_1（法向量为 n）垂直，则 $n = \overrightarrow{AB} \times n_1$（$\overrightarrow{AB}$ 不平行 n_1）；

（9）如果平面 Π 平行于一直线（方向向量为 s）且与另一平面 Π_1（法向量为 n_1）垂

直，则 $\boldsymbol{n} = \boldsymbol{s} \times \boldsymbol{n}_1$.

4. 如何求通过 P、Q 两点且垂直于已知平面的平面方程？如何求通过两平面的交线及已知点 M_0 的平面方程？

答 关键是求所求平面的法向量.

（1）因为所求平面的法向量既垂直于向量 $\overrightarrow{PQ}$，又垂直于已知平面的法向量，由向量积的定义即可求出所求平面的法向量，再由平面的点法式方程可得.

（2）设所求的平面通过已知二平面的交线 L，故知 L 的方向向量 $\boldsymbol{s}$ 应与所求的平面的法向量垂直；如果在两平面交线 L 上取一点 M_1，则直线 M_0M_1 也应在所求的平面上. 因此，直线 M_0M_1 的方向向量应该与所求的平面法向量垂直.根据这两个条件便可定出所求平面的法向量，再用平面的点法式方程可得.

5. 如何求空间曲线在坐标平面上的投影？如何求立体在坐标平面上的投影区域？

答 掌握好这部分内容，就为重积分与曲面积分的计算打下良好的基础.一般地，求空间曲线在某坐标面投影时，如向 xOy 面上投影，是先消去曲线方程中的变量 z，得含有变量 x、y 的方程，即投影柱面的方程，然后再与 $z=0$ 联立，即可得投影曲线方程.

例如，求空间曲线 $L : \begin{cases} x^2 + (y-1)^2 + z^2 = 1 \\ y^2 + z^2 = y \end{cases}$ 在 xOy 面上的投影曲线方程.

解 在曲线方程 $\begin{cases} x^2 + (y-1)^2 + z^2 = 1 \\ y^2 + z^2 = y \end{cases}$ 中消去 z，得到 $x^2 + (y-1)^2 + (y-y^2) = 1$，即 $x^2 - y = 0$. 所以 L 在 xOy 面上的投影曲线方程为

$$\begin{cases} y = x^2 \\ z = 0 \end{cases}.$$

求立体向某坐标面投影时，把立体看作由某些（对该坐标面）单层曲面以及母线垂直于该坐标面的柱面所围成. 所以，只要求出这些单层曲面的边界曲线（即这些曲面的交线）在该坐标面上的投影曲线，即可得出立体的投影区域. 若非单层曲面，可先将曲面划分为若干个部分，且每个部分均为单层曲面，然后其投影的并集即为所求.

 # 四、同步训练题

8.1 向量的概念与几何运算

1. 选择题.

（1）下列说法正确的是（   ）.

　　A. 任何向量都有确定的大小和方向

　　B. 只有模为 0 的向量才是零向量

　　C. 任何向量除以自己的模，都是单位向量

　　D. 0 除以任何向量都是数 0

（2）已知梯形 $OABC$，$\overrightarrow{CB}/\!/\overrightarrow{OA}$ 且 $|\overrightarrow{CB}|=\dfrac{1}{2}=|\overrightarrow{OA}|$. 设 $|\overrightarrow{OA}|=\boldsymbol{a}$，$\overrightarrow{OC}=\boldsymbol{b}$，则 $\overrightarrow{AB}=$（　　）.

A. $\dfrac{1}{2}\boldsymbol{a}-\boldsymbol{b}$ 　　　B. $\boldsymbol{a}-\dfrac{1}{2}\boldsymbol{b}$ 　　　C. $\dfrac{1}{2}\boldsymbol{b}-\boldsymbol{a}$ 　　　D. $\boldsymbol{b}-\dfrac{1}{2}\boldsymbol{a}$

（3）设有非零向量 $\boldsymbol{a},\boldsymbol{b}$，若 $\boldsymbol{a}\perp\boldsymbol{b}$，则必有（　　）.

A. $|\boldsymbol{a}+\boldsymbol{b}|=|\boldsymbol{a}|+|\boldsymbol{b}|$ 　　　　　　B. $|\boldsymbol{a}+\boldsymbol{b}|=|\boldsymbol{a}-\boldsymbol{b}|$

C. $|\boldsymbol{a}+\boldsymbol{b}|<|\boldsymbol{a}-\boldsymbol{b}|$ 　　　　　　D. $|\boldsymbol{a}+\boldsymbol{b}|>|\boldsymbol{a}-\boldsymbol{b}|$

（4）$\boldsymbol{a}-\boldsymbol{b}+5\left(-\dfrac{1}{2}\boldsymbol{b}+\dfrac{\boldsymbol{b}+\boldsymbol{a}}{5}\right)=$（　　）.

A. $2\boldsymbol{a}-\dfrac{5}{2}\boldsymbol{b}$ 　　　B. $2\boldsymbol{a}+\dfrac{5}{2}\boldsymbol{b}$ 　　　C. $2\boldsymbol{a}-\boldsymbol{b}$ 　　　D. $2\boldsymbol{a}+\boldsymbol{b}$

（5）设 $\triangle ABC$ 的三边 $\overrightarrow{BC}=\boldsymbol{a}$，$\overrightarrow{CA}=\boldsymbol{b}$，$\overrightarrow{AB}=\boldsymbol{c}$，三边中点依次为 D、E、F，则 $\overrightarrow{AD}+\overrightarrow{BE}+\overrightarrow{CF}=$（　　）.

A. $\dfrac{1}{2}\boldsymbol{a}-\boldsymbol{b}+\dfrac{1}{3}\boldsymbol{c}$ 　　B. $\boldsymbol{a}+\dfrac{1}{2}\boldsymbol{b}-\dfrac{1}{4}\boldsymbol{c}$ 　　C. 0 　　D. $\dfrac{1}{2}\boldsymbol{a}-\boldsymbol{b}+\dfrac{1}{2}\boldsymbol{c}$

2. 用向量方法证明：三角形两边中点的连线平行于第三边，且长度为第三边的一半.

3. 设 $ABCD$ 是空间四边形，各边中点顺次为 M、N、P、Q，证明 $MNPQ$ 是平行四边形.

8.2 向量代数

1. 选择题.

（1）设空间三点的坐标分别为 $M(1,-3,4)$，$N(-2,1,-1)$，$P(-3,-1,1)$，则 $\angle MNP=$（　　）.

A. π 　　　　　B. $\dfrac{3\pi}{4}$ 　　　　　C. $\dfrac{\pi}{2}$ 　　　　　D. $\dfrac{\pi}{4}$

（2）已知 $|\boldsymbol{a}|=1$，$|\boldsymbol{b}|=\sqrt{2}$，且 $(\widehat{\boldsymbol{a},\boldsymbol{b}})=\dfrac{\pi}{4}$，则 $|\boldsymbol{a}+\boldsymbol{b}|=$（　　）.

A. 1 　　　　　B. $1+\sqrt{2}$ 　　　　　C. $\sqrt{5}$ 　　　　　D. 2

（3）已知 $|\boldsymbol{a}|=2$，$|\boldsymbol{b}|=\sqrt{2}$ 且 $\boldsymbol{a}\cdot\boldsymbol{b}=2$，则 $|\boldsymbol{a}\times\boldsymbol{b}|=$（　　）.

A. 2 　　　　　B. $2\sqrt{2}$ 　　　　　C. $\dfrac{\sqrt{2}}{2}$ 　　　　　D. 1

（4）设 $\boldsymbol{a}=2\boldsymbol{i}-3\boldsymbol{j}+\boldsymbol{k}$，$\boldsymbol{b}=\boldsymbol{i}-\boldsymbol{j}+3\boldsymbol{k}$，$\boldsymbol{c}=\boldsymbol{i}-2\boldsymbol{j}$，则 $(\boldsymbol{a}+\boldsymbol{b})\times(\boldsymbol{b}+\boldsymbol{c})=$（　　）.

A. $-\boldsymbol{j}-\boldsymbol{k}$ 　　　B. $-\boldsymbol{j}+\boldsymbol{k}$ 　　　C. $\boldsymbol{j}-\boldsymbol{k}$ 　　　D. $\boldsymbol{j}+\boldsymbol{k}$

（5）非零向量 $\boldsymbol{a}$、$\boldsymbol{b}$、$\boldsymbol{c}$ 满足条件 $\boldsymbol{a}+\boldsymbol{b}+\boldsymbol{c}=\boldsymbol{0}$，则 $\boldsymbol{a}\times\boldsymbol{b}=$（　　）.

A. $\boldsymbol{c}\times\boldsymbol{b}$ 　　　B. $\boldsymbol{b}\times\boldsymbol{c}$ 　　　C. $\boldsymbol{a}\times\boldsymbol{c}$ 　　　D. $\boldsymbol{b}\times\boldsymbol{a}$

2. 填空题.

（1）设 $(\widehat{\boldsymbol{a},\boldsymbol{b}})=\dfrac{\pi}{3}$，$|\boldsymbol{a}|=5$，$|\boldsymbol{b}|=8$，则 $|\boldsymbol{a}-\boldsymbol{b}|=$ _____.

（2）设 $|\boldsymbol{a}|=5$，$|\boldsymbol{a}\times\boldsymbol{b}|=12$，$\boldsymbol{a}\cdot\boldsymbol{b}=-9$，则 $|\boldsymbol{b}|=$ _____.

（3）已知 $|\pmb{a}| = 3$，且其方向角 $\alpha = \gamma = \dfrac{\pi}{3}, \beta = \dfrac{\pi}{4}$，则 $\pmb{a} = $ _____.

（4）设 $\pmb{a} = \{\lambda, -3, 2\}$ 与 $\pmb{b} = \{1, 2, -\lambda\}$ 垂直，则 $\lambda = $ _____.

（5）设 $|\pmb{a}| = 8, |\pmb{b}| = 2, \widehat{(\pmb{a}, \pmb{b})} = \dfrac{\varPi}{3}$，则 $|2\pmb{a} - 3\pmb{b}| = $ _____.

3. 求向量 $\pmb{a} = \{1, -2, 4\} \times \{3, -2, 6\}$ 在向量 $\pmb{b} = \{2, -1, 2\}$ 上的投影.

4*. 设 $\pmb{a}$、$\pmb{b}$、$\pmb{c}$ 两两不平行，且 $\pmb{a} \times \pmb{b} = \pmb{b} \times \pmb{c} = \pmb{c} \times \pmb{a}$，证明 $\pmb{a} + \pmb{b} + \pmb{c} = \pmb{0}$.

5*. 设 $\pmb{a}$、$\pmb{b}$ 为非零向量，且满足 $(\pmb{a} + 3\pmb{b}) \perp (7\pmb{a} - 5\pmb{b})$，$(\pmb{a} - 4\pmb{b}) \perp (7\pmb{a} - 2\pmb{b})$，求 $\pmb{a}$、$\pmb{b}$ 的夹角 θ.

8.3 平面与空间直线

1. 选择题.

（1）过点 $M(2, 3, 5)$，且平行于平面 $5x - 3y + 2z - 10 = 0$ 的平面是（　　）.

  A. $5x + 3y + 2z - 11 = 0$ B. $5x - 3y + 2z + 11 = 0$

  C. $5x - 3y + 2z - 11 = 0$ D. $5x + 3y + 2z + 11 = 0$

（2）已知原点到平面 $2x - y + kz = 6$ 的距离为 2，则 $k = $（　　）.

  A. ± 2 B. ± 1 C. 2   D. 1

（3）直线 $l: \dfrac{x+2}{3} = \dfrac{y-2}{-1} = \dfrac{z+3}{2}$ 和平面 $\varPi: 2x + 3y + 3z - 8 = 0$ 的交点是（　　）.

  A. $(-1, 1, 1)$ B. $\left(3, \dfrac{1}{3}, \dfrac{1}{3}\right)$ C. $(1, -1, 1)$ D. $(1, 1, -1)$

（4）直线 $l_1: \dfrac{x-1}{1} = \dfrac{y-5}{-2} = \dfrac{z+8}{1}$ 与 $l_2: \begin{cases} x - y = 6 \\ 2y + z = 3 \end{cases}$ 的夹角为（　　）.

  A. $\dfrac{\pi}{6}$ B. $\dfrac{\pi}{4}$ C. $\dfrac{\pi}{3}$ D. $\dfrac{\pi}{2}$

（5）过点 $(0, 2, 4)$ 且与两平面 $x + 2z = 1$ 和 $y - 3z = 2$ 平行的直线方程为（　　）.

  A. $\dfrac{x}{-2} = \dfrac{y-5}{3} = \dfrac{z-4}{1}$ B. $\dfrac{x}{-2} = \dfrac{y-2}{3} = \dfrac{z+4}{1}$

  C. $\dfrac{x}{-1} = \dfrac{y-2}{3} = \dfrac{z-4}{1}$ D. $\dfrac{x}{-2} = \dfrac{y-2}{3} = \dfrac{z-4}{1}$

2. 填空题.

（1）点 $(3, 1, -1)$ 到平面 $22x + 4y - 20z = 0$ 的距离为_____.

（2）过点 $M_1(3, -2, 1), M_2(-1, 0, 2)$ 的直线方程为_____.

（3）过点 $(3, -1, 2)$ 且平行于直线 $\dfrac{x-3}{4} = y = \dfrac{z-1}{3}$ 的直线方程为_____.

（4）过点 $(5, -7, 4)$ 且在 x、y、z 坐标轴上的截距相等的平面方程为_____.

（5）平面 $x + 2y - kz = 1$ 与平面 $y - z = 3$ 的夹角为 $\dfrac{\pi}{4}$，则 $k = $ _____.

3. 证明直线 $l: \dfrac{x-2}{3} = y + 2 = \dfrac{z-3}{-4}$ 在平面 $\varPi: x + y + z = 3$ 上.

4. 证明平面 $\Pi_1: x+2y-z+3=0$，$\Pi_2: 3x-y+2z+1=0$，$\Pi_3: 2x-3y+3z-2=0$ 共线（即存在一条直线，同时在三个平面上）.

5*. 过已知点 $M_0(-1,2,-3)$ 作一直线，满足以下两个条件：

（1）与向量 $\boldsymbol{a}=\{6,-2,-3\}$ 垂直；

（2）与直线 $l: \dfrac{x-1}{3}=\dfrac{y+1}{2}=\dfrac{z-3}{-5}$ 相交.

求此直线方程.

8.4 空间曲面与空间曲线的方程

1. 选择题.

（1）母线平行于 x 轴且通过曲线 $\begin{cases} 2x^2+y^2+z^2=16 \\ x^2-y^2+z^2=0 \end{cases}$ 的柱面方程是（　　）.

    A. $x^2+2y=16$ B. $3y^2-z^2=16$

    C. $3x^2+2z^2=16$ D. $-y^2+3z^2=16$

（2）下列曲线中，绕 Oy 轴旋转而成椭球面的曲线为 $3x^2+2y^2+3z^2=1$ 的是（　　）.

    A. $\begin{cases} 2x^2+3y^2=1 \\ y=0 \end{cases}$ B. $\begin{cases} 3y^2+2z^2=1 \\ x=0 \end{cases}$

    C. $\begin{cases} 3x^2+2y^2=1 \\ z=0 \end{cases}$ D. $\begin{cases} 3x^2+3z^2=1 \\ y=0 \end{cases}$

（3）通过曲线 $\begin{cases} x^2+y^2+z^2=8 \\ x+y+z=0 \end{cases}$ 作一柱面 Σ，其母线平行于 Oz 轴，则 Σ 的方程为（　　）.

    A. $x^2+y^2+2x+y=4$ B. $x^2+y^2+x+y=4$

    C. $x^2+y^2+2xy=4$ D. $x^2+y^2+xy=4$

（4）方程 $z^2-x^2-y^2=0$ 在空间直角坐标系中表示（　　）.

    A. 圆锥面   B. 柱面   C. 旋转双曲面   D. 平面

（5）锥面 $z=\sqrt{x^2+y^2}$ 与柱面 $z^2=2x$ 所围立体在 xOy 面上的投影曲线的方程为（　　）.

    A. $\begin{cases} (x-1)^2+y^2 \geqslant 1 \\ z=0 \end{cases}$ B. $\begin{cases} (x-1)^2+y^2 \leqslant 1 \\ z=0 \end{cases}$

    C. $\begin{cases} (x-1)^2+y^2 \leqslant 2 \\ z=0 \end{cases}$ D. $\begin{cases} (x-1)^2+y^2 \leqslant 1 \\ z=3 \end{cases}$

2. 填空题.

（1）以 $\Gamma: \begin{cases} f(y,z)=0 \\ x=0 \end{cases}$ 为母线，以 Oz 轴为旋转轴的旋转曲面的方程为_____.

（2）方程 $y^2 - z = 0$ 在空间直角坐标系中表示的曲面为_____.

（3）上半锥面 $z = \sqrt{x^2 + y^2}$（$0 \leqslant z \leqslant 1$）在 xOy 面上的投影为_____.

（4）曲线 $\begin{cases} x = (t+1)^2 \\ y = 2(t+1) \\ z = 2t+5 \end{cases}$ 与曲面 $x + y^2 - 5z = 0$ 的交点坐标为_____.

（5）曲线 $\begin{cases} x^2 + y^2 = a^2 \\ z = x^2 - y^2 \end{cases}$ 的一个参数方程为_____.

3. 将曲线方程 $\begin{cases} x^2 + y^2 + z^2 = 16 \\ y = x \end{cases}$ 化为参数方程.

4. 求球面 $x^2 + 2x + y^2 + z^2 = 17$ 与平面 $x + z = 1$ 的交线在 xOy 面上的投影方程.

5*. 求曲线 $\begin{cases} z = 4 - x^2 \\ x^2 + y^2 = 2 \end{cases}$ 在坐标平面上的投影曲线方程.

6*. 求直线 $L: \dfrac{x-1}{1} = \dfrac{y}{2} = \dfrac{z-1}{1}$ 绕 Oz 轴旋转一周所得旋转曲面的方程.

 五、自测题

1. 选择题（每题 3 分，共 15 分）.

（1）已知三角形的顶点坐标为 $A(0,-1,2)$，$B(3,4,5)$，$C(6,7,8)$，则 $\triangle ABC$ 的面积为（　　）.

    A. $\sqrt{2}$ B. $3\sqrt{2}$ C. $6\sqrt{2}$ D. $9\sqrt{2}$

（2）平面 Π 经过两平面 $4x - y + 3z - 1 = 0$，$x + 5y - z + 2 = 0$ 的交线，且与 y 轴平行，则 Π 的方程为（　　）.

    A. $14x - 21z - 3 - 0$ B. $21x - 14z + 3 = 0$

    C. $21x + 14z - 3 = 0$ D. $21x + 14z + 3 = 0$

（3）已知向量 $\boldsymbol{a}$ 与 $\boldsymbol{b}$ 相互平行，则下列结论正确的是（　　）.

    A. 存在常数 k，使得 $\boldsymbol{a} = k\boldsymbol{b}$ B. 存在常数 k，使得 $\boldsymbol{b} = k\boldsymbol{a}$

    C. $\boldsymbol{a} \times \boldsymbol{b} = \boldsymbol{0}$ D. 存在常数 k_1, k_2，使得 $k_1\boldsymbol{a} + k_2\boldsymbol{b} = \boldsymbol{0}$

（4）设非零向量 $\boldsymbol{a}$ 与 $\boldsymbol{b}$ 不平行，$\boldsymbol{c} = (\boldsymbol{a} \times \boldsymbol{b}) \times \boldsymbol{a}$，则（　　）.

    A. $\boldsymbol{c} = \boldsymbol{0}$ B. $(\widehat{\boldsymbol{b},\boldsymbol{c}}) < \dfrac{\pi}{2}$ C. $\boldsymbol{c} \perp \boldsymbol{b}$ D. $(\widehat{\boldsymbol{b},\boldsymbol{c}}) > \dfrac{\pi}{2}$

（5）设直线 $L_1: \dfrac{x-1}{1} = \dfrac{y-5}{-2} = \dfrac{z+8}{1}$ 与 $L_2: \begin{cases} x - y = 6 \\ 2y + z = 3 \end{cases}$，则 L_1 与 L_2 的夹角为（　　）.

    A. $\dfrac{\pi}{6}$ B. $\dfrac{\pi}{2}$ C. $\dfrac{\pi}{4}$ D. $\dfrac{\pi}{3}$

2. 填空题（每题 3 分，共 15 分）.

（1）若单位向量 $\boldsymbol{a}$、$\boldsymbol{b}$、$\boldsymbol{c}$ 满足 $\boldsymbol{a}+\boldsymbol{b}+\boldsymbol{c}=\boldsymbol{0}$，则 $\boldsymbol{a}\cdot\boldsymbol{b}+\boldsymbol{b}\cdot\boldsymbol{c}+\boldsymbol{c}\cdot\boldsymbol{a}=$ _____.

（2）设空间两条直线 $\dfrac{x-1}{1}=\dfrac{y+1}{2}=\dfrac{z-1}{\lambda}$ 和 $x+1=y-1=z$ 相交，则 $\lambda=$ _____.

（3）直线 $\begin{cases} x=3z-5 \\ y=2z-8 \end{cases}$ 的点向式方程为_____.

（4）设 $\boldsymbol{a}=\{2,1,-3\}$，$\boldsymbol{b}=\{-3,2,1\}$，则 $\widehat{(\boldsymbol{a},\boldsymbol{b})}=$ _____.

（5）设 $|\boldsymbol{a}|=1$，$|\boldsymbol{a}\times\boldsymbol{b}|=\sqrt{3}$，$\boldsymbol{a}\cdot\boldsymbol{b}=1$，则 $|\boldsymbol{b}|=$ _____.

3. 解答题（每题 5 分，共 30 分）.

（1）求锥面 $z=\sqrt{x^2+y^2}$ 与柱面 $z^2=2x$ 所围立体在 xOy 上的投影曲线方程.

（2）一平面与平面 $\varPi_1:6x+3y+2z+12=0$ 平行，且到原点的距离为 1，求此平面方程.

（3）设平面与原点的距离为 6，且在坐标轴上的距离之比为 $a:b:c=1:3:2$，求此平面方程.

（4）求过点 $(1,2,1)$ 与向量 $\boldsymbol{l}_1=\{1,-2,-3\}$，$\boldsymbol{l}_2=\{0,-1,-1\}$ 平行的平面方程.

（5）求两平行平面 $\varPi_1:10x+2y-2z-5=0$，$\varPi_2:5x+y-z-1=0$ 之间的距离.

（6）求过点 $(1,2,-1)$ 且与直线 $\begin{cases} 2x-3y+z-5=0 \\ 3x+y-2z-4=0 \end{cases}$ 平行的直线方程.

4. 分析题（每题 10 分，共 30 分）.

（1）设 $\boldsymbol{p}=2\boldsymbol{a}+\boldsymbol{b}$，$\boldsymbol{q}=k\boldsymbol{a}+\boldsymbol{b}$，其中 $|\boldsymbol{a}|=1$，$|\boldsymbol{b}|=2$，且 $\boldsymbol{a}\perp\boldsymbol{b}$，问：

① k 为何值时，$\boldsymbol{p}\perp\boldsymbol{q}$？

② k 为何值时，以 $\boldsymbol{p}$、$\boldsymbol{q}$ 为边的平行四边形面积为 6？

（2）求过直线 $l_1:\dfrac{x+1}{1}=\dfrac{y}{2}=\dfrac{z-1}{-1}$ 的平面 $\varPi$，使它平行于直线 $l_2:\dfrac{x-1}{3}=\dfrac{y-2}{2}=\dfrac{z-3}{1}$.

（3）一直线过点 $P_0(0,1,1)$ 且和两直线 $l_1:x=y=z$ 及 $l_2:\dfrac{x}{1}=\dfrac{y}{-2}=\dfrac{z-1}{-1}$ 相交，求该直线方程.

5. 证明题（10 分）.

证明：假设平面 $\varPi_1:Ax+By+Cz+D_1=0$，$\varPi_2:Ax+By+Cz+D_2=0$ 平行，则二者之间的距离公式为 $d=\dfrac{\left|D_2-D_1\right|}{\sqrt{A^2+B^2+C^2}}$.

 # 六、参考答案与提示

8.1　向量的概念与几何运算

1.（1）B；　　　（2）D；　　　（3）B；　　　（4）A；　　　（5）C.

2. 提示：三角形记为 $\triangle ABC$，设 AB、AC 中点分别为 D、E，则 $\overrightarrow{DE}=\dfrac{1}{2}\overrightarrow{BA}+\dfrac{1}{2}\overrightarrow{AC}=$ $\dfrac{1}{2}(\overrightarrow{BA}+\overrightarrow{AC})$，$\overrightarrow{BC}=\overrightarrow{BA}+\overrightarrow{AC}\Rightarrow\overrightarrow{DE}=\dfrac{1}{2}\overrightarrow{BC}$，故 $\overrightarrow{DE}//\overrightarrow{BC}$，且 $\overrightarrow{DE}=\dfrac{1}{2}|\overrightarrow{BC}|$.

3. 提示：$\overrightarrow{MN}=\dfrac{1}{2}\overrightarrow{AB}+\dfrac{1}{2}\overrightarrow{BC}=\dfrac{1}{2}(\overrightarrow{AB}+\overrightarrow{BC})$，$\overrightarrow{QP}=\dfrac{1}{2}(\overrightarrow{AD}+\overrightarrow{DC})=\dfrac{1}{2}(\overrightarrow{BC}+\overrightarrow{AB})=\overrightarrow{MN}$，所以 $MNPQ$ 为平行四边形.

8.2　向量代数

1.（1）D；　　　（2）C；　　　（3）A；　　　（4）A；　　　（5）B.

2.（1）7；　　　（2）3；　　　（3）$\dfrac{3}{2}(1,\sqrt{2},1)$；　　　（4）$-6$；　　　（5）14.

3. -2．提示：$\mathrm{Prj}_{b}a=|a|\cos\theta=|a|\cdot\dfrac{a\cdot b}{|a|\cdot|b|}=\dfrac{a\cdot b}{|b|}$.

4*. 提示：

$$a\times b=b\times c\Rightarrow a\times b-b\times c=0\Rightarrow a\times b+c\times b=(a+c)\times b=0\Rightarrow b\perp(a+c).$$

令 $b=\lambda(a+c)$，则 $b\times c=\lambda(a+c)\times c=\lambda a\times c=c\times a\Rightarrow\lambda a\times c=-a\times c$，由于 a、b、c 两两不平行，所以 $a\times c\neq 0$，故 $\lambda=-1$.

$$a+b+c=a+\lambda(a+c)+c=a-(a+c)+c=0.$$

5*. $\theta=\dfrac{\pi}{3}$．提示：$(a+3b)\perp(7a-5b)\Rightarrow 7|a|^2-15|b|^2+16a\cdot b=0$，$(a-4b)\perp(7a-2b)\Rightarrow$ $7|a|^2+8|b|^2-30a\cdot b=0$，联立可得 $|a|^2=|b|^2=2a\cdot b$，故 $\cos\theta=\dfrac{a\cdot b}{|a|\cdot|b|}=\dfrac{a\cdot b}{|a|^2}=\dfrac{1}{2}\Rightarrow\theta=\dfrac{\pi}{3}$.

8.3　平面与空间直线

1.（1）C；　　　（2）A；　　　（3）B；　　　（4）C；　　　（5）D.

2.（1）$\dfrac{3}{2}$；　　　（2）$\dfrac{x+1}{4}=\dfrac{y}{-2}=\dfrac{z-2}{-1}$；　　　（3）$\dfrac{x-3}{4}=\dfrac{y+1}{1}=\dfrac{z-2}{3}$；

（4）$x+y+z=2$；　　　　　　　　　　　　　　　　　　　（5）$\dfrac{1}{4}$.

3. 提示：$s=\{3,1,-4\}$，$n=\{1,1,1\}$，且 $s\cdot n=0$，点 $(2,-2,3)$ 在平面上.

4. 提示：Π_1 与 Π_2 得交线 l 的方向向量为 $s=\{3,-5,-7\}$，令 $z=3$，可得直线 l 上一个点 $N(-2,3,1)$，可证此点也在 Π_3 上，Π_3 的法向量 $n_3=\{2,-3,3\}$，$s\cdot n_3=0$，故 l 也在 Π_3 上.

5*. $\begin{cases}6(x+1)-2(y-2)-3(z+3)=0\\3(x+1)+28(y-2)+13(z+3)=0\end{cases}$．提示：设 $M_1(x,y,z)$ 为直线 l 上的另一个点，则 $\overrightarrow{M_0M_1}=\{x+1,y-2,z+3\}\perp a\Rightarrow\overrightarrow{M_0M_1}\cdot a=0\Rightarrow 6(x+1)-2(y-2)-3(z+3)=0$，$l$ 上一点 $N(1,-1,3)$，l 的方向向量 $s=\{3,2,-5\}$，则 $\overrightarrow{M_0M_1}$，$\overrightarrow{M_0N}=\{2,-3,6\}$，$s$ 在一个平面上，即

$$\begin{vmatrix} x+1 & y-2 & z+3 \\ 2 & -3 & 6 \\ 3 & 2 & -5 \end{vmatrix} = 0 \Rightarrow 3(x+1) + 28(y-2) + 13(z+3) = 0.$$

8.4　空间曲面与空间曲线的方程

1.（1）B；　　　　（2）C；　　　　（3）D；　　　　（4）A；　　（5）B.

2.（1）$f\left(\pm\sqrt{x^2+y^2}, z\right) = 0$；　　　（2）母线平行于 Ox 轴的柱面；

（3）$x^2 + y^2 \leqslant 1$；　　　　　（4）$(9,6,9)$，$(1,-2,1)$；

（5）$\begin{cases} x = a\cos t \\ y = a\sin t \\ z = a^2\cos 2t \end{cases}$，$0 \leqslant t \leqslant 2\pi$.

3. $\begin{cases} x = 2\sqrt{2}\cos\theta \\ y = 2\sqrt{2}\cos\theta, & 0 \leqslant \theta \leqslant 2\pi. \\ z = 4\sin\theta \end{cases}$

4. $\begin{cases} 2x^2 + y^2 = 16 \\ z = 0 \end{cases}$.

5^*. 在 xOy 面上的投影曲线方程为 $\begin{cases} x^2 + y^2 = 2 \\ z = 0 \end{cases}$；在 xOz 面上的投影曲线方程为

$\begin{cases} z = 4 - x^2 \\ y = 0 \end{cases}$；在 yOz 面上的投影曲线方程为 $\begin{cases} z = 2 + y^2 \\ x = 0 \end{cases}$.

6^*. $x^2 + y^2 = z^2 + 4(z-1)^2$. 提示：曲线的参数方程为 $x = 1+t$，$y = 2t$，$z = 1+t$，M 为曲线上任一点，则 $M(1+t, 2t, 1+t)$ 到 z 轴的距离为 $d = \sqrt{(1+t)^2 + 4t^2}$. 点 M 绕 z 轴转一周得到一空间圆周 $\begin{cases} x^2 + y^2 = (1+t)^2 + 4t^2 \\ z = 1+t \end{cases}$，消去参数 t，得到旋转曲面方程.

自测题

1.（1）B；　　　　（2）C；　　　　（3）C；　　　　（4）A；　　（5）D.

2.（1）$-\dfrac{3}{2}$；　　　（2）$\dfrac{5}{4}$；　　　（3）$\dfrac{x-1}{1} = \dfrac{y+4}{2} = \dfrac{z-2}{-1}$；　　（4）$\dfrac{2}{3}\pi$；

（5）2.

3.（1）$\begin{cases} x^2 + y^2 \leqslant 2x \\ z = 0 \end{cases}$；　　　（2）$6x + 3y + 2z \pm 7 = 0$；

（3）$6x + 2y + 3z \pm 42 = 0$；　　　（4）$x - y + z = 0$；

（5）$\dfrac{\sqrt{3}}{6}$；　　　　（6）$\dfrac{x-1}{5} = \dfrac{y-2}{7} = \dfrac{z+1}{11}$.

4.（1）① $k=-2$. 提示：$\boldsymbol{p}\cdot\boldsymbol{q}=(2\boldsymbol{a}+\boldsymbol{b})\cdot(k\boldsymbol{a}+\boldsymbol{b})=2k\,|\,\boldsymbol{a}\,|^2+|\,\boldsymbol{b}\,|^2=2k+4=0.$

② $k=5$ 或 $k=-1$. 提示：面积 $S=6=|\,\boldsymbol{p}\times\boldsymbol{q}\,|=|(2-k)\boldsymbol{a}\times\boldsymbol{b}|=|2-k||\boldsymbol{a}|\cdot|\boldsymbol{b}|\sin\dfrac{\pi}{2}.$

（2）$x-y-z+2=0$. 提示：平面的法向量 $\boldsymbol{n}=\begin{vmatrix} \boldsymbol{i} & \boldsymbol{j} & \boldsymbol{k} \\ 1 & 2 & -1 \\ 3 & 2 & 1 \end{vmatrix}=4\{1,-1,1\}$，过点 $(-1,0,1)$.

（3）$\begin{cases} y-z=0 \\ x+z-1=0 \end{cases}$. 提示：设直线上任一点 $M(x,y,z)$，l_1 上的一点 $P_1(0,0,0)$，l_1 的方向向量 $\boldsymbol{s}_1=\{1,1,1\}$，$l_2$ 上的一点 $P_2(0,0,1)$，l_2 的方向向量 $\boldsymbol{s}_2=\{1,-2,-1\}$，则有 $\overrightarrow{MP_1}=\{x,y,z\}$，$\overrightarrow{P_1P_0}=\{0,1,1\}$，$\boldsymbol{s}_1=\{1,1,1\}$ 共面，得 $\begin{vmatrix} x & y & z \\ 0 & 1 & 1 \\ 1 & 1 & 1 \end{vmatrix}=y-z=0.$

$\overrightarrow{MP_2}=\{x,y,z-1\}$，$\overrightarrow{P_2P_0}=\{0,1,0\}$，$\boldsymbol{s}_1=\{1,-2,-1\}$ 共面，得

$$\begin{vmatrix} x & y & z-1 \\ 0 & 1 & 0 \\ 1 & -2 & -1 \end{vmatrix}=-y-z+1=0,\quad \text{即 } y+z-1=0.$$

5. 提示：任取 Π_1 上一点 $M(x_0,y_0,z_0)$，它到 Π_2 的距离为

$$d=\frac{|\,Ax_0+By_0+Cz_0+D_2\,|}{\sqrt{A^2+B^2+C^2}}=\frac{|-D_1+D_2\,|}{\sqrt{A^2+B^2+C^2}}=\frac{|\,D_1-D_2\,|}{\sqrt{A^2+B^2+C^2}}.$$

第九章　多元函数的微积分学

 一、基本概念、性质与结论

1. 多元函数微分学

（1）概念.

1）多元函数及多元函数的极限.

2）多元函数的连续性. 若 $\lim\limits_{P \to P_0} f(P) = f(P_0)$，则称 n 元函数 $f(P)$ 在点 P_0 处连续.

3）二元函数的偏导数.

$$f_x(x_0, y_0) = \lim_{\Delta x \to 0} \frac{f(x_0 + \Delta x, y_0) - f(x_0, y_0)}{\Delta x}, \ \text{也记为} \ \frac{\partial z}{\partial x}\bigg|_{\substack{x=x_0 \\ y=y_0}}, \ \frac{\partial f}{\partial x}\bigg|_{\substack{x=x_0 \\ y=y_0}} \ \text{或} \ z_x\bigg|_{\substack{x=x_0 \\ y=y_0}}.$$

$$f_y(x_0, y_0) = \lim_{\Delta y \to 0} \frac{f(x_0, y_0 + \Delta y) - f(x_0, y_0)}{\Delta y}, \ \text{也记为} \ \frac{\partial z}{\partial y}\bigg|_{\substack{x=x_0 \\ y=y_0}}, \ \frac{\partial f}{\partial y}\bigg|_{\substack{x=x_0 \\ y=y_0}} \ \text{或} \ z_y\bigg|_{\substack{x=x_0 \\ y=y_0}}.$$

如果函数 $z = f(x, y)$ 在区域 D 内任一点 (x, y) 处对 x 的偏导数都存在，那么这个偏导数就是 x、y 的函数，它就称为函数 $z = f(x, y)$ 对自变量 x 的偏导数，且

$$f_x(x, y) = \lim_{h \to 0} \frac{f(x+h, y) - f(x, y)}{h},$$

同理，有

$$f_y(x, y) = \lim_{h \to 0} \frac{f(x, y+h) - f(x, y)}{h}.$$

对偏导函数讨论偏导数，则可定义高阶偏导数：

$$\frac{\partial}{\partial x}\left(\frac{\partial z}{\partial x}\right) = \frac{\partial^2 z}{\partial x^2} = f_{xx}(x, y), \quad \frac{\partial}{\partial y}\left(\frac{\partial z}{\partial y}\right) = \frac{\partial^2 z}{\partial y^2} = f_{yy}(x, y) \ \text{（纯偏导）};$$

$$\frac{\partial}{\partial y}\left(\frac{\partial z}{\partial x}\right) = \frac{\partial^2 z}{\partial x \partial y} = f_{xy}(x, y), \quad \frac{\partial}{\partial x}\left(\frac{\partial z}{\partial y}\right) = \frac{\partial^2 z}{\partial y \partial x} = f_{yx}(x, y) \ \text{（混合偏导）}.$$

4）可微与全微分.

① 可微：若 $\Delta z = f(x + \Delta x, y + \Delta y) - f(x, y) = A\Delta x + B\Delta y + o(\rho)$，其中 A、B 是不依赖于 Δx、Δy 而仅与 x, y 有关的常数，则称 $z = f(x, y)$ 在点 (x, y) 可微 $\left(\rho = \sqrt{(\Delta x)^2 + (\Delta y)^2}\right)$.

② 全微分：$\mathrm{d}z = A\Delta x + B\Delta y = \frac{\partial z}{\partial x}\mathrm{d}x + \frac{\partial z}{\partial y}\mathrm{d}y$ 称为函数 $z = f(x, y)$ 在点 (x, y) 处的全微分.

（2）结论、方法与公式.

1）多元初等函数在其定义区域内连续.

2）若偏导数连续，高阶混合偏导数与求导次序无关.

3）函数可微的条件.

① 必要条件：$z = f(x,y)$ 在点 (x,y) 可微，则该函数在点 (x,y) 的偏导数 $\dfrac{\partial z}{\partial x}$、$\dfrac{\partial z}{\partial y}$ 必存在.

② 充分条件：$z = f(x,y)$ 的偏导数 $\dfrac{\partial z}{\partial x}$、$\dfrac{\partial z}{\partial y}$ 在点 (x,y) 连续，则该函数在点 (x,y) 可微分.

4）复合函数求导的链式法则. $z = f(u,v)$, $u = \varphi(x,y)$, $v = \psi(x,y)$, 则

$$\frac{\partial z}{\partial x} = \frac{\partial z}{\partial u}\frac{\partial u}{\partial x} + \frac{\partial z}{\partial v}\frac{\partial v}{\partial x}, \quad \frac{\partial z}{\partial y} = \frac{\partial z}{\partial u}\frac{\partial u}{\partial y} + \frac{\partial z}{\partial v}\frac{\partial v}{\partial y}.$$

5）隐函数的求导法则.

① 若 $y = y(x)$ 由方程 $F(x,y) = 0$ 确定，则 $\dfrac{dy}{dx} = -\dfrac{F_x}{F_y}$.

② 若 $z = z(x,y)$ 由方程 $F(x,y,z) = 0$ 确定，则 $\dfrac{\partial z}{\partial x} = -\dfrac{F_x}{F_z}$, $\dfrac{\partial z}{\partial y} = -\dfrac{F_y}{F_z}$.

③* 方程组 $\begin{cases} F(x,y,z) = 0 \\ G(x,y,z) = 0 \end{cases}$ 确定了两个一元隐函数 $y = y(x)$, $z = z(x)$, 则由

$$\begin{cases} F_x + F_y\dfrac{dy}{dx} + F_z\dfrac{dz}{dx} = 0 \\ G_x + G_y\dfrac{dy}{dx} + G_z\dfrac{dz}{dx} = 0 \end{cases} \text{解得} \dfrac{dy}{dx}, \dfrac{dz}{dx}.$$

④* 方程组 $\begin{cases} F(x,y,u,v) = 0 \\ G(x,y,u,v) = 0 \end{cases}$ 确定了两个二元隐函数 $u = u(x,y)$, $v = v(x,y)$, 则由

$$\begin{cases} F_x + F_u\dfrac{\partial u}{\partial x} + F_v\dfrac{\partial v}{\partial x} = 0 \\ G_x + G_u\dfrac{\partial u}{\partial x} + G_v\dfrac{\partial v}{\partial x} = 0 \end{cases} \text{解得} \dfrac{\partial u}{\partial x}, \dfrac{\partial v}{\partial x}, \text{同理解得} \dfrac{\partial u}{\partial y} \text{和} \dfrac{\partial v}{\partial y}.$$

2. 多元函数的极值及其应用

（1）概念.

多元函数的极值.

（2）方法与结论.

1）极值点的条件.

必要条件：设函数 $z = f(x,y)$ 在点 (x_0,y_0) 具有偏导数，且在点 (x_0,y_0) 处有极值，则它在该点的偏导数必然为零，即 $f_x(x_0,y_0) = 0$, $f_y(x_0,y_0) = 0$.

评注 在偏导数存在的条件下，极值点必为驻点，反之则不然，如点 $(0,0)$ 是函数 $z = xy$ 的驻点，但不是极值点；另外，偏导数不存在的点也可能是极值点，如 $z = \sqrt{x^2 + y^2}$

在点 $(0,0)$ 处有极小值，但在点 $(0,0)$ 处偏导数不存在．

充分条件：设函数 $z = f(x,y)$ 在点 (x_0,y_0) 的某邻域内连续，有一阶及二阶连续偏导数，又 $f_x(x_0,y_0) = 0$，$f_y(x_0,y_0) = 0$，令 $f_{xx}(x_0,y_0) = A$，$f_{xy}(x_0,y_0) = B$，$f_{yy}(x_0,y_0) = C$，则 $f(x,y)$ 在点 (x_0,y_0) 处是否取得极值的条件如下：

① $B^2 - AC > 0$ 时具有极值，当 $A < 0$ 时有极大值，当 $A > 0$ 时有极小值；

② $B^2 - AC < 0$ 时没有极值；

③ $B^2 - AC = 0$ 时可能有极值，也可能没有极值，还需另作讨论．

2）求条件极值的方法.

① 化为无条件极值——降元法；

② Lagrange 乘数法——升元法.

求函数 $z = f(x,y)$ 在条件 $\varphi(x,y) = 0$ 下的极值：构造函数 $L(x,y) = f(x,y) + \lambda\varphi(x,y)$，其中 λ 为某一常数，可由方程组

$$\begin{cases} f_x(x,y) + \lambda\varphi_x(x,y) = 0 \\ f_y(x,y) + \lambda\varphi_y(x,y) = 0 \\ \varphi(x,y) = 0 \end{cases}$$

解出 x、y、λ，其中 x、y 就是可能的极值点的坐标.

3）求最值的方法. 先求出有界闭域 D 内的所有驻点，再求出在 D 的边界上的最大值点和最小值点，然后比较各点处的函数值，其中最大者即为最大值，最小者即为最小值.

3. 二重积分的概念与性质

（1）定义：

$$\iint\limits_D f(x,y)\mathrm{d}\sigma = \lim_{\lambda \to 0} \sum_{i=1}^{n} f(\xi_i,\eta_i)\Delta\sigma_i.$$

当 $f(x,y) \geqslant 0$ 时，二重积分 $\iint\limits_D f(x,y)\mathrm{d}\sigma$ 几何上表示曲顶柱体的体积，物理上表示平面薄片的质量. 一般地，$\iint\limits_D f(x,y)\mathrm{d}\sigma$ 表示曲顶柱体体积的代数和，它可能是正数，可能是负数，也可能为零.

（2）性质.

1）线性性质：

$$\iint\limits_D [\alpha f(x,y) + \beta g(x,y)]\mathrm{d}\sigma = \alpha\iint\limits_D f(x,y)\mathrm{d}\sigma + \beta\iint\limits_D g(x,y)\mathrm{d}\sigma.$$

2）对积分区域的可加性：若 $D = D_1 + D_2$，则

$$\iint\limits_D f(x,y)\mathrm{d}\sigma = \iint\limits_{D_1} f(x,y)\mathrm{d}\sigma + \iint\limits_{D_2} f(x,y)\mathrm{d}\sigma.$$

3）若 D 的面积为 σ，则 $\iint\limits_D 1\mathrm{d}\sigma = \sigma$.

4）比较定理：若在 D 上，$f(x,y) \leqslant g(x,y)$，$\forall(x,y) \in D$，则有

$$\iint\limits_D f(x,y)\mathrm{d}\sigma \leqslant \iint\limits_D g(x,y)\mathrm{d}\sigma.$$

特别地，$\left|\iint\limits_{D} f(x,y)\mathrm{d}\sigma\right| \leqslant \iint\limits_{D} |f(x,y)|\mathrm{d}\sigma.$

5）估值定理：设 M、m 分别为 $f(x,y)$ 在区域 D 上的最大值和最小值，σ 是 D 的面积，则有

$$m\sigma \leqslant \iint\limits_{D} f(x,y)\mathrm{d}\sigma \leqslant M\sigma.$$

6）中值定理：设函数 $f(x,y)$ 在闭区域 D 上连续，σ 是 D 的面积，则在 D 上至少存在一点 $(\xi,\eta)\in D$，使得下式成立：

$$\iint\limits_{D} f(x,y)\mathrm{d}\sigma = f(\xi,\eta)\sigma.$$

（3）二重积分的计算.

1）直角坐标系下二重积分的计算：$\mathrm{d}\sigma = \mathrm{d}x\mathrm{d}y.$

① 先 y 后 x 积分法（X-型区域）：积分区域 $D = \{(x,y)|\varphi_1(x)\leqslant y\leqslant \varphi_2(x), a\leqslant x\leqslant b\}$，则有 $\iint\limits_{D} f(x,y)\mathrm{d}\sigma = \int_a^b \mathrm{d}x\int_{\varphi_1(x)}^{\varphi_2(x)} f(x,y)\mathrm{d}y.$

② 先 x 后 y 积分法（Y-型区域）：积分区域 $D=\{(x,y)|\psi_1(y)\leqslant x\leqslant \psi_2(y),\ c\leqslant y\leqslant d\}$，则有

$$\iint\limits_{D} f(x,y)\mathrm{d}\sigma = \int_c^d \mathrm{d}y\int_{\psi_1(y)}^{\psi_2(y)} f(x,y)\mathrm{d}x.$$

2）极坐标系下二重积分的计算：$\mathrm{d}\sigma = \rho\mathrm{d}\rho\mathrm{d}\theta$，坐标变换为 $x = \rho\cos\theta, y = \rho\sin\theta.$ 积分区域 $D = \{(\rho,\theta)|\rho_1(\theta)\leqslant \rho\leqslant \rho_2(\theta),\theta_1\leqslant\theta\leqslant\theta_2\}$，则有

$$\iint\limits_{D} f(x,y)\mathrm{d}\sigma = \int_{\theta_1}^{\theta_2}\mathrm{d}\theta\int_{\rho_1(\theta)}^{\rho_2(\theta)} f(\rho\cos\theta,\rho\sin\theta)\rho\mathrm{d}\rho.$$

3）二重积分的对称性简化计算. 设 $f(x,y)$ 在 D 上连续，则 $\iint\limits_{D} f(x,y)\mathrm{d}\sigma$ 存在.

① 若 $D = D_1 + D_2$，D_1、D_2 关于 x 轴对称，则

$$\iint\limits_{D} f(x,y)\mathrm{d}\sigma = \begin{cases} 2\iint\limits_{D_1} f(x,y)\mathrm{d}\sigma, & f(x,y)\text{在}D\text{上关于}y\text{是偶函数} \\ 0, & f(x,y)\text{在}D\text{上关于}y\text{是奇函数} \end{cases}$$

② 若 $D = D_1 + D_2$，D_1, D_2 关于 y 轴对称，则

$$\iint\limits_{D} f(x,y)\mathrm{d}\sigma = \begin{cases} 2\iint\limits_{D_1} f(x,y)\mathrm{d}\sigma, & f(x,y)\text{在}D\text{上关于}x\text{是偶函数} \\ 0, & f(x,y)\text{在}D\text{上关于}x\text{是奇函数} \end{cases}$$

③ 若 $D=\sum\limits_{i=1}^{4} D_i$ 为关于 x 轴、y 轴均对称的区域，则

$$\iint\limits_{D} f(x,y)\mathrm{d}\sigma = \begin{cases} 4\iint\limits_{D_1} f(x,y)\mathrm{d}\sigma, & f(x,y)\text{在}D\text{上关于}x\text{且关于}y\text{是偶函数} \\ 0, & f(x,y)\text{在}D\text{上关于}x\text{或关于}y\text{是奇函数} \end{cases}$$

④ 若 D 关于直线 $y=x$ 对称，则

$$\iint\limits_{D} f(x,y)\mathrm{d}x\mathrm{d}y = \iint\limits_{D} f(y,x)\mathrm{d}x\mathrm{d}y.$$

4）计算二重积分的基本方法就是化为二次积分，通常遵循以下几个步骤：

① 画出积分区域 D 的草图；

② 根据积分区域和被积函数的特点选择适当的坐标系；

③ 确定积分次序，考虑的依据是定限方便和容易积分；

④ 计算二次积分的值. 计算过程中注意利用被积函数的奇偶性与积分区域的对称性简化计算.

（4）无界区域上二重积分的计算（参见例 9.36～例 9.38）.

 二、典型例题分析

1. 多元函数的极限

例 9.1 求下列函数的极限：

（1）$\displaystyle\lim_{(x,y)\to(0,0)} \frac{x^2+\mathrm{e}^y}{\cos y-\sin x}$；

（2）$\displaystyle\lim_{(x,y)\to(0,0)} \frac{xy^{\frac{4}{3}}}{x^2+y^2}=0$；

（3）$\displaystyle\lim_{(x,y)\to(0,0)} \frac{y\sin 2x}{\ln(1+xy)}$；

（4）$\displaystyle\lim_{(x,y)\to(0,1)} (1+x\mathrm{e}^y)^{\frac{2y+x}{x}}$.

解 （1）$(0,0)$ 是函数 $\dfrac{x^2+\mathrm{e}^y}{\cos y-\sin x}$ 的连续点，利用二元初等函数的连续性，有

$$\lim_{(x,y)\to(0,0)} \frac{x^2+\mathrm{e}^y}{\cos y-\sin x} = \frac{0+1}{1-0} = 1;$$

（2）因 $0 \leqslant \left|\dfrac{xy^{\frac{4}{3}}}{x^2+y^2}\right| = \left|y^{\frac{1}{3}}\right|\left|\dfrac{xy}{x^2+y^2}\right| \leqslant \dfrac{1}{2}\left|y^{\frac{1}{3}}\right|$，且 $\displaystyle\lim_{(x,y)\to(0,0)} |y|^{\frac{1}{3}}=0$，所以由夹逼准则知

$$\lim_{(x,y)\to(0,0)} \frac{xy^{\frac{4}{3}}}{x^2+y^2} = 0;$$

（3）利用等价无穷小代换，$x\to 0, y\to 0$，则 $xy\to 0$，且 $\ln(1+xy)\sim xy$，$\sin 2x\sim 2x$，所以

$$\lim_{(x,y)\to(0,0)} \frac{y\sin 2x}{\ln(1+xy)} = \lim_{(x,y)\to(0,0)} \frac{2xy}{xy} = 2;$$

（4）利用重要极限，有

$$\lim_{(x,y)\to(0,1)} (1+x\mathrm{e}^y)^{\frac{2y+x}{x}} = \lim_{(x,y)\to(0,1)} (1+x\mathrm{e}^y)^{\frac{1}{x\mathrm{e}^y}\cdot x\mathrm{e}^y\cdot\frac{2y+x}{x}} = \mathrm{e}^{2\mathrm{e}}.$$

评注 求二元函数 $f(x,y)$ 的极限常用的方法如下：

（1）利用连续函数的定义及初等函数的连续性. 如果 $P_0(x_0,y_0)$ 是 $f(x,y)$ 的连续点，

那么有 $\lim\limits_{(x,y)\to(0,0)} f(x,y) = f(x_0,y_0)$;

（2）利用极限的性质（如四则运算、夹逼定理）;

（3）先用观察的方法，猜测数 A 可能是函数 $f(x,y)$ 的极限，然后用极限定义去验证;

（4）消去分子与分母中极限为零的因子;

（5）转化成一元函数的极限问题，利用一元函数求极限的方法.

例 9.2　讨论下列极限的存在性.

（1）$\lim\limits_{(x,y)\to(0,0)} \dfrac{y^3}{x^4+y^3}$;　　　（2）$\lim\limits_{(x,y)\to(0,0)} (x^2+y^2)\sin\dfrac{1}{x^2+y^2}$.

解　（1）点 (x,y) 沿曲线 $y = kx^{\frac{4}{3}} \to (0,0)$，则有

$$\lim_{\substack{x\to 0 \\ y=kx^{\frac{4}{3}}}} \frac{y^3}{x^4+y^3} = \lim_{x\to 0}\frac{k^3x^4}{x^4+k^3x^4} = \frac{k^3}{1+k^3},$$

极限与 k 有关，故 $\lim\limits_{(x,y)\to(0,0)} \dfrac{y^3}{x^4+y^3}$ 不存在.

（2）令 $u = x^2+y^2$，当 $(x,y)\to(0,0)$ 时，$u\to 0$，则二元函数的二重极限就转化为一元函数的极限问题，从而

$$\lim_{(x,y)\to(0,0)} (x^2+y^2)\sin\frac{1}{x^2+y^2} = \lim_{u\to 0} u\sin\frac{1}{u} = 0,$$

故原极限存在.

评注　依二重极限的定义，$\lim\limits_{P\to P_0} f(x,y)$ 存在，要求点 $P(x,y)$ 不论以任何方式趋向于点 $P_0(x_0,y_0)$ 时，$f(x,y)$ 有相同的极限. 因此，判定二重极限不存在，常用的方法如下：

（1）选取一种 $P\to P_0$ 的方式. 例如，通过 P_0 的一条曲线，按此方式 $\lim\limits_{P\to P_0} f(x,y)$ 不存在.

（2）找出两种方式：$P\in C_1, P\in C_2, C_1$、C_2 为通过 P_0 的两条曲线，使

$$\lim_{P\to P_0} f(x,y) = A_1 (P\in C_1);\quad \lim_{P\to P_0} f(x,y) = A_2 (P\in C_2).$$

且 $A_1 \neq A_2$，则 $\lim\limits_{P\to P_0} f(x,y)$ 不存在.

（3）选取 $P\to P_0$ 的方式为通过 P_0 的曲线簇 $y = y(x,k)$，按此方式 $\lim\limits_{P\to P_0} f(x,y) = A(k)$，即极限随 k 的取值不同而不同，从而 $\lim\limits_{P\to P_0} f(x,y)$ 不存在.

2. 二元函数的可微性、可偏导性与连续性

例 9.3　回答下列问题.

（1）若 $f(x,y)$ 在点 $P(x_0,y_0)$ 处连续，问 $f(x,y_0)$ 在 $x=x_0$ 处，$f(x_0,y)$ 在 $y=y_0$ 处连续吗?

（2）若 $f(x,y_0)$ 在 $x=x_0$ 处连续，$f(x_0,y)$ 在 $y=y_0$ 处连续，能否推出 $f(x,y)$ 在点 (x_0,y_0) 处连续?

（3）二元函数的连续性与可导性（即一阶偏导数存在）之间有怎样的关系? 它与一

元函数的情形有何不同?

（4）二元函数可微必连续，其逆命题成立吗?

答　（1）若 $f(x,y)$ 在点 (x_0,y_0) 处连续，则 $f(x,y_0)$ 在 $x=x_0$ 处连续，$f(x_0,y)$ 在 $y=y_0$ 处也连续. 因为若 $f(x,y)$ 在点 (x_0,y_0) 处连续，则 $\lim\limits_{(x,y)\to(x_0,y_0)}f(x,y)=f(x_0,y_0)$，即 (x,y) 不论以任何方式趋向于点 (x_0,y_0) 时，$f(x,y)$ 有相同的极限 $f(x_0,y_0)$. 当然 (x,y) 沿 $y=y_0$ 趋于 (x_0,y_0) 时，$f(x,y)$ 也趋于 $f(x_0,y_0)$，即 $\lim\limits_{x\to x_0}f(x,y_0)=f(x_0,y_0)$，所以 $f(x,y_0)$ 在 $x=x_0$ 处连续.

同理，$f(x_0,y)$ 在 $y=y_0$ 处也连续.

（2）当一元函数 $f(x,y_0)$ 在 $x=x_0$ 处连续，$f(x_0,y)$ 在 $y=y_0$ 处也连续时，不能推出二元函数 $f(x,y)$ 在 (x_0,y_0) 处连续. 因为 $\lim\limits_{x\to x_0}f(x,y_0)=f(x_0,y_0)$，$\lim\limits_{y\to y_0}f(x_0,y)=f(x_0,y_0)$，只能说明点 (x,y) 沿 $y=y_0$ 趋于 (x_0,y_0) 及沿 $x=x_0$ 趋于 (x_0,y_0) 时，$f(x,y)$ 趋于 $f(x_0,y_0)$，并不能确定 (x,y) 沿其他路径趋于 (x_0,y_0) 时，$f(x,y)$ 也趋于 $f(x_0,y_0)$.

因为二元函数连续的定义是建立在二重极限的基础之上，因此对每一个变量连续，只相当于一种特定方式的极限存在，它不能代替所有 $(x,y)\to(x_0,y_0)$ 的方式下极限都存在. 因此我们不能从 $f(x,y)$ 分别对每个变量 x 和 y 都连续而得出 $f(x,y)$ 一定是连续的结论.

例如，$f(x,y)=\begin{cases}\dfrac{xy}{x^2+y^2}, & x^2+y^2\neq 0 \\ 0, & x^2+y^2=0\end{cases}$，$f(x,0)$ 在 $x=0$ 处连续，$f(0,y)$ 在 $y=0$ 处连续，但由于 $\lim\limits_{(x,y)\to(0,0)}f(x,y)$ 不存在，所以 $f(x,y)$ 在 $(0,0)$ 处不连续.

（3）对一元函数来说可导必连续，但在多元函数中这一重要关系不再成立，连续与可偏导之间没有必然的联系，也就是说，连续未必可偏导，可偏导也未必连续.

例如，$f(x,y)=\sqrt{x^2+y^2}$ 在点 $(0,0)$ 处连续，但它在点 $(0,0)$ 处的两个偏导数都不存在. 函数不连续，但偏导数存在（见例 9.4）.

（4）二元函数可微必连续，但其逆不真，即连续不一定可微. 例如，$f(x,y)=\sqrt{|xy|}$ 在点 $(0,0)$ 处连续，偏导存在，但不可微. 因为 $\lim\limits_{(x,y)\to(0,0)}f(x,y)=\lim\limits_{(x,y)\to(0,0)}\sqrt{|xy|}=0=f(0,0)$，故 $f(x,y)$ 在点 $(0,0)$ 处连续. 又因为

$$f_x(0,0)=\lim_{\Delta x\to 0}\frac{f(\Delta x,0)-f(0,0)}{\Delta x}=\lim_{\Delta x\to 0}\frac{0-0}{\Delta x}=0,$$

同理，有 $f_y(0,0)=0$，故偏导数存在.

但 $\Delta f-[f_x(0,0)\Delta x+f_y(0,0)\Delta y]=\sqrt{|\Delta x\Delta y|}$ 不是 ρ 的高阶无穷小，故不可微. 因为

$$\lim_{\substack{\Delta x\to 0\\ \Delta y=\Delta x\to 0}}\frac{\sqrt{|\Delta x\Delta y|}}{\sqrt{(\Delta x)^2+(\Delta y)^2}}=\frac{1}{\sqrt 2}\neq 0.$$

例 9.4　验证函数 $f(x,y) = \begin{cases} x^2 + y^2, & xy = 0 \\ 1, & xy \neq 0 \end{cases}$ 在点 $(0,0)$ 处不连续，但偏导数存在.

解　当点 (x,y) 沿直线 $y = 0$ 趋于 $(0,0)$ 时，$\lim\limits_{x \to 0} f(x,0) = \lim\limits_{x \to 0} x^2 = 0$；而沿着直线 $y = x$

时，$\lim\limits_{\substack{x \to 0 \\ y = x \to 0}} f(x,y) = \lim\limits_{x \to 0} 1 = 1$；$\lim\limits_{(x,y) \to (0,0)} f(x,y)$ 不存在，从而 $f(x,y)$ 在点 $(0,0)$ 处不连续. 而

$$f_x(0,0) = \lim_{\Delta x \to 0} \frac{f(0 + \Delta x, 0) - f(0,0)}{\Delta x} = \lim_{\Delta x \to 0} \frac{(\Delta x)^2}{\Delta x} = 0,$$

同理，有 $f_y(0,0) = 0$，即函数 $f(x,y)$ 在点 $(0,0)$ 处不连续，但偏导数存在.

例 9.5　设 $f(x,y) = \begin{cases} \dfrac{x^2 y^2}{(x^2 + y^2)^{\frac{3}{2}}}, & x^2 + y^2 \neq 0 \\ 0, & x^2 + y^2 = 0 \end{cases}$，证明 $f(x,y)$ 在点 $(0,0)$ 处偏导数存在

但不可微.

证明　由定义有

$$f_x(0,0) = \lim_{\Delta x \to 0} \frac{f(0 + \Delta x, 0) - f(0,0)}{\Delta x} = \lim_{\Delta x \to 0} \frac{0 - 0}{\Delta x} = 0,$$

同理，有 $f_y(0,0) = 0$，所以 $f(x,y)$ 在点 $(0,0)$ 处的偏导数存在.

$$\lim_{\rho \to 0} \frac{\Delta z - [f_x(0,0)\Delta x + f_y(0,0)\Delta y]}{\rho} = \lim_{\rho \to 0} \frac{\dfrac{(\Delta x \cdot \Delta y)^2}{[(\Delta x)^2 + (\Delta y)^2]^{\frac{3}{2}}}}{\rho} = \lim_{(\Delta x, \Delta y) \to (0,0)} \left(\frac{\Delta x \Delta y}{(\Delta x)^2 + (\Delta y)^2} \right)^2.$$

当点 $P(\Delta x, \Delta y)$ 沿着直线 $\Delta y = k \Delta x$ 趋近于 $(0,0)$ 时，有

$$\lim_{\substack{\Delta x \to 0 \\ \Delta y = k \Delta x \to 0}} \left(\frac{\Delta x \Delta y}{(\Delta x)^2 + (\Delta y)^2} \right)^2 = \lim_{\Delta x \to 0} \left(\frac{k(\Delta x)^2}{(1 + k^2)(\Delta x)^2} \right)^2 = \frac{k^2}{(1 + k^2)^2},$$

即 $\lim\limits_{\rho \to 0} \dfrac{\Delta z - [f_x(0,0)\Delta x + f_y(0,0)\Delta y]}{\rho}$ 不存在，故函数 $f(x,y)$ 在点 $(0,0)$ 处不可微.

例 9.6　设 $z = f(x,y) = \begin{cases} (x^2 + y^2)\sin\dfrac{1}{x^2 + y^2}, & x^2 + y^2 \neq 0 \\ 0, & x^2 + y^2 = 0 \end{cases}$，证明 $f(x,y)$ 在点 $(0,0)$

处可微，但偏导数不连续.

证明　因为

$$f_x(0,0) = \lim_{\Delta x \to 0} \frac{f(0 + \Delta x, 0) - f(0,0)}{\Delta x} = \lim_{\Delta x \to 0} \frac{(\Delta x)^2 \sin\dfrac{1}{(\Delta x)^2}}{\Delta x}$$

$$= \lim_{\Delta x \to 0} \Delta x \sin\frac{1}{(\Delta x)^2} = 0,$$

同理，有 $f_y(0,0) = 0$.

$$\lim_{\rho\to0}\frac{\Delta z-[f_x(0,0)\Delta x+f_y(0,0)\Delta y]}{\rho}=\lim_{\rho\to0}\frac{[(\Delta x)^2+(\Delta y)^2]\sin\dfrac{1}{(\Delta x)^2+(\Delta y)^2}}{\rho}$$

$$=\lim_{\rho\to0}\frac{\rho^2\sin\dfrac{1}{\rho^2}}{\rho}=\lim_{\rho\to0}\rho\sin\frac{1}{\rho^2}=0.$$

所以 $f(x,y)$ 在点 $(0,0)$ 处可微.

当 $x^2+y^2\neq0$ 时，有

$$f_x(x,y)=2x\sin\frac{1}{x^2+y^2}-\frac{2x}{x^2+y^2}\cos\frac{1}{x^2+y^2}.$$

所以

$$f_x(x,y)=\begin{cases}2x\sin\dfrac{1}{x^2+y^2}-\dfrac{2x}{x^2+y^2}\cos\dfrac{1}{x^2+y^2}, & x^2+y^2\neq0\\0, & x^2+y^2=0\end{cases}.$$

因为 $\lim_{\substack{x\to0\\y=x\to0}}f_x(x,y)=\lim_{\Delta x\to0}\left(2x\sin\dfrac{1}{2x^2}-\dfrac{1}{x}\cos\dfrac{1}{2x^2}\right)$ 不存在，故 $\lim_{(x,y)\to(0,0)}f_x(x,y)$ 不存在，

因而 $f_x(x,y)$ 在点 $(0,0)$ 处不连续.

评注（1）对二元函数而言，最强的是偏导连续，次之为可微，再次之为连续及偏导数存在，而连续与偏导数存在互不能推出.

（2）分段函数在分界点处的偏导数及可微性都需要用它们各自的定义去求解和判断.

（3）判断函数 $z=f(x,y)$ 在点 (x_0,y_0) 是否可微，可按如下方法：

① 先看它在点 (x_0,y_0) 处是否连续，若不连续，则必不可微.

② 若连续，再看其两个偏导数是否存在，若两个偏导数中有一个不存在，则必不可微.

③ 若 $z=f(x,y)$ 在点 (x_0,y_0) 处连续，且两个偏导数都存在，再考察偏导数在该点是否连续. 若偏导数连续，则函数在该点处可微；若偏导数不连续，则按可微的定义判断函数是否可微.

3. 偏导数与全微分的计算

例 9.7　求下列函数的偏导数或全微分：

（1）$u=x^z+\sin(xy)\,(x>0)$，求 $\mathrm{d}u$；　　　　（2）$z=(1+xy)^{\frac{y}{x}}$，求 $\dfrac{\partial z}{\partial x},\ \dfrac{\partial z}{\partial y}$；

（3）$z=\arctan\dfrac{y}{x}$，求 $\dfrac{\partial^2 z}{\partial x^2},\ \dfrac{\partial^2 z}{\partial x\partial y},\ \dfrac{\partial^2 z}{\partial y^2}$.

解（1）因为 $\dfrac{\partial u}{\partial x}=zx^{z-1}+y\cos(xy),\ \dfrac{\partial u}{\partial y}=x\cos(xy),\ \dfrac{\partial u}{\partial z}=x^z\ln x$，故

$$\mathrm{d}u=[zx^{z-1}+y\cos(xy)]\mathrm{d}x+x\cos(xy)\mathrm{d}y+x^z\ln x\mathrm{d}z.$$

（2）两边取对数，得 $\ln z = \dfrac{y}{x}\ln(1+xy)$. 在上式两边分别对 x，y 求导数，得

$$\frac{1}{z}\frac{\partial z}{\partial x} = y \cdot \frac{-1}{x^2}\ln(1+xy) + \frac{y}{x}\frac{1}{1+xy} \cdot y \ ; \qquad \frac{1}{z}\frac{\partial z}{\partial y} = \frac{1}{x}\ln(1+xy) + \frac{y}{x}\frac{1}{1+xy} \cdot x.$$

故

$$\frac{\partial z}{\partial x} = (1+xy)^{\frac{y}{x}}\left[\frac{y^2}{x(1+xy)} - \frac{y}{x^2}\ln(1+xy)\right] ; \qquad \frac{\partial z}{\partial y} = (1+xy)^{\frac{y}{x}}\left[\frac{y}{1+xy} + \frac{1}{x}\ln(1+xy)\right].$$

（3）$\dfrac{\partial z}{\partial x} = \dfrac{-\dfrac{y}{x^2}}{1+\left(\dfrac{y}{x}\right)^2} = -\dfrac{y}{x^2+y^2}$; $\qquad \dfrac{\partial z}{\partial y} = \dfrac{\dfrac{1}{x}}{1+\left(\dfrac{y}{x}\right)^2} = \dfrac{x}{x^2+y^2}.$

故

$$\frac{\partial^2 z}{\partial x^2} = -\frac{-2xy}{(x^2+y^2)^2} = \frac{2xy}{(x^2+y^2)^2} ;$$

$$\frac{\partial^2 z}{\partial x \partial y} = -\frac{x^2+y^2-y\cdot 2y}{(x^2+y^2)^2} = \frac{y^2-x^2}{(x^2+y^2)^2} ; \qquad \frac{\partial^2 z}{\partial y^2} = -\frac{2xy}{(x^2+y^2)^2}.$$

例 9.8　求由下列方程所确定的函数 $z = z(x,y)$ 的偏导数及全微分：

（1）$f(x+2y+3z, x^2+y^2+z^2) = 0$; 　　　　　　（2）$z = f(xyz, z-y)$.

解　（1）**法一**　将方程中的 z 看作隐函数 $z = z(x,y)$ 两边对 x 求导，得

$$(1+3z_x)f_1' + (2x+2zz_x)f_2' = 0.$$

这里 $f(x+2y+3z, x^2+y^2+z^2) = f(u,v)$，其中 $u = x+2y+3z$，$v = x^2+y^2+z^2$（用 f_1' 表示 $\dfrac{\partial f}{\partial u}$，$f_2'$ 表示 $\dfrac{\partial f}{\partial v}$. 后面常用此法表示，不再作说明）. 由此得出

$$\frac{\partial z}{\partial x} = -\frac{f_1' + 2xf_2'}{3f_1' + 2zf_2'},$$

也可用类似的方法求出

$$\frac{\partial z}{\partial y} = -\frac{2f_1' + 2yf_2'}{3f_1' + 2zf_2'},$$

于是有

$$dz = \frac{\partial z}{\partial x}dx + \frac{\partial z}{\partial y}dy = -\frac{[(f_1'+2xf_2')dx + (2f_1'+2yf_2')dy]}{3f_1' + 2zf_2'}.$$

法二　将方程两边求全微分，得

$$f_1'(dx+2dy+3dz) + f_2'(2xdx+2ydy+2zdz) = 0,$$

合并并移项，得

$$(3f_1'+2zf_2')dz = -[(f_1'+2xf_2')dx + (2f_1'+2yf_2')dy],$$

于是有

$$dz = -\frac{(f_1'+2xf_2')dx + (2f_1'+2yf_2')dy}{3f_1' + 2zf_2'},$$

其中 dx 与 dy 的系数分别是 $\dfrac{\partial z}{\partial x}$ 与 $\dfrac{\partial z}{\partial y}$.

（2）令 $F(x,y,z)=z-f(xyz,z-y)$，则

$$\frac{\partial F}{\partial x}=-yzf_1',\quad \frac{\partial F}{\partial y}=-xzf_1'+f_2',\quad \frac{\partial F}{\partial z}=1-xyf_1'-f_2',$$

于是

$$\frac{\partial z}{\partial x}=-\frac{F_x}{F_z}=\frac{yzf_1'}{1-xyf_1'-f_2'};\quad \frac{\partial z}{\partial y}=-\frac{F_y}{F_z}=\frac{xzf_1'-f_2'}{1-xyf_1'-f_2'}.$$

或将方程中 z 看成隐函数 $z=z(x,y)$，将方程两边对 x 求偏导，得

$$z_x=(yz+xyz_x)f_1'+z_xf_2',$$

由此解出

$$\frac{\partial z}{\partial x}=\frac{yzf_1'}{1-xyf_1'-f_2'}.$$

类似地求出 $\dfrac{\partial z}{\partial y}$，并相应地得到

$$dz=\frac{yzf_1'dx+(xzf_1'-f_2')dy}{1-xyf_1'-f_2'}.$$

例 9.9 设 $f(x,y)=\displaystyle\int_x^{x+y}e^{-t^2}dt$，求 $f_{xx}(1,-1)$.

解 因为

$$f_x(x,y)=e^{-(x+y)^2}-e^{-x^2},\quad f_{xx}(x,y)=-2e^{-(x+y)^2}(x+y)+2xe^{-x^2},$$

所以

$$f_{xx}(1,-1)=\frac{2}{e}.$$

例 9.10 设函数 $z=z(x,y)$ 由方程 $F\left(x+\dfrac{z}{y},y+\dfrac{z}{x}\right)=0$ 确定，试分别用公式法、复合函数求导法和全微分法求 $\dfrac{\partial z}{\partial x}$ 与 $\dfrac{\partial z}{\partial y}$.

解 法一（公式法） 记 $G(x,y,z)=F\left(x+\dfrac{z}{y},y+\dfrac{z}{x}\right)$，则

$$G_x=F_1'-\frac{z}{x^2}F_2',\quad G_y=-\frac{z}{y^2}F_1'+F_2',\quad G_z=\frac{1}{y}F_1'+\frac{1}{x}F_2'.$$

从而

$$\frac{\partial z}{\partial x}=-\frac{G_x}{G_z}=-\frac{F_1'-\dfrac{z}{x^2}F_2'}{\dfrac{1}{y}F_1'+\dfrac{1}{x}F_2'},\quad \frac{\partial z}{\partial y}=-\frac{G_y}{G_z}=-\frac{F_2'-\dfrac{z}{y^2}F_1'}{\dfrac{1}{y}F_1'+\dfrac{1}{x}F_2'}.$$

法二（复合函数求导法） 方程 $F\left(x+\dfrac{z}{y},y+\dfrac{z}{x}\right)=0$，确定 $z=z(x,y)$. 方程两边对 x

求偏导数，得

$$F_1'\left(1+\frac{z_x}{y}\right)+F_2'\frac{xz_x-z}{x^2}=0,$$

解得

$$\frac{\partial z}{\partial x}=\frac{\dfrac{z}{x^2}F_2'-F_1'}{\dfrac{1}{y}F_1'+\dfrac{1}{x}F_2'}.$$

同理，方程两边对 y 求偏导数，得

$$F_1'\left(\frac{z_y}{y}-\frac{z}{y^2}\right)+F_2'\left(1+\frac{1}{x}z_y\right)=0,$$

解得

$$\frac{\partial z}{\partial y}=\frac{\dfrac{z}{y^2}F_1'-F_2'}{\dfrac{1}{y}F_1'+\dfrac{1}{x}F_2'}.$$

法三（全微分法） 对方程 $F\left(x+\dfrac{z}{y},y+\dfrac{z}{x}\right)=0$ 两端求全微分，有

$$F_1'\left(\mathrm{d}x-\frac{z}{y^2}\mathrm{d}y+\frac{1}{y}\mathrm{d}z\right)+F_2'\left(\mathrm{d}y-\frac{z}{x^2}\mathrm{d}x+\frac{1}{x}\mathrm{d}z\right)=0,$$

$$\left(F_1'-\frac{z}{x^2}F_2'\right)\mathrm{d}x+\left(F_2'-\frac{z}{y^2}F_1'\right)\mathrm{d}y+\left(\frac{1}{y}F_1'+\frac{1}{x}F_2'\right)\mathrm{d}z=0,$$

从而有

$$\mathrm{d}z=\frac{\dfrac{z}{x^2}F_2'-F_1'}{\dfrac{1}{y}F_1'+\dfrac{1}{x}F_2'}\mathrm{d}x+\frac{\dfrac{z}{y^2}F_1'-F_2'}{\dfrac{1}{y}F_1'+\dfrac{1}{x}F_2'}\mathrm{d}y,$$

于是

$$\frac{\partial z}{\partial x}=\frac{\dfrac{z}{x^2}F_2'-F_1'}{\dfrac{1}{y}F_1'+\dfrac{1}{x}F_2'},\qquad \frac{\partial z}{\partial y}=\frac{\dfrac{z}{y^2}F_1'-F_2'}{\dfrac{1}{y}F_1'+\dfrac{1}{x}F_2'}.$$

评注 （1）利用公式法和复合函数求导法求偏导数时，变量的地位是不同的，利用公式法求 G_x、G_y、G_z 时，变量 x、y、z 同视为自变量；而利用复合函数求导法，方程两边对 x 或对 y 求偏导数时，始终把 z 看作 x、y 的函数.

（2）利用全微分的方法求隐函数的偏导数，其优点是无须区分自变量与中间变量，从而可避免因分不清变量的角色而犯的错误. 因此，用全微分来求隐函数的偏导数不失为一种好方法.

例 9.11 设下列函数具有二阶连续偏导数，求其二阶偏导数：

（1）$z = f\left(x, \dfrac{x}{y}\right)$，求 $\dfrac{\partial^2 z}{\partial x^2}$，$\dfrac{\partial^2 z}{\partial x \partial y}$，$\dfrac{\partial^2 z}{\partial y^2}$；　　　　（2）$z = f(xy^2, x^2 y)$，求 $\dfrac{\partial^2 z}{\partial x \partial y}$．

解 （1）记 $u = x$，$v = \dfrac{x}{y}$，并将 u、v 依次编号为 1、2，则

$$\frac{\partial z}{\partial x} = f_1' \frac{\mathrm{d}u}{\mathrm{d}x} + f_2' \frac{\partial v}{\partial x} = f_1' + \frac{1}{y} f_2';　　　\frac{\partial z}{\partial y} = f_2' \frac{\partial v}{\partial y} = -\frac{x}{y^2} f_2'.$$

因为 $f(u,v)$ 是 u 和 v 的函数，所以 f_1' 和 f_2' 也是 u 和 v 的函数，从而 f_1' 和 f_2' 是以 u 和 v 为中间变量的 x 和 y 的复合函数，故

$$\frac{\partial^2 z}{\partial x^2} = \frac{\partial}{\partial x}\left(f_1' + \frac{1}{y} f_2'\right) = f_{11}'' + f_{12}'' \frac{\partial v}{\partial x} + \frac{1}{y}\left(f_{21}'' + f_{22}'' \cdot \frac{\partial v}{\partial x}\right) = f_{11}'' + \frac{2}{y} f_{12}'' + \frac{1}{y^2} f_{22}'',$$

$$\frac{\partial^2 z}{\partial x \partial y} = \frac{\partial}{\partial y}\left(f_1' + \frac{1}{y} f_2'\right) = f_{12}'' \cdot \frac{\partial v}{\partial y} - \frac{1}{y^2} f_2' + \frac{1}{y} f_{22}'' \cdot \frac{\partial v}{\partial y} = -\frac{x}{y^2} f_{12}'' - \frac{1}{y^2} f_2' - \frac{x}{y^3} f_{22}'',$$

$$\frac{\partial^2 z}{\partial y^2} = \frac{\partial}{\partial y}\left(-\frac{x}{y^2} f_2'\right) = \frac{2x}{y^3} f_2' - \frac{x}{y^2} f_{22}'' \cdot \frac{\partial v}{\partial y} = \frac{2x}{y^3} f_2' + \frac{x^2}{y^4} f_{22}''.$$

（2）记 $u = xy^2$，$v = x^2 y$，并将 u、v 依次编号为 1、2，则

$$\frac{\partial z}{\partial x} = f_1' \frac{\partial u}{\partial x} + f_2' \frac{\partial v}{\partial x} = y^2 f_1' + 2xy f_2';$$

$$\frac{\partial^2 z}{\partial x \partial y} = \frac{\partial}{\partial y}\left(\frac{\partial u}{\partial x}\right) = \frac{\partial}{\partial y}(y^2 f_1' + 2xy f_2')$$

$$= 2y f_1' + y^2\left(f_{11}'' \cdot \frac{\partial u}{\partial y} + f_{12}'' \frac{\partial v}{\partial y}\right) + 2x f_2' + 2xy\left(f_{21}'' \cdot \frac{\partial u}{\partial y} + f_{22}'' \frac{\partial v}{\partial y}\right)$$

$$= 2y f_1' + y^2(2xy f_{11}'' + x^2 f_{12}'') + 2x f_2' + 2xy(2xy f_{21}'' + x^2 f_{22}'')$$

$$= 2y f_1' + 2x f_2' + 2xy^3 f_{11}'' + 5x^2 y^2 f_{12}'' + 2x^3 y f_{22}''.$$

例 9.12 设 $z = z(x,y)$ 具有连续的二阶导数，且满足 $\dfrac{\partial^2 z}{\partial x^2} - 4\dfrac{\partial^2 z}{\partial x \partial y} + 3\dfrac{\partial^2 z}{\partial y^2} = 0$．作变量代换 $u = 3x + y$，$v = x + y$，以 u、v 作为新的自变量，变换上述方程。

解 将 z 对 x、y 的偏导数转换为 z 对 u、v 的偏导数，得

$$\frac{\partial z}{\partial x} = \frac{\partial z}{\partial u} \cdot \frac{\partial u}{\partial x} + \frac{\partial z}{\partial v} \cdot \frac{\partial v}{\partial x} = 3\frac{\partial z}{\partial u} + \frac{\partial z}{\partial v},$$

$$\frac{\partial z}{\partial y} = \frac{\partial z}{\partial u} \cdot \frac{\partial u}{\partial y} + \frac{\partial z}{\partial v} \cdot \frac{\partial v}{\partial y} = \frac{\partial z}{\partial u} + \frac{\partial z}{\partial v},$$

$$\frac{\partial^2 z}{\partial x^2} = 3\left(\frac{\partial^2 z}{\partial u^2} \frac{\partial u}{\partial x} + \frac{\partial^2 z}{\partial u \partial v} \frac{\partial v}{\partial x}\right) + \frac{\partial^2 z}{\partial v \partial u} \frac{\partial u}{\partial x} + \frac{\partial^2 z}{\partial v^2} \frac{\partial v}{\partial x}$$

$$= 3\left(3\frac{\partial^2 z}{\partial u^2} + \frac{\partial^2 z}{\partial u \partial v}\right) + 3\frac{\partial^2 z}{\partial v \partial u} + \frac{\partial^2 z}{\partial v^2} = 9\frac{\partial^2 z}{\partial u^2} + 6\frac{\partial^2 z}{\partial u \partial v} + \frac{\partial^2 z}{\partial v^2},$$

$$\frac{\partial^2 z}{\partial x \partial y} = 3\left(\frac{\partial^2 z}{\partial u^2}\frac{\partial u}{\partial y} + \frac{\partial^2 z}{\partial u \partial v}\frac{\partial v}{\partial y}\right) + \frac{\partial^2 z}{\partial v \partial u}\frac{\partial u}{\partial y} + \frac{\partial^2 z}{\partial v^2}\frac{\partial v}{\partial y}$$

$$= 3\left(\frac{\partial^2 z}{\partial u^2} + \frac{\partial^2 z}{\partial u \partial v}\right) + \frac{\partial^2 z}{\partial v \partial u} + \frac{\partial^2 z}{\partial v^2} = 3\frac{\partial^2 z}{\partial u^2} + 4\frac{\partial^2 z}{\partial u \partial v} + \frac{\partial^2 z}{\partial v^2},$$

$$\frac{\partial^2 z}{\partial y^2} = \frac{\partial^2 z}{\partial u^2}\frac{\partial u}{\partial y} + \frac{\partial^2 z}{\partial u \partial v}\frac{\partial v}{\partial y} + \frac{\partial^2 z}{\partial v \partial u}\frac{\partial u}{\partial y} + \frac{\partial^2 z}{\partial v^2}\frac{\partial v}{\partial y}$$

$$= \frac{\partial^2 z}{\partial u^2} + \frac{\partial^2 z}{\partial u \partial v} + \frac{\partial^2 z}{\partial v \partial u} + \frac{\partial^2 z}{\partial v^2} = \frac{\partial^2 z}{\partial u^2} + 2\frac{\partial^2 z}{\partial u \partial v} + \frac{\partial^2 z}{\partial v^2},$$

代入方程 $\dfrac{\partial^2 z}{\partial x^2} - 4\dfrac{\partial^2 z}{\partial x \partial y} + 3\dfrac{\partial^2 z}{\partial y^2} = 0$，得 $\dfrac{\partial^2 z}{\partial u \partial v} = 0$.

例 9.13 证明函数 $u = \dfrac{1}{r}$, $r = \sqrt{x^2 + y^2 + z^2}$ 满足拉普拉斯方程 $\dfrac{\partial^2 u}{\partial x^2} + \dfrac{\partial^2 u}{\partial y^2} + \dfrac{\partial^2 u}{\partial z^2} = 0$.

证明 因为

$$\frac{\partial z}{\partial x} = -\frac{1}{r^2}\frac{\partial r}{\partial x} = -\frac{1}{r^2}\frac{x}{r} = -\frac{x}{r^3},$$

$$\frac{\partial^2 u}{\partial x^2} = -\frac{1}{r^3} + \frac{3x}{r^4}\frac{\partial r}{\partial x} = -\frac{1}{r^3} + \frac{3x^2}{r^5}.$$

由函数关于自变量的对称性，得

$$\frac{\partial^2 u}{\partial y^2} = -\frac{1}{r^3} + \frac{3y^2}{r^5}, \quad \frac{\partial^2 u}{\partial z^2} = -\frac{1}{r^3} + \frac{3z^2}{r^5},$$

从而

$$\frac{\partial^2 u}{\partial x^2} + \frac{\partial^2 u}{\partial y^2} + \frac{\partial^2 u}{\partial z^2} = -\frac{3}{r^3} + \frac{3(x^2 + y^2 + z^2)}{r^5} = 0.$$

4*. 方程组确定的函数的导数或偏导数

例 9.14* 求下列方程组所确定的函数的导数或偏导数：

(1) $\begin{cases} x + y + z = 0 \\ x^2 + y^2 + z^2 = 1 \end{cases}$，求 $\dfrac{\mathrm{d}x}{\mathrm{d}z}$, $\dfrac{\mathrm{d}y}{\mathrm{d}z}$;

(2) $\begin{cases} x = \mathrm{e}^u + u\sin v \\ y = \mathrm{e}^u - u\cos v \end{cases}$，求 $\dfrac{\partial u}{\partial x}$, $\dfrac{\partial u}{\partial y}$, $\dfrac{\partial v}{\partial x}$, $\dfrac{\partial v}{\partial y}$.

解 (1) 由题意，方程组确定了两个一元函数，即 $x = x(z), y = y(z)$，关于 z 求导，得

$$\begin{cases} \dfrac{\mathrm{d}x}{\mathrm{d}z} + \dfrac{\mathrm{d}y}{\mathrm{d}z} + 1 = 0 \\ 2x\dfrac{\mathrm{d}x}{\mathrm{d}z} + 2y\dfrac{\mathrm{d}y}{\mathrm{d}z} + 2z = 0 \end{cases},$$

即

$$\begin{cases} \dfrac{\mathrm{d}x}{\mathrm{d}z} + \dfrac{\mathrm{d}y}{\mathrm{d}z} = -1 \\ x\dfrac{\mathrm{d}x}{\mathrm{d}z} + y\dfrac{\mathrm{d}y}{\mathrm{d}z} = -z \end{cases},$$

解得

$$\frac{\mathrm{d}x}{\mathrm{d}z} = \frac{y-z}{x-y}, \quad \frac{\mathrm{d}y}{\mathrm{d}z} = \frac{z-x}{x-y}.$$

（2）方程组确定了两个二元函数 $u = u(x,y)$，$v = v(x,y)$. 将方程组两边对 x 求偏导数，有

$$\begin{cases} 1 = \mathrm{e}^u \cdot \dfrac{\partial u}{\partial x} + \sin v \cdot \dfrac{\partial u}{\partial x} + u\cos v \cdot \dfrac{\partial v}{\partial x} \\[2mm] 0 = \mathrm{e}^u \cdot \dfrac{\partial u}{\partial x} - \cos v \cdot \dfrac{\partial u}{\partial x} + u\sin v \cdot \dfrac{\partial v}{\partial x} \end{cases},$$

即

$$\begin{cases} (\mathrm{e}^u + \sin v)\dfrac{\partial u}{\partial x} + u\cos v\dfrac{\partial v}{\partial x} = 1 \\[2mm] (\mathrm{e}^u - \cos v)\dfrac{\partial u}{\partial x} + u\sin v\dfrac{\partial u}{\partial x} = 0 \end{cases}.$$

解此方程组，得

$$\frac{\partial u}{\partial x} = \frac{\sin v}{\mathrm{e}^u(\sin v - \cos v) + 1}, \quad \frac{\partial v}{\partial x} = \frac{\cos v - \mathrm{e}^u}{u[\mathrm{e}^u(\sin v - \cos v) + 1]}.$$

将原方程组对 y 求偏导数，有

$$\begin{cases} 0 = \mathrm{e}^u \cdot \dfrac{\partial u}{\partial y} + \sin v \cdot \dfrac{\partial u}{\partial y} + u\cos v \cdot \dfrac{\partial v}{\partial y} \\[2mm] 1 = \mathrm{e}^u \cdot \dfrac{\partial u}{\partial y} - \cos v \cdot \dfrac{\partial u}{\partial y} + u\sin v \cdot \dfrac{\partial v}{\partial y} \end{cases},$$

即

$$\begin{cases} (\mathrm{e}^u + \sin v)\dfrac{\partial u}{\partial y} + u\cos v\dfrac{\partial v}{\partial y} = 0 \\[2mm] (\mathrm{e}^u - \cos v)\dfrac{\partial u}{\partial y} + u\sin v\dfrac{\partial u}{\partial y} = 1 \end{cases}.$$

由此解得

$$\frac{\partial u}{\partial y} = \frac{-\cos v}{\mathrm{e}^u(\sin v - \cos v) + 1}, \quad \frac{\partial v}{\partial y} = \frac{\sin v + \mathrm{e}^u}{u[\mathrm{e}^u(\sin v - \cos v) + 1]}.$$

评注　求由方程组确定的函数的导数或偏导数，关键是先认清哪些变量是函数，哪些变量是自变量，如方程组 $\begin{cases} F_1(x_1,\cdots,x_n) = 0 \\ \quad\vdots \\ F_m(x_1,\cdots,x_n) = 0 \end{cases}$ 含有 n 个变量，m 个方程. 满足一定条件时，可确定 m 个函数，从而，自变量个数为 $n-m$ 个，则有

$$\begin{cases} x_{i_1} = \varphi_1(x_{j_1},\cdots,x_{j_{n-m}}) \\ \quad\vdots \\ x_{i_m} = \varphi_m(x_{j_1},\cdots,x_{j_{n-m}}) \end{cases},$$

一般地，有

$$\begin{cases} 函数个数 = 方程个数 \\ 自变量个数 = 变量个数 - 函数个数 \end{cases}.$$

例 9.15* 设 $x = e^u \cos v,\ y = e^u \sin v,\ z = uv$，试求 $\dfrac{\partial z}{\partial x}$ 和 $\dfrac{\partial z}{\partial y}$.

解 $\dfrac{\partial z}{\partial x} = \dfrac{\partial z}{\partial u} \cdot \dfrac{\partial u}{\partial x} + \dfrac{\partial z}{\partial v} \cdot \dfrac{\partial v}{\partial x} = v\dfrac{\partial u}{\partial x} + u\dfrac{\partial v}{\partial x},\quad \dfrac{\partial z}{\partial y} = \dfrac{\partial z}{\partial u} \cdot \dfrac{\partial u}{\partial y} + \dfrac{\partial z}{\partial v} \cdot \dfrac{\partial v}{\partial y} = v\dfrac{\partial u}{\partial y} + u\dfrac{\partial v}{\partial y}.$

因为 $x = e^u \cos v,\ y = e^u \sin v$，所以有

$$\begin{cases} e^u \cos v \dfrac{\partial u}{\partial x} - e^u \sin v \dfrac{\partial v}{\partial x} = 1 \\ e^u \sin v \dfrac{\partial u}{\partial x} + e^u \cos v \dfrac{\partial v}{\partial x} = 0 \end{cases},\quad \begin{cases} e^u \cos v \dfrac{\partial u}{\partial y} - e^u \sin v \dfrac{\partial v}{\partial y} = 0 \\ e^u \sin v \dfrac{\partial u}{\partial y} + e^u \cos v \dfrac{\partial v}{\partial y} = 1 \end{cases}.$$

由以上两个方程组解得

$$\frac{\partial u}{\partial x} = e^{-u} \cos v,\quad \frac{\partial v}{\partial x} = -e^{-u} \sin v,\quad \frac{\partial u}{\partial y} = e^{-u} \sin v,\quad \frac{\partial v}{\partial y} = e^{-u} \cos v.$$

所以

$$\frac{\partial z}{\partial x} = e^{-u}(v\cos v - u\sin v),\quad \frac{\partial z}{\partial y} = e^{-u}(u\cos v + v\sin v).$$

5. 多元函数的极值与拉格朗日乘数法

例 9.16 已知函数 $f(x,y)$ 在点 $(0,0)$ 的某个邻域内连续，且 $\lim\limits_{(x,y)\to(0,0)} \dfrac{f(x,y)-xy}{(x^2+y^2)^2} = 1$，试证明点 $(0,0)$ 不是 $f(x,y)$ 的极值点.

证明 由 $\lim\limits_{(x,y)\to(0,0)} \dfrac{f(x,y)-xy}{(x^2+y^2)^2} = 1$ 可知，分子的极限为 0，又因为函数 $f(x,y)$ 在点 $(0,0)$ 的某个邻域内连续，则必有 $f(0,0)=0$. 由二元函数的极限的定义知，沿任何路径趋于点 $(0,0)$ 时，都有 $\lim\limits_{(x,y)\to(0,0)} \dfrac{f(x,y)-xy}{(x^2+y^2)^2} = 1$，所以当点 (x,y) 沿 $y=-x$ 趋于 $(0,0)$ 时，有

$$\lim_{\substack{(x,y)\to(0,0)\\ y=-x}} \frac{f(x,y)-xy}{(x^2+y^2)^2} = \lim_{x\to 0} \frac{f(x,-x)+x^2}{4x^4} = 1,$$

$$f(x,-x) \approx 4x^4 - x^2 < 0 = f(0,0)\ (x充分小).$$

而点 (x,y) 当沿着 $y=0$ 趋于 $(0,0)$ 时，有

$$\lim_{\substack{(x,y)\to(0,0)\\ y=0}} \frac{f(x,y)-xy}{(x^2+y^2)^2} = \lim_{x\to 0} \frac{f(x,0)-0}{x^4} = 1,$$

$$f(x,0) \approx x^4 > 0 = f(0,0).$$

由此可知，点 $(0,0)$ 不是 $f(x,y)$ 的极值点.

例 9.17 求函数 $f(x,y) = xy(a-x-y)$ 的极值 $(a \neq 0)$.

解 $f_x = ay - 2xy - y^2,\quad f_y = ax - 2xy - x^2$. 求驻点，令 $f_x = 0, f_y = 0$，两式相减，得 $(y-x)(a-x-y) = 0$，解之有 $x=y$ 或 $x+y=a$. 将 $x=y$ 代入有 $ay - 3y^2 = 0$，得驻点

$(0,0)$, $\left(\dfrac{a}{3}, \dfrac{a}{3}\right)$. 将 $x+y=a$ 代入，有 $y^2-ay=0$，得驻点 $(0,a)$，$(a,0)$. 而 $f_{xx}=-2y$，

$f_{xy}=a-2x-2y$，$f_{yy}=-2x$. 依极值的充分条件容易判定 $(0,0)$，$(0,a)$，$(a,0)$ 都不是极值点.

在 $\left(\dfrac{a}{3}, \dfrac{a}{3}\right)$ 处，　$A=f_{xx}\left(\dfrac{a}{3}, \dfrac{a}{3}\right)=-\dfrac{2}{3}a$，$B=f_{xy}\left(\dfrac{a}{3}, \dfrac{a}{3}\right)=-\dfrac{a}{3}$，$C=f_{yy}\left(\dfrac{a}{3}, \dfrac{a}{3}\right)=-\dfrac{2}{3}a$，

$B^2-AC=-\dfrac{1}{3}a^2<0$，故 $\left(\dfrac{a}{3}, \dfrac{a}{3}\right)$ 是极值点，且当 $a>0$ 时，有极大值 $f_{\max}=\dfrac{a^3}{27}$；当 $a<0$

时，有极小值 $f_{\min}=\dfrac{a^3}{27}$.

例 9.18　设函数 $z=z(x,y)$ 由方程 $x^2+y^2+z^2=4z$ 确定，求其极值.

解　令 $F(x,y,z)=x^2+y^2+z^2-4z$，则 $F_x=2x$，$F_y=2y$，$F_z=2z-4$.

（1）求驻点，令

$$\begin{cases} z_x=-\dfrac{F_x}{F_z}=-\dfrac{2x}{2z-4}=\dfrac{x}{2-z}=0 \\[2mm] z_y=-\dfrac{F_y}{F_z}=-\dfrac{2y}{2z-4}=\dfrac{y}{2-z}=0 \end{cases},$$

解得驻点 $(0,0)$.

（2）求二阶导数：

$$z_{xx}=\dfrac{2-z+xz_x}{(2-z)^2}, \ z_{xy}=\dfrac{xz_y}{(2-z)^2}, \ z_{yy}=\dfrac{2-z+yz_x}{(2-z)^2}.$$

当 $x=0$，$y=0$ 时，$z=0$ 或 $z=4$.

在 $(0,0,0)$ 处，有

$$A=z_{xx}\big|_{(0,0,0)}=\dfrac{1}{2}, \ B=z_{xy}\big|_{(0,0,0)}=0, \ C=z_{yy}\big|_{(0,0,0)}=\dfrac{1}{2}.$$

$B^2-AC=-\dfrac{1}{4}<0$，$A>0$，所以 z 有极小值 0.

在 $(0,0,4)$ 处，有

$$A=z_{xx}\big|_{(0,0,4)}=-\dfrac{1}{2}, \ B=z_{xy}\big|_{(0,0,4)}=0, \ C=z_{yy}\big|_{(0,0,4)}=-\dfrac{1}{2}.$$

$B^2-AC=-\dfrac{1}{4}<0$，$A<0$，所以 z 有极大值 4.

评注　（1）求显函数的极值，首先求函数的一阶偏导数，并令一阶偏导数为零得驻点；其次再求函数的二阶偏导数，并判别驻点处 B^2-AC 的符号，利用判别极值的充分条件判定驻点是否为极值点. 当 $B^2-AC=0$ 时，充分条件判别法失效，此时，可利用极值的定义判定驻点是否为极值点.

（2）求隐函数的极值时，求驻点及利用充分条件判别极值的方法与求显函数极值的的方法相同，还需注意，求二阶偏导数时，没有必要求出 z_{xx}、z_{xy}、z_{yy} 的具体表达式，只

需将二阶偏导数表示为 z_x、z_y 的表达式，而在驻点处 $z_x = 0$，$z_y = 0$，这样更方便求出判别式 $B^2 - AC$ 的值.

例 9.19　求内接于椭球 $\dfrac{x^2}{a^2} + \dfrac{y^2}{b^2} + \dfrac{z^2}{c^2} = 1$ 的最大长方体的体积.

解　设其位于第一象限内的顶点的坐标为 (x, y, z)，则长方体的体积为

$$V = 8xyz.$$

问题转化为求函数 $V = 8xyz$ 在条件 $\dfrac{x^2}{a^2} + \dfrac{y^2}{b^2} + \dfrac{z^2}{c^2} = 1$ 约束之下的极值. 令

$$F = xyz + \lambda\left(\frac{x^2}{a^2} + \frac{y^2}{b^2} + \frac{z^2}{c^2} - 1\right),$$

则

$$\begin{cases} F_x = yz + 2\lambda\dfrac{x}{a^2} = 0 \\ F_y = xz + 2\lambda\dfrac{y}{b^2} = 0, \\ F_z = xy + 2\lambda\dfrac{z}{c^2} = 0 \end{cases}$$

解得 $\dfrac{x^2}{a^2} = \dfrac{y^2}{b^2} = \dfrac{z^2}{c^2}$，代入 $\dfrac{x^2}{a^2} + \dfrac{y^2}{b^2} + \dfrac{z^2}{c^2} = 1$ 得 $x = \dfrac{a}{\sqrt{3}}$，$y = \dfrac{b}{\sqrt{3}}$，$z = \dfrac{c}{\sqrt{3}}$. 由于 $\left(\dfrac{a}{\sqrt{3}}, \dfrac{b}{\sqrt{3}}, \dfrac{c}{\sqrt{3}}\right)$ 是唯一的驻点，而根据问题的性质知最大值一定存在，故 $\left(\dfrac{a}{\sqrt{3}}, \dfrac{b}{\sqrt{3}}, \dfrac{c}{\sqrt{3}}\right)$ 是最大值点，最大值为 $V_{\max} = \dfrac{8\sqrt{3}}{9}abc$.

例 9.20　某公司通过电台及报纸两种方式做销售某种商品的广告，根据统计资料，销售收入 R（万元）与电台广告费用 x_1（万元）及报纸广告费 x_2（万元）之间的关系有如下经验公式：

$$R = 15 + 14x_1 + 32x_2 - 8x_1x_2 - 2x_1^2 - 10x_2^2.$$

（1）在广告费用不限的情况下，求最优广告策略；

（2）若提供的广告费用是 1.5 万元，求相应的最优广告策略.

解　（1）利润函数为

$$\begin{aligned} L(x_1, x_2) &= R - (x_1 + x_2) \\ &= 15 + 13x_1 + 31x_2 - 8x_1x_2 - 2x_1^2 - 10x_2^2, \end{aligned}$$

令

$$\begin{cases} L_{x_1}(x_1, x_2) = 13 - 8x_2 - 4x_1 = 0 \\ L_{x_2}(x_1, x_2) = 31 - 8x_1 - 20x_2 = 0 \end{cases},$$

得 $x_1 = 0.75$，$x_2 = 1.25$. 在所求点 (x_1, x_2) 处，$AC - B^2 > 0$，且 $A < 0$，故在 $x_1 = 0.75$，$x_2 = 1.25$ 处取得极大值. 由于极大值只有一个，且实际问题的最大值存在，故 L 在 $x_1 = 0.75$，

$x_2 = 1.25$ 处取最大值.

（2）将 $x_2 = 1.5 - x_1$ 代入 $L(x_1, x_2)$ 得，$L(x_1) = 39 - 4x_1^2$，$L'(x_1) = -8x_1$，$L''(x_1) = -8 < 0$. 故 $L(x_1)$ 在 $x_1 = 0$ 处取得最大值，即在 $x_1 = 0$，$x_2 = 1.5$ 处取得最优广告策略.

例 9.21　设生产某产品投入两要素，x_1、x_2 分别为两要素的投入量，Q 为产出量. 若生产函数 $Q = 2x_1^\alpha x_2^\beta$，其中 α、β 为正常数，且 $\alpha + \beta = 1$，假若两要素的价格分别为 p_1、p_2，试问：当产量为 12 时，两要素各投入多少可使总费用最小？

解　这是一个条件极值问题，就是在产出量 $2x_1^\alpha x_2^\beta = 12$ 的条件下，求费用 $p_1 x_1 + p_2 x_2$ 的最小值，作拉格朗日函数

$$F(x_1, x_2, \lambda) = p_1 x_1 + p_2 x_2 + \lambda(12 - 2x_1^\alpha x_2^\beta),$$

令

$$
\begin{cases}
\dfrac{\partial F}{\partial x_1} = P_1 - 2\lambda\alpha x x_1^{\alpha-1} x_2^\beta = 0 & （\text{I}） \\[2mm]
\dfrac{\partial F}{\partial x_2} = P_2 - 2\lambda\beta x_1^\alpha x_2^{\beta-1} = 0 & （\text{II}） \\[2mm]
\dfrac{\partial F}{\partial \lambda} = 12 - 2x_1^\alpha x_2^\beta = 0 & （\text{III}）
\end{cases}
$$

由（I）、（II）得 $\dfrac{p_2}{p_1} = \dfrac{\beta x_1}{\alpha x_2}$，$x_1 = \dfrac{p_2\alpha}{p_1\beta} x_2$，代入（III）得

$$x_1 = 6^{\frac{1}{\alpha+\beta}}\left(\frac{p_1\beta}{p_2\alpha}\right)^{\frac{-\beta}{\alpha+\beta}}, \quad x_2 = 6^{\frac{1}{\alpha+\beta}}\left(\frac{p_1\beta}{p_2\alpha}\right)^{\frac{\alpha}{\alpha+\beta}}.$$

因为驻点唯一，且实际问题存在最小值，故取 $x_1 = 6^{\frac{1}{\alpha+\beta}}\left(\dfrac{p_1\beta}{p_2\alpha}\right)^{\frac{-\beta}{\alpha+\beta}}$，

$x_2 = 6^{\frac{1}{\alpha+\beta}}\left(\dfrac{p_1\beta}{p_2\alpha}\right)^{\frac{\alpha}{\alpha+\beta}}$ 时，将使总费用最小.

6. 二重积分中交换积分次序、选择积分次序

例 9.22　交换下列累次积分的积分次序.

（1）$I_1 = \displaystyle\int_0^1 \mathrm{d}y \int_{1-\sqrt{1-y^2}}^{2-y} f(x,y)\mathrm{d}x$；

（2）$I_2 = \displaystyle\int_1^2 \mathrm{d}x \int_{\sqrt{x}}^x f(x,y)\mathrm{d}y + \int_2^4 \mathrm{d}x \int_{\sqrt{x}}^2 f(x,y)\mathrm{d}y$.

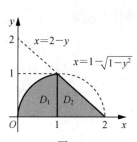

图 9.1

解　（1）积分区域 $D = \{(x,y) \mid 1-\sqrt{1-y^2} \leqslant x \leqslant 2-y,\ 0 \leqslant y \leqslant 1\}$，如图 9.1 所示. 交换积分次序，先对 y 积分，则积分区域 D 分割为 D_1 和 D_2，且

$$D_1 = \{(x,y) \mid 0 \leqslant y \leqslant \sqrt{2x-x^2},\ 0 \leqslant x \leqslant 1\},$$
$$D_2 = \{(x,y) \mid 0 \leqslant y \leqslant 2-x,\ 1 \leqslant x \leqslant 2\},$$

交换积分次序，有

$$I_1 = \int_0^1 dx \int_0^{\sqrt{2x-x^2}} f(x,y)dy + \int_1^2 dx \int_0^{2-x} f(x,y)dy.$$

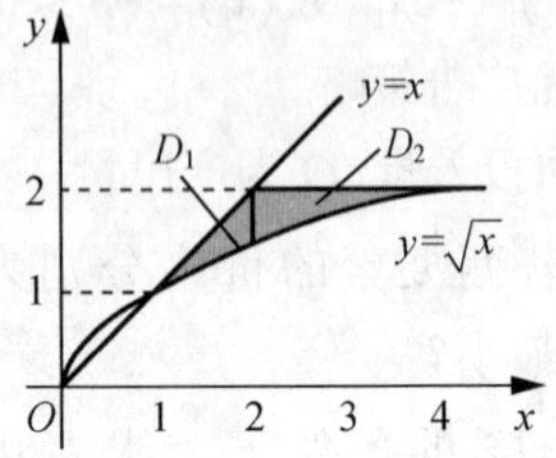

（2）积分区域 D 分为两部分，$D_1 = \{(x,y) \mid \sqrt{x} \leqslant y \leqslant x,$ $1 \leqslant x \leqslant 2\}$，$D_1 = \{(x,y) \mid \sqrt{x} \leqslant y \leqslant 2, 2 \leqslant x \leqslant 4\}$，如图 9.2 所示.

$$D = D_1 + D_2 = \{(x,y) \mid y \leqslant x \leqslant y^2, 1 \leqslant y \leqslant 2\},$$

交换积分次序，有

$$I_2 = \int_1^2 dy \int_y^{y^2} f(x,y)dx.$$

图 9.2

评注　交换二重积分的积分次序的一般方法：由给出的累次积分的上下限写出积分区域 D 所满足的不等式，由此画出 D 的草图，写出新的积分次序，然后确定新的积分限. 确定二次积分的上下限是计算二重积分的关键. 一般用"穿线法"来定限，方法如下：

对于 X 型区域，先对变量 y 积分，将积分区域 D 向 x 轴投影，得投影区间 $[a,b]$，然后，任取一点 $x \in [a,b]$，过该点作平行于 y 轴的直线，由下向上穿过区域 D，穿入 D 时碰到的曲线 $y = \varphi_1(x)$ 作为积分下限，穿出 D 时碰到的曲线 $y = \varphi_2(x)$ 作为积分上限，a、b 分别为对 x 积分时的下限和上限，表示为

$$\iint\limits_D f(x,y)d\sigma = \int_a^b dx \int_{\varphi_1(x)}^{\varphi_2(x)} f(x,y)dy.$$

同理，对于 Y 型区域，先对变量 x 积分，用平行于 x 轴的直线由左到右穿过区域 D. 思路同上.

例 9.23　求 $\displaystyle\iint\limits_D x^2 e^{-y^2} d\sigma$，其中 D 是由 $x = 0$，$y = 1$ 及 $y = x$ 所围成的闭区域.

解　积分区域如图 9.3 所示.

由 D 可知，直角坐标系下两种积分次序都可以，若考虑先 y 后 x 的积分次序，则有

$$\iint\limits_D x^2 e^{-y^2} d\sigma = \int_0^1 dx \int_x^1 x^2 e^{-y^2} dy$$

$$= \int_0^1 x^2 dx \int_x^1 e^{-y^2} dy.$$

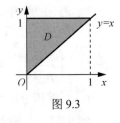

图 9.3

这里需要先求 e^{-y^2} 的原函数，而 $\int e^{-y^2} dy$ 不能用初等函数表示，所以先 y 后 x 的积分次序不能解决这个积分. 下面考虑交换积分次序，采用先 x 后 y 的积分次序，由此得到

$$\iint\limits_D x^2 e^{-y^2} d\sigma = \int_0^1 dy \int_0^y x^2 e^{-y^2} dx = \frac{1}{3} \int_0^1 y^3 e^{-y^2} dy$$

$$= \frac{1}{6} \int_0^1 y^2 e^{-y^2} dy^2 \text{（令 } t = y^2\text{，再利用分部积分法）}$$

$$= -\frac{1}{6} \Big[t e^{-t} \Big]_0^1 + \frac{1}{6} \int_0^1 e^{-t} dt = \frac{1}{6} - \frac{1}{3e}.$$

评注　本题属于二重积分计算中的一种类型. 若将二重积分化为二次积分后发现被积函数的原函数不能用初等函数表示，一般需要交换积分次序即可解决此类问题. 一

般地，当被积函数 $f(x, y)$ 中含有 $e^{\pm x^2}$, $\sin x^2$, $\cos x^2$, $e^{\pm \frac{1}{x}}$, $\sin \frac{1}{x}$, $\cos \frac{1}{x}$, $\frac{1}{\ln x}$, $\frac{\sin x}{x}$, $\frac{\cos x}{x}$ 时，则采用先对 y 后对 x 积分的方法；对含有 y 的类似函数的情形，则采用先对 x 后对 y 积分的方法. 下面给出几个同类型的题目，望大家练习.

（1）$\int_0^1 dx \int_x^{\sqrt{x}} \frac{\sin y}{y} dy$ ；　　　（2）$\int_1^3 dx \int_{x-1}^2 \sin y^2 dy$ ；　　　（3）$\int_0^1 dy \int_y^1 e^{x^2} dx$.

例 9.24 计算 $\iint\limits_D \left(\frac{x}{y}\right)^2 d\sigma$，其中 D 是由 $x = 2$, $y = x$ 及 $xy = 1$ 所围成的闭区域.

解 法一　积分区域如图 9.4 所示. 先对 y 积分，有

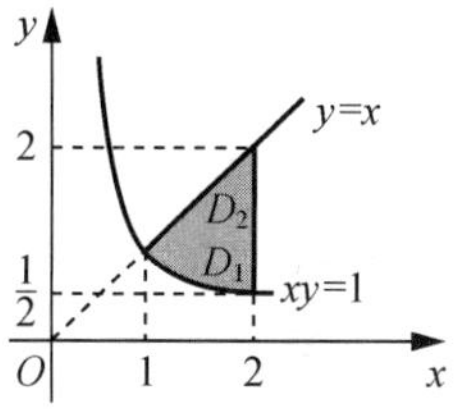

$$\iint\limits_D \left(\frac{x}{y}\right)^2 d\sigma = \int_1^2 dx \int_{\frac{1}{x}}^x \left(\frac{x}{y}\right)^2 dy$$

$$= \int_1^2 x^2 \left[-\frac{1}{y}\right]_{\frac{1}{x}}^x dx = \int_1^2 (x^3 - x) dx = \frac{9}{4}.$$

法二　先对 x 积分，有

$$\iint\limits_D \left(\frac{x}{y}\right)^2 d\sigma = \iint\limits_{D_1} \left(\frac{x}{y}\right)^2 d\sigma + \iint\limits_{D_2} \left(\frac{x}{y}\right)^2 d\sigma$$

$$= \int_{\frac{1}{2}}^1 dy \int_{\frac{1}{y}}^2 \left(\frac{x}{y}\right)^2 dx + \int_1^2 dy \int_y^2 \left(\frac{x}{y}\right)^2 dx$$

$$= \frac{1}{3} \int_{\frac{1}{2}}^1 \left(\frac{8}{y^2} - \frac{1}{y^5}\right) dy + \frac{1}{3} \int_1^2 \left(\frac{8}{y^2} - y\right) dy = \frac{7}{12} + \frac{5}{6} = \frac{9}{4}.$$

图 9.4

评注 根据积分区域的特点选择适当的积分次序是很重要的，一般以不分割积分区域为主. 在选择积分次序时，用"穿线法"试穿，观察穿入与穿出区域时边界曲线是否发生变化，从而确定积分区域是否要分割成子区域.

7. 积分区域关于坐标轴对称的二重积分

例 9.25 计算 $\iint\limits_D 6x^2 y^2 d\sigma$，其中 D 是由 $y = x$, $y = -x$ 及 $y = 2 - x^2$ 所围成的闭区域.

解 积分区域如图 9.5 所示. 积分区域 D 关于 y 轴对称，被积函数 $6x^2 y^2$ 是 x 的偶函数，可用简化计算. 由区域特点采用先 y 后 x 的积分，有

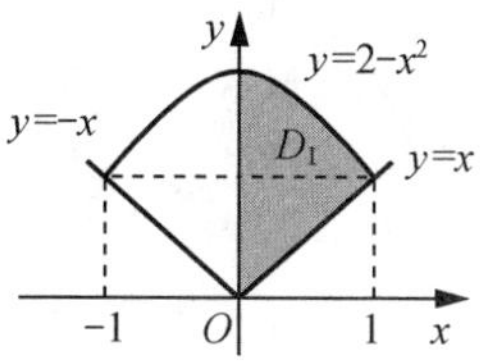

图 9.5

$$\iint\limits_D 6x^2 y^2 d\sigma = 12 \iint\limits_{D_1} x^2 y^2 d\sigma$$

$$= 12 \int_0^1 x^2 dx \int_x^{2-x^2} y^2 dy$$

$$= 4 \int_0^1 x^2 (8 - 12x^2 + 6x^4 - x^6 - x^3) dx$$

$$= \frac{1066}{315}.$$

评注　此题若不用简化计算，则不论采用哪种积分次序都要分割区域 D. 简化计算在重积分的计算中非常重要，但应用时一定要注意条件.

例 9.26　计算 $\iint\limits_{D}(y^2+3x-6y+9)\mathrm{d}\sigma$，其中 D 是闭区域：$x^2+y^2\leqslant R^2$.

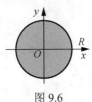

图 9.6

解　积分区域如图 9.6 所示.

$$\iint\limits_{D}(y^2+3x-6y+9)\mathrm{d}\sigma$$
$$=\iint\limits_{D}y^2\mathrm{d}\sigma+3\iint\limits_{D}x\mathrm{d}\sigma-6\iint\limits_{D}y\mathrm{d}\sigma+9\iint\limits_{D}\mathrm{d}\sigma.$$

D 为圆域，D 关于 y 轴对称，所以 $\iint\limits_{D}x\mathrm{d}\sigma=0$；$D$ 关于 x 轴对称，所以 $\iint\limits_{D}y\mathrm{d}\sigma=0$；$D$ 关于直线 $y=x$ 对称，所以

$$\iint\limits_{D}y^2\mathrm{d}\sigma=\iint\limits_{D}x^2\mathrm{d}\sigma=\frac{1}{2}\iint\limits_{D}(x^2+y^2)\mathrm{d}\sigma;$$

再利用极坐标变换 $\begin{cases}x=\rho\cos\theta\\y=\rho\sin\theta\end{cases}$，得

$$\frac{1}{2}\iint\limits_{D}(x^2+y^2)\mathrm{d}\sigma=\frac{1}{2}\int_0^{2\pi}\mathrm{d}\theta\int_0^R\rho^3\mathrm{d}\rho=\frac{\pi}{4}R^4,$$

故

$$\iint\limits_{D}(y^2+3x-6y+9)\mathrm{d}\sigma=\frac{\pi}{4}R^4+9\pi R^2.$$

例 9.27　计算 $I=\iint\limits_{D}x\left[1+yf(x^2+y^2)\right]\mathrm{d}x\mathrm{d}y$，其中 D 是由 $y=x^3$，$y=1$ 及 $x=-1$ 所围成的区域，f 为连续函数.

分析　被积函数出现抽象函数 $f(x^2+y^2)$，直接积分是不可能得到结果的，但函数 $xyf(x^2+y^2)$ 关于 x、y 均为奇函数，因此考虑是否能用对称性简化计算.

解　作辅助线 $y=-x^3(-1\leqslant x\leqslant0)$，将积分区域 D 分成 D_1 和 D_2 两部分，如图 9.7 所示. 显然 D_1 关于 y 轴对称，D_2 关于 x 轴对称，于是

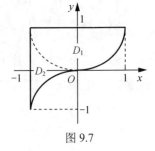

图 9.7

$$I=\iint\limits_{D}x\mathrm{d}x\mathrm{d}y+\iint\limits_{D}xyf(x^2+y^2)\mathrm{d}x\mathrm{d}y$$
$$=\iint\limits_{D_1+D_2}x\mathrm{d}x\mathrm{d}y+\iint\limits_{D_1+D_2}xyf(x^2+y^2)\mathrm{d}x\mathrm{d}y$$
$$=\iint\limits_{D_2}x\mathrm{d}x\mathrm{d}y=\int_{-1}^0\mathrm{d}x\int_{x^3}^{-x^3}x\mathrm{d}y=-2\int_{-1}^0x^4\mathrm{d}x=-\frac{2}{5}.$$

8. 被积函数中含有绝对值符号、最大值或最小值符号的二重积分

例 9.28　计算 $\iint\limits_{D}\left|y-x^2\right|\mathrm{d}\sigma$，其中 D 是由 $x=-1$，$x=1$，$y=0$ 及 $y=1$ 所围成的闭区域.

解 积分区域如图 9.8 所示.

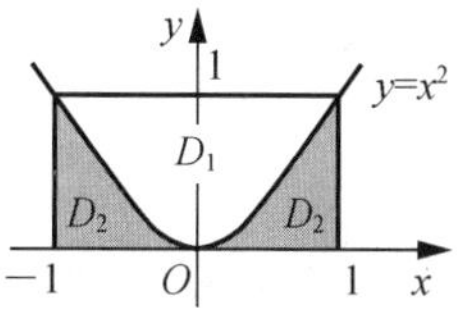

用 $y = x^2$ 分割区域 D 为两部分 D_1、D_2，在 D_1 上 $|y - x^2| = y - x^2$，在 D_2 上 $|y - x^2| = x^2 - y$，故有

$$\iint\limits_D |y - x^2| d\sigma = \iint\limits_{D_1} (y - x^2) d\sigma + \iint\limits_{D_2} (x^2 - y) d\sigma$$

$$= \int_{-1}^1 dx \int_{x^2}^1 (y - x^2) dy + \int_{-1}^1 dx \int_0^{x^2} (x^2 - y) dy$$

$$= \int_{-1}^1 \left(\frac{1}{2} - x^2 + \frac{1}{2} x^4 \right) dx + \int_{-1}^1 \frac{1}{2} x^4 dx = \frac{11}{15}.$$

图 9.8

评注 本题属于带绝对值函数的积分类型，首先考虑去掉绝对值符号. 方法是令绝对值符号里的函数 $f(x, y) = 0$，用得到的曲线分割积分区域 D 为若干个子区域，则在每个子区域上 $f(x, y)$ 的符号是唯一确定的，这样就去掉了绝对值符号.

例 9.29 计算二重积分 $\iint\limits_D e^{\max\{x^2, y^2\}} dxdy$，其中 $D = \{(x, y) \mid 0 \leqslant x \leqslant 1, 0 \leqslant y \leqslant 1\}$.

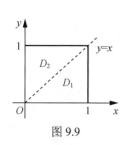

图 9.9

解 在区域 D 上，$x > 0, y > 0$，所以 $x^2 - y^2 = 0 \Leftrightarrow x = y$，用曲线 $y = x$ 分割积分区域 D 为 D_1 和 D_2 两部分，如图 9.9 所示，$\max\{x^2, y^2\} = \begin{cases} x^2, & (x, y) \in D_1 \\ y^2, & (x, y) \in D_2 \end{cases}$，于是有

$$\iint\limits_D e^{\max\{x^2, y^2\}} dxdy = \iint\limits_{D_1} e^{x^2} dxdy + \iint\limits_{D_2} e^{y^2} dxdy.$$

而

$$\iint\limits_{D_1} e^{x^2} dxdy = \int_0^1 dx \int_0^x e^{x^2} dy = \int_0^1 x e^{x^2} dx = \frac{1}{2} \int_0^1 e^{x^2} dx^2 = \frac{1}{2} \left[e^{x^2} \right]_0^1 = \frac{1}{2} (e - 1),$$

$$\iint\limits_{D_2} e^{y^2} dxdy = \int_0^1 dy \int_0^y e^{y^2} dx = \int_0^1 y e^{y^2} dy = \frac{1}{2} (e - 1),$$

故有 $\iint\limits_D e^{\max\{x^2, y^2\}} dxdy = e - 1$.

9. 极坐标系下二重积分的计算

例 9.30 计算 $\iint\limits_D (x^2 + y^2) d\sigma$，其中 D 为 $x^2 + y^2 = 2y, x = y$ 及 $x = 0$ 在第一象限所围成的闭区域.

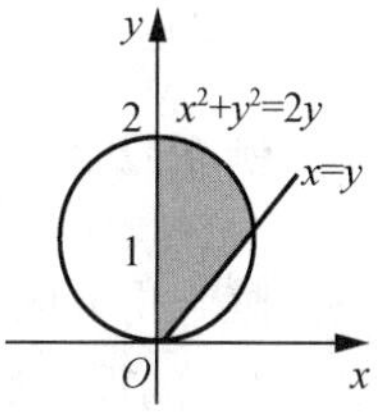

解 积分区域如图 9.10 所示. 由积分区域和被积函数的特点知，要利用极坐标系. 在极坐标变换 $\begin{cases} x = \rho \cos\theta \\ y = \rho \sin\theta \end{cases}$ 下，区域边界曲线 $x^2 + y^2 = 2y$ 的极坐标方程为 $\rho = 2\sin\theta$，边界直线 $y = x$ 的极坐标方程为 $\theta = \dfrac{\pi}{4}$，故有

图 9.10

$$\iint\limits_D (x^2 + y^2) d\sigma = \int_{\frac{\pi}{4}}^{\frac{\pi}{2}} d\theta \int_0^{2\sin\theta} \rho^2 \rho d\rho = 4 \int_{\frac{\pi}{4}}^{\frac{\pi}{2}} \sin^4\theta d\theta = \int_{\frac{\pi}{4}}^{\frac{\pi}{2}} (1 - \cos 2\theta)^2 d\theta$$

$$= \int_{\frac{\pi}{4}}^{\frac{\pi}{2}} \left(1 - 2\cos 2\theta + \frac{1 + \cos 4\theta}{2} \right) \mathrm{d}\theta = \frac{\pi}{4} - \left[\sin 2\theta \right]_{\frac{\pi}{4}}^{\frac{\pi}{2}} + \frac{1}{2} \left[\theta + \frac{1}{4}\sin 4\theta \right]_{\frac{\pi}{4}}^{\frac{\pi}{2}} = \frac{3\pi}{8} + 1.$$

评注 对于二重积分，当积分区域为圆域、环域、扇域或边界曲线以极坐标给出，而被积函数形如 $f(x^2 + y^2), f\left(\dfrac{x}{y}\right)$ 等时，选用极坐标系通常为积分带来方便．极坐标系下，二次积分次序一般是先 ρ 后 θ，确定 ρ 的上下限可采用"穿线法"，从极点发射线穿过区域 D，穿入 D 时碰到的曲线 $\rho = \rho_1(\theta)$ 作为积分下限，穿出 D 时碰到的曲线 $\rho = \rho_2(\theta)$ 作为积分上限，θ 的变化范围 $[\theta_1, \theta_2]$ 即为对 θ 积分时的上下限，表示为

$$\iint\limits_{D} f(x, y)\mathrm{d}\sigma = \int_{\theta_1}^{\theta_2} \mathrm{d}\theta \int_{\rho_1(\theta)}^{\rho_2(\theta)} f(\rho\cos\theta, \rho\sin\theta)\rho\,\mathrm{d}\rho.$$

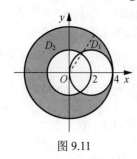

图 9.11

例 9.31 计算二重积分 $\displaystyle\iint\limits_{D} \frac{1}{\sqrt{x^2 + y^2}}\mathrm{d}x\mathrm{d}y$，其中 D：$x^2 + y^2 \geqslant 4,\ x^2 + y^2 \leqslant 16,\ x^2 + y^2 \geqslant 4x.$

解 积分区域如图 9.11 所示，D 关于 x 轴对称，被积函数关于 y 为偶函数，故

$$\iint\limits_{D} \frac{1}{\sqrt{x^2 + y^2}}\,\mathrm{d}x\mathrm{d}y = 2\left(\iint\limits_{D_1} \frac{1}{\sqrt{x^2 + y^2}}\mathrm{d}x\mathrm{d}y + \iint\limits_{D_2} \frac{1}{\sqrt{x^2 + y^2}} \right).$$

因积分区域为圆域的一部分，被积函数中含有 $x^2 + y^2$ 的形式，所以考虑用极坐标．在极坐标变换 $\begin{cases} x = \rho\cos\theta \\ y = \rho\sin\theta \end{cases}$ 下，区域边界曲线的极坐标方程为 $\rho = 2, \rho = 4, \rho = 4\cos\theta$．其中，$\rho = 2$ 与 $\rho = 4\cos\theta$ 的交点处对应 $\cos\theta = \dfrac{1}{2}$，即 $\theta = \dfrac{\pi}{3}$．所以有

$$D_1 = \left\{ (\rho, \theta) \,\middle|\, 4\cos\theta \leqslant \rho \leqslant 4, 0 \leqslant \theta \leqslant \frac{\pi}{3} \right\}, \quad D_2 = \left\{ (\rho, \theta) \,\middle|\, 2 \leqslant \rho \leqslant 4, \frac{\pi}{3} \leqslant \theta \leqslant \pi \right\},$$

故有 $\displaystyle\iint\limits_{D} \frac{1}{\sqrt{x^2 + y^2}}\,\mathrm{d}x\mathrm{d}y = 2\left(\int_0^{\frac{\pi}{3}} \mathrm{d}\theta \int_{4\cos\theta}^4 \frac{1}{\rho}\cdot\rho\mathrm{d}\rho + \int_{\frac{\pi}{3}}^{\pi} \mathrm{d}\theta \int_2^4 \frac{1}{\rho}\cdot\rho\mathrm{d}\rho \right) = \frac{16}{3}\pi - 4\sqrt{3}.$

例 9.32 计算 $\displaystyle\iint\limits_{D} \sqrt{x}\mathrm{d}\sigma$，其中 $D = \left\{ (x, y) \,\middle|\, x^2 + y^2 \leqslant x \right\}.$

解 积分区域如图 9.12 所示．区域 D 关于 x 轴对称，被积函数 $\sqrt{x}$ 是 y 的偶函数，记 D_1 为上半圆域，所以 $\displaystyle\iint\limits_{D} \sqrt{x}\mathrm{d}\sigma = 2\iint\limits_{D_1} \sqrt{x}\mathrm{d}\sigma.$

用极坐标系．在极坐标变换 $\begin{cases} x = \rho\cos\theta \\ y = \rho\sin\theta \end{cases}$ 下，区域边界曲线 $x^2 + y^2 = x$ 的极坐标方程为 $\rho = \cos\theta$，易知

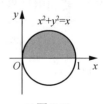

图 9.12

$$\iint\limits_{D} \sqrt{x}\mathrm{d}\sigma = 2\int_0^{\frac{\pi}{2}}\mathrm{d}\theta\int_0^{\cos\theta}\sqrt{\rho\cos\theta}\,\rho\mathrm{d}\rho$$

$$= \frac{4}{5}\int_0^{\frac{\pi}{2}}\cos^3\theta\mathrm{d}\theta = \frac{4}{5}\times\frac{2}{3}\times 1 = \frac{8}{15}.$$

例 9.33 将二重积分 $\iint\limits_{D}f(x,y)\mathrm{d}\sigma$ 表示为极坐标系下的二次积分，其中

$$D = \{(x,y)\,|\,x^2 \leqslant y \leqslant 1,\, -1 \leqslant x \leqslant 1\}.$$

解 积分区域如图 9.13 所示. 在极坐标变换 $\begin{cases}x = \rho\cos\theta\\y = \rho\sin\theta\end{cases}$ 下，

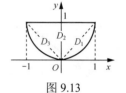

图 9.13

区域边界曲线 $y = x^2, y = 1$ 的极坐标方程分别为 $\rho = \dfrac{\sin\theta}{\cos^2\theta}$,

$\rho = \dfrac{1}{\sin\theta}$. 由"穿线法"知，区域 D 分割为三部分 $D = D_1 + D_2 + D_3$，其中

$$D_1 = \left\{(\rho,\theta)\,\middle|\,0 \leqslant \rho \leqslant \frac{\sin\theta}{\cos^2\theta},\ 0 \leqslant \theta \leqslant \frac{\pi}{4}\right\},$$

$$D_2 = \left\{(\rho,\theta)\,\middle|\,0 \leqslant \rho \leqslant \frac{1}{\sin\theta},\ \frac{\pi}{4} \leqslant \theta \leqslant \frac{3\pi}{4}\right\},$$

$$D_3 = \left\{(\rho,\theta)\,\middle|\,0 \leqslant \rho \leqslant \frac{\sin\theta}{\cos^2\theta},\ \frac{3\pi}{4} \leqslant \theta \leqslant \pi\right\},$$

于是有

$$\iint\limits_{D}f(x,y)\mathrm{d}\sigma = \int_0^{\frac{\pi}{4}}\mathrm{d}\theta\int_0^{\frac{\sin\theta}{\cos^2\theta}}f(\rho\cos\theta,\rho\sin\theta)\rho\mathrm{d}\rho$$

$$+ \int_{\frac{\pi}{4}}^{\frac{3\pi}{4}}\mathrm{d}\theta\int_0^{\frac{1}{\sin\theta}}f(\rho\cos\theta,\rho\sin\theta)\rho\mathrm{d}\rho$$

$$+ \int_{\frac{3\pi}{4}}^{\pi}\mathrm{d}\theta\int_0^{\frac{\sin\theta}{\cos^2\theta}}f(\rho\cos\theta,\rho\sin\theta)\rho\mathrm{d}\rho.$$

10. 二重积分中的证明题

例 9.34 证明 $\int_a^b\mathrm{d}x\int_a^x f(y)\mathrm{d}y = \int_a^b f(y)(b-y)\mathrm{d}y.$

分析 上式左端是二次积分，先 y 后 x，而被积函数仅是 y 的函数，右端是 y 的定积分，因而想到交换二次积分的积分次序.

证明 积分区域如图 9.14 所示.

$$D = \{(x,y)\,|\,a \leqslant y \leqslant x,\ a \leqslant x \leqslant b\}$$
$$= \{(x,y)\,|\,y \leqslant x \leqslant b,\ a \leqslant y \leqslant b\},$$

交换积分次序，先 x 后 y 积分得

$$\int_a^b\mathrm{d}x\int_a^x f(y)\mathrm{d}y = \int_a^b\mathrm{d}y\int_y^b f(y)\mathrm{d}x = \int_a^b f(y)(b-y)\mathrm{d}y.$$

评注 在二重积分的等式或不等式的证明过程中，常用以下方法：交换积分次序、

重积分化为定积分、定积分对积分变量的无关性、二重积分对积分区域的可加性、对称性等.

例 9.35　设 $f(x)$ 为 $[0,a]$ 上的连续函数，试证

$$\int_0^a f(x)\mathrm{d}x\int_x^a f(y)\mathrm{d}y=\frac{1}{2}\left[\int_0^a f(x)\mathrm{d}x\right]^2.$$

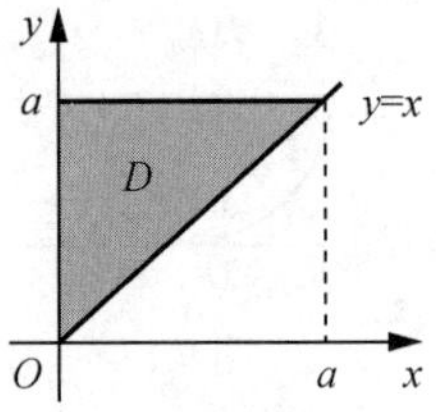

图 9.15

证明　法一　积分区域 D 如图 9.15 所示.

$D=\{(x,y)\,|\,x\leqslant y\leqslant a,0\leqslant x\leqslant a\}$. 交换积分次序有

$$\int_0^a f(x)\mathrm{d}x\int_x^a f(y)\mathrm{d}y=\int_0^a f(y)\mathrm{d}y\int_0^y f(x)\mathrm{d}x,$$

等式右边改变积分变量的字母形式，则有

$$\int_0^a f(y)\mathrm{d}y\int_0^y f(t)\mathrm{d}t=\int_0^a f(x)\mathrm{d}x\int_0^x f(t)\mathrm{d}t=\int_0^a f(x)\mathrm{d}x\int_0^x f(y)\mathrm{d}y,$$

所以

$$\begin{aligned}\int_0^a f(x)\mathrm{d}x\int_x^a f(y)\mathrm{d}y&=\int_0^a f(x)\mathrm{d}x\int_0^x f(y)\mathrm{d}y\\&=\frac{1}{2}\left[\int_0^a f(x)\mathrm{d}x\int_x^a f(y)\mathrm{d}y+\int_0^a f(x)\mathrm{d}x\int_0^x f(y)\mathrm{d}y\right]\\&=\frac{1}{2}\int_0^a f(x)\mathrm{d}x\int_0^a f(y)\mathrm{d}y=\frac{1}{2}\left[\int_0^a f(x)\mathrm{d}x\right]^2.\end{aligned}$$

法二　设 $F(x)$ 为 $f(x)$ 在 $[0,a]$ 上的一个原函数，故

$$\begin{aligned}\text{左边}&=\int_0^a f(x)\mathrm{d}x\int_x^a f(y)\mathrm{d}y=\int_0^a f(x)\big[F(y)\big]_x^a\mathrm{d}x=\int_0^a f(x)[F(a)-F(x)]\mathrm{d}x\\&=\int_0^a\big[F(a)-F(x)\big]\mathrm{d}F(x)=-\int_0^a\big[F(a)-F(x)\big]\mathrm{d}\big[F(a)-F(x)\big]\\&=-\frac{1}{2}\Big\{\big[F(a)-F(x)\big]^2\Big\}_0^a=\frac{1}{2}\big[F(a)-F(0)\big]^2,\end{aligned}$$

$$\text{右边}=\frac{1}{2}\left[\int_0^a f(x)\mathrm{d}x\right]^2=\frac{1}{2}\big[F(a)-F(0)\big]^2,$$

故等式成立.

11. 无界区域上二重积分的计算

例 9.36　求 $\iint\limits_D \mathrm{e}^{-(x^2+y^2)}\mathrm{d}\sigma$，其中 $D=\{(x,y)|0\leqslant x<+\infty,0\leqslant y<+\infty\}$.

解　由于被积函数非负，可设

$$D_R=\{(x,y)\,|\,x^2+y^2\leqslant R^2,x\geqslant 0,y\geqslant 0\},$$

利用极坐标，有

$$D_R^*=\left\{(r,\theta)\,|\,0\leqslant r\leqslant R,0\leqslant\theta\leqslant\frac{\pi}{2}\right\}.$$

则有

$$\iint\limits_{D_R}\mathrm{e}^{-(x^2+y^2)}\mathrm{d}\sigma=\iint\limits_{D_R^*}\mathrm{e}^{-r^2}r\mathrm{d}r\mathrm{d}\theta=\int_0^{\frac{\pi}{2}}\mathrm{d}\theta\int_0^R\mathrm{e}^{-r^2}r\mathrm{d}r=\frac{\pi}{4}\left(1-\mathrm{e}^{-R^2}\right).$$

当 $R\to+\infty$ 时，有 $D_R\to D$，于是有

$$\iint_D e^{-(x^2+y^2)}d\sigma = \lim_{R \to +\infty}\iint_{D_R} e^{-(x^2+y^2)}d\sigma = \lim_{R \to +\infty}\frac{\pi}{4}\left(1 - e^{-R^2}\right) = \frac{\pi}{4}.$$

例 9.37　计算 $\iint_D xe^{-y^2}dxdy$,其中 D 是由曲线 $y = 4x^2$ 和 $y = 9x^2$ 在第一象限所围成的区域.

解　如图 9.16 所示,这是无界区域上的二重积分,由于 $\int e^{-y^2}dy$ 积不出来,应先对 x 积分,所以

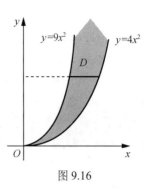

图 9.16

$$\iint_D xe^{-y^2}dxdy = \int_0^{+\infty}dy\int_{\frac{\sqrt{y}}{3}}^{\frac{\sqrt{y}}{2}} xe^{-y^2}dx$$

$$= \frac{1}{2}\int_0^{+\infty}\left(\frac{y}{4} - \frac{y}{9}\right)e^{-y^2}dy = \frac{5}{72}\int_0^{+\infty} ye^{-y^2}dy = \frac{5}{144}.$$

例 9.38　设

$$f(x,y) = \begin{cases} x^2y, & 1 \leqslant x \leqslant 2,\ 0 \leqslant y \leqslant x, \\ 0, & \text{其他} \end{cases},$$

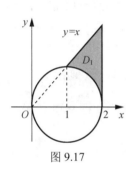

图 9.17

求 $\iint_D f(x,y)dxdy$,其中 $D = \{(x,y)\,|\,x^2 + y^2 \geqslant 2x\}$.

解　D 是无界区域,若令 $D_2 = \{(x,y)\,|\,0 \leqslant y \leqslant x, 1 \leqslant x \leqslant 2\}$,故 $f(x,y)$ 只在如图 9.17 所示的 $D_1 = D \bigcap D_2$ 上不为零,故

$$\iint_D f(x,y)dxdy = \iint_{D_1} x^2y\,dxdy$$

$$= \int_1^2 dx\int_{\sqrt{2x-x^2}}^x x^2y\,dy = \int_1^2(x^4 - x^3)dx = \frac{49}{20}.$$

 三、疑难问题解答

1. 为什么不能用洛必达法则求二重极限?

答　对于二重极限在很多情况下也有所谓的 "$\frac{0}{0}$" "$\frac{\infty}{\infty}$" 未定式问题,但却不能简单地使用如求一元函数未定式极限中采用的洛必达法则. 这是因为一元函数变量只有一个,由此可知,只可能有两个变化方向,从左侧趋向于 x_0,即 $x \to x_0^-$,以及从右侧趋向于 x_0,即 $x \to x_0^+$. 而二元函数中,变量有两个,动点 (x,y)、定点 (x_0,y_0) 都在坐标平面上,动点中两个变量 (x,y) 同时变化,且 $x \to x_0, y \to y_0$ 的变化方式有无穷多个,既可沿直线又可沿曲线. 但二元函数的导数是偏导数,对其中一个变量求导,另一个变量看作常数,这不符合二重极限的两个变量同时变化的原则,故不能使用洛必达法则求二重极限.

2. 二元函数的可微性概念与一元函数的可微性概念有什么联系?

答　由一元函数可微与二元函数可微的定义可知,一元函数与二元函数的可微性都

是反映函数在一点的"局部性质"，微分与全微分都是作为函数增量的线性主部，因此二元函数的可微性是一元函数可微性的自然推广，并保持了全面反映一点"局部性质"这一重要特点. 对二元函数来说，相当于一元函数的可导性恰是可微性而不是偏导数的存在性. 由此我们可以进一步理解：为什么在二元函数微分学中常常要求函数的可微性，而不要求偏导数的存在性.

3. 多元函数的极限存在、连续性、偏导数存在、可微分之间的关系如何？若二元函数在一点可微，则两个偏导数是否必连续？

答　多元函数的连续性、偏导数存在、可微分之间的关系与一元函数的连续性、可导、可微之间的关系不完全相同，应注意其差异. 下面以二元函数为例.

（1）如果 $z = f(x, y)$ 在点 (x_0, y_0) 处连续，则 $\lim\limits_{(x,y)\to(x_0,y_0)} f(x, y)$ 必定存在，反之不然.

（2）函数 $z = f(x, y)$ 在点 (x_0, y_0) 处存在偏导数，并不一定能保证 $z = f(x, y)$ 在点 (x_0, y_0) 处连续，也不一定能保证 $z = f(x, y)$ 在点 (x_0, y_0) 处可微分.

（3）如果 $z = f(x, y)$ 在点 (x_0, y_0) 处可微分，则函数 $z = f(x, y)$ 在点 (x_0, y_0) 处必定存在偏导数，且在该点处必连续.

（4）如果 $z = f(x, y)$ 在点 (x_0, y_0) 处存在连续偏导数，则 $z = f(x, y)$ 在点 (x_0, y_0) 处必定可微分，且 $\mathrm{d}z = \dfrac{\partial z}{\partial x}\mathrm{d}x + \dfrac{\partial z}{\partial y}\mathrm{d}y$.

（5）如果函数 $z = f(x, y)$ 在点 (x_0, y_0) 处可微分，$\dfrac{\partial z}{\partial x}, \dfrac{\partial z}{\partial y}$ 在该点不一定连续.

综上所述，二元函数中极限、连续、可偏导、可微分之间的关系如图 9.18 所示.

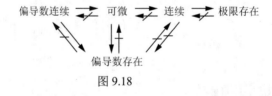

图 9.18

4. 为什么课本上提到偏导数时，多在前面冠以"连续"二字？

答　众所周知，在研究多元函数微分学问题时，扮演重要角色的是函数的可微性，而不是偏导数存在，偏导数存在且连续是可微的充分条件. 而在大多数场合，偏导数存在且连续，既易满足又便于检验，所以在课本中提到偏导数时常常冠以"连续"二字.

5. 拉格朗日乘数法中的 λ 是否是常数？在此方法中引入 λ 有什么作用？这种方法的实质是什么？

答　先回顾拉格朗日乘数法的具体内容.

要找函数 $z = f(x, y)$ 在约束条件 $\varphi(x, y) = 0$ 下的可能极值点，可先构造函数 $F(x, y) = f(x, y) + \lambda\varphi(x, y)$，其中 λ 为某一常数，可由方程组

$$\begin{cases} F_x \equiv f_x(x, y) + \lambda\varphi_x(x, y) = 0 & （\text{I}） \\ F_y \equiv f_y(x, y) + \lambda\varphi_y(x, y) = 0 & （\text{II}） \\ \varphi(x, y) = 0 & （\text{III}） \end{cases}$$

从中解出 x、y 及 λ，则其中 (x,y) 即是 $f(x,y)$ 在约束条件 $\varphi(x,y)=0$ 下的可能极值点.

显见，λ 是常数，它是由（Ⅰ）～（Ⅲ）所确定的，而事先并不知道它是什么常数. 引入 λ 的主要意义就在于它将求 $f(x,y)$ 在约束条件 $\varphi(x,y)=0$ 之下的可能极值点问题，转化为求解方程组（Ⅰ）～（Ⅲ），若其解为 (x,y,λ) 时，则 (x,y) 为一可能极值点.

若视 λ 为变量，令

$$F(x,y,\lambda)=f(x,y)+\lambda\varphi(x,y), \qquad (Ⅳ)$$

则

$$\begin{cases} F_x \equiv f_x(x,y)+\lambda\varphi_x(x,y)=0 \\ F_y \equiv f_y(x,y)+\lambda\varphi_y(x,y)=0. \\ F_\lambda \equiv \varphi(x,y)=0 \end{cases}$$

这恰是方程组（Ⅰ）～（Ⅲ），因此方程组的解 (x,y,λ) 是函数 $L(x,y,\lambda)$ 的可能极值点，相应的 (x,y) 便是 $f(x,y)$ 在约束条件 $\varphi(x,y)=0$ 之下的可能极值点. 因此拉格朗日乘数法的实质在于：把求 $f(x,y)$ 在约束条件 $\varphi(x,y)=0$ 之下的可能极值点问题，转化为求式（Ⅳ）引入的新函数 $L(x,y,\lambda)$ 的无条件极值的可能极值点.

6. 如果二元函数 $f(x,y)$ 在某闭区域 D 内仅有一个极大值点，那么这个点是否一定是此函数在整个闭区域 D 上的最大值点？

答　不一定. 这与一元函数不尽相同，例如，在区域 $D=\{(x,y)\mid -5\leqslant x\leqslant 5,\ -1\leqslant y\leqslant 1\}$ 内考察函数

$$z=x^3-4x^2+2xy-y^2.$$

其导数方程为 $z_x=3x^2-8x+2y=0$，$z_y=2x-2y=0$，在区域 D 内仅有一解 $(0,0)$.

由于

$$z_{xx}=6x-8, z_{xx}(0,0)=-8=A, z_{xy}=2=B, z_{yy}=-2=C,$$

故

$$B^2-AC=4-(-8)\times(-2)<0.$$

$A=-8<0$，于是，推得在点 $(0,0)$ 处函数取极大值，极大值 $z(0,0)=0$. 它是函数在 D 内仅有的一个极大值，但它不是 D 上的最大值，如 $z(5,0)=25>z(0,0)$.

若问题为实际应用题，且已知 $f(x,y)$ 在 D 内只有一个驻点，则函数在该点的值即为所求的最大（小）值，不必再求 $f(x,y)$ 在 D 的边界上的最值，也无须判别函数值是极大（或极小）值.

7. 设 $\iint\limits_D f(x,y)\mathrm{d}\sigma$ 存在，σ 是区域 D 的面积，则至少存在一点 $(\xi,\eta)\in D$，使得 $\iint\limits_D f(x,y)\mathrm{d}\sigma=f(\xi,\eta)\sigma$，这个结论正确吗？

答　不正确. 积分中值定理要求被积函数 $f(x,y)$ 在区域 D 上连续，否则积分中值定理的结论不一定成立. 例如，若 $D=D_1+D_2$，$f(x,y)=\begin{cases}1, & (x,y)\in D_1 \\ 0, & (x,y)\in D_2\end{cases}$，则找不到使结论成立的点 $(\xi,\eta)\in D$.

8. 若 $\displaystyle\iint_D f(x,y)\mathrm{d}\sigma \geqslant \iint_D g(x,y)\mathrm{d}\sigma$，则必有 $f(x,y) \geqslant g(x,y)$，$\forall(x,y) \in D$，结论对吗？

答 不对. $\displaystyle\iint_D f(x,y)\mathrm{d}\sigma \geqslant \iint_D g(x,y)\mathrm{d}\sigma$ 成立，则有 $\displaystyle\iint_D [f(x,y)-g(x,y)]\mathrm{d}\sigma \geqslant 0$，二重积分值非负，不能断定被积函数非负. 例如，$\displaystyle\iint_D (x+y)\mathrm{d}x\mathrm{d}y = 9$，$D = \{(x,y)\,|\,-1 \leqslant x \leqslant 2,$ $-1 \leqslant y \leqslant 2\}$，被积函数 $x+y$ 在 D 上并不恒为非负.

9. 判断下列等式是否成立，并说明理由.

（1）$\displaystyle\iint_D \sqrt{1-x^2-y^2}\mathrm{d}\sigma = 4\iint_{D_1} \sqrt{1-x^2-y^2}\mathrm{d}\sigma$，其中 $D: x^2+y^2 \leqslant 1$，$D_1: x^2+y^2 \leqslant 1$，$x \geqslant 0$，$y \geqslant 0$.

（2）$\displaystyle\iint_D x^2 y^3 \mathrm{d}\sigma = 0$，其中 $D: |x|+|y| \leqslant 1$.

（3）$\displaystyle\iint_D (x+y)\mathrm{d}x\mathrm{d}y = \iint_D x\mathrm{d}x\mathrm{d}y$，其中 $D: (x-a)^2+y^2 \leqslant a^2, a > 0$.

（4）$\displaystyle\iint_D f(x,y)\mathrm{d}x\mathrm{d}y = 4\int_0^{\frac{\pi}{2}} \mathrm{d}\theta \int_1^2 f(r\cos\theta, r\sin\theta)r\mathrm{d}r$，其中 $D: 1 \leqslant x^2+y^2 \leqslant 4$.

答 （1）成立. 因为积分区域 D 关于 x 轴、y 轴都对称，被积函数关于 x、y 都是偶函数，所以等式成立.

（2）成立. 因为积分区域 D 关于 x 轴对称，被积函数是 y 的奇函数，所以积分值为零.

（3）成立. 因为积分区域 D 关于 x 轴对称，所以 $\displaystyle\iint_D y\mathrm{d}x\mathrm{d}y = 0$，所以等式成立.

（4）不成立. 虽然积分区域 D 关于 x 轴、y 轴都对称，但被积函数是抽象函数，无法考察其关于积分变量的奇偶性，所以不能用对称性简化计算，上式不成立.

四、同步训练题

9.1 多元函数的基本概念

1. 选择题.

（1）二元函数 $f(x,y) = \dfrac{\arccos(3-x^2-y^2)}{\sqrt{x^2-y}}$ 的定义域为（　　）.

    A. $D = \{(x,y)\,|\,2 \leqslant x^2+y^2 \leqslant 4, x^2 > y\}$

    B. $D = \{(x,y)\,|\,-4 \leqslant x^2+y^2 \leqslant 2, x^2 > y\}$

    C. $D = \{(x,y)\,|\,-2 \leqslant x^2+y^2 \leqslant 4, x^2 > y\}$

    D. $D = \{(x,y)\,|\,-2 \leqslant x^2+y^2 \leqslant 2, x^2 > y\}$

（2）设 $z = x+y+f(x-y)$，且当 $y=0$ 时，$z = x^2$，则 $f(x) = $（　　）.

    A. $x^2 - x$ B. x^2 C. $x^2 + x$ D. $-x^2$

（3）$\lim\limits_{\substack{x\to 0\\ y\to 0}}\dfrac{1-\cos xy}{2x^2 y^2}=$（　　　）.

    A. $\dfrac{1}{2}$ B. 1   C. $\dfrac{1}{4}$ D. 0

（4）$\lim\limits_{\substack{x\to 0\\ y\to 0}}\dfrac{3-\sqrt{x^2+y^2+9}}{x^2+y^2}=$（　　　）.

    A. ∞ B. $-\dfrac{1}{6}$ C. 0   D. $\dfrac{1}{6}$

（5）$\lim\limits_{\substack{x\to 0\\ y\to 0}}\dfrac{x^2 y}{x^4+y^2}=$（　　　）.

    A. $\dfrac{1}{4}$ B. $\dfrac{1}{2}$ C. 0   D. 不存在

2. 填空题.

（1）已知 $f(x,y)=\dfrac{xy}{x^2+y^2}$，则 $f\left(\dfrac{y}{x},1\right)=$ ＿＿＿＿＿＿＿＿＿．

（2）函数 $z=\arcsin\sqrt{x+y}$ 的定义域为＿＿＿＿＿＿＿＿＿．

（3）$\lim\limits_{(x,y)\to(0,0)}\dfrac{xy}{\sqrt{1+xy}-1}=$ ＿＿＿＿＿＿＿＿＿．

（4）$\lim\limits_{\substack{x\to 0\\ y\to 1}}\left[\ln(y-x)+\dfrac{y}{\sqrt{1-x^2}}\right]=$ ＿＿＿＿＿＿＿＿＿．

（5）$\lim\limits_{\substack{x\to 0\\ y\to 0}}(x^2+y^2)\sin\dfrac{1}{xy}=$ ＿＿＿＿＿＿＿＿＿．

3. 求下列函数的定义域，并画出定义域的图形：

（1）$z=\ln(y^2-2x+1)$;   （2）$u=\sqrt{9-x^2-y^2-z^2}+\ln(x^2+y^2+z^2-1)$.

4. 求下列极限，若不存在，说明理由.

（1）$\lim\limits_{(x,y)\to(0,1)}\dfrac{1-xy}{x^2+y^2}$;   （2）$\lim\limits_{(x,y)\to(0,0)}\dfrac{x}{x+y}$.

5. 设 $f(x,y)=\dfrac{xy}{x^2+y}$，求 $f\left(xy,\dfrac{x}{y}\right)$.

6*. 假设函数 $f(x,y)=\begin{cases}\dfrac{\tan(x^2+y^2)}{x^2+y^2}, & (x,y)\neq(0,0)\\ A, & (x,y)=(0,0)\end{cases}$ 在点 $(0,0)$ 处连续，求 A.

9.2　偏导数

1. 选择题.

（1）函数 $f(x,y)$ 在点 (x_0,y_0) 处两个偏导数 $\dfrac{\partial f}{\partial x}$ 与 $\dfrac{\partial f}{\partial y}$ 均存在是 $f(x,y)$ 在点 (x_0,y_0) 处

连续的（　　）条件.

A. 充分　　　　　　　　　　　　　　B. 必要

C. 充分必要　　　　　　　　　　　　D. 既不充分也不必要

（2）设 $z = x + (y-2)\arcsin\sqrt{\dfrac{x}{y}}$，则 $\dfrac{\partial z}{\partial y}\Big|_{(1,2)} = $（　　）.

A. 0　　　　　　　B. 1　　　　　　　C. $\dfrac{\pi}{4}$　　　　　　D. $\dfrac{\pi}{2}$

（3）设 $f(x,y) = \begin{cases} \dfrac{x^2+2y^2}{x+y}, & (x,y) \neq (0,0) \\ 0, & (x,y) = (0,0) \end{cases}$，则 $f_x(0,0), f_y(0,0)$ 分别为（　　）.

A. 1,1　　　　　　B. 1,2　　　　　　C. 2,1　　　　　　D. 2,2

（4）设 $f(x,y,z) = xy^2 + yz^2 + zx^2$，则 $f_{xz}(1,0,2) = $（　　）.

A. 0　　　　　　　B. 1　　　　　　　C. -1　　　　　　D. 2

（5）设 $u = \dfrac{x}{y^2}$，则 $\dfrac{\partial^2 u}{\partial x^2} + \dfrac{\partial^2 u}{\partial y^2} = $（　　）.

A. $\dfrac{6x}{y^4}$　　　　　B. $\dfrac{3x^2}{y^4}$　　　　　C. $\dfrac{2x^2}{y^3}$　　　　　D. $\dfrac{4x}{5y^4}$

2. 填空题.

（1）设 $z = \arctan\dfrac{x}{y}$，则 $\dfrac{\partial z}{\partial x}\Big|_{(1,1)} = $ _____.

（2）设 $f(x,y,z) = \sin(xy) + e^{xz}$，则 $f_{xz}(0,1,2) = $ _____.

（3）设 $f(x,y) = \int_x^{x+y} e^{-t^2}\,dt$，则 $f_{yy}(0,1) = $ _____.

（4）设 $z = \ln(x\sin y)$，则 $\dfrac{\partial^2 z}{\partial y \partial x} = $ _____.

（5）设 $f(x,y) = \begin{cases} \dfrac{1}{xy}\sin(x^2 y), & xy \neq 0 \\ 0, & xy = 0 \end{cases}$，则 $f_x(0,1) = $ _____.

3. 求下列函数的一阶偏导数.

（1）$u = \ln\sqrt{x^2+y^2+z^2}$;　　　　　（2）$u = \sin\left(\dfrac{x}{y} - e^{xz}\right)$;

（3）$u = \left(\dfrac{x}{y}\right)^z$;　　　　　　　　（4）$f(x,y) = \arcsin\sqrt{x+y}$.

4. 求下列函数的二阶偏导数.

（1）$z = x\ln(xy)$;　　　　　　　　（2）$f(x,y) = \int_{x-y}^{x+y}\sin t\,dt$.

5. 设 $u = e^{-\left(\frac{1}{x}+\frac{1}{y}+\frac{1}{z}\right)}$，求证：$x^2\dfrac{\partial u}{\partial x} + y^2\dfrac{\partial u}{\partial y} + z^2\dfrac{\partial u}{\partial z} = 3u$.

6*. 求曲线 $\begin{cases} z = \sqrt{1 + x^2 + y^2} \\ x = 1 \end{cases}$ 在点 $\left(1, 1, \sqrt{3}\right)$ 处的切线与 y 轴的倾角.

7*. 设函数 $f(u)$ 具有二阶连续偏导数, 而 $z = f(\mathrm{e}^x \sin y)$ 满足方程 $\dfrac{\partial^2 z}{\partial x^2} + \dfrac{\partial^2 z}{\partial y^2} = \mathrm{e}^{2x} z$,

求 $f(u)$.

9.3 全微分

1. 选择题.

（1）设 $z = (1 + x)^y$, 则 $\mathrm{d}z = $（   ）.

    A. $y(1 + x)^{y-1}\,\mathrm{d}x + (1 + x)^y \cdot \ln(1 + x)\,\mathrm{d}y$

    B. $x(1 + x)^{y-1}\,\mathrm{d}x + (2 + x)^y \cdot \ln(1 + x)\,\mathrm{d}y$

    C. $y^2(1 + x)^{y+1}\,\mathrm{d}x + (1 + y)^x \cdot \ln(1 + y)\,\mathrm{d}y$

    D. $y(1 - x)^{y-1}\,\mathrm{d}x + (1 - x)^y \cdot \ln(1 + x)\,\mathrm{d}y$

（2）考虑二元函数 $f(x, y)$ 的以下四条性质：① $f(x, y)$ 在点 (x_0, y_0) 处连续；② $f(x, y)$ 在点 (x_0, y_0) 处两个偏导数连续；③ $f(x, y)$ 在点 (x_0, y_0) 处可微；④ $f(x, y)$ 在点 (x_0, y_0) 处的两个偏导数存在. 若用 " $P \Rightarrow Q$ " 表示可由性质 P 推出性质 Q, 则有（   ）.

    A. ③ $\Rightarrow$ ② $\Rightarrow$ ①   B. ② $\Rightarrow$ ③ $\Rightarrow$ ①

    C. ③ $\Rightarrow$ ④ $\Rightarrow$ ①   D. ③ $\Rightarrow$ ① $\Rightarrow$ ④

（3）已知边长分别为 $x = 8\,(\mathrm{m})$ 与 $y = 6\,(\mathrm{m})$ 的矩形, 如果 x 边减少 5cm, 而 y 边增加 2cm, 则对角线近似变化为（   ）.

    A. 对角线约减少了 0.28cm   B. 对角线约增加了 0.28cm

    C. 对角线约减少了 2.8cm   D. 对角线约增加了 2.8cm

（4）函数 $z = \dfrac{y}{x}$ 在 $x = 2$, $y = 1$, $\Delta x = 0.1$, $\Delta y = -0.2$ 时的全增量 Δz 和全微分 $\mathrm{d}z$ 分别是（   ）.

    A. $-0.119, -0.125$ B. $0.119, 0.125$

    C. $-0.129, -0.135$ D. $0.129, 0.135$

（5）已知 $f(x, y, z) = \ln(xy + z)$, 则 $\mathrm{d}f(1, 2, 0) = $（   ）.

    A. $\dfrac{1}{2}\,\mathrm{d}x - \mathrm{d}y + \dfrac{1}{2}\,\mathrm{d}z$ B. $\dfrac{1}{2}\,\mathrm{d}x + 2\,\mathrm{d}y - \dfrac{1}{3}\,\mathrm{d}z$

    C. $3\,\mathrm{d}x + \dfrac{1}{4}\,\mathrm{d}y + \dfrac{1}{5}\,\mathrm{d}z$ D. $\mathrm{d}x + \dfrac{1}{2}\,\mathrm{d}y + \dfrac{1}{2}\,\mathrm{d}z$

2. 求下列函数的全微分.

（1）$z = y\sin(x + y)$;   （2）$u = \tan(xy) + \ln(x + z)$;

（3）$z = \sec(xy) + \sqrt{x}$;   （4）$z = \ln\sqrt{1 + x^2 + y^2}$, 求 $\mathrm{d}z\big|_{(1,1)}$

$3^{*}.$ 设 $f(x,y)=\begin{cases}xy\dfrac{x^2-y^2}{x^2+y^2}, & (x,y)\neq(0,0) \\ 0, & (x,y)=(0,0)\end{cases}$ ，试求 $f_{xy}(0,0), f_{yx}(0,0).$

9.4　多元复合函数的导数

1. 选择题.

（1）设 $z=z(x,y)$ 由方程 $\sin x+2y-z=\mathrm{e}^z$ 确定，则 $\dfrac{\partial z}{\partial x}=$ （　　　）.

　　A. $\dfrac{\cos x}{1+\mathrm{e}^z}$ 　　　　B. $\dfrac{\sin x}{y+\mathrm{e}^x}$ 　　　　C. $\dfrac{y+\cos x}{1-\mathrm{e}^y}$ 　　　　D. $\dfrac{y+\sin x}{x+\mathrm{e}^y}$

（2）设 $z=\arctan(xy), y=\mathrm{e}^x$ ，则 $\dfrac{\mathrm{d}z}{\mathrm{d}x}=$ （　　　）.

　　A. $\dfrac{\mathrm{e}^x(1-x)}{1+x^2\,\mathrm{e}^{2x}}$ 　　B. $\dfrac{\mathrm{e}^x(1+x)}{1+x^2\,\mathrm{e}^{2x}}$ 　　C. $\dfrac{1+x}{1+x^2\,\mathrm{e}^{2x}}$ 　　D. $\dfrac{1-x}{1+x^2\,\mathrm{e}^{2x}}$

（3）设 $y=y(x)$ 由方程 $1+x^2y=\mathrm{e}^y$ 确定，则 $\dfrac{\mathrm{d}y}{\mathrm{d}x}=$ （　　　）.

　　A. $\dfrac{x^2}{\mathrm{e}^x+y}$ 　　　　B. $\dfrac{y^2}{\mathrm{e}^y+x}$ 　　　　C. $\dfrac{2xy}{\mathrm{e}^y-x^2}$ 　　　　D. $\dfrac{xy}{\mathrm{e}^y+\mathrm{e}^x}$

（4）设 $u=f(x,xy,xyz)$ ，其中 f 具有一阶连续偏导数，则 $\dfrac{\partial u}{\partial x}=$ （　　　）.

　　A. $f_1'+xyf_2'+xyzf_3'$ 　　　　　　　　B. $f_1'+yf_2'$

　　C. $f_1'+yf_2'+yzf_3'$ 　　　　　　　　D. $f_1'+xyf_3'$

（5）设 $u=x\varphi(x+y)+y\phi(x+y)$ ，其中函数 φ、ϕ 具有一阶连续导数，则 $\dfrac{\partial u}{\partial x}-\dfrac{\partial u}{\partial y}=$

（　　　）.

　　A. $\phi'(x,y)-\varphi'(x,y)$ 　　　　　　B. $x\varphi'(x,y)-y\phi'(x,y)$

　　C. $\varphi(x,y)+\phi(x,y)$ 　　　　　　D. $\varphi(x,y)-\phi(x,y)$

2. 填空题.

（1）$z=xy+x^3y^2$ ，则 $\dfrac{\partial^2 z}{\partial x\partial y}=$ ＿＿＿＿＿＿.

（2）$z=f\left(\mathrm{e}^x\sin y,\dfrac{y}{x}\right)$ ，其中 $f(x,y)$ 可微，则 $\dfrac{\partial z}{\partial x}=$ ＿＿＿＿＿＿.

（3）若 $f(x,y)=x+(y-x)\sin y$ ，则 $f_x\left(1,\dfrac{\pi}{2}\right)=$ ＿＿＿＿＿＿.

（4）设 $z\sin(x+2y-3z)=x+2y-3z$ ，则 $\dfrac{\partial z}{\partial x}\Big|_{(0,0,0)}=$ ＿＿＿＿＿＿.

（5）设 $z=z(x,y)$ 由方程 $x^2+y^2+z^2=yz$ 所确定，则 $\dfrac{\partial z}{\partial y}=$ ＿＿＿＿＿＿.

3. 设 $u = f(xy, x^2 + y^2)$，且 f 可微，求 $\dfrac{\partial u}{\partial x}$，$\dfrac{\partial u}{\partial y}$.

4. 设 $z = f(u, x, y), u = xe^y$，f 有连续偏导数，求 $\dfrac{\partial z}{\partial x}$，$\dfrac{\partial z}{\partial y}$.

5. 若 $z = f(ax + by)$，f 可微，求证：$b\dfrac{\partial z}{\partial x} - a\dfrac{\partial z}{\partial y} = 0$.

6*. 函数 $z = z(x, y)$ 由方程 $x - az = \varphi(y - bz)$ 所确定，其中 $\varphi(u)$ 具有连续导数，a、b 为不全为零的常数，求 $a\dfrac{\partial z}{\partial x} + b\dfrac{\partial z}{\partial y}$.

9.5 偏导数的几何应用

1. 选择题.

（1）曲线 $x = 2\sin t, y = 4\cos t, z = t$ 在点 $\left(2, 0, \dfrac{\pi}{2}\right)$ 处的法平面方程为（　　）.

　　A. $2x - z = 4 - \dfrac{\pi}{2}$ 　　　　　　　　B. $2x - z = \dfrac{\pi}{2} - 4$

　　C. $4y - z = -\dfrac{\pi}{2}$ 　　　　　　　　D. $4y - z = \dfrac{\pi}{2}$

（2）曲线 $x = \displaystyle\int_0^t e^u \cos u\, du$，$y = 2\sin t + \cos t$，$z = 1 + e^{3t}$ 在 $t = 0$ 处的切线方程为（　　）.

　　A. $\dfrac{x}{1} = \dfrac{y-1}{3} = \dfrac{z-2}{2}$ 　　　　　B. $\dfrac{x}{1} = \dfrac{y-1}{2} = \dfrac{z-2}{3}$

　　C. $\dfrac{x}{1} = \dfrac{y+1}{2} = \dfrac{z+2}{3}$ 　　　　　D. $\dfrac{x-1}{1} = \dfrac{y-1}{2} = \dfrac{z-2}{3}$

（3）螺旋线 $x = a\cos t, y = a\sin t, z = bt$ 在 $(a, 0, 0)$ 处的切向量 $\boldsymbol{T} =$（　　）.

　　A. $\{0, a, b\}$ 　　　B. $\{a, 0, 0\}$ 　　　C. $\{-a, a, b\}$ 　　　D. $\{a, a, 0\}$

（4）曲面 $z = x^2 + y^2$ 在点 $(1, 1, 2)$ 处的切平面方程为（　　）.

　　A. $2x + 2y + z - 2 = 0$ 　　　　　　　B. $2x + 2y - z = 0$

　　C. $2x + 2y + z = 0$ 　　　　　　　　D. $2x + 2y - z - 2 = 0$

（5）曲面 $x^2 yz - xy^2 z^3 = 6$ 在点 $(3, 2, 1)$ 处的法线方程为（　　）.

　　A. $\dfrac{x-3}{8} = \dfrac{y-2}{-3} = \dfrac{z-1}{-18}$ 　　　　B. $\dfrac{x-3}{8} = \dfrac{y-2}{3} = \dfrac{z-1}{-18}$

　　C. $\dfrac{x-3}{8} = \dfrac{y-2}{-3} = \dfrac{z-1}{18}$ 　　　　D. $\dfrac{x-3}{-8} = \dfrac{y-2}{3} = \dfrac{z-1}{-18}$

2. 填空题.

（1）曲线 $x = t^2, y = 2t, z = \dfrac{1}{3}t^3$ 在点 $\left(1, 2, \dfrac{1}{3}\right)$ 处的切线方程为 _____.

（2）曲线 $x = 3t + 1$，$y = t^2 + t + 1$，$z = t^2 - t + 1$ 在对应于 $t = -1$ 点处的切线方程为

_____.

（3）曲线 $x=\ln(\sin t),\ y=\ln(\cos t),\ z=\ln(\tan t)$ 在对应于 $t=\dfrac{\pi}{4}$ 处的切向量为 _____.

（4）曲面 $z=x\ln y-y\ln x$ 在点 $(1,1,0)$ 处的切平面方程为_____，法线方程为_____.

（5）曲面 $x^2+y^2-2z^2=0$ 在点 $(1,-1,1)$ 处的切平面方程为_____.

3. 求曲线 $x=t,\ y=-t^2,\ z=t^3$ 上的点，使曲线在该点处的切线平行于平面 $3y-z=1$.

4. 求曲面 $x^2-y^2-z^2+6=0$ 垂直于直线 $\dfrac{x-3}{2}=y-1=\dfrac{z-2}{-3}$ 的切平面方程.

5*. 设曲线 $x=2t+1,\ y=3t^2-1,\ z=t^3+2$ 上对应 $t=-1$ 处的法平面为 $\varPi$，求 $(-2,4,1)$ 点到 $\varPi$ 的距离.

6*. 证明曲线 $x=at,\ y=b\cos(at),\ z=b\sin(at)\ (ab\neq0)$ 上任一点的切线与平面 yOz 的夹角都相同.

7*. 求曲面 $xyz=a^3\ (a>0)$ 的切平面与三个坐标面所围的四面体的体积.

9.6　多元函数的极值及其求法

1. 选择题.

（1）设函数 $z=f(x,y)$ 具有二阶连续偏导数，在 $P_0(x_0,y_0)$ 处有 $f_x(x_0,y_0)=0,\ f_y(x_0,y_0)=0,\ f_{xx}(x_0,y_0)=f_{yy}(x_0,y_0)=0,\ f_{xy}(x_0,y_0)=2$，则（　　）.

　　A. 点 P_0 为函数 z 的极大值点　　　　B. 点 P_0 为函数 z 的极小值点

　　C. 点 P_0 不是函数 z 的极值点　　　　D. 条件不够，无法判断

（2）函数 $f(x,y)=3xy-x^3-y^3$ 的极值点是（　　）.

　　A. $(1,0)$　　　　B. $(1,1)$　　　　C. $(0,0)$　　　　D. $(0,1)$

（3）函数 $f(x,y)=x^2+2xy+3y^2+ax+by+6$ 在点 $(1,-1)$ 处取得极值，则（　　）.

　　A. $a=0,b=4$　　B. $a=1,b=5$　　C. $a=4,b=0$　　D. $a=5,b=1$

（4）函数 $z=xy$ 在条件 $x+y=1$ 下的极大值为（　　）.

　　A. 1　　　　　B. $\dfrac{1}{2}$　　　　C. $\dfrac{1}{3}$　　　　D. $\dfrac{1}{4}$

（5）函数 $f(x,y)=4(x-y)-x^2-y^2$ 的极大值是（　　）.

　　A. 4　　　　　B. 6　　　　　C. 8　　　　　D. 10

2. 填空题.

（1）函数 $z=\ln(1+x^2+y^4)$ 的驻点为_____.

（2）函数 $f(x,y)=xy-xy^2-x^2y$ 的驻点有_____.

（3）若函数 $z=2x^2+3xy+2y^2+ax+by+c$ 在点 $(-2,3)$ 处取得极值 -3，则常数 $a=$_____, $b=$_____, $c=$_____.

（4）函数 $z=\sqrt{x^2+y^2}$ 在闭域 $\{(x,y)\mid|x|+|y|\leqslant1\}$ 上的最小值为_____.

（5）函数 $z=x^2+2y^2+xy-7y+6$ 的极值为_____.

3. 求 $f(x,y)=x^2+5y^2-6x+10y+6$ 的极值点及极值.

4. 要设计一个长方体容器，其长、宽、高之和为定值，问怎样下料才能使所做容器的容积最大.

5*. 求函数 $z=2x^2+3y^2+4x-8$ 在闭区域 $D:x^2+y^2\leqslant 4$ 上的最大值和最小值.

6*. 求棱长之和为 $12l\,(l>0)$，且具有最大体积的长方体的体积.

7. 修建一座容积为 V，形状为长方体的厂房，已知屋顶每单位面积的造价是墙壁每单位面积造价的两倍，地面造价不计，问如何设计可使其造价最低？

8*. 某工厂生产一种产品，其产量 Q 与所用两种原料 A、B 的用量 x、y 满足关系式 $Q=Cx^ay^b$，其中 $a,b\geqslant 1$ 为常数，C 为系数. 如果产量为 100 个单位时，A、B 两种原料的用量分别为 $x=10,y=10$，若这两种原料用量之和为 100 个单位，问两种原料各用多少时，产量最大？

9.7　二重积分

1. 选择题.

（1）设 $I_1=\iint\limits_D\ln(x+y)\,\mathrm{d}\sigma$，$I_2=\iint\limits_D(x+y)^2\,\mathrm{d}\sigma$，$I_3=\iint\limits_D(x+y)\,\mathrm{d}\sigma$，其中 D 是由直线 $x=0,y=0$ 及 $x+y=1$ 所围成的区域，则 I_1、I_2、I_3 的大小顺序为（　　）.

    A. $I_1\leqslant I_2\leqslant I_3$　　　　　　　　　　B. $I_3\leqslant I_2\leqslant I_1$

    C. $I_1\leqslant I_3\leqslant I_2$　　　　　　　　　　D. $I_3\leqslant I_1\leqslant I_2$

（2）二重积分 $\iint\limits_D xy\,\mathrm{d}x\,\mathrm{d}y$（其中 $D:0\leqslant y\leqslant x^2,0\leqslant x\leqslant 1$）的值为（　　）.

    A. $\dfrac{1}{6}$　　　　　　B. $\dfrac{1}{12}$　　　　　　C. $\dfrac{1}{2}$　　　　　　D. $\dfrac{1}{4}$

（3）设 $f(x,y)$ 为连续函数，D 是由抛物线 $y=x^2$ 和 $y=\sqrt{x}$ 围成的区域，则二重积分 $\iint\limits_D f(x,y)\,\mathrm{d}\sigma=$（　　）.

    A. $\displaystyle\int_{-1}^1\mathrm{d}x\int_{x^2}^{\sqrt{x}}f(x,y)\,\mathrm{d}y$　　　　B. $\displaystyle\int_0^1\mathrm{d}x\int_{-x^2}^{\sqrt{x}}f(x,y)\,\mathrm{d}y$

    C. $\displaystyle\int_0^1\mathrm{d}y\int_{y^2}^{\sqrt{y}}f(x,y)\,\mathrm{d}x$　　　　D. $\displaystyle\int_{-1}^1\mathrm{d}y\int_{y^2}^{\sqrt{y}}f(x,y)\,\mathrm{d}x$

（4）用二重积分表示曲面 $z=x^2+2y^2$ 与 $z=6-2x^2-y^2$ 所围立体的体积 $V=$（　　）.

    A. $\displaystyle\iint\limits_{x^2+y^2\leqslant 3}[6-(2x^2+y^2)]\,\mathrm{d}x\,\mathrm{d}y$　　B. $\displaystyle\iint\limits_{x^2+y^2\leqslant 2}[6-3(x^2+y^2)]\,\mathrm{d}x\,\mathrm{d}y$

    C. $\displaystyle\iint\limits_{x^2+y^2\leqslant 6}[6-(x^2+2y^2)]\,\mathrm{d}x\,\mathrm{d}y$　　D. $\displaystyle\iint\limits_{x^2+y^2\leqslant 2}[6-(x^2+y^2)]\,\mathrm{d}x\,\mathrm{d}y$

（5）二重积分 $\displaystyle\iint\limits_{x^2+y^2\leqslant 1}\sqrt{x^2+y^2}\,\mathrm{d}\sigma=$（　　）.

    A. $\dfrac{10}{11}\pi$　　　　　B. $\dfrac{10}{7}\pi$　　　　　C. $\dfrac{5}{3}\pi$　　　　　D. $\dfrac{2}{3}\pi$

2. 填空题.

（1）区域 $D : |x| + |y| \leqslant 1$，则二重积分 $\iint\limits_{D} x \sin(x^2 + y^2) \mathrm{d}x\mathrm{d}y =$ _____.

（2）设 $D : x^2 + y^2 \leqslant 2$，则二重积分 $\iint\limits_{D} e^{x^2+y^2} \mathrm{d}x\mathrm{d}y =$ _____.

（3）二次积分 $\int_0^2 \mathrm{d}y \int_0^2 xy \, \mathrm{d}x =$ _____.

（4）二次积分 $\int_0^1 \mathrm{d}y \int_y^1 e^{x^2} \, \mathrm{d}x =$ _____.

（5）将 $I = \int_0^R \mathrm{d}x \int_0^{\sqrt{R^2-x^2}} f(x,y) \mathrm{d}y \ (R > 0)$ 化为极坐标系下的二次积分，$I =$ _____.

3. 先交换积分次序，再计算二次积分.

（1）$\int_0^1 \mathrm{d}x \int_{x^2}^1 \dfrac{xy}{\sqrt{1+y^3}} \mathrm{d}y$；　　　　　　（2）$\int_1^2 \mathrm{d}y \int_y^2 \dfrac{\sin(x-1)}{x-1} \mathrm{d}x$.

4. 计算二重积分.

（1）$\iint\limits_{D} |y - 2x| \mathrm{d}x\mathrm{d}y , D : 0 \leqslant x \leqslant 1, 0 \leqslant y \leqslant 2$；

（2）$\iint\limits_{D} |x^2 + y^2 - 4| \mathrm{d}x\mathrm{d}y , D : x^2 + y^2 \leqslant 9$.

5*. 计算 $I = \iint\limits_{D} \left[|x| + y(x^2 + y^2) \right] \mathrm{d}x\mathrm{d}y , D : |x| + |y| \leqslant 1$.

6*. 设闭区域 $D = \{(x,y) \mid x^2 + y^2 \leqslant y, x \geqslant 0\}$，$f(x,y)$ 为 D 上的连续函数，且

$$f(x,y) = \sqrt{1 - x^2 - y^2} - \frac{8}{\pi} \iint\limits_{D} f(x,y) \mathrm{d}x\mathrm{d}y，求 f(x,y).$$

7*. 计算二重积分 $\iint\limits_{D} \max(xy, 1) \mathrm{d}x\mathrm{d}y$，其中 $D = \{(x,y) \mid 0 \leqslant x \leqslant 2, 0 \leqslant y \leqslant 2\}$.

8*. 设二元函数

$$f(x,y) = \begin{cases} x^2, & |x| + |y| \leqslant 1 \\ \dfrac{1}{\sqrt{x^2 + y^2}}, & 1 < |x| + |y| \leqslant 2 \end{cases},$$

计算二重积分 $\iint\limits_{D} f(x,y) \mathrm{d}\sigma$，其中 $D = \{(x,y) \mid |x| + |y| \leqslant 2\}$.

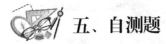 五、自测题

1. 选择题（每题 3 分，共 15 分）.

（1）设 $f(x,y) = \sqrt{x^2 + y^2}$，则 $\mathrm{d}f(x,y) =$ （　　）.

　　A. $\dfrac{x\,\mathrm{d}x + y\,\mathrm{d}y}{\sqrt{x^2 + y^2}}$　　　　　　　　B. $\dfrac{x\,\mathrm{d}y + y\,\mathrm{d}x}{\sqrt{x^2 + y^2}}$

C. $\dfrac{x^2\,\mathrm{d}x + y\,\mathrm{d}y}{\sqrt{x^2+y^2}}$ 　　　　　　　D. $\dfrac{x\,\mathrm{d}x + y^2\,\mathrm{d}y}{\sqrt{x^2+y^2}}$

（2）函数 $f(x,y)=x^2+5y^2-6x+10y+6$ 的极值情况是（　　）.

　　A. 有极大值 -4 　　　　　　　　B. 有极大值 -8

　　C. 有极小值 -4 　　　　　　　　D. 有极小值 -8

（3）记 $I_1=\displaystyle\iint\limits_{D}(x+y)^2\,\mathrm{d}\sigma$，$I_2=\displaystyle\iint\limits_{D}(x+y)^3\,\mathrm{d}\sigma$，其中 $D:(x-2)^2+(y-1)^2\leqslant 1$，则（　　）.

　　A. $I_1=I_2$ 　　　　　　　　　　B. $I_1>I_2$

　　C. $I_1<I_2$ 　　　　　　　　　　D. 无法比较 I_1、I_2 的大小

（4）曲面 $z=y+\ln x$ 在点 $P(1,1,1)$ 处的法线方程为（　　）.

　　A. $x-1=y-1=\dfrac{z-1}{2}$ 　　　　　　B. $x-1=y-1=\dfrac{z-1}{-1}$

　　C. $x-1=y-1=\dfrac{z-1}{-2}$ 　　　　　　D. $x-1=1-y=z-1$

（5）$u=f(xyz,x+y+z)$，f 具有一阶连续偏导数，则 $\dfrac{\partial u}{\partial z}=$（　　）.

　　A. $xzf_1'+f_2'$ 　　　　B. $xyf_1'+f_2'$ 　　　　C. $yzf_1'+f_2'$ 　　　　D. $xyzf_1'+f_2'$

2. 填空题（每题 3 分，共 15 分）.

（1）二次积分 $\displaystyle\int_1^2\mathrm{d}y\int_0^{\ln y}\mathrm{e}^x\,\mathrm{d}x=$ _____ .

（2）设 $z=z(x,y)$ 由方程 $\sin(xz)+\ln(z-x)=y+x^2$ 所确定，则 $z_y(0,0)=$ _____ .

（3）曲线 $x=t^2, y=\ln t, z=t-2$ 在对应于点 $t=1$ 处的切线方程为 _____ .

（4）函数 $z=\sqrt{\ln(x+y)}$ 的定义域为 _____ .

（5）函数 $z=\arctan\left(\sqrt{x^2+y^2}\right)$ 的全微分 $\mathrm{d}z=$ _____ .

3. 解答题（每题 5 分，共 20 分）.

（1）计算二重积分 $\displaystyle\iint\limits_{D}(x^2+y^2)\sqrt{a^2-x^2-y^2}\,\mathrm{d}x\mathrm{d}y$，其中 $D:x^2+y^2\leqslant a^2(a>0)$.

（2）求 $f(x,y)=x^3+y^3-3(x^2+y^2)$ 的极值点及极值.

（3）求曲线 $x=2t-t^2, y=t, z=t^3-9t$ 上的点，使曲线在该点处的切线垂直于平面 $2x-y-3z=0$.

（4）计算二重积分 $\displaystyle\iint\limits_{D}(|x|+|y|)\,\mathrm{d}x\mathrm{d}y$，其中 $D:|x|+|y|\leqslant 1$.

4. 分析题（每题 10 分，共 20 分）.

（1）设 $f(u)$ 可微，且 $f(0)=0$，$f'(0)=1$，求 $\displaystyle\lim_{t\to 0^+}\dfrac{\displaystyle\iint\limits_{x^2+y^2\leqslant t^2}f\left(\sqrt{x^2+y^2}\right)\mathrm{d}x\mathrm{d}y}{\dfrac{2}{3}\pi t^3}$.

（2）求函数 $u=x-2y+3z$ 在条件 $x^2+2y^2+3z^2=6$ 下的极值.

5. 应用题（10 分）.

设销售收入 R（单位：万元）与花费在两种广告上的费用 x、y（单位：万元）之间的关系为 $R = \dfrac{200x}{x+5} + \dfrac{100y}{10+y}$. 利润额相当于五分之一的销售收入，并要扣除广告费用. 已知广告费用的预算是 25 万元，求利润最大时两种广告费用分别为多少.

6. 证明题（每题 10 分，共 20 分）.

（1）证明 $\displaystyle\lim_{\substack{x\to 0 \\ y\to 0}} \dfrac{x^2}{x^2+y^2}$ 不存在.

（2）证明：$\displaystyle\int_a^b \mathrm{d}x \int_a^x (x-y)^{n-2} f(y)\,\mathrm{d}y = \dfrac{1}{n-1}\int_a^b (b-y)^{n-1} f(y)\,\mathrm{d}y$.

六、参考答案与提示

9.1　多元函数的基本概念

1.（1）A;　　　　（2）A;　　　　（3）C;　　　　（4）B;　　　（5）D.

2.（1）$\dfrac{xy}{x^2+y^2}$;　　　（2）$\{(x,y) \mid 0 \leqslant x+y \leqslant 1\}$;　　　　（3）2;　　（4）1;

（5）0.

3.（1）$D = \{(x,y) \mid y^2 > 2x-1\}$;　　　（2）$D = \{(x,y,z) \mid 1 < x^2+y^2+z^2 \leqslant 9\}$.

4.（1）1;

（2）不存在. 点 (x,y) 沿直线 $y = kx \to (0,0)$ 时，原极限为 $\dfrac{1}{1+k}$ $(k \neq -1)$.

5. $\dfrac{xy}{xy^3+1}$. 提 示：令 $u = xy,\ v = \dfrac{x}{y}$，则 $f\left(xy, \dfrac{x}{y}\right) = f(u,v) = \dfrac{uv}{u^2+v} = \dfrac{xy \cdot \dfrac{x}{y}}{(xy)^2 + \dfrac{x}{y}} = \dfrac{xy}{xy^3+1}$.

6*. $A = 1$. 提示：

$$\lim_{\substack{x\to 0 \\ y\to 0}} f(x,y) = \lim_{\substack{x\to 0 \\ y\to 0}} \dfrac{\tan(x^2+y^2)}{x^2+y^2} = \lim_{x^2+y^2\to 0} \dfrac{\tan(x^2+y^2)}{x^2+y^2} \overset{\text{等价}}{=\!=\!=} \lim_{x^2+y^2\to 0} \dfrac{x^2+y^2}{x^2+y^2} = 1 = f(0,0).$$

9.2　偏导数

1.（1）D;　　　　（2）C;　　　　（3）B;　　　　（4）D;　　　（5）A.

2.（1）$\dfrac{1}{2}$;　　　　（2）1;　　　　（3）$-2\mathrm{e}^{-1}$;　　　　（4）0;　　　（5）1.

3.（1）$u_x = \dfrac{x}{x^2+y^2+z^2}$, $u_y = \dfrac{y}{x^2+y^2+z^2}$, $u_z = \dfrac{z}{x^2+y^2+z^2}$.

（2）$\dfrac{\partial u}{\partial x} = \cos\left(\dfrac{x}{y} - \mathrm{e}^{xz}\right)\left(\dfrac{1}{y} - z\mathrm{e}^{xz}\right)$; $\quad \dfrac{\partial u}{\partial y} = -\dfrac{x}{y^2}\cos\left(\dfrac{x}{y} - \mathrm{e}^{xz}\right)$;

$\dfrac{\partial u}{\partial z} = -x\mathrm{e}^{xz}\cos\left(\dfrac{x}{y} - \mathrm{e}^{xz}\right)$.

（3）$\dfrac{\partial u}{\partial x} = z\left(\dfrac{x}{y}\right)^{z-1} \cdot \dfrac{1}{y}$; $\quad \dfrac{\partial u}{\partial y} = -\dfrac{zx^z}{y^{z+1}}$; $\dfrac{\partial u}{\partial z} = \left(\dfrac{x}{y}\right)^z \cdot \ln\dfrac{x}{y}$.

（4）$f_x(x,y) = \dfrac{1}{2\sqrt{(x+y)(1-x-y)}}$, $f_y(x,y) = \dfrac{1}{2\sqrt{(x+y)(1-x-y)}}$.

4.（1）$z_{xx} = \dfrac{1}{x}, z_{xy} = \dfrac{1}{y} = z_{yx}, z_{yy} = -\dfrac{x}{y^2}$;

（2）$f_{xx} = \cos(x+y) - \cos(x-y), f_{xy} = \cos(x+y) + \cos(x-y) = f_{yx}$,

$f_{yy} = \cos(x+y) - \cos(x-y)$.

5.　提示：$\dfrac{\partial u}{\partial x} = \dfrac{1}{x^2}\mathrm{e}^{-\left(\frac{1}{x}+\frac{1}{y}+\frac{1}{z}\right)}, \dfrac{\partial u}{\partial y} = \dfrac{1}{y^2}\mathrm{e}^{-\left(\frac{1}{x}+\frac{1}{y}+\frac{1}{z}\right)}, \dfrac{\partial u}{\partial z} = \dfrac{1}{z^2}\mathrm{e}^{-\left(\frac{1}{x}+\frac{1}{y}+\frac{1}{z}\right)}$.

6*.　$\beta = \dfrac{\pi}{6}$. 提示：偏导数 $z_y(1,1)$ 的几何意义是曲线 $\begin{cases} z = \sqrt{1+x^2+y^2} \\ x = 1 \end{cases}$ 在点 $\left(1,1,\sqrt{3}\right)$ 处

的切线对 y 轴的斜率. 因此，只要求出 $z_y(1,1)$，由斜率与倾角的关系，便可求出倾角.

设所求倾角为 β，由偏导数的几何意义可知

$$\tan\beta = \dfrac{\partial z}{\partial y}\bigg|_{(1,1,\sqrt{3})} = \dfrac{1}{2}(1+x^2+y^2)^{-\frac{1}{2}} \cdot 2y\bigg|_{(1,1,\sqrt{3})} = \dfrac{1}{\sqrt{3}}, \text{ 故 } \beta = \dfrac{\pi}{6}.$$

7*.　$C_1\mathrm{e}^u + C_2\mathrm{e}^{-u}$. 提示：令 $u = \mathrm{e}^x\sin y$，则

$$\dfrac{\partial z}{\partial x} = f'(u)\mathrm{e}^x\sin y, \dfrac{\partial^2 z}{\partial x^2} = f''(u)\mathrm{e}^{2x}\sin^2 y + f'(u)\mathrm{e}^x\sin y,$$

$$\dfrac{\partial z}{\partial y} = f'(u)\mathrm{e}^x\cos y, \dfrac{\partial^2 z}{\partial y^2} = f''(u)\mathrm{e}^{2x}\cos^2 y - f'(u)\mathrm{e}^x\sin y,$$

代入 $\dfrac{\partial^2 z}{\partial x^2} + \dfrac{\partial^2 z}{\partial y^2} = \mathrm{e}^{2x}z$ 中得 $f''(u) - f(u) = 0$，其特征方程为 $r^2 - 1 = 0$，解得 $r = \pm 1$，故

$f(u) = C_1\mathrm{e}^u + C_2\mathrm{e}^{-u}$.

9.3　全微分

1.（1）A;　　（2）B;　　　（3）C;　　　（4）A;　　　（5）D.

2.（1）$\mathrm{d}z = y\cos(x+y)\mathrm{d}x + [\sin(x+y) + y\cos(x+y)]\mathrm{d}y$;

（2）$\mathrm{d}u = \left[y\sec^2(xy) + \dfrac{1}{x+z}\right]\mathrm{d}x + x\sec^2(xy)\mathrm{d}y + \dfrac{1}{x+z}\mathrm{d}z$;

（3）$\mathrm{d}z = \left[y\sec(xy)\tan(xy) + \dfrac{1}{2\sqrt{x}}\right]\mathrm{d}x + x\sec(xy)\tan(xy)\mathrm{d}y$;

（4）　$dz|_{(1,1)} = \dfrac{1}{3}(dx + dy)$.

3^*. $-1,1$. 提示：$f_x(0,0) = \lim\limits_{\Delta x \to 0} \dfrac{f(0 + \Delta x, 0) - f(0,0)}{\Delta x} = \lim\limits_{\Delta x \to 0} \dfrac{0 - 0}{\Delta x} = 0$, 当 $y \neq 0$ 时，

$$f_x(0, y) = \lim_{x \to 0} \frac{f(x, y) - f(0, y)}{x} = \lim_{x \to 0} \frac{y(x^2 - y^2)}{x^2 + y^2} = -y,$$

所以

$$f_{xy}(0, 0) = \lim_{y \to 0} \frac{f_x(0, y) - f_x(0, 0)}{y} = -1,$$

同理

$$f_y(0, 0) = 0, f_y(x, 0) = x, f_{yx}(0, 0) = 1.$$

9.4　多元复合函数的导数

1.（1）A；　　　　（2）B；　　　　（3）C；　　　　（4）C；　　　（5）D.

2.（1）$1 + 6x^2 y$；　（2）$f_1' \cdot e^x \sin y - \dfrac{y}{x^2} \cdot f_2'$；　　　　（3）0；　　（4）$\dfrac{1}{3}$；

（5）$\dfrac{z - 2y}{2z - y}$.

3. $\dfrac{\partial u}{\partial x} = y f_1' + 2x f_2',\ \dfrac{\partial u}{\partial y} = x f_1' + 2y f_2'$.

4. $\dfrac{\partial z}{\partial x} = e^y f_1' + f_2',\ \dfrac{\partial z}{\partial y} = x e^y f_1' + f_3'$.

5. 提示：因为 $\dfrac{\partial z}{\partial x} = a f'(ax + by),\ \dfrac{\partial z}{\partial y} = b f'(ax + by)$, 所以 $b\dfrac{\partial z}{\partial x} - a\dfrac{\partial z}{\partial y} = 0$.

6^*. 1. 提示：令 $F(x, y, z) = x - az - \varphi(y - bz)$, 则 $F_x = 1$, $F_y = -\varphi'$, $F_z = -a + b\varphi'$, 所以 $\dfrac{\partial z}{\partial x} = \dfrac{1}{a - b\varphi'},\ \dfrac{\partial z}{\partial y} = \dfrac{-\varphi'}{a - b\varphi'}$.

9.5　偏导数的几何应用

1.（1）C；　　　　（2）B；　　　　（3）A；　　　　（4）D；　　　（5）A.

2.（1）$\dfrac{x - 1}{2} = \dfrac{y - 2}{2} = z - \dfrac{1}{3}$；　　　（2）$\dfrac{x + 2}{3} = \dfrac{y - 1}{-1} = \dfrac{z - 3}{-3}$；　（3）$(1, -1, 2)$；

（4）$x - y + z = 0$, $\dfrac{x - 1}{1} = \dfrac{y - 1}{-1} = z$；　　（5）$x - y - 2z = 0$.

3. $(0, 0, 0), (-2, -4, -8)$. 提示：设曲线上任一点 $(t_0, -t_0^2, t_0^3)$, 该点处的方向向量为 $\boldsymbol{s} = \{1, -2t_0, 3t_0^2\}$, 平面法向量 $\boldsymbol{n} = \{0, 3, -1\}$, $\boldsymbol{s} \cdot \boldsymbol{n} = 0 \Rightarrow t_0 = 0, t_0 = -2$.

4. $2x + y - 3z + 6 = 0$, $2x + y - 3z - 6 = 0$. 提示：设曲面上任一点 $M(x, y, z)$ 处的法向量 $\boldsymbol{n} = \{2x, -2y, -2z\} = 2\{x, -y, -z\}$ 平行于 $\boldsymbol{s} = \{2, 1, -3\}$, 得 $\dfrac{x}{2} = \dfrac{-y}{1} = \dfrac{-z}{-3} = t$, 即有 $x = 2t$,

$y = -t, z = 3t$，代入曲面方程得 $t = 1, t = -1$.

5^*. 2. 提示：平面 π 的方程为 $2x - 6y + 3z + 11 = 0$，利用点到平面的距离公式可得.

6^*. 提示：曲线在任一点处切向量 $\boldsymbol{T} = a\{1, -b\sin(at), b\cos(at)\}$，$yOz$ 平面的法向量 $\boldsymbol{n} = \{1, 0, 0\}$，$\cos(\widehat{\boldsymbol{T}, \boldsymbol{n}}) = \dfrac{1}{\sqrt{1+b^2}}$ 为常数，与 t 无关.

7^*. $\dfrac{9}{2}a^3$. 提示：曲面上任一点 $M(x_0, y_0, z_0)$ $(x_0 y_0 z_0 = a^3)$ 处的切平面方程为

$$y_0 z_0 (x - x_0) + x_0 z_0 (y - y_0) + x_0 y_0 (z - z_0) = 0, \quad \text{即} \quad \dfrac{x - x_0}{\dfrac{3a^3}{y_0 z_0}} + \dfrac{y - y_0}{\dfrac{3a^3}{x_0 z_0}} + \dfrac{z - z_0}{\dfrac{3a^3}{x_0 y_0}} = 0,$$

所以所围四面体的体积为

$$V = \dfrac{1}{6} \left| \dfrac{3a^3}{y_0 z_0} \cdot \dfrac{3a^3}{x_0 z_0} \cdot \dfrac{3a^3}{x_0 y_0} \right| = \dfrac{9}{2} a^3.$$

9.6　多元函数的极值及其求法

1.（1）C；　　　　（2）B；　　　　（3）A；　　　　（4）D；　　　（5）C.

2.（1）$(0,0)$；　　　（2）$(0,0), (0,1), (1,0), \left(\dfrac{1}{3}, \dfrac{1}{3}\right)$；　　　（3）$-1, -6, 5$；

（4）0；　　　　　　（5）-1.

3. 极小值点为 $(3, -1)$，$f(3, -1) = -8$.

4. 长、宽、高相等时容积最大.

5^*. 最小值 $z(-1, 0) = -10$，最大值 $z(2, 0) = 8$. 提示：①圆域内求驻点：$\begin{cases} z_x = 4x + 4 = 0 \\ z_y = 6y = 0 \end{cases}$，得驻点 $(-1, 0)$；②在圆周上求驻点（转化为无条件极值）：$z = 2x^2 + 3y^2 + 4x - 8 = 3x^2 + 3y^2 - x^2 + 4x - 8 = -x^2 + 4x + 4$，$z_x = -2x + 4 = 0$，得 $x = 2, y = 0, z(2, 0) = 8$.

6^*. l^3. 提示：设长方体的长、宽、高分别为 x、y、z，目标函数 $V = xyz$，约束条件为 $4(x + y + z) = 12l$，即 $x + y + z = 3l$.

7. 当厂房的长、宽、高取相同值 $\sqrt[3]{V}$ 时，其造价最低. 提示：设长方体的长、宽、高分别为 x、y、z，设墙壁每单位造价为 k，则总造价为 $C = 2kxy + 2kxz + 2kyz$，且 $xyz = V$.

8^*. $x = \dfrac{100a}{a+b}$，$y = \dfrac{100b}{a+b}$. 提示：$Q = Cx^a y^b = Cx^a (100 - x)^b$，求导即可.

9.7　二重积分

1.（1）A；　　　　（2）B；　　　　（3）C；　　　　（4）B；　　　（5）D.

2.（1）0；　　　　（2）$\pi(\mathrm{e}^2 - 1)$；　　（3）4；　　　　（4）$\dfrac{1}{2}(\mathrm{e} - 1)$；

（5）$\displaystyle\int_0^{\frac{\pi}{2}} \mathrm{d}\theta \int_0^R f(r\cos, r\sin) r \mathrm{d}r.$

3.（1）$\dfrac{1}{3}\left(\sqrt{2}-1\right)$. 提示：

$$\int_0^1 dx \int_{x^2}^1 \frac{xy}{\sqrt{1+y^3}}\,dy = \int_0^1 \frac{y}{\sqrt{1+y^3}}\,dy \int_0^{\sqrt{y}} x\,dy = \frac{1}{2}\int_0^1 \frac{y^2}{\sqrt{1+y^3}}\,dy = \frac{1}{6}\int_0^1 \frac{1}{\sqrt{1+y^3}}\,d(y^3+1).$$

（2）$1-\cos 1$. 提示：$\displaystyle\int_1^2 dy \int_y^2 \frac{\sin(x-1)}{x-1}\,dx = \int_1^2 dx \int_1^x \frac{\sin(x-1)}{x-1}\,dy = \int_1^2 \sin(x-1)\,dx$.

4.（1）$\dfrac{4}{3}$. 提示：$\displaystyle\iint_D |y-2x|\,dxdy = \iint_{D_1} |y-2x|\,dxdy + \iint_{D_2} |y-2x|\,dxdy$

$$= \int_0^1 dx \int_0^{2x}(2x-y)\,dy + \int_0^1 dx \int_{2x}^2 (y-2x)\,dy.$$

（2）$\dfrac{41}{2}\pi$. 提示：

$$\iint_D |x^2+y^2-4|\,dxdy = \iint_{x^2+y^2\leqslant 4}(4-x^2-y^2)\,dxdy + \iint_{4\leqslant x^2+y^2\leqslant 9}(x^2+y^2-4)\,dxdy.$$

5*. $\dfrac{2}{3}$. 提示：D 关于 x 轴对称，$y(x^2+y^2)$ 在 D 上关于 y 是奇函数，所以

$$I = \iint_D \left[|x|+y(x^2+y^2)\right]dxdy = \iint_D |x|\,dxdy = 4\int_0^1 x\,dx\int_0^{1-x}dy.$$

6*. $f(x,y) = \sqrt{1-x^2-y^2} - \dfrac{4}{3\pi}\left(\dfrac{\pi}{2}-\dfrac{2}{3}\right)$. 提示：两边积分有

$$\iint_D f(x,y)\,dxdy = \iint_D \sqrt{1-x^2-y^2}\,dxdy - \frac{8}{\pi}\iint_D f(x,y)\,dxdy \cdot \iint_D 1\,dxdy,\ 得$$

$$\iint_D f(x,y)\,dxdy = \int_0^{\frac{\pi}{2}} d\theta \int_0^{\sin\theta}\sqrt{1-r^2}\,r\,dr - \frac{8}{\pi}\iint_D f(x,y)\,dxdy \cdot \frac{\pi}{8} \Rightarrow \iint_D f(x,y)\,dx\,dy = \frac{1}{6}\left(\frac{\pi}{2}-\frac{2}{3}\right).$$

7*. $\dfrac{19}{4}+\ln 2$. 提示：$\displaystyle\iint_D \max(xy,1)\,dxdy = \iint_{D_1} xy\,dxdy + \iint_{D_2} 1\,dxdy$

$$= \iint_{D_1}(xy-1)\,dxdy + \iint_D dxdy = \int_{\frac{1}{2}}^2 dx \int_{\frac{1}{x}}^2 (xy-1)\,dy + 4.$$

8*. $\dfrac{1}{3}+4\sqrt{2}\ln\left(\sqrt{2}+1\right)$. 提示：利用奇偶性简化计算，由积分对积分区域的可加性有

$$\iint_D f(x,y)\,d\sigma = 4\iint_{\substack{x+y\leqslant 1\\ x>0,y>0}} x^2\,dxdy + 4\iint_{\substack{1\leqslant x+y\leqslant 2\\ x>0,y>0}} \frac{1}{\sqrt{x^2+y^2}}\,dxdy$$

$$= 4\iint_{\substack{x+y\leqslant 1\\ x>0,y>0}} x^2\,dxdy + 4\iint_{\substack{x+y\leqslant 2\\ x>0,y>0}} \frac{1}{\sqrt{x^2+y^2}}\,dxdy - 4\iint_{\substack{x+y\leqslant 1\\ x>0,y>0}} \frac{1}{\sqrt{x^2+y^2}}\,dxdy.$$

自测题

1.（1）A；　　　　（2）D；　　　　（3）C；　　　　（4）B；　　　（5）B.

2.（1）$\dfrac{1}{2}$； （2）1； （3）$\dfrac{x-1}{2}=\dfrac{y}{1}=\dfrac{z+1}{1}$；

（4）$D=\{(x,y)\,|\,x+y\geqslant 1\}$； （5）$\dfrac{1}{(1+x^2+y^2)\sqrt{x^2+y^2}}(x\mathrm{d}x+y\mathrm{d}y)$.

3.（1）$\dfrac{4}{15}\pi a^5$. 提示：利用极坐标，$I=\displaystyle\int_0^{2\pi}\mathrm{d}\theta\int_0^a r^3\sqrt{a^2-r^2}\,\mathrm{d}r$，令 $r=a\sin t$.

（2）$(0,0)$ 是极大值点，且极大值为 $f(0,0)=0$；$(2,2)$ 是极小值点，且极小值为 $f(2,2)=-8$.

（3）$(0,2,-10)$. 提示：曲线的切向量与平面的法向量平行.

（4）$\dfrac{4}{3}$. 提示：$4\displaystyle\iint\limits_{D_1}(x+y)\mathrm{d}x\mathrm{d}y=4\int_0^1\mathrm{d}x\int_0^{1-x}(x+y)\mathrm{d}y$.

4.（1）1. 提示：利用极坐标化为二次积分，再利用洛必达法则求解.

$$\lim_{t\to 0^+}\frac{\displaystyle\iint\limits_{x^2+y^2\leqslant t^2}f\left(\sqrt{x^2+y^2}\right)\mathrm{d}x\mathrm{d}y}{\frac{2}{3}\pi t^3}=\lim_{t\to 0^+}\frac{\displaystyle\int_0^{2\pi}\mathrm{d}\theta\int_0^t f(r)r\,\mathrm{d}r}{\frac{2}{3}\pi t^3}$$

$$=\lim_{t\to 0^+}\frac{2\pi\displaystyle\int_0^t f(r)r\,\mathrm{d}r}{\frac{2}{3}\pi t^3}\xmapsto{洛必达}\lim_{t\to 0^+}\frac{2\pi f(t)t}{2\pi t^2}=\lim_{t\to 0^+}\frac{f(t)-f(0)}{t}=f'(0)=1.$$

（2）极小值 $u(-1,1,-1)=-6$，极大值 $u(1,-1,1)=6$. 提示：构造拉格朗日函数

$$F=x-2y+3z+\lambda(x^2+2y^2+3z^2-6),$$

则

$$\begin{cases}F_x=1+2x\lambda=0\\ F_y=-2+4y\lambda=0\\ F_z=3+6z\lambda=0\\ x^2+2y^2+3z^2-6=0\end{cases},$$

得驻点 $M_1(-1,1,-1),M_2(1,-1,1)$.

5. $x=15,y=10$. 提示：利润 $L=\dfrac{1}{5}R-x-y=\dfrac{40x}{x+5}+\dfrac{20y}{10+y}-x-y$，附加条件 $x+y=25$，则 $L=\dfrac{40x}{x+5}+\dfrac{500-20x}{35-x}-25$，$L_x=200\times\dfrac{80(x-15)}{(x+5)^2(35-x)^2}$.

6.（1）提示：(x,y) 沿 $y=kx$ 趋于 $(0,0)$，$\displaystyle\lim_{\substack{x\to 0\\ y=kx\to 0}}\frac{x^2}{x^2+y^2}=\lim_{x\to 0}\frac{x^2}{x^2+(kx)^2}=\frac{1}{1+k^2}$，极限结果与 k 有关，故极限不存在.

（2）提示：交换积分次序有

$$\int_a^b\mathrm{d}x\int_a^x(x-y)^{n-2}f(y)\mathrm{d}y=\int_a^b f(y)\mathrm{d}y\int_y^b(x-y)^{n-2}\mathrm{d}x=\frac{1}{n-1}\int_a^b f(y)[(x-y)^{n-1}]_{x=y}^{x=b}\mathrm{d}y.$$

第十章 无穷级数

 一、基本概念、性质与结论

1. 常数项无穷级数

（1）概念.

1）无穷级数：$\sum\limits_{n=1}^{\infty} u_n = u_1 + u_2 + \cdots + u_n + \cdots$；

2）部分和：$S_n = u_1 + u_2 + \cdots + u_n = \sum\limits_{i=1}^{n} u_i$；

3）收敛与发散：若 $\lim\limits_{n \to \infty} S_n = S$，则称级数 $\sum\limits_{n=1}^{\infty} u_n$ 收敛，和为 S；否则，若 $\lim\limits_{n \to \infty} S_n$ 不存在，则称级数 $\sum\limits_{n=1}^{\infty} u_n$ 发散；

4）正项级数：称 $\sum\limits_{n=1}^{\infty} u_n \, (u_n \geq 0)$ 为正项级数；

5）交错级数：称 $\sum\limits_{n=1}^{\infty} (-1)^{n-1} u_n (u_n > 0)$（或 $\sum\limits_{n=1}^{\infty} (-1)^n u_n (u_n > 0)$）为交错级数；

6）绝对收敛：若 $\sum\limits_{n=1}^{\infty} |u_n|$ 收敛，则 $\sum\limits_{n=1}^{\infty} u_n$ 收敛，称 $\sum\limits_{n=1}^{\infty} u_n$ 为绝对收敛；

7）条件收敛：若 $\sum\limits_{n=1}^{\infty} |u_n|$ 发散，而 $\sum\limits_{n=1}^{\infty} u_n$ 收敛，称 $\sum\limits_{n=1}^{\infty} u_n$ 为条件收敛.

（2）性质.

1）级数收敛的必要条件：$\lim\limits_{n \to \infty} u_n = 0$；

2）收敛级数的性质：

① 若 $\sum\limits_{n=1}^{\infty} u_n$ 收敛，则 $\sum\limits_{n=1}^{\infty} k u_n$ 收敛，且 $\sum\limits_{n=1}^{\infty} k u_n = k \sum\limits_{n=1}^{\infty} u_n$；

② 若 $\sum\limits_{n=1}^{\infty} u_n$ 和 $\sum\limits_{n=1}^{\infty} v_n$ 收敛，则 $\sum\limits_{n=1}^{\infty} (u_n \pm v_n)$ 收敛，且 $\sum\limits_{n=1}^{\infty} (u_n \pm v_n) = \sum\limits_{n=1}^{\infty} u_n \pm \sum\limits_{n=1}^{\infty} v_n$；

③ 若 $\sum\limits_{n=1}^{\infty} u_n$ 收敛，则加括号后级数仍收敛，且和不变；

④ 改变级数的有限项不改变级数的敛散性.

（3）结论.

1）几何级数 $\sum\limits_{n=1}^{\infty} a q^n (a \neq 0)$：当 $|q| < 1$ 时，级数收敛；当 $|q| \geq 1$ 时，级数发散；

2）p-级数 $\displaystyle\sum_{n=1}^{\infty}\frac{1}{n^p}$：当 $p>1$ 时，级数收敛；当 $p\leqslant1$ 时，级数发散. 特别是 $p=1$ 时，称级数 $\displaystyle\sum_{n=1}^{\infty}\frac{1}{n}$ 为调和级数，它是发散的.

（4）正项级数审敛法.

1）比较审敛法：设 $0\leqslant u_n\leqslant v_n\,(n\geqslant N)$，若 $\displaystyle\sum_{n=1}^{\infty}v_n$ 收敛，则 $\displaystyle\sum_{n=1}^{\infty}u_n$ 收敛；若 $\displaystyle\sum_{n=1}^{\infty}u_n$ 发散，则 $\displaystyle\sum_{n=1}^{\infty}v_n$ 发散（简称强级数 $\displaystyle\sum_{n=1}^{\infty}v_n$ 收敛，则弱级数 $\displaystyle\sum_{n=1}^{\infty}u_n$ 收敛；弱级数 $\displaystyle\sum_{n=1}^{\infty}u_n$ 发散，则强级数 $\displaystyle\sum_{n=1}^{\infty}v_n$ 发散. 或者通俗地说，"大的收敛，小的也收敛；小的发散，大的也发散"）.

2）比较审敛法的极限形式：若 $\displaystyle\lim_{n\to\infty}\frac{u_n}{v_n}=l\,(u_n\geqslant0,v_n>0)$，则：

① $0<l<+\infty$ 时，$\displaystyle\sum_{n=1}^{\infty}u_n$ 与 $\displaystyle\sum_{n=1}^{\infty}v_n$ 敛散性相同；

② $l=0$ 时，若 $\displaystyle\sum_{n=1}^{\infty}v_n$ 收敛，则 $\displaystyle\sum_{n=1}^{\infty}u_n$ 收敛；

③ $l=+\infty$ 时，若 $\displaystyle\sum_{n=1}^{\infty}v_n$ 发散，则 $\displaystyle\sum_{n=1}^{\infty}u_n$ 发散.

3）比值审敛法：若 $\displaystyle\lim_{n\to\infty}\frac{u_{n+1}}{u_n}=\rho\neq1\,(u_n>0)$，则 $\rho<1$ 时，级数 $\displaystyle\sum_{n=1}^{\infty}u_n$ 收敛；$\rho>1$ 时，级数 $\displaystyle\sum_{n=1}^{\infty}u_n$ 发散.

4）根值审敛法：若 $\displaystyle\lim_{n\to\infty}\sqrt[n]{u_n}=\rho\neq1\,(u_n\geqslant0)$，则 $\rho<1$ 时，级数 $\displaystyle\sum_{n=1}^{\infty}u_n$ 收敛；$\rho>1$ 时，级数 $\displaystyle\sum_{n=1}^{\infty}u_n$ 发散.

5*）积分审敛法：对级数 $\displaystyle\sum_{n=1}^{\infty}u_n$，令 $f(n)=u_n$，若 $f(x)$ 在 $[1,+\infty)$ 上连续且单减，则 $\displaystyle\sum_{n=1}^{\infty}u_n$ 与广义积分 $\displaystyle\int_1^{+\infty}f(x)\mathrm{d}x$ 具有相同的敛散性.

（5）交错级数审敛法.

莱布尼兹审敛法：若交错级数 $\displaystyle\sum_{n=1}^{\infty}(-1)^{n-1}u_n(u_n>0)$ 满足以下两个条件：① $u_{n+1}\leqslant u_n$ $(n>N)$；② $\displaystyle\lim_{n\to\infty}u_n=0$，则交错级数 $\displaystyle\sum_{n=1}^{\infty}(-1)^{n-1}u_n$ 收敛，且其和 $s\leqslant u_1$，余项 $|r_n|\leqslant u_{n+1}$.

（6）一般项级数审敛法.

1）利用正项级数判定：

① 若级数 $\sum\limits_{n=1}^{\infty}|u_n|$ 收敛，则级数 $\sum\limits_{n=1}^{\infty}u_n$ 也收敛；

② 用比值判别法或根值判别法判定 $\sum\limits_{n=1}^{\infty}|u_n|$ 发散，则 $\sum\limits_{n=1}^{\infty}u_n$ 发散.

2）利用级数的性质或定义判定.

2. 幂级数

（1）概念.

1）函数项级数：形如 $\sum\limits_{n=0}^{\infty}u_n(x)$ 的级数称为函数项级数；

2）收敛域与发散域：函数项级数 $\sum\limits_{n=0}^{\infty}u_n(x)$ 的收敛点的全体称为收敛域；发散点的全体称为发散域；

3）部分和函数列及函数项级数的和函数：令 $S_n(x)=\sum\limits_{i=0}^{n}u_i(x)$，则称 $\{S_n(x)\}$ 为部分和函数列，若 $\lim\limits_{n\to\infty}S_n(x)=S(x)$，则称 $S(x)$ 为函数项级数的和函数；

4）幂级数：称 $\sum\limits_{n=0}^{\infty}a_nx^n$ 为幂级数（其一般形式为 $\sum\limits_{n=0}^{\infty}a_n(x-x_0)^n$）；

5）阿贝尔定理：若级数 $\sum\limits_{n=0}^{\infty}a_nx^n$ 在 $x=x_0\neq0$ 时收敛，则当 $|x|<|x_0|$ 时，级数绝对收敛；若级数 $\sum\limits_{n=0}^{\infty}a_nx^n$ 在 $x=x_0\neq0$ 时发散，则当 $|x|>|x_0|$ 时，级数发散；

6）收敛半径、收敛区间、收敛域：若 $|x|<R$ 时，幂级数 $\sum\limits_{n=0}^{\infty}a_nx^n$ 绝对收敛，$|x|>R$ 时，幂级数 $\sum\limits_{n=0}^{\infty}a_nx^n$ 发散，则称 R 为幂级数 $\sum\limits_{n=0}^{\infty}a_nx^n$ 的收敛半径. 开区间 $(-R,R)$ 称为幂级数的收敛区间，$x=\pm R$ 处幂级数的收敛性决定其收敛域为 $(-R,R)$、$[-R,R)$、$(-R,R]$ 或 $[-R,R]$ 这四个区间之一.

（2）幂级数 $\sum\limits_{n=0}^{\infty}a_nx^n$ 的收敛半径的求法.

$\lim\limits_{n\to\infty}|\dfrac{a_{n+1}}{a_n}|=\rho$ 或 $\lim\limits_{n\to\infty}\sqrt[n]{a_n}=\rho$，则收敛半径为

$$R=\begin{cases}\dfrac{1}{\rho}, & 0<\rho<+\infty.\\ +\infty, & \rho=0\\ 0, & \rho=+\infty\end{cases}$$

（3）幂级数的运算性质.

1）两个幂级数的四则运算：两个幂级数的和、差、积或商仍为幂级数，收敛半径发

生变化. 和、差、积的收敛半径取原来两个中较小的一个；商的收敛半径可能比原来两个级数的收敛半径小得多.

2）和函数 $S(x) = \sum_{n=0}^{\infty} a_n x^n$ 在 $(-R, R)$ 内连续、可导、可积，且可逐项求导、逐项求积，其收敛区间不变，收敛域可能发生变化，逐项求导后收敛域可能变"坏"（原来端点处收敛，求导后端点处可能不收敛）、逐项求积后收敛域可能变"好"（原来端点处不收敛，求积后端点处可能收敛）.

$$S'(x) = \sum_{n=0}^{\infty} (a_n x^n)' = \sum_{n=1}^{\infty} n a_n x^{n-1}; \quad \int_0^x S(x)\,\mathrm{d}x = \sum_{n=0}^{\infty} \int_0^x a_n x^n \,\mathrm{d}x = \sum_{n=0}^{\infty} \frac{a_n}{n+1} x^{n+1}.$$

3. 泰勒级数

（1）概念.

1）泰勒级数：函数 $f(x)$ 在 $U(x_0)$ 内具有各阶导数，则幂级数 $\sum_{n=0}^{\infty} \frac{f^{(n)}(x_0)}{n!}(x-x_0)^n$ 称为函数 $f(x)$ 在 x_0 处的泰勒级数；若泰勒公式中的余项 $R_n(x) = \frac{f^{(n+1)}(\xi)}{(n+1)!}(x-x_0)^{n+1} \to 0$ $(n \to \infty)$，则 $f(x) = \sum_{n=0}^{\infty} \frac{f^{(n)}(x_0)}{n!}(x-x_0)^n$ 称为 $f(x)$ 在 x_0 处的泰勒展开式.

2）麦克劳林级数：级数 $\sum_{n=0}^{\infty} \frac{f^{(n)}(0)}{n!}x^n$ 称为函数 $f(x)$ 的麦克劳林级数，$f(x) = \sum_{n=0}^{\infty} \frac{f^{(n)}(0)}{n!}x^n$ 称为函数 $f(x)$ 的麦克劳林展开式.

（2）函数展开成幂级数.

1）展开式唯一；

2）展开条件：$f(x)$ 在 $U(x_0)$ 内有任意阶导数，且 $\lim_{n\to\infty} R_n(x) = 0$（$R_n(x)$ 为泰勒公式中的余项）；

3）展开方法：直接展开与间接展开（借助于已知的展开式，牢记以下几个展开式）.

（3）几个常用的麦克劳林展开式.

1）$e^x = 1 + x + \frac{x^2}{2!} + \cdots + \frac{x^n}{n!} + \cdots, x \in (-\infty, +\infty)$；

2）$\sin x = x - \frac{x^3}{3!} + \frac{x^5}{5!} - \cdots + (-1)^{n-1}\frac{x^{2n-1}}{(2n-1)!} + \cdots, \quad x \in (-\infty, +\infty)$；

3）$\cos x = 1 - \frac{x^2}{2!} + \frac{x^4}{4!} - \cdots + (-1)^n\frac{x^{2n}}{(2n)!} + \cdots, \quad x \in (-\infty, +\infty)$；

4）$\ln(1+x) = x - \frac{x^2}{2} + \frac{x^3}{3} - \cdots + (-1)^{n-1}\frac{x^n}{n} + \cdots, \quad x \in (-1, 1]$；

5）$\frac{1}{1-x} = 1 + x + x^2 + \cdots + x^n + \cdots, x \in (-1, 1)$；

6）$(1+x)^m = 1 + mx + \dfrac{m(m-1)}{2!}x^2 + \cdots + \dfrac{m(m-1)\cdots(m-n+1)}{n!}x^n + \cdots,\ x \in (-1,1),$

$m \in \mathbf{R}.$

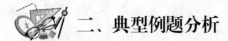 ## 二、典型例题分析

1. 利用级数收敛的必要条件、定义及性质判断级数的敛散性

例 10.1 判断下列级数的敛散性.

（1）$\displaystyle\sum_{n=1}^{\infty} \ln\frac{n+1}{n}$；

（2）$\displaystyle\sum_{n=1}^{\infty}\left(\sqrt{n+2} - 2\sqrt{n+1} + \sqrt{n}\right)$；

（3）$\displaystyle\sum_{n=1}^{\infty} n \cdot \sin\frac{1}{n}$；

（4）$\displaystyle\sum_{n=1}^{\infty} \frac{3+(-1)^n}{2^n}$.

解 （1）$u_n = \ln\dfrac{n+1}{n} = \ln(n+1) - \ln n$，所以部分和

$$S_n = \ln 2 - \ln 1 + \ln 3 - \ln 2 + \cdots + \ln(n+1) - \ln n = \ln(n+1) \to \infty,\, n \to \infty,$$

故原级数发散.

（2）因为 $u_n = \sqrt{n+2} - 2\sqrt{n+1} + \sqrt{n} = \left(\sqrt{n+2} - \sqrt{n+1}\right) - \left(\sqrt{n+1} - \sqrt{n}\right)$，所以部分和

$$S_n = \sum_{i=1}^{n} u_i = \left(\sqrt{3} - \sqrt{2}\right) - \left(\sqrt{2} - \sqrt{1}\right) + \left(\sqrt{4} - \sqrt{3}\right) - \left(\sqrt{3} - \sqrt{2}\right) + \cdots + \left(\sqrt{n+2} - \sqrt{n+1}\right) - \left(\sqrt{n+1}\right.$$

$$\left. -\sqrt{n}\right) = -\left(\sqrt{2} - \sqrt{1}\right) + \left(\sqrt{n+2} - \sqrt{n+1}\right) = 1 - \sqrt{2} + \frac{1}{\sqrt{n+2} + \sqrt{n+1}},\ \lim_{n\to\infty} S_n = 1 - \sqrt{2},$$ 所以原级

数收敛.

（3）因为 $u_n = n \cdot \sin\dfrac{1}{n}$，所以有 $\lim\limits_{n\to\infty} u_n = \lim\limits_{n\to\infty} n \cdot \dfrac{1}{n} = 1 \neq 0$. 由级数收敛的必要条件知，

原级数发散.

（4）$\displaystyle\sum_{n=1}^{\infty} \frac{3+(-1)^n}{2^n} = \sum_{n=1}^{\infty}\left[3\left(\frac{1}{2}\right)^n + \left(-\frac{1}{2}\right)^n\right]$，因为级数 $\displaystyle\sum_{n=1}^{\infty}\left(\frac{1}{2}\right)^n$ 和 $\displaystyle\sum_{n=1}^{\infty}\left(-\frac{1}{2}\right)^n$ 分别是公比为

$q = \dfrac{1}{2}$ 和 $q = -\dfrac{1}{2}$ 的等比级数，均为收敛级数，所以原级数收敛.

评注 （1）判定级数 $\displaystyle\sum_{n=1}^{\infty} u_n$ 的敛散性，一般方法是先检验级数收敛的必要条件，即

$\lim\limits_{n\to\infty} u_n = 0$. 若 $\lim\limits_{n\to\infty} u_n \neq 0$，则级数发散；若 $\lim\limits_{n\to\infty} u_n = 0$，再用其他方法判定；求 $\lim\limits_{n\to\infty} S_n$ 也是

判定级数敛散性的一种方法，且收敛时，可以求出级数的和.

（2）数项级数 $\displaystyle\sum_{n=1}^{\infty} u_n$、$\displaystyle\sum_{n=1}^{\infty} v_n$ 的敛散性与 $\displaystyle\sum_{n=1}^{\infty}(u_n \pm v_n)$ 的敛散性的关系可通俗地叙述为：

"收收则收，收发则发，发发则不一定发."

2．正项级数

例 10.2　判断下列级数的敛散性.

（1）$\displaystyle\sum_{n=1}^{\infty}\frac{1}{n^2-\ln n}$；　　　　（2）$\displaystyle\sum_{n=1}^{\infty}\frac{1}{\sqrt{n^2+1}}$；　　　　（3）$\displaystyle\sum_{n=1}^{\infty}n\sin\frac{1}{n^3}$；

（4）$\displaystyle\sum_{n=1}^{\infty}\left(\frac{1}{n}-\ln\frac{n+1}{n}\right)$；　　（5）$\displaystyle\sum_{n=1}^{\infty}\left(1-\cos\frac{x}{n}\right)$（$x$ 为任意常数）；

（6）$\displaystyle\sum_{n=1}^{\infty}\frac{1}{\sqrt{n(n^2+1)}}$；　　（7）$\displaystyle\sum_{n=1}^{\infty}\frac{1}{3^n-2^n}$；　　（8*）$\displaystyle\sum_{n=1}^{\infty}\frac{1}{\int_0^n\sqrt[4]{1+x^4}\,\mathrm{d}x}$；

（9*）$\displaystyle\sum_{n=2}^{\infty}\frac{1}{\ln^{10}n}$.

解　（1）法一　$u_n=\dfrac{1}{n^2-\ln n}$，$\displaystyle\lim_{n\to\infty}u_n=0$，考虑比较判别法.

$$u_n=\frac{1}{n^2-\ln n}<\frac{1}{n^2-n}<\frac{1}{(n-1)^2}，\ n\geqslant 2,$$

而级数 $\displaystyle\sum_{n=2}^{\infty}\frac{1}{(n-1)^2}$ 收敛，所以原级数收敛.

法二　考虑比较判别法的极限形式.

$u_n=\dfrac{1}{n^2-\ln n}\sim\dfrac{1}{n^2}(n\to\infty)$，即 $\displaystyle\lim_{n\to\infty}\frac{u_n}{\frac{1}{n^2}}=1$，因为 $\displaystyle\sum_{n=1}^{\infty}\frac{1}{n^2}$ 收敛，所以级数 $\displaystyle\sum_{n=1}^{\infty}\frac{1}{n^2-\ln n}$

收敛.

（2）$u_n=\dfrac{1}{\sqrt{n^2+1}}\sim\dfrac{1}{\sqrt{n^2}}=\dfrac{1}{n}(n\to\infty)$，因为 $\displaystyle\sum_{n=1}^{\infty}\frac{1}{n}$ 发散，所以由比较判别法知

$\displaystyle\sum_{n=1}^{\infty}\frac{1}{\sqrt{n^2+1}}$ 发散.

（3）$u_n=n\sin\dfrac{1}{n^3}\sim n\dfrac{1}{n^3}=\dfrac{1}{n^2}(n\to\infty)$，由于 $\displaystyle\sum_{n=1}^{\infty}\frac{1}{n^2}$ 是 $p=2>1$ 的 p 级数，收敛，所以

$\displaystyle\sum_{n=1}^{\infty}n\sin\frac{1}{n^3}$ 收敛.

（4）$u_n=\dfrac{1}{n}-\ln\left(1+\dfrac{1}{n}\right)\to 0(n\to\infty)$，所以考虑寻找 u_n 的等价无穷小. 已知

$$\ln(1+x)=x-\frac{1}{2}x^2+o(x^2),$$

所以

$$x-\ln(1+x)\sim\frac{1}{2}x^2(x\to 0),$$

于是有

$$\lim_{x\to 0}\frac{x-\ln(1+x)}{x^2}=\frac{1}{2},$$

所以 $\lim\limits_{n\to\infty}\dfrac{\dfrac{1}{n}-\ln\left(1+\dfrac{1}{n}\right)}{\dfrac{1}{n^2}}=\dfrac{1}{2}$. 因为 $\sum\limits_{n=1}^{\infty}\dfrac{1}{n^2}$ 收敛，所以原级数 $\sum\limits_{n=1}^{\infty}\left(\dfrac{1}{n}-\ln\dfrac{n+1}{n}\right)$ 收敛.

（5） $u_n=1-\cos\dfrac{x}{n}\sim\dfrac{1}{2}\left(\dfrac{x}{n}\right)^2=\dfrac{x^2}{2}\cdot\dfrac{1}{n^2}(n\to\infty)$，因为 $\sum\limits_{n=1}^{\infty}\dfrac{1}{n^2}$ 收敛，所以原级数 $\sum\limits_{n=1}^{\infty}\left(1-\cos\dfrac{x}{n}\right)$ 收敛.

（6）因为 $\dfrac{1}{\sqrt{n(n^2+1)}}<\dfrac{1}{n^{\frac{3}{2}}}$，而 $\sum\limits_{n=1}^{\infty}\dfrac{1}{n^{\frac{3}{2}}}$ 收敛，所以原级数收敛.

（7）因为 $\lim\limits_{n\to\infty}\dfrac{\dfrac{1}{3^n-2^n}}{\dfrac{1}{3^n}}=\lim\limits_{n\to\infty}\dfrac{1}{1-\left(\dfrac{2}{3}\right)^n}=1$，而 $\sum\limits_{n=1}^{\infty}\dfrac{1}{3^n}$ 收敛，故原级数收敛.

（8*）因为

$$\int_0^n\sqrt[4]{1+x^4}\,\mathrm{d}x>\int_0^n\sqrt[4]{x^4}\,\mathrm{d}x=\int_0^n x\mathrm{d}x=\dfrac{1}{2}n^2,$$

所以 $\dfrac{1}{\displaystyle\int_0^n\sqrt[4]{1+x^4}\,\mathrm{d}x}<\dfrac{2}{n^2}$. 又因 $\sum\limits_{n=1}^{\infty}\dfrac{2}{n^2}$ 收敛，故 $\sum\limits_{n=1}^{\infty}\dfrac{1}{\displaystyle\int_0^n\sqrt[4]{1+x^4}\,\mathrm{d}x}$ 收敛.

（9*） $u_n=\dfrac{1}{\ln^{10}n}$，$\lim\limits_{n\to\infty}u_n=0$. 令 $v_n=\dfrac{1}{n^\alpha}$，$\alpha>0$，用比较审敛法的极限形式.

$$\lim_{n\to\infty}\dfrac{u_{n+1}}{v_n}=\lim_{n\to\infty}\dfrac{n^\alpha}{\ln^{10}n}=\lim_{x\to+\infty}\dfrac{x^\alpha}{\ln^{10}x}=\lim_{x\to+\infty}\dfrac{\alpha x^\alpha}{10\ln^9 x}$$

$$=\lim_{x\to+\infty}\dfrac{\alpha^2 x^\alpha}{10\times9\ln^8 x}=\cdots=\lim_{x\to+\infty}\dfrac{\alpha^{10}x^\alpha}{10!}=+\infty,$$

若 $\sum\limits_{n=1}^{\infty}v_n$ 发散，则 $\sum\limits_{n=1}^{\infty}u_n$ 也发散. 不妨取 $\alpha=\dfrac{1}{2}$（事实上只要 $0<\alpha<1$ 都可以），则 $\sum\limits_{n=1}^{\infty}v_n$ 发散，原级数也发散.

评注 （1）当 $\lim\limits_{n\to\infty}u_n=0$ 时，级数 $\sum\limits_{n=1}^{\infty}u_n$ 敛散性不定，若用比较判别法判定敛散性，为避免放大和缩小的麻烦，一般采用极限形式，这时关键是找 u_n 的等价无穷小. 等价无穷小不容易找时，要根据通项 u_n 的特点，找与其作比较的级数.

（2）题（9）的解题方法是属于探索性的. 由 u_n 的形式，只能用比较审敛法判断 $\sum\limits_{n=1}^{\infty}u_n$ 的敛散性，但 u_n 的等价无穷小又不易找到，同时对其敛散性又不能给出预判，所以就给出一个带待定常数的通项 v_n，由 $\lim\limits_{n\to\infty}\dfrac{u_{n+1}}{v_n}$ 的结果来定 α 的取值，这是这一类型题的解题技巧. 同时注意，用洛必达法则时必须转化为可导函数.

例 10.3 若级数 $\sum_{n=1}^{\infty} a_n \ (a_n \geq 0)$ 收敛，则 $\sum_{n=1}^{\infty} \sqrt{a_n a_{n+1}}$ 也收敛；反之，若 $a_n > 0$ 且 $\{a_n\}$ 单调减少，且 $\sum_{n=1}^{\infty} \sqrt{a_n a_{n+1}}$ 收敛，则 $\sum_{n=1}^{\infty} a_n$ 收敛.

证明 因为 $\sum_{n=1}^{\infty} a_n$ 收敛，所以 $\sum_{n=1}^{\infty} a_{n+1}$ 收敛. 而 $\sqrt{a_n a_{n+1}} \leq \frac{1}{2}(a_n + a_{n+1})$，所以 $\sum_{n=1}^{\infty} \sqrt{a_n a_{n+1}}$ 收敛.

因为 $\{a_n\}$ 单调减少，所以 $0 < a_{n+1} = \sqrt{a_{n+1}^2} \leq \sqrt{a_n a_{n+1}}$. 由于 $\sum_{n=1}^{\infty} \sqrt{a_n a_{n+1}}$ 收敛，所以 $\sum_{n=1}^{\infty} a_{n+1}$ 收敛，故 $\sum_{n=1}^{\infty} a_n$ 收敛.

评注 本题中因 a_n 没有给出具体的形式，所以不能用等价无穷小来判断级数的敛散性，本题应用了一些比较判别法中常用的技巧，如 $2ab \leq a^2 + b^2$，望大家熟练掌握.

例 10.4 判断下列级数的敛散性.

(1) $\sum_{n=1}^{\infty} \dfrac{3^n}{n}$；
(2) $\sum_{n=1}^{\infty} \dfrac{1}{1+a^n} \ (a>0)$；
(3) $\sum_{n=1}^{\infty} \dfrac{a^n n!}{n^n} (a>0)$；

(4) $\sum_{n=1}^{\infty} \dfrac{n \sin^2 \dfrac{n\pi}{2}}{3^n}$；
(5) $\sum_{n=1}^{\infty} 2^{-n-(-1)^n}$；
(6) $\sum_{n=1}^{\infty} \left(\dfrac{n}{2n+1} \right)^n$；

(7) $\sum_{n=1}^{\infty} \dfrac{1}{2^{2n-1}(3n-1)}$.

解 (1) $u_n = \dfrac{3^n}{n}$，可用比值判别法或根值判别法.

$$\rho = \lim_{n\to\infty} \frac{u_{n+1}}{u_n} = \lim_{n\to\infty} \frac{3^{n+1}}{n+1} \cdot \frac{n}{3^n} = 3 > 1,$$

或

$$\rho = \lim_{n\to\infty} \sqrt[n]{u_n} = \lim_{n\to\infty} \sqrt[n]{\frac{3^n}{n}} = 3 > 1,$$

所以级数发散.

此题也可以用级数收敛的必要条件来判断.

事实上，$\lim_{n\to\infty} u_n = \lim_{n\to\infty} \dfrac{3^n}{n} = \lim_{x\to+\infty} \dfrac{3^x}{x} = \lim_{x\to+\infty} \dfrac{3^x \ln 3}{1} = +\infty$，所以原级数发散.

(2) 因为

$$u_n = \frac{1}{1+a^n}, \quad \lim_{n\to\infty} u_n = \begin{cases} 1, & 0 < a < 1 \\ \dfrac{1}{2}, & a = 1 \\ 0, & a > 1 \end{cases},$$

所以，当 $0 < a \leqslant 1$ 时，$\lim\limits_{n \to \infty} u_n \neq 0$，原级数发散. 当 $a > 1$ 时，$0 < u_n = \dfrac{1}{1 + a^n} < \dfrac{1}{a^n}$，而级数 $\sum\limits_{n=1}^{\infty} \dfrac{1}{a^n}$ 收敛，所以原级数收敛.

（3）因 $u_n = \dfrac{a^n n!}{n^n}$ 中含有 $n!$，所以用比值判别法.

$$\rho = \lim_{n \to \infty} \frac{u_{n+1}}{u_n} = \lim_{n \to \infty} \frac{a^{n+1}(n+1)!}{(n+1)^{n+1}} \frac{n^n}{a^n n!} = \lim_{n \to \infty} \frac{a}{\left(1 + \dfrac{1}{n}\right)^n} = \frac{a}{\mathrm{e}}.$$

当 $\rho < 1$ 即 $a < \mathrm{e}$ 时，级数收敛；当 $\rho > 1$ 即 $a > \mathrm{e}$ 时，级数发散；$a = \mathrm{e}$ 时，比值判别法失效.

注意到 $\left(1 + \dfrac{1}{n}\right)^n$ 是单增数列，$\left(1 + \dfrac{1}{n}\right)^n \to \mathrm{e}\ (n \to \infty)$，$\left(1 + \dfrac{1}{n}\right)^n < \mathrm{e}\ \ (n = 1, 2, \cdots)$，所以有 $a = \mathrm{e}$ 时，$\dfrac{u_{n+1}}{u_n} = \dfrac{\mathrm{e}}{\left(1 + \dfrac{1}{n}\right)^n} > 1$，即 $u_{n+1} > u_n\ (n = 1, 2, \cdots)$，则 $\lim\limits_{n \to \infty} u_n \neq 0$，原级数发散.

（4）该级数为正项级数，$u_n = \dfrac{n \sin^2 \dfrac{n\pi}{2}}{3^n} \leqslant \dfrac{n}{3^n}$. 令 $v_n = \dfrac{n}{3^n}$，利用根值判断法，有 $\rho =$

$\lim\limits_{n \to \infty} \sqrt[n]{u_n} = \lim\limits_{n \to \infty} \sqrt[n]{\dfrac{n}{3^n}} = \dfrac{1}{3} < 1$，故 $\sum\limits_{n=1}^{\infty} \dfrac{n}{3^n}$ 收敛，因而级数 $\sum\limits_{n=1}^{\infty} \dfrac{n \sin^2 \dfrac{n\pi}{2}}{3^n}$ 收敛.

（5）因为 $\lim\limits_{n \to \infty} \sqrt[n]{2^{-n-(-1)^n}} = \lim\limits_{n \to \infty} 2^{-1 - \frac{(-1)^n}{n}} = \dfrac{1}{2} < 1$，所以 $\sum\limits_{n=1}^{\infty} u_n$ 收敛.

（6）因为 $\lim\limits_{n \to \infty} \sqrt[n]{u_n} = \lim\limits_{n \to \infty} \sqrt[n]{\left(\dfrac{n}{2n+1}\right)^n} = \dfrac{1}{2} < 1$，所以 $\sum\limits_{n=1}^{\infty} u_n$ 收敛.

（7）因为 $\lim\limits_{n \to \infty} \sqrt[n]{u_n} = \lim\limits_{n \to \infty} \sqrt[n]{\dfrac{1}{2^{2n-1}(3n-1)}} = \dfrac{1}{4} < 1$，所以 $\sum\limits_{n=1}^{\infty} u_n$ 收敛.

评注 对于正项级数 $\sum\limits_{n=1}^{\infty} u_n$，当 u_n 中含有 n^n、$n!$、a^n 等因子时，可考虑用比值判别法；当 u_n 为 n 次幂的形式且不含 $n!$ 时，可考虑用根值判别法；当这两种方法失效时，可考虑用比较判别法或其他方法.

3. 交错级数

例 10.5 判别下列交错级数的敛散性.

（1）$\sum\limits_{n=1}^{\infty} (-1)^n \dfrac{\ln n}{n}$;　　　　（2）$\sum\limits_{n=1}^{\infty} (-1)^n \dfrac{1}{n \cdot 4^n}$;　　　　（3）$\sum\limits_{n=2}^{\infty} \dfrac{(-1)^n}{n + (-1)^n}$.

解 （1）法一　令 $u_n = \dfrac{\ln n}{n}$，$\lim\limits_{n \to \infty} u_n = \lim\limits_{n \to \infty} \dfrac{\ln n}{n} = \lim\limits_{x \to +\infty} \dfrac{\ln x}{x} = \lim\limits_{x \to +\infty} \dfrac{1}{x} = 0$. 当 $n \geqslant 3$ 时，有

$$u_n - u_{n+1} = \frac{\ln n}{n} - \frac{\ln(n+1)}{n+1} = \frac{(n+1)\ln n - n\ln(n+1)}{n(n+1)} = \frac{\ln \dfrac{n}{\left(1+\dfrac{1}{n}\right)^n}}{n(n+1)} > 0.$$

故由莱布尼兹定理知级数 $\sum\limits_{n=1}^{\infty}(-1)^n \dfrac{\ln n}{n}$ 收敛.

法二 令 $u(x) = \dfrac{\ln x}{x}$, $u'(x) = \dfrac{1-\ln x}{x^2} < 0$ $(x \geqslant 3)$, 所以 $u(x)$ 为单调减少函数. 当 $n \geqslant 3$ 时, $u_n > u_{n+1}$, 且 $\lim\limits_{n\to\infty} u_n = \lim\limits_{n\to\infty} \dfrac{\ln n}{n} = 0$, 故级数 $\sum\limits_{n=1}^{\infty}(-1)^n \dfrac{\ln n}{n}$ 收敛.

(2) $u_n = \dfrac{1}{n \cdot 4^n} > \dfrac{1}{(n+1)\cdot 4^{n+1}} = u_{n+1}$, $\lim\limits_{n\to\infty} u_n = \lim\limits_{n\to\infty}\dfrac{1}{n\cdot 4^n} = 0$. 故由莱布尼兹定理知级数 $\sum\limits_{n=1}^{\infty}(-1)^n \dfrac{1}{n\cdot 4^n}$ 收敛.

(3) $u_n = \dfrac{1}{n+(-1)^n} > 0$ $(n \geqslant 2)$, $\lim\limits_{n\to\infty} u_n = 0$, 但可以看出 $\{u_n\}$ 不单调.

$$u_n = \frac{1}{n+(-1)^n} = \frac{n-(-1)^n}{n^2-1} = \frac{n}{n^2-1} - \frac{(-1)^n}{n^2-1},$$

原级数化为

$$\sum_{n=2}^{\infty} \frac{(-1)^n}{n+(-1)^n} = \sum_{n=2}^{\infty}\left[(-1)^n \frac{n}{n^2-1} - \frac{1}{n^2-1}\right].$$

由交错级数的莱布尼茨审敛法可判定 $\sum\limits_{n=2}^{\infty}(-1)^n \dfrac{n}{n^2-1}$ 收敛, 由比较审敛法判定级数 $\sum\limits_{n=2}^{\infty} \dfrac{1}{n^2-1}$ 收敛, 所以原级数收敛.

评注 考查 $\{u_n\}(u_n \geqslant 0)$ 单调性的方法, 通常有以下三种.

(1) 比值法: 考查 $\dfrac{u_{n+1}}{u_n} < 1$ 是否成立;

(2) 差值法: 考查 $u_{n+1} - u_n < 0$ 是否成立;

(3) 函数法: 将 u_n 中 n 换成 x, 考查函数 $u'(x) < 0$ 是否成立. 本例 (3) 是个特殊的例子, $\{u_n\}(u_n \geqslant 0)$ 本身不满足单调性, 经过恒等变形, 才能得到我们需要的形式.

4. 任意项级数

例 10.6 判别下列级数的敛散性, 若收敛, 判断是绝对收敛还是条件收敛?

(1) $\sum\limits_{n=1}^{\infty}(-1)^n \dfrac{k+n}{n^2}$ $(k>0)$; 　　　　(2) $\sum\limits_{n=1}^{\infty}(-1)^n \dfrac{n^{n+1}}{(n+1)!}$;

(3) $\sum\limits_{n=1}^{\infty}(-1)^n \dfrac{|a_n|}{\sqrt{n^2+\lambda}}$, 其中常数 $\lambda > 0$, 且 $\sum\limits_{n=1}^{\infty} a_n^2$ 收敛;

(4) $\sum\limits_{n=1}^{\infty}(-1)^n \dfrac{1}{3^n}\left(1+\dfrac{1}{n}\right)^{n^2}$.

解 （1）因 $\sum\limits_{n=1}^{\infty}(-1)^n\dfrac{k+n}{n^2}=\sum\limits_{n=1}^{\infty}(-1)^n\dfrac{k}{n^2}+\sum\limits_{n=1}^{\infty}(-1)^n\dfrac{1}{n}$，易知前一级数绝对收敛，后一级

数条件收敛，所以 $\sum\limits_{n=1}^{\infty}(-1)^n\dfrac{k+n}{n^2}$ 条件收敛.

（2）令 $u_n=\dfrac{n^{n+1}}{(n+1)!}$，则

$$\rho=\lim_{n\to\infty}\frac{u_{n+1}}{u_n}=\lim_{n\to\infty}\frac{(n+1)^{n+2}}{(n+2)!}\cdot\frac{(n+1)!}{n^{n+1}}=\lim_{n\to\infty}\left(1+\frac{1}{n}\right)^n\cdot\frac{(n+1)^2}{n(n+2)}=\mathrm{e}>1,$$

所以绝对值级数发散. 因为利用比值判别法判断绝对值级数发散，所以原级数发散.

（3）$u_n=\dfrac{|a_n|}{\sqrt{n^2+\lambda}}<\dfrac{|a_n|}{n}\leqslant\dfrac{1}{2}\left(\dfrac{1}{n^2}+a_n^2\right)$. 因为 $\sum\limits_{n=1}^{\infty}\dfrac{1}{n^2}$、$\sum\limits_{n=1}^{\infty}a_n^2$ 都收敛，所以

$\sum\limits_{n=1}^{\infty}\dfrac{1}{2}\left(\dfrac{1}{n^2}+a_n\right)$ 收敛，所以 $\sum\limits_{n=1}^{\infty}\dfrac{|a_n|}{\sqrt{n^2+\lambda}}$ 收敛，故 $\sum\limits_{n=1}^{\infty}(-1)^n\dfrac{|a_n|}{\sqrt{n^2+\lambda}}$ 绝对收敛.

（4）令 $u_n=\dfrac{1}{3^n}\left(1+\dfrac{1}{n}\right)^{n^2}$，用根值审敛法可知

$$\rho=\lim_{n\to\infty}\sqrt[n]{|(-1)^n u_n|}=\lim_{n\to\infty}\frac{1}{3}\left(1+\frac{1}{n}\right)^n=\frac{\mathrm{e}}{3}<1,$$

所以绝对值级数收敛，故原级数绝对收敛.

5. 常数项级数敛散性的证明

例 10.7 证明下列命题成立：

（1）设 $a_n>0$，且 $\{na_n\}$ 有界，试证 $\sum\limits_{n=1}^{\infty}a_n^2$ 收敛；

（2）设 $a_n=\displaystyle\int_0^{\frac{\pi}{4}}\tan^n x\mathrm{d}x$，证明：① $\sum\limits_{n=1}^{\infty}\dfrac{1}{n}(a_n+a_{n+2})=1$；② 对任意 $\lambda>0$，级数 $\sum\limits_{n=1}^{\infty}\dfrac{a_n}{n^\lambda}$

收敛.

证明 （1）因为 $a_n>0$，$\{na_n\}$ 有界，所以存在 $M>0$，使 $0<na_n\leqslant M$，即

$0<a_n^2\leqslant\dfrac{M^2}{n^2}$. 因为 $\sum\limits_{n=1}^{\infty}\dfrac{1}{n^2}$ 收敛，所以 $\sum\limits_{n=1}^{\infty}M^2\dfrac{1}{n^2}$ 收敛，故 $\sum\limits_{n=1}^{\infty}a_n^2$ 收敛.

（2）① 因为

$$a_n+a_{n+2}=\int_0^{\frac{\pi}{4}}\tan^n x(1+\tan^2 x)\mathrm{d}x=\int_0^{\frac{\pi}{4}}\tan^n x\mathrm{d}\tan x=\frac{1}{n+1},$$

所以

$$\sum_{n=1}^{\infty}\frac{1}{n}(a_n+a_{n+2})=\sum_{n=1}^{\infty}\frac{1}{n(n+1)}=\sum_{n=1}^{\infty}\left(\frac{1}{n}-\frac{1}{n+1}\right).$$

其部分和为

$$S_n=\sum_{i=1}^{n}\left(\frac{1}{i}-\frac{1}{i+1}\right)=1-\frac{1}{2}+\frac{1}{2}-\frac{1}{3}+\frac{1}{3}-\frac{1}{4}+\frac{1}{n}-\frac{1}{n+1}=1-\frac{1}{n+1}.$$

因为 $\lim\limits_{n\to\infty} S_n = 1$，所以 $\sum\limits_{n=1}^{\infty} \dfrac{1}{n}(a_n + a_{n+2}) = 1$.

② 显然 $a_n > 0$，且 $a_n < a_n + a_{n+2} = \dfrac{1}{n+1} < \dfrac{1}{n}$，所以 $\dfrac{a_n}{n^\lambda} < \dfrac{1}{n^{\lambda+1}}$. 当 $\lambda > 0$ 时，级数 $\sum\limits_{n=1}^{\infty} \dfrac{1}{n^{\lambda+1}}$ 收敛，所以级数 $\sum\limits_{n=1}^{\infty} \dfrac{a_n}{n^\lambda}$ 收敛.

6. 阿贝尔定理的应用

例 10.8 若幂级数 $\sum\limits_{n=0}^{\infty} a_n(x-2)^n$ 在 $x = -1$ 处收敛，问此级数在 $x = 4$ 处是否收敛，若收敛是绝对收敛还是条件收敛?

解 法一 令 $x - 2 = t$，则 $x = t + 2$，$x = -1 \Rightarrow t = -3$，即幂级数 $\sum\limits_{n=0}^{\infty} a_n t^n$ 在 $t = -3$ 处收敛. 由阿贝尔定理知，当 $|t| < 3$（或 $t \in (-3, 3)$）时，级数 $\sum\limits_{n=0}^{\infty} a_n t^n$ 绝对收敛. 因为 $x = 4 \Leftrightarrow t = 2 \in (-3, 3)$，所以 $\sum\limits_{n=0}^{\infty} a_n t^n$ 在 $t = 2$ 处绝对收敛，即幂级数 $\sum\limits_{n=0}^{\infty} a_n(x-2)^n$ 在 $x = 4$ 处绝对收敛.

法二 由阿贝尔定理，幂级数 $\sum\limits_{n=0}^{\infty} a_n(x-2)^n$ 在 $x - 2 = -3$ 处收敛，则对适合不等式 $|x-2| < 3$（即 $-1 < x < 5$）的一切 x，该幂级数都绝对收敛，故级数 $\sum\limits_{n=0}^{\infty} a_n(x-2)^n$ 在 $x = 4 \in (-1, 5)$ 处绝对收敛.

例 10.9 若幂级数 $\sum\limits_{n=0}^{\infty} a_n(x-1)^n$ 在 $x = -1$ 处收敛，讨论级数幂级数在 $x = 2$ 处和 $x = 4$ 处的敛散性.

解 由阿贝尔定理知，级数 $\sum\limits_{n=0}^{\infty} a_n(x-1)^n$ 在 $x - 1 = -2$ 处收敛，则对满足不等式 $|x-1| < 2$ 的一切 x，即在 $x \in (-1, 3)$ 时，该幂级数都绝对收敛. 因为 $x = 2 \in (-1, 3)$，所以幂级数在 $x = 2$ 处绝对收敛. 而 $x = 4 \notin (-1, 3)$，所以幂级数 $\sum\limits_{n=0}^{\infty} a_n(x-1)^n$ 在 $x = 4$ 处敛散性不确定.

例 10.10 已知幂级数 $\sum\limits_{n=0}^{\infty} a_n(x+2)^n$ 在 $x = 0$ 处收敛，在 $x = -4$ 处发散，求幂级数 $\sum\limits_{n=0}^{\infty} a_n(x-3)^n$ 的收敛域.

解 因为幂级数 $\sum\limits_{n=0}^{\infty} a_n(x+2)^n$ 在 $x + 2 = 2$ 处收敛，在 $x + 2 = -2$ 处发散，故由阿贝尔定理知，幂级数 $\sum\limits_{n=0}^{\infty} a_n(x+2)^n$ 的收敛半径为 2，故 $\sum\limits_{n=0}^{\infty} a_n(x-3)^n$ 的收敛半径也为 2，且当

$-2 < x-3 \leqslant 2$ 时，级数 $\sum_{n=0}^{\infty} a_n(x-3)^n$ 收敛，所以收敛域为 $(1,5]$.

7. 幂级数的收敛半径与收敛域

例 10.11 求下列幂级数的收敛半径和收敛域.

（1）$\sum_{n=1}^{\infty} \dfrac{n^2 x^n}{n^3+1}$;　　　　（2）$\sum_{n=1}^{\infty}(-1)^{n-1}\dfrac{x^{2n+1}}{3^n(2n+1)}$;　　　　（3）$\sum_{n=1}^{\infty}\dfrac{(x-3)^n}{n^2}$;

（4）$\sum_{n=1}^{\infty}\dfrac{(3x+1)^{2n+1}}{9^n n}$.

解（1）$a_n = \dfrac{n^2}{n^3+1}$，$\rho = \lim\limits_{n\to\infty}\left|\dfrac{a_{n+1}}{a_n}\right| = \lim\limits_{n\to\infty}\dfrac{(n+1)^2}{(n+1)^3+1}\dfrac{n^3+1}{n^2} = 1$，所以收敛半径 $R=1$.

在 $x=-1$ 处，级数 $\sum_{n=1}^{\infty}(-1)^n\dfrac{n^2}{n^3+1}$ 是交错级数，满足莱布尼兹定理，所以收敛；

在 $x=1$ 处，级数为 $\sum_{n=1}^{\infty}\dfrac{n^2}{n^3+1}$，而 $\dfrac{n^2}{n^3+1} \sim \dfrac{1}{n}$ $(n\to\infty)$，且级数 $\sum_{n=1}^{\infty}\dfrac{1}{n}$ 发散，故级数

$\sum_{n=1}^{\infty}\dfrac{n^2}{n^3+1}$ 发散. 故级数的收敛域为 $[-1,1)$.

（2）此级数缺少 x 的偶次幂的项，需直接用比值审敛法求收敛半径.

$$\lim_{n\to\infty}\left|\dfrac{u_{n+1}(x)}{u_n(x)}\right| = \lim_{n\to\infty}\left|\dfrac{x^{2n+3}}{3^{n+1}(2n+3)}\cdot\dfrac{3^n(2n+1)}{x^{2n+1}}\right| = \dfrac{1}{3}|x|^2 < 1,$$

得 $|x| < \sqrt{3}$. 故收敛半径 $R = \sqrt{3}$. 在 $x=\sqrt{3}$ 处，级数 $\sum_{n=1}^{\infty}(-1)^{n-1}\dfrac{\sqrt{3}}{2n+1}$ 收敛；在 $x=-\sqrt{3}$ 处，

级数为 $\sum_{n=1}^{\infty}(-1)^n\dfrac{\sqrt{3}}{2n+1}$ 收敛. 故幂级数收敛域为 $\left[-\sqrt{3},\sqrt{3}\right]$.

（3）$a_n = \dfrac{1}{n^2}$，$\rho = \lim\limits_{n\to\infty}\left|\dfrac{a_{n+1}}{a_n}\right| = \lim\limits_{n\to\infty}\dfrac{(n+1)^2}{n^2} = 1$，所以收敛半径为 $R=1$，由 $|x-3|<1$ 得

收敛区间为 $(2,4)$. 当 $x=2$ 时，级数 $\sum_{n=1}^{\infty}\dfrac{(-1)^n}{n^2}$ 收敛；$x=4$ 时，级数 $\sum_{n=1}^{\infty}\dfrac{1}{n^2}$ 收敛，故收敛域

为 $[2,4]$.

（4）不是幂级数的标准形式，所以用比值判别法.

$$\lim_{n\to\infty}\left|\dfrac{u_{n+1}(x)}{u_n(x)}\right| = \lim_{n\to\infty}\left|\dfrac{(3x+1)^{2n+3}}{9^{n+1}(n+1)}\cdot\dfrac{9^n n}{(3x+1)^{2n+1}}\right| = \dfrac{(3x+1)^2}{9} < 1.$$

当 $-\dfrac{4}{3} < x < \dfrac{2}{3}$ 时，级数 $\sum_{n=1}^{\infty}\dfrac{(3x+1)^{2n+1}}{9^n n}$ 绝对收敛；

当 $x=-\dfrac{4}{3}$ 时，级数 $\sum_{n=1}^{\infty}\dfrac{(3x+1)^{2n+1}}{9^n n} = \sum_{n=1}^{\infty}\dfrac{-3}{n}$ 发散；

当 $x=\dfrac{2}{3}$ 时，级数 $\sum_{n=1}^{\infty}\dfrac{(3x+1)^{2n+1}}{9^n n} = \sum_{n=1}^{\infty}\dfrac{3}{n}$ 发散.

所以原级数的收敛域为 $\left(-\dfrac{4}{3}, \dfrac{2}{3}\right)$.

评注 对于缺项的幂级数,不能直接套公式求收敛半径,而用比值判别法或根值判别法求收敛半径. 对于题(3)、(4)中的非标准类型,也可采用换元的方法,如题(3)中令 $t = x - 3$,题(4)中令 $t = 3x + 1$,化为标准类型计算.

例 10.12 求级数 $\displaystyle\sum_{n=1}^{\infty} \dfrac{3^n + (-2)^n}{n}(x+1)^n$ 的收敛域.

解 令 $a_n = \dfrac{3^n + (-2)^n}{n}$,则 $\rho = \lim\limits_{n\to\infty}\left|\dfrac{a_{n+1}}{a_n}\right| = \lim\limits_{n\to\infty}\dfrac{3^{n+1} + (-2)^{n+1}}{n+1} \cdot \dfrac{n}{3^n + (-2)^n} = 3$,所以收敛半径 $R = \dfrac{1}{3}$.

当 $x+1 = -\dfrac{1}{3}$,即 $x = -\dfrac{4}{3}$ 时,级数为 $\displaystyle\sum_{n=1}^{\infty} \dfrac{3^n + (-2)^n}{n}\left(-\dfrac{1}{3}\right)^n = \sum_{n=1}^{\infty}\left[\dfrac{(-1)^n}{n} + \dfrac{1}{n}\left(\dfrac{2}{3}\right)^n\right]$,此为收敛级数;当 $x+1 = \dfrac{1}{3}$,即 $x = -\dfrac{2}{3}$ 时,级数为 $\displaystyle\sum_{n=1}^{\infty} \dfrac{3^n + (-2)^n}{n}\left(\dfrac{1}{3}\right)^n = \sum_{n=1}^{\infty}\left[\dfrac{1}{n} + \dfrac{(-1)^n}{n}\left(\dfrac{2}{3}\right)^n\right]$,此为发散级数,所以原级数的收敛域为 $\left[-\dfrac{4}{3}, -\dfrac{2}{3}\right)$.

8. 幂级数的和函数

例 10.13 求下列各幂级数的收敛域及收敛域内的和函数.

(1) $\displaystyle\sum_{n=1}^{\infty} \dfrac{x^n}{n}$;　　　　(2) $\displaystyle\sum_{n=0}^{\infty}(2n+1)x^n$;　　　　(3) $\displaystyle\sum_{n=1}^{\infty}n(n+1)x^n$;

(4) $\displaystyle\sum_{n=0}^{\infty} \dfrac{(2n+1)x^{2n}}{n!}$.

解 (1) 收敛半径为

$$R = \lim_{n\to\infty}\left|\dfrac{a_n}{a_{n+1}}\right| = \lim_{n\to\infty}\dfrac{n+1}{n} = 1 ,$$

易求得该幂级数的收敛域为 $[-1,1)$.

令 $S(x) = \displaystyle\sum_{n=1}^{\infty} \dfrac{x^n}{n}$,$S(0) = 0$,则

$$S'(x) = \sum_{n=1}^{\infty}\left(\dfrac{x^n}{n}\right)' = \sum_{n=1}^{\infty}x^{n-1} = \dfrac{1}{1-x} \quad (-1 < x < 1).$$

所以

$$S(x) = \int_0^x S'(x)\mathrm{d}x = \int_0^x \dfrac{\mathrm{d}x}{1-x} = -\ln(1-x).$$

(2) 收敛半径为

$$R = \lim_{n\to\infty}\left|\dfrac{a_n}{a_{n+1}}\right| = \lim_{n\to\infty}\dfrac{2n+1}{2n+3} = 1,$$

易求得该幂级数的收敛域为 $(-1,1)$，则和函数

$$S(x) = \sum_{n=0}^{\infty}(2n+1)x^n = 2x\sum_{n=1}^{\infty}nx^{n-1} + \sum_{n=0}^{\infty}x^n = 2x\sum_{n=1}^{\infty}nx^{n-1} + \frac{1}{1-x}, \quad x \in (-1,1).$$

令 $S_1(x) = \sum_{n=1}^{\infty}nx^{n-1}$，两边积分，得

$$\int_0^x S_1(x)\mathrm{d}x = \sum_{n=1}^{\infty}\int_0^x nx^{n-1}\mathrm{d}x = \sum_{n=1}^{\infty}x^n = \frac{x}{1-x}.$$

两边求导，得

$$S_1(x) = \frac{1}{(1-x)^2},$$

所以和函数为

$$S(x) = \frac{2x}{(1-x)^2} + \frac{1}{1-x} = \frac{1+x}{(1-x)^2}.$$

（3）收敛半径为

$$R = \lim_{n\to\infty}\left|\frac{a_n}{a_{n+1}}\right| = \lim_{n\to\infty}\frac{n(n+1)}{(n+1)(n+2)} = 1,$$

易求得该幂级数的收敛域为 $(-1,1)$. 设幂级数在收敛域内的和函数为

$$S(x) = \sum_{n=1}^{\infty}n\,(n+1)x^n,$$

两边求积分，得

$$\int_0^x S(x)\mathrm{d}x = \sum_{n=1}^{\infty}\int_0^x n(n+1)x^n\mathrm{d}x = \sum_{n=1}^{\infty}nx^{n+1} = x^2\sum_{n=1}^{\infty}nx^{n-1}$$

$$= x^2\frac{\mathrm{d}}{\mathrm{d}x}\left(\sum_{n=1}^{\infty}\int_0^x nx^{n-1}\mathrm{d}x\right) = x^2\frac{\mathrm{d}}{\mathrm{d}x}\sum_{n=1}^{\infty}x^n$$

$$= x^2\frac{\mathrm{d}}{\mathrm{d}x}\left(\frac{x}{1-x}\right) = \frac{x^2}{(1-x)^2},$$

上式两边求导，得 $S(x) = \dfrac{2x}{(1-x)^3}$.

（4）缺少奇次幂项，应用比值判别法.

$$\lim_{n\to\infty}\left|\frac{u_{n+1}(x)}{u_n(x)}\right| = \lim_{n\to\infty}\left|\frac{(2n+3)x^{2n+2}}{(n+1)!} \cdot \frac{n!}{(2n+1)x^{2n}}\right| = 0x^2 = 0 < 1,$$

所以该幂级数的收敛域为 $(-\infty, +\infty)$. 令和函数 $S(x) = \sum_{n=0}^{\infty}\dfrac{(2n+1)x^{2n}}{n!}$，两边积分，得

$$\int_0^x S(x)\mathrm{d}x = \sum_{n=0}^{\infty}\frac{x^{2n+1}}{n!} = x\sum_{n=0}^{\infty}\frac{(x^2)^n}{n!}.$$

因为 $\mathrm{e}^x = \sum_{n=0}^{\infty}\dfrac{x^n}{n!}$，$x \in (-\infty, +\infty)$，所以

$$\int_0^x S(x)\mathrm{d}x = x\sum_{n=0}^{\infty}\frac{(x^2)^n}{n!} = x\mathrm{e}^{x^2},$$

求导得

$$S(x) = (1+2x^2)\mathrm{e}^{x^2}, \quad x\in(-\infty,+\infty).$$

评注 幂级数求和函数,通常用逐项求积、逐项求导的方法,消去幂级数中除了以 n 为指数幂(如 $2^n, 3^n, \cdots$)及阶乘(如 $n!, (2n)!, \cdots$)之外的与 n 有关的系数,化成等比级数或已知的展开式中具有的形式(如题(4)). 注意,要去掉的因子在分母上,则通过逐项微分法去分母,如题(1);要去掉的因子在分子上,则通过逐项积分法去分子,如题(2)~(4).

9. 利用幂级数求常数项级数的和

例 10.14 求下列常数项级数的和.

(1) $\displaystyle\sum_{n=1}^{\infty}(-1)^{n-1}\frac{1}{2n-1}$;　　　　　　(2) $\displaystyle\sum_{n=0}^{\infty}\frac{n^2}{n!}$.

解 (1)构造幂级数 $\displaystyle\sum_{n=1}^{\infty}(-1)^{n-1}\frac{1}{2n-1}x^{2n-1}$,先求其收敛域. 令 $u_n = (-1)^{n-1}\frac{1}{2n-1}x^{2n-1}$,则

$$\lim_{n\to\infty}\left|\frac{u_{n+1}}{u_n}\right| = \lim_{n\to\infty}\left|\frac{x^{2n+1}}{2n+1}\cdot\frac{2n-1}{x^{2n-1}}\right| = x^2 < 1,$$

得收敛半径 $R=1$.

当 $x=-1$ 时,级数 $\displaystyle\sum_{n=1}^{\infty}(-1)^n\frac{1}{2n-1}$ 收敛;当 $x=1$ 时,级数 $\displaystyle\sum_{n=1}^{\infty}(-1)^{n-1}\frac{1}{2n-1}$ 收敛,所以 $\displaystyle\sum_{n=1}^{\infty}(-1)^{n-1}\frac{1}{2n-1}x^{2n-1}$ 的收敛域为 $[-1,1]$.

令和函数 $S(x) = \displaystyle\sum_{n=1}^{\infty}(-1)^{n-1}\frac{1}{2n-1}x^{2n-1}, \ x\in[-1,1]$,则

$$S(1) = \sum_{n=1}^{\infty}(-1)^{n-1}\frac{1}{2n-1},$$

$$S'(x) = \sum_{n=1}^{\infty}(-1)^{n-1}x^{2n-2} = \frac{1}{1+x^2}, \ x\in(-1,1),$$

$$S(x) = \int_0^x S'(x)\mathrm{d}x + S(0) = \int_0^x \frac{1}{1+x^2}\mathrm{d}x = \arctan x, \ x\in[-1,1].$$

故

$$\sum_{n=1}^{\infty}(-1)^{n-1}\frac{1}{2n-1} = S(1) = \arctan 1 = \frac{\pi}{4}.$$

(2) $\displaystyle\sum_{n=0}^{\infty}\frac{n^2}{n!} = \sum_{n=1}^{\infty}\frac{n}{(n-1)!} = \sum_{n=0}^{\infty}\frac{n+1}{n!}$,下面考虑幂级数 $\displaystyle\sum_{n=0}^{\infty}\frac{n+1}{n!}x^n$. 易知该幂级数的收敛域为 $(-\infty,+\infty)$,在收敛域内设其和函数为 $S(x)$,则有 $S(x) = \displaystyle\sum_{n=0}^{\infty}\frac{n+1}{n!}x^n$. 两边积分,得

$$\int_0^x S(x)\,\mathrm{d}x = \sum_{n=0}^{\infty} \frac{1}{n!}x^{n+1} = x\sum_{n=0}^{\infty} \frac{x^n}{n!} = x\mathrm{e}^x.$$

两边求导，得

$$S(x) = (x+1)\mathrm{e}^x.$$

所以有

$$\sum_{n=0}^{\infty} \frac{n^2}{n!} = \sum_{n=0}^{\infty} \frac{n+1}{n!} = S(1) = 2\mathrm{e}.$$

评注　本题属于求常数项级数 $\sum\limits_{n=0}^{\infty} u_n$ 的和的一种方法，即通过构造幂级数，使该常数项级数正好是幂级数在其收敛域内某点处所对应的常数项级数. 因此只需要求出幂级数的和函数，然后求出和函数在相应点处的函数值. 注意，构造幂级数要依据所给常数项级数的形式.

10. 函数展开为幂级数

例 10.15　将下列函数展开成 x 的幂级数.

（1）$f(x) = \dfrac{x}{9+x^2}$；　　　（2）$f(x) = \arctan x$；　　　（3）$f(x) = \dfrac{1}{(1-x)^2}$.

解　（1）因为 $\dfrac{1}{1+x} = \sum\limits_{n=0}^{\infty}(-1)^n x^n, x \in (-1,1)$，所以

$$f(x) = \frac{x}{9+x^2} = \frac{x}{9}\frac{1}{1+\left(\dfrac{x}{3}\right)^2} = \frac{x}{9}\sum_{n=0}^{\infty}(-1)^n\left(\frac{x}{3}\right)^{2n}$$

$$= \sum_{n=0}^{\infty}(-1)^n \frac{x^{2n+1}}{3^{2n+2}}, \ -3 < x < 3.$$

（2）因为

$$f'(x) - (\arctan x)' = \frac{1}{1+x^2} = \sum_{n=0}^{\infty}(-1)^n x^{2n}, \ -1 < x < 1,$$

两边积分，得

$$f(x) - f(0) = \int_0^x f'(x)\mathrm{d}x = \sum_{n=0}^{\infty} \frac{(-1)^n}{2n+1}x^{2n+1}, \ -1 \leqslant x \leqslant 1,$$

又因 $f(0) = \arctan 0 = 0$，故 $f(x) = \sum\limits_{n=0}^{\infty} \dfrac{(-1)^n}{2n+1}x^{2n+1}, \ -1 \leqslant x \leqslant 1.$

（3）两边积分，得

$$\int_0^x f(x)\mathrm{d}x = \int_0^x \frac{1}{(1-x)^2}\mathrm{d}x = \frac{1}{1-x} = \sum_{n=0}^{\infty} x^n, \ x \in (-1,1),$$

两边求导，得

$$f(x) = \frac{1}{(1-x)^2} = \sum_{n=1}^{\infty} nx^{n-1}, \ x \in (-1,1).$$

评注　本题是利用恒等变形、逐项微分、逐项积分的方法解决函数的展开问题，注意收敛域可能发生变化. 逐项积分收敛域可能扩大至端点，逐项微分的情况则相反.

例 10.16　将函数作下列展开.

（1）$f(x) = \dfrac{1}{x^2 + 3x + 2}$ 展开成 $(x+4)$ 的幂级数；

（2）$f(x) = \dfrac{1}{x^2}$ 展开成 $(x+1)$ 的幂级数.

解　（1）将函数 $f(x)$ 作恒等变形，化为具有已知展开式的函数形式为

$$f(x) = \frac{1}{x^2 + 3x + 2} = \frac{1}{1+x} - \frac{1}{2+x} = -\frac{1}{3} \cdot \frac{1}{1 - \frac{x+4}{3}} + \frac{1}{2} \cdot \frac{1}{1 - \frac{x+4}{2}}$$

$$= -\frac{1}{3} \sum_{n=0}^{\infty} \left(\frac{x+4}{3} \right)^n + \frac{1}{2} \sum_{n=0}^{\infty} \left(\frac{x+4}{2} \right)^n = \sum_{n=0}^{\infty} \left(\frac{1}{2^{n+1}} - \frac{1}{3^{n+1}} \right) (x+4)^n.$$

收敛域为 $-1 < \dfrac{x+4}{3} < 1$ 与 $-1 < \dfrac{x+4}{2} < 1$ 中较小的一个，即 $f(x)$ 的收敛域为 $-6 < x < -2$.

（2）$f(x) = \dfrac{1}{x^2} = -\left(\dfrac{1}{x} \right)' = -\left(\dfrac{1}{-1+x+1} \right)' = \left[\dfrac{1}{1-(x+1)} \right]'$

$$= \left[\sum_{n=0}^{\infty} (x+1)^n \right]' = \sum_{n=1}^{\infty} n(x+1)^{n-1}, -2 < x < 0.$$

评注　本题利用恒等变形及代数变形，将函数化为具有已知展开式的函数形式，因此需要记住几个常见的函数的幂级数展开式，如 $\dfrac{1}{1-x}, e^x, \sin x, \cos x, \ln(1+x), (1+x)^{\alpha}$ 等.

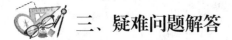

三、疑难问题解答

1. 下面的推理与解答是否正确？

（1）若 $\displaystyle\sum_{n=1}^{\infty} u_n$ 收敛，则 $\displaystyle\sum_{n=1}^{\infty} u_n^2$ 也收敛. 因为 $\displaystyle\lim_{n\to\infty} u_n = 0$，所以 $\displaystyle\lim_{n\to\infty} \frac{u_n^2}{u_n} = 0$，所以 $\displaystyle\sum_{n=1}^{\infty} u_n^2$ 必收敛.

（2）级数 $\displaystyle\sum_{n=1}^{\infty} \left[\frac{(-1)^n}{n^{\frac{2}{3}}} + \frac{3}{n} \right]$ 收敛. 记 $u_n = \dfrac{(-1)^n}{n^{\frac{2}{3}}} + \dfrac{3}{n}$，$v_n = \dfrac{(-1)^n}{n^{\frac{2}{3}}}$，由于 $\displaystyle\lim_{n\to\infty} \frac{u_n}{v_n} = 1$，而 $\displaystyle\sum_{n=1}^{\infty} v_n$ 收敛，所以原级数 $\displaystyle\sum_{n=1}^{\infty} u_n$ 收敛.

（3）级数 $\displaystyle\sum_{n=1}^{\infty} \frac{1}{n^{1+\frac{1}{n}}}$ 收敛. 因为此级数为 $p-$级数，且 $p = 1 + \dfrac{1}{n} > 1$，所以原级数收敛.

答　（1）不正确. 本题是用正项级数的判别法来判断敛散性的，但题目并没有说明 $\sum\limits_{n=1}^{\infty} u_n$ 是正项级数，如果是正项级数，结论是成立的，若不是正项级数，结论不一定成立. 例如，交错级数 $\sum\limits_{n=1}^{\infty} \dfrac{(-1)^{n-1}}{\sqrt{n}}$ 是收敛的，而调和级数 $\sum\limits_{n=1}^{\infty} \dfrac{1}{n}$ 是发散的.

（2）不正确. 本题是用正项级数的判别法来判断敛散性的，但所给级数却不是正项级数，用于作比较的级数也不是正项级数. 易知交错级数 $\sum\limits_{n=1}^{\infty} \dfrac{(-1)^n}{n^{\frac{2}{3}}}$ 收敛，调和级数 $\sum\limits_{n=1}^{\infty} \dfrac{1}{n}$ 发散，由级数的性质可知，原级数发散.

（3）不正确. 因为所给级数不是 $p-$ 级数，$p-$ 级数中的 p 是与 n 无关的常数，所以不能用 $p-$ 级数的方法来判断. 正确解法为，级数 $\sum\limits_{n=1}^{\infty} \dfrac{1}{n^{1+\frac{1}{n}}}$ 是正项级数，取 $v_n = \dfrac{1}{n}$，则有

$$\lim_{n\to\infty} \frac{\frac{1}{n^{1+\frac{1}{n}}}}{v_n} = \lim_{n\to\infty} \frac{n}{n^{1+\frac{1}{n}}} = \lim_{n\to\infty} \frac{1}{\sqrt[n]{n}} = 1.$$ 由于 $\sum\limits_{n=1}^{\infty} \dfrac{1}{n}$ 是发散的，因此级数 $\sum\limits_{n=1}^{\infty} \dfrac{1}{n^{1+\frac{1}{n}}}$ 也是发散的.

2. 设 $u_n > 0,$ 下面的命题是否正确？

（1）若 $\dfrac{u_{n+1}}{u_n} < 1,$ 则级数 $\sum\limits_{n=1}^{\infty} u_n$ 收敛；

（2）若 $\dfrac{u_{n+1}}{u_n} > 1,$ 则级数 $\sum\limits_{n=1}^{\infty} u_n$ 发散.

答　（1）不正确. 例如，取 $u_n = \dfrac{1}{n}$，则有 $\dfrac{u_{n+1}}{u_n} = \dfrac{n}{n+1} < 1,$ 但 $\sum\limits_{n=1}^{\infty} u_n$ 发散；

（2）正确. $\dfrac{u_{n+1}}{u_n} > 1 \Rightarrow u_n > u_{n-1} > \cdots > u_1 > 0$，所以 $\lim\limits_{n\to\infty} u_n \neq 0,$ 故原级数发散.

3. 在判断数项级数的敛散性时，需要注意哪些问题？

答　应注意以下几点：

（1）比较审敛法、比值审敛法和根值审敛法只能用于正项级数；

（2）正项级数 $\sum\limits_{n=1}^{\infty} u_n$ 收敛，不一定有 $\lim\limits_{n\to\infty} \dfrac{u_{n+1}}{u_n} < 1$（如 $p > 1$ 时的 $p-$ 级数）；

（3）对于交错级数 $\sum\limits_{n=1}^{\infty} (-1)^{n-1} u_n\ (u_n > 0)$，莱布尼茨审敛法是充分条件. 若 $\{u_n\}$ 不是单调数列，则不能断定原级数发散；但若 $\{u_n\}$ 是单调增加数列，则可以断定原级数发散，因为此时 $\lim\limits_{n\to\infty} u_n \neq 0.$

4. 函数 $f(x)$ 在点 x_0 处"有泰勒级数"与"能展开成泰勒级数"这两种说法有区别吗？

答　这两种说法是有区别的. 若函数 $f(x)$ 在点 x_0 处有任意阶导数，则一定可以写出

泰勒级数 $\sum\limits_{n=0}^{\infty}\dfrac{f^{(n)}(x_0)}{n!}(x-x_0)^n$，这个泰勒级数是由 $f(x)$ 构造的，所以称 $f(x)$ 在点 x_0 处"有泰勒级数"，但是这个泰勒级数在 x_0 的某邻域内若收敛，也不一定收敛于 $f(x)$；而 $f(x)$ "能展开成泰勒级数"的意思是由 $f(x)$ 构造的上述泰勒级数在 x_0 的某邻域内处处收敛，且收敛于 $f(x)$，即在收敛域内，$f(x)=\sum\limits_{n=0}^{\infty}\dfrac{f^{(n)}(x_0)}{n!}(x-x_0)^n$. 一般地，二者有如图 10.1 所示的关系.

| $f(x)$ 在点 x_0 处"有泰勒级数" | | $f(x)$ 在点 x_0 处"能展开成泰勒级数" |

图 10.1

 # 四、同步训练题

10.1 常数项级数的概念与性质

1. 选择题.

（1）若级数 $\sum\limits_{n=1}^{\infty}u_n$ 与 $\sum\limits_{n=1}^{\infty}v_n$ 分别收敛于 S_1、S_2，则下述结论不成立的是（　　　）.

    A. $\sum\limits_{n=1}^{\infty}(u_n\pm v_n)=S_1\pm S_2$ B. $\sum\limits_{n=1}^{\infty}ku_n=kS_1$

    C. $\sum\limits_{n=1}^{\infty}kv_n=kS_2$ D. $\sum\limits_{n=1}^{\infty}\dfrac{u_n}{v_n}=\dfrac{S_1}{S_2}$

（2）下列级数中，收敛的是（　　　）.

    A. $\sum\limits_{n=1}^{\infty}\dfrac{4^n+8^n}{8^n}$ B. $\sum\limits_{n=1}^{\infty}\dfrac{8^n-4^n}{8^n}$ C. $\sum\limits_{n=1}^{\infty}\dfrac{2^n+4^n}{8^n}$ D. $\sum\limits_{n=1}^{\infty}\dfrac{2^n\cdot 4^n}{8^n}$

（3）如果 $\sum\limits_{n=1}^{\infty}u_n$ 收敛，则下列级数收敛的是（　　　）.

    A. $\sum\limits_{n=1}^{\infty}u_n+0.001$ B. $\sum\limits_{n=1}^{\infty}u_{n+1000}$ C. $\sum\limits_{n=1}^{\infty}\dfrac{u_n}{u_{n+1}}$ D. $\sum\limits_{n=1}^{\infty}\dfrac{1000}{u_n}$

（4）如果 $\lim\limits_{n\to\infty}u_n=0$，则级数 $\sum\limits_{n=1}^{\infty}u_n$（　　　）.

    A. 一定收敛   B. 一定发散

    C. 可能收敛，也可能发撒   D. 一定可求和

（5）若级数 $\sum\limits_{n=1}^{\infty}u_n$ 的部分和 $S_n=\dfrac{1}{12}n(n+1)(2n+1)$，则其一般项 $u_n=$（　　　）.

    A. $\dfrac{n(n+1)}{2}$ B. $\dfrac{n(n-1)}{2}$ C. $\dfrac{(n-1)(n+1)}{2}$ D. $\dfrac{n^2}{2}$

2. 填空题.

（1）已知级数 $\sum\limits_{n=1}^{\infty} u_n$ 的部分和为 $S_n = \dfrac{2^n-1}{2^n}$，则级数的和为＿＿＿＿＿＿.

（2）当 q 满足＿＿＿＿＿＿时，级数 $\sum\limits_{n=1}^{\infty} q^n$ 收敛，且 $\sum\limits_{n=1}^{\infty} q^n =$＿＿＿＿＿.

（3）若级数 $\sum\limits_{n=1}^{\infty} u_n$ 收敛，则去掉 $u_1,u_2,\cdots,u_9$ 后新的级数的敛散性为＿＿＿＿＿.

（4）级数 $\sum\limits_{n=2}^{\infty} \dfrac{1}{(n-1)(n+1)} =$＿＿＿＿＿.

（5）如果 $\sum\limits_{n=1}^{\infty} u_n$ 收敛，则 $\lim\limits_{n\to\infty} u_n =$＿＿＿＿＿.

3. 判断下列级数的敛散性.

（1）$\dfrac{1}{3}+\dfrac{1}{9}+\cdots+\dfrac{1}{3^n}+\cdots$；　　　　　（2）$1+\dfrac{1}{\sqrt{2}}+\dfrac{1}{\sqrt[3]{3}}+\cdots+\dfrac{1}{\sqrt[n]{n}}+\cdots$；

（3）$\dfrac{1}{2}+\dfrac{1}{10}+\dfrac{1}{2^2}+\dfrac{1}{20}+\dfrac{1}{2^3}+\dfrac{1}{30}+\cdots+\dfrac{1}{2^n}+\dfrac{1}{10n}+\cdots$.

4. 若 $\lim\limits_{n\to\infty} u_n = +\infty$，$u_n > 0$，判断级数 $\sum\limits_{n=1}^{\infty}\left(\dfrac{1}{\sqrt{u_n}} - \dfrac{1}{\sqrt{u_{n+1}}}\right)$ 的敛散性，若收敛，求其和.

5. 判别级数 $\sum\limits_{n=1}^{\infty} \dfrac{1}{\sqrt{n+1}+\sqrt{n}}$ 的敛散性，若收敛，求其和.

6^*. 设 $a_n = \int_0^{\frac{\pi}{4}} (\tan x)^n \sec^2 x \, dx$，证明 $\sum\limits_{n=1}^{\infty} \dfrac{a_n}{n} = 1$.

10.2　常数项级数的审敛法

1. 选择题.

（1）下列级数中，收敛的是（　　）.

A. $\sum\limits_{n=1}^{\infty} \dfrac{1}{n\sqrt[n]{n}}$ 　　　　　　　B. $\sum\limits_{n=1}^{\infty} \dfrac{n+1}{n(n+2)}$

C. $\sum\limits_{n=1}^{\infty} \dfrac{3^n}{n\cdot 2^n}$ 　　　　　　　D. $\sum\limits_{n=1}^{\infty} \dfrac{4}{(n-1)(n+3)}$

（2）关于下列级数的敛散性说法中，正确的是（　　）.

①$\sum\limits_{n=1}^{\infty} \dfrac{1}{\sqrt{n}}\sin\dfrac{2}{\sqrt{n}}$；　　　　　　②$\sum\limits_{n=1}^{\infty} \dfrac{1}{n2^n}$.

A. ①收敛，②收敛　　　　　　B. ①收敛，②发散

C. ①发散，②收敛　　　　　　D. ①发散，②发散

（3）下列级数中，条件收敛的是（　　）.

A. $\sum\limits_{n=1}^{\infty} (-1)^{n-1} \dfrac{n}{\sqrt{n^3+1}}$ 　　　　B. $\sum\limits_{n=1}^{\infty} (-1)^{n-1}\left(\dfrac{2}{3}\right)^n$

C. $\displaystyle\sum_{n=1}^{\infty}(-1)^{n-1}\frac{1}{n^2}$　　　　　　　　　　D. $\displaystyle\sum_{n=1}^{\infty}(-1)^{n-1}\frac{1}{n2^n}$

（4）若级数 $\displaystyle\sum_{n=1}^{\infty}u_n$ 绝对收敛，则级数 $\displaystyle\sum_{n=1}^{\infty}(-1)^{n-1}\frac{n-1}{n}u_n$　（　　）.

　　A. 发散　　　　　　　　　　　　　B. 绝对收敛

　　C. 条件收敛　　　　　　　　　　　D. 敛散性不确定

（5）设 d 是常数，则级数 $\displaystyle\sum_{n=1}^{\infty}\left[\frac{\cos(nd)}{n^3}-\frac{1}{\sqrt{n+1}}\right]$　（　　）.

　　A. 绝对收敛　　　　　　　　　　　B. 条件收敛

　　C. 发散　　　　　　　　　　　　　D. 收敛性与 d 有关

2. 填空题.

（1）对于不同的 $p>0$ 值，讨论级数 $\displaystyle\sum_{n=1}^{\infty}\frac{(-1)^{n-1}}{n^{2p}}$ 的收敛性. 当_____时，级数绝对

收敛；当_____时，级数条件收敛.

（2）若 $\displaystyle\sum_{n=1}^{\infty}u_n$ 为正项级数，且其部分和数列为 $\{S_n\}$，则 $\displaystyle\sum_{n=1}^{\infty}u_n$ 收敛的充要条件是

_____.

（3）级数 $\displaystyle\sum_{n=1}^{\infty}n^2(e^{\sin\frac{1}{n^3}}-1)$ 的敛散性为_____.

（4）当 α_____时，级数 $\displaystyle\sum_{n=1}^{\infty}\frac{\sqrt{n+1}-\sqrt{n}}{n^{\alpha}}$ 收敛.

（5）级数 $\displaystyle\sum_{n=1}^{\infty}\frac{1}{3^n}\left(\frac{n+1}{n}\right)^{n^2}$ 的敛散性为_____.

3. 判断下列级数的敛散性.

（1）$\displaystyle\sum_{n=1}^{\infty}n^2\sin\frac{\pi}{n^3}$；　　　　　　　　　（2）$\displaystyle\sum_{n=1}^{\infty}\left(\arctan\frac{n}{n+1}\right)^n$；

（3）$\displaystyle\sum_{n=1}^{\infty}(-1)^{n-1}\frac{n}{n^2+1}$；　　　　　　（4）$\displaystyle\sum_{n=1}^{\infty}\left(\frac{\sin n\alpha}{n^2}-\frac{1}{\sqrt{n}}\right)$；

（5）$\displaystyle\sum_{n=1}^{\infty}\frac{1}{3^n}\left[\sqrt{2}+(-1)^n\right]^n$；　　　　（6）$\displaystyle\sum_{n=1}^{\infty}\left(\frac{1}{n^2+2}\right)^{\frac{1}{n}}$.

4. 判定下列级数是否收敛？若收敛，是条件收敛还是绝对收敛？

（1）$\displaystyle\sum_{n=2}^{\infty}\frac{(-1)^{n-1}}{\sqrt{n^2-n}}$；　　　（2）$p$ 为常数，$\displaystyle\sum_{n=1}^{\infty}(-1)^{n-1}\frac{\sqrt{n}}{n^p+\sqrt{n}}$；　　　（3）$\displaystyle\sum_{n=1}^{\infty}(-1)^{n+1}\frac{n!}{2^{n^2}}$.

5. 证明：若 $a_n>0,\displaystyle\lim_{n\to\infty}na_n=a\neq0$，则级数 $\displaystyle\sum_{n=1}^{\infty}a_n$ 发散.

6*. 已知级数 $\sum\limits_{n=1}^{\infty} u_n^2$ 收敛，证明：$\sum\limits_{n=1}^{\infty} \dfrac{u_n}{n}$ 必绝对收敛.

7*. 设函数 $f(x)$ 在 $x=0$ 的某邻域内具有二阶连续的导数，且 $\lim\limits_{x\to 0} \dfrac{f(x)}{x} = 0$，证明级数 $\sum\limits_{n=1}^{\infty} f\left(\dfrac{1}{n}\right)$ 绝对收敛.

10.3 幂级数

1. 选择题.

（1）若幂级数 $\sum\limits_{n=1}^{\infty} a_n x^n$ 在 $x=x_0$ 处收敛，则该级数的收敛半径 R 满足（　　）.

    A. $R = |x_0|$ B. $R < |x_0|$ C. $R \leqslant |x_0|$ D. $R \geqslant |x_0|$

（2）级数 $\sum\limits_{n=1}^{\infty} \dfrac{(x-5)^n}{\sqrt{n}}$ 的收敛区间为（　　）.

    A. $(4,6)$ B. $[4,6)$ C. $(4,6]$ D. $[4,6]$

（3）级数 $\sum\limits_{n=1}^{\infty} \dfrac{x^n}{n!}$ 的收敛域为（　　）.

    A. $(-\infty,0)$ B. $x=0$ C. $(-\infty,+\infty)$ D. $(-1,1)$

（4）如果级数 $\sum\limits_{n=1}^{\infty} a_n(x-1)^n$ 的收敛半径是 1，则级数在（　　）内绝对收敛.

    A. $(0,2)$ B. $(0,1)$ C. $(-1,1)$ D. $(-2,2)$

（5）幂级数 $\sum\limits_{n=0}^{\infty} a_n x^n$ 和 $\sum\limits_{n=1}^{\infty} n a_n x^{n-1}$ 的收敛半径分别为 R_1、R_2，则 R_1、R_2 的关系是（　　）.

    A. $R_1 = R_2$ B. $R_1 > R_2$ C. $R_1 < R_2$ D. 不能确定

2. 填空题.

（1）若幂级数 $\sum\limits_{n=0}^{\infty} a_n x^n$ 的收敛半径是 R，则其和函数在开区间_____内是连续的.

（2）级数 $\sum\limits_{n=0}^{\infty} a_n x^n$ 的收敛半径是 $R(0 \leqslant R < +\infty)$，则幂级数 $\sum\limits_{n=0}^{\infty} a_n x^{2n}$ 的收敛半径为_____.

（3）设幂级数 $\sum\limits_{n=0}^{\infty} a_n x^n$ 的收敛半径为 3，则幂级数 $\sum\limits_{n=1}^{\infty} n a_n(x-1)^{n-1}$ 的收敛区间为_____.

（4）幂级数 $\sum\limits_{n=1}^{\infty} \dfrac{2^n}{n} x^n$ 的收敛域为_____.

（5）幂级数 $\sum\limits_{n=0}^{\infty} x^n$ 在 $(-1,1)$ 内的和函数为＿＿＿＿＿＿＿．

3. 求下列级数的收敛域.

（1）$\sum\limits_{n=1}^{\infty} \dfrac{n}{n^2+4} x^n$；

（2）$\sum\limits_{n=1}^{\infty} \dfrac{x^{4n+1}}{4n+1}$；

（3）$\sum\limits_{n=1}^{\infty} \left[\dfrac{3+(-1)^n}{n}\right]^n x^n$；

（4）$\sum\limits_{n=1}^{\infty} \dfrac{(x-3)^n}{n^2}$.

4. 级数 $\sum\limits_{n=0}^{\infty} a_n (x-2)^n$ 在 $x=-2$ 处收敛，问此级数在 $x=\pm 4$ 处是否收敛？

5. 求下列级数的和函数.

（1）$\sum\limits_{n=1}^{\infty} \dfrac{n}{3^n} x^{n-1}$；

（2）$\sum\limits_{n=2}^{\infty} \dfrac{1}{n(n-1)} x^n$.

6*. 已知 $f_n(x)$ 满足 $f_n'(x)=f_n(x)+x^{n-1}\mathrm{e}^x$ $(n \in \mathbf{N}^+)$，且 $f_n(1)=\dfrac{\mathrm{e}}{n}$，求函数项级数 $\sum\limits_{n=1}^{\infty} f_n(x)$ 的和.

10.4 函数展开成幂级数

1. 选择题.

（1）e^{-x} 的麦克劳林级数为（　　）.

    A. $\sum\limits_{n=0}^{\infty} \dfrac{(-1)^n}{n!} x^n, -\infty < x < +\infty$ B. $\sum\limits_{n=0}^{\infty} \dfrac{1}{n!} x^n, -\infty < x < +\infty$

    C. $\sum\limits_{n=1}^{\infty} \dfrac{(-1)^n}{n!} x^n, -\infty < x < +\infty$ D. $-\sum\limits_{n=0}^{\infty} \dfrac{1}{n!} x^n, -\infty < x < +\infty$

（2）设函数 $f(x)$ 的麦克劳林展开式为 $\sum\limits_{n=0}^{\infty} a_n x^n$，则 $a_n =$（　　）.

    A. $\dfrac{(-1)^n}{n} f^{(n)}(0)$ B. $\dfrac{(-1)^n}{n!} f^{(n)}(0)$ C. $\dfrac{f^{(n)}(0)}{n}$ D. $\dfrac{f^{(n)}(0)}{n!}$

（3）已知函数 $\ln(1+x) = \sum\limits_{n=0}^{\infty} (-1)^n \dfrac{x^{n+1}}{n+1}$ $(-1 < x \leqslant 1)$，则 $f(x) = \ln(a+x)$ 展开成 x 的幂级数，正确的是（　　）.

    A. $\sum\limits_{n=0}^{\infty} (-1)^n \dfrac{1}{n} (ax)^n, 0 < x < a$

    B. $\sum\limits_{n=0}^{\infty} (-1)^n \dfrac{1}{n} \left(\dfrac{x}{a}\right)^n, -a < x < 0$

    C. $\ln a + \sum\limits_{n=0}^{\infty} (-1)^n \dfrac{1}{n+1} \left(\dfrac{x}{a}\right)^{n+1}, -a < x \leqslant a$

D. $\ln a + \sum\limits_{n=0}^{\infty} (-1)^{n+1} \dfrac{1}{n+1} (ax)^{n+1}, -a < x < a$

（4）将函数 $f(x) = \dfrac{1}{1+x}$ 展开成 x 的幂级数，正确的是（　　）.

A. $\sum\limits_{n=0}^{\infty} x^n, -1 < x < 1$ 　　　　　B. $\sum\limits_{n=0}^{\infty} (-1)^n x^n, -1 < x < 0$

C. $\sum\limits_{n=0}^{\infty} (-1)^n x^n, -1 < x < 1$ 　　　　D. $\sum\limits_{n=0}^{\infty} x^n, -1 < x < 0$

（5）若函数 $f(x)$ 在某个邻域内有任意阶导数，则级数 $\sum\limits_{n=0}^{\infty} \dfrac{f^{(n)}(x_0)}{n!} (x-x_0)^n$ 的和函数
（　　）.

A. 必是 $f(x)$ 　　　　　　　　　B. 不一定是 $f(x)$
C. 不是 $f(x)$ 　　　　　　　　　D. 可能处处不存在

2. 填空题.

（1）将 $f(x) = \dfrac{1}{1+x}$ 展开成 $x-2$ 的幂级数为_____，其收敛域为_____.

（2）已知 $e^x = \sum\limits_{n=0}^{\infty} \dfrac{x^n}{n!}$，则 $xe^{-x} = $_____.

（3）函数 $f(x) = x\sin x$ 的麦克劳林级数为_____.

（4）函数 $f(x) = a^x$ 的麦克劳林级数为_____.

（5）级数 $\sum\limits_{n=0}^{\infty} (-1)^n \dfrac{1}{(2n)!} \left(\dfrac{\pi}{3}\right)^{2n}$ 的和为_____.

3. 将函数 $f(x) = \dfrac{x}{x^2 - 2x - 3}$ 展开成 x 的幂级数.

4. 将函数 $\int_0^x \dfrac{\sin t}{t} dt$ 展开成 x 的幂级数.

5*. 将函数 $f(x) = \begin{cases} \dfrac{1+x^2}{x} \arctan x, & x \neq 0 \\ 1, & x = 0 \end{cases}$ 展开成 x 的幂级数，并求级数 $\sum\limits_{n=1}^{\infty} \dfrac{(-1)^n}{1-4n^2}$ 的和.

6*. 将函数 $f(x) = \dfrac{1}{4}\ln\dfrac{1+x}{1-x} + \dfrac{1}{2}\arctan x - x$ 展开为 x 的幂级数.

五、自测题

1. 选择题（每题 3 分，共 15 分）.

（1）下列级数中，发散的是（　　）.

A. $\sum\limits_{n=1}^{\infty} \dfrac{1}{n}$ 　　　B. $\sum\limits_{n=1}^{\infty} \dfrac{\sin n}{n^2}$ 　　　C. $\sum\limits_{n=1}^{\infty} \dfrac{2+(-1)^n}{2^n}$ 　　　D. $\sum\limits_{n=1}^{\infty} \dfrac{(-1)^{n-1}}{n}$

（2）设 $0 \leqslant a_n < \dfrac{1}{n}\ (n=1,2,\cdots)$，则下列级数肯定收敛的是（ ）.

    A. $\displaystyle\sum_{n=1}^{\infty} a_n$ B. $\displaystyle\sum_{n=1}^{\infty}(a_n + a_{n+1})$ C. $\displaystyle\sum_{n=1}^{\infty}\sqrt{a_n}$ D. $\displaystyle\sum_{n=1}^{\infty} a_n^2$

（3）关于下列级数的敛散性的说法中，正确的是（ ）.

① $\displaystyle\sum_{n=1}^{\infty}\dfrac{1+n}{1+n^2}$；   ② $\displaystyle\sum_{n=1}^{\infty}\dfrac{1}{n^2+\sqrt{n}}$.

    A. ①收敛，②发散   B. ①收敛，②收敛

    C. ①发散，②收敛   D. ①发散，②发散

（4）级数 $\displaystyle\sum_{n=1}^{\infty}(-1)^{n-1}\dfrac{(x-1)^n}{n}$ 的收敛域为（ ）.

    A. $(-1,0]$ B. $(0,2)$ C. $(-2,2]$ D. $(0,2]$

（5）级数 $\displaystyle\sum_{n=1}^{\infty} nx^{n-1}$ 的和函数 $S(x)=$（ ）.

    A. $\dfrac{1}{1-x}$，$-1<x<1$ B. $\dfrac{1}{(1-x)^2}$，$-1<x<1$

    C. $\dfrac{1}{(1+x)^2}$，$-1<x<1$ D. $\dfrac{1}{1-x^2}$，$-1<x<1$

2. 填空题（每题 3 分，共 15 分）.

（1）幂级数 $\displaystyle\sum_{n=1}^{\infty}\dfrac{(-1)^n}{2^{2n} n}x^{2n-1}$ 的收敛域为＿＿＿＿＿＿＿＿.

（2）已知幂级数 $\displaystyle\sum_{n=0}^{\infty} a_n x^n$ 的收敛区间为 $(-2,2)$，则幂级数 $\displaystyle\sum_{n=0}^{\infty}\dfrac{a_n}{n+1}(x-1)^{n+1}$ 的收敛区间为＿＿＿＿＿＿＿＿.

（3）若 $\displaystyle\lim_{n\to\infty}\left|\dfrac{a_n}{a_{n+1}}\right|=4$，则幂级数 $\displaystyle\sum_{n=0}^{\infty} a_n x^{2n}$ 在开区间＿＿＿＿＿＿＿＿内绝对收敛.

（4）已知级数 $\displaystyle\sum_{n=1}^{\infty} u_n$ 的前 n 项部分和 $S_n=\dfrac{1}{n}\ (n=1,2,3,\cdots)$，则此级数的一般项为＿＿＿＿＿＿＿＿.

（5）当 p 满足条件＿＿＿＿＿＿＿＿时，级数 $\displaystyle\sum_{n=1}^{\infty}\dfrac{1}{n^p}$ 收敛.

3. 解答题（每题 7 分，共 42 分）.

（1）判别级数 $\displaystyle\sum_{n=1}^{\infty}\dfrac{\cos^2 n}{n(n+1)}$ 的敛散性.

（2）判断级数 $\displaystyle\sum_{n=1}^{\infty}\dfrac{n}{e^n}$ 的敛散性.

（3）判断级数 $\displaystyle\sum_{n=1}^{\infty} n\left(\dfrac{3}{5}\right)^n$ 的敛散性.

（4）将函数 $f(x) = \dfrac{1}{2-x}$ 展开为 $x+2$ 的幂级数.

（5）求幂级数 $\displaystyle\sum_{n=1}^{\infty} \dfrac{n3^n}{n+1} x^{n+1}$ 的收敛半径和收敛域.

（6）判别级数 $\displaystyle\sum_{n=1}^{\infty} (-1)^{n-1} \dfrac{2n+1}{n(n+1)}$ 的敛散性. 若收敛，指出是绝对收敛还是条件收敛.

4. 分析题（每题 10 分，共 20 分）.

（1）求级数 $\displaystyle\sum_{n=0}^{\infty} (-1)^n \dfrac{1}{2n+1}$ 的和.

（2）将函数 $\dfrac{\mathrm{d}}{\mathrm{d}x} \dfrac{(\mathrm{e}^x - 1)}{x}$ 展开为 x 的幂级数，并计算 $\displaystyle\sum_{n=1}^{\infty} \dfrac{n}{(n+1)!}$ 的值.

5. 证明题（8 分）.

证明级数 $\displaystyle\sum_{n=1}^{\infty} (-1)^n \int_n^{n+1} \dfrac{1}{2\sqrt{x}} \mathrm{d}x$ 条件收敛.

 # 六、参考答案与提示

10.1　常数项级数的概念与性质

1.（1）D;　　　　　（2）C;　　　　　（3）B;　　　　　（4）C;　　　　　（5）D.

2.（1）1;　　　　　（2）$|q| < 1$, $\dfrac{q}{1-q}$;　　　（3）收敛;　　　　　（4）$\dfrac{3}{4}$;

（5）0.

3.（1）收敛;　　　　（2）发散. 提示：$\displaystyle\lim_{n\to\infty} \dfrac{1}{\sqrt[n]{n}} = 1$;　　　（3）发散.

4. 收敛，和为 $\dfrac{1}{\sqrt{u_1}}$. 提示：$S_n = \dfrac{1}{\sqrt{u_1}} - \dfrac{1}{\sqrt{u_2}} + \dfrac{1}{\sqrt{u_2}} - \dfrac{1}{\sqrt{u_3}} + \cdots + \dfrac{1}{\sqrt{u_n}} - \dfrac{1}{\sqrt{u_{n+1}}} \to \dfrac{1}{\sqrt{u_1}}$.

5. 发散. 提示：$u_n = \sqrt{n+1} - \sqrt{n}$.

$$S_n = \left(\sqrt{2} - 1\right) + \left(\sqrt{3} - \sqrt{2}\right) + \cdots + \left(\sqrt{n+1} - \sqrt{n}\right) = \sqrt{n+1} - 1 \to \infty.$$

6*. 提示：

$$a_n = \int_0^{\frac{\pi}{4}} \tan^n x \sec^2 x \, \mathrm{d}x = \int_0^{\frac{\pi}{4}} \tan^n x \, \mathrm{d}\tan x = \dfrac{1}{n+1}.$$

$$\sum_{n=1}^{\infty} \dfrac{a_n}{n} = \sum_{n=1}^{\infty} \dfrac{1}{n(n+1)} = \sum_{n=1}^{\infty} \left(\dfrac{1}{n} - \dfrac{1}{n+1}\right), \quad S_n = 1 - \dfrac{1}{2} + \dfrac{1}{2} - \dfrac{1}{3} + \cdots + \dfrac{1}{n} - \dfrac{1}{n+1} \to 1.$$

10.2　常数项级数的审敛法

1.（1）D;　　　　　（2）A;　　　　　（3）A;　　　　　（4）B;　　　　（5）C.

2.（1）$p > \dfrac{1}{2}$, $0 < p \leqslant \dfrac{1}{2}$;　　　　　（2）部分和数列 $\{S_n\}$ 有界;

（3）发散；　　　　（4）$>\dfrac{1}{2}$；　　　（5）收敛.

3.（1）发散. 提示：$u_n = n^2 \sin\dfrac{\pi}{n^3} \sim \dfrac{\pi}{n}, n \to \infty$；

（2）收敛. 提示：根值审敛法 $\lim\limits_{n\to\infty}\sqrt[n]{\left(\arctan\dfrac{n}{n+1}\right)^n} = \arctan 1 = \dfrac{\pi}{4} < 1$；

（3）收敛. 提示：交错级数，利用莱布尼茨审敛法；

（4）发散. 提示：$\displaystyle\sum_{n=1}^{\infty}\dfrac{\sin n\alpha}{n^2}$ 收敛，$\displaystyle\sum_{n=1}^{\infty}\dfrac{1}{\sqrt{n}}$ 发散；

（5）收敛. 提示：$\dfrac{1}{3^n}\left[\sqrt{2}+(-1)^n\right]^n \leqslant \dfrac{1}{3^n}\left(\sqrt{2}+1\right)^n = \left(\dfrac{\sqrt{2}+1}{3}\right)^n$，$\left|\dfrac{\sqrt{2}+1}{3}\right| < 1$；

（6）发散. 提示：$u_n = \left(\dfrac{1}{n^2+2}\right)^{\frac{1}{n}}$，转化为函数，利用洛必达法则求极限有

$$\lim_{n\to\infty} u_n = \lim_{n\to\infty}\left(\dfrac{1}{n^2+2}\right)^{\frac{1}{n}} = \lim_{x\to+\infty}\left(\dfrac{1}{x^2+2}\right)^{\frac{1}{x}}$$

$$= \mathrm{e}^{\lim\limits_{x\to+\infty}\ln\left(\frac{1}{x^2+2}\right)^{\frac{1}{x}}} = \mathrm{e}^{\lim\limits_{x\to+\infty}\frac{-\ln\left(x^2+2\right)}{x}} \xlongequal{\text{洛必达}} \mathrm{e}^{\lim\limits_{x\to+\infty}\frac{-\frac{2x}{x^2+2}}{1}}$$

$$= \mathrm{e}^0 = 1 \neq 0.$$

4.（1）条件收敛. 提示：$|u_n| = \left|\dfrac{(-1)^{n-1}}{\sqrt{n^2-n}}\right| = \dfrac{1}{\sqrt{n^2-n}} \sim \dfrac{1}{n}, n\to\infty$；

（2）$p>\dfrac{3}{2}$ 绝对收敛，$\dfrac{1}{2}<p\leqslant\dfrac{3}{2}$ 条件收敛，$p\leqslant\dfrac{1}{2}$ 级数发散. 提示：

$$\left|(-1)^{n-1}\dfrac{\sqrt{n}}{n^p+\sqrt{n}}\right| = \dfrac{1}{n^{p-\frac{1}{2}}+1} \sim \dfrac{1}{n^{p-\frac{1}{2}}};$$

（3）绝对收敛. 提示：$|u_n| = \left|(-1)^{n+1}\dfrac{n!}{2^{n^2}}\right| = \dfrac{n!}{2^{n^2}}$，利用比值审敛法，有

$$\lim_{n\to\infty}\dfrac{|u_{n+1}|}{|u_n|} = \lim_{n\to\infty}\dfrac{(n+1)!}{2^{(n+1)^2}}\cdot\dfrac{2^{n^2}}{n!} = \lim_{n\to\infty}\dfrac{n+1}{2^{2n+1}} = \lim_{x\to+\infty}\dfrac{x+1}{2^{2x+1}} \xlongequal{\text{洛必达}} \lim_{x\to+\infty}\dfrac{1}{2^{2x+1}\cdot 2\ln 2} = 0 < 1.$$

5. 提示：$\lim\limits_{n\to\infty} na_n = \lim\limits_{n\to\infty}\dfrac{a_n}{\dfrac{1}{n}} = a \neq 0$，级数 $\displaystyle\sum_{n=1}^{\infty}a_n$ 与 $\displaystyle\sum_{n=1}^{\infty}\dfrac{1}{n}$ 敛散性相同.

6*. 提示：$\left|\dfrac{u_n}{n}\right| \leqslant \dfrac{1}{2}\left(u_n^2 + \dfrac{1}{n^2}\right)$，$\displaystyle\sum_{n=1}^{\infty}u_n^2$、$\displaystyle\sum_{n=1}^{\infty}\dfrac{1}{n^2}$ 都收敛.

7*. 提示：$f(0) = 0, \lim\limits_{x\to 0}\dfrac{f(x)}{x} = \lim\limits_{x\to 0}\dfrac{f(x)-f(0)}{x} = f'(0) = 0$，利用泰勒公式有

$$f\left(\frac{1}{n}\right)=f(0)+f'(0)\frac{1}{n}+\frac{f''(0)}{2!}\frac{1}{n^2}+o\left(\frac{1}{n^2}\right)=\frac{f''(0)}{2!}\frac{1}{n^2}+o\left(\frac{1}{n^2}\right),\quad \lim_{n\to\infty}\frac{f\left(\frac{1}{n}\right)}{\frac{1}{n^2}}=\frac{f''(0)}{2}.$$

因 $\sum\limits_{n=1}^{\infty}\dfrac{1}{n^2}$ 收敛，故级数 $\sum\limits_{n=1}^{\infty}f\left(\dfrac{1}{n}\right)$ 绝对收敛.

10.3　幂级数

1.（1）D；　　　　（2）B；　　　　（3）C；　　　　（4）A；　　　（5）A.

2.（1）$(-R,R)$；　　（2）$\sqrt{R}$；　　（3）$(-2,4)$；　　（4）$\left[-\dfrac{1}{2},\dfrac{1}{2}\right)$；

（5）$\dfrac{1}{1-x}$.

3.（1）$[-1,1)$. 提示：$R=\lim\limits_{n\to\infty}\left|\dfrac{n}{n^2+4}\cdot\dfrac{(n+1)^2+4}{n+1}\right|=1$. 当 $x=-1$ 时，$\sum\limits_{n=1}^{\infty}\dfrac{n}{n^2+4}(-1)^n$ 为

交错级数，易知其收敛；当 $x=1$ 时，级数 $\sum\limits_{n=1}^{\infty}\dfrac{n}{n^2+4}$ 发散 $\left(\dfrac{n}{n^2+4}\sim\dfrac{1}{n},n\to\infty\right)$；

（2）$(-1,1)$. 提示：因缺少 x 的某些幂次，故利用比值审敛法 $\lim\limits_{n\to\infty}\left|\dfrac{x^{4n+5}}{4n+5}\cdot\dfrac{4n+1}{x^{4n+1}}\right|=$

$|x|^4<1$；

（3）$(-\infty,+\infty)$. 提示：利用根值审敛法 $\lim\limits_{n\to\infty}\sqrt[n]{\left|\left(\dfrac{3+(-1)^n}{n}\right)^n x^n\right|}=\lim\limits_{n\to\infty}\left|\left(\dfrac{3+(-1)^n}{n}\right)x\right|=$

$0\cdot x<1$；

（4）$[2,4]$. 提示：令 $x-3=t$，易求级数 $\sum\limits_{n=1}^{\infty}\dfrac{t^n}{n^2}$ 的收敛域 $[-1,1]$，则 $(x-3)\in[-1,1]$.

4. 在 $x=-4$ 处敛散性未知，在 $x=4$ 处绝对收敛. 提示：$x-2=-4$，由 $|x-2|<4$ 得

$-2<x<6$，由阿贝尔定理可知，级数 $\sum\limits_{n=0}^{\infty}a_n(x-2)^n$ 在 $(-2,6)$ 内绝对收敛.

$x=-4\notin(-2,6)$，$x=4\in(-2,6)$.

5.（1）$S(x)=\dfrac{3}{(3-x)^2}$，$x\in(-3,3)$. 提示：收敛域为 $(-3,3)$，设收敛域内和函数为

$S(x)$，则

$$S(x)=\sum_{n=1}^{\infty}\frac{n}{3^n}x^{n-1}=\left(\sum_{n=1}^{\infty}\frac{n}{3^n}\int_0^x x^{n-1}\,\mathrm{d}x\right)'=\left(\sum_{n=1}^{\infty}\frac{x^n}{3^n}\right)'=\left(\frac{\dfrac{x}{3}}{1-\dfrac{x}{3}}\right)'=\frac{3}{(3-x)^2}.$$

（2）$S(x)=(1-x)\cdot\ln(1-x)+x$. 提示：收敛域为 $[-1,1]$，设收敛域内和函数为 $S(x)$，则

$$S(x) = \sum_{n=2}^{\infty} \frac{1}{n(n-1)} x^n = \int_0^x \left[\int_0^x \left(\sum_{n=2}^{\infty} \frac{x^n}{n(n-1)} \right)'' dx \right] dx = \int_0^x \left[\int_0^x \sum_{n=2}^{\infty} x^{n-2} \, dx \right] dx$$

$$= \int_0^x \left(\int_0^x \frac{1}{1-x} dx \right) dx = -\int_0^x \ln(1-x) \, dx = (1-x) \cdot \ln(1-x) + x.$$

6*. $-e^x \ln(1-x)$. 提示：解一阶线性非齐次微分方程得

$$f_n(x) = e^x \left(\int x^{n-1} e^x \cdot e^{-x} \, dx + C \right) = e^x \left(\frac{x^n}{n} + C \right), \quad C = 0,$$

则 $\displaystyle\sum_{n=1}^{\infty} f_n(x) = e^x \sum_{n=1}^{\infty} \frac{x^n}{n}$，收敛域 $[-1,1)$，且

$$\sum_{n=1}^{\infty} f_n(x) = e^x \int_0^x \left(\sum_{n=1}^{\infty} \frac{x^n}{n} \right)' dx = e^x \int_0^x \left(\sum_{n=1}^{\infty} x^{n-1} \right) dx = e^x \int_0^x \frac{1}{1-x} dx = -e^x \ln(1-x).$$

10.4 函数展开成幂级数

1.（1）A;　　　　　（2）D;　　　　　（3）C;　　　　　（4）C;　　　　（5）B.

2.（1）$\displaystyle\sum_{n=0}^{\infty} \frac{(-1)^n}{3^{n+1}} (x-2)^n, x \in (-\infty, +\infty)$，$(-1,5)$;

（2）$\displaystyle\sum_{n=0}^{\infty} \frac{(-1)^n}{n!} x^{n+1}, x \in (-\infty, +\infty)$;　　　　（3）$\displaystyle\sum_{n=0}^{\infty} \frac{(-1)^n}{(2n+1)!} x^{2n+2}, x \in (-\infty, +\infty)$;

（4）$\displaystyle\sum_{n=0}^{\infty} \frac{(\ln a)^n}{n!} x^n, x \in (-\infty, +\infty)$;　　　　（5）$\cos \dfrac{\pi}{3} = \dfrac{1}{2}$.

3. $f(x) = \dfrac{1}{4} \displaystyle\sum_{n=0}^{\infty} \left((-1)^n - \dfrac{1}{3^n} \right) x^n, -1 < x < 1$. 提示：$\dfrac{1}{1-x} = \displaystyle\sum_{n=0}^{\infty} x^n, -1 < x < 1$，则

$$f(x) = \frac{3}{4} \frac{1}{x-3} + \frac{1}{4} \frac{1}{x+1} = -\frac{1}{4} \frac{1}{1-\frac{x}{3}} + \frac{1}{4} \frac{1}{1+x} = -\frac{1}{4} \sum_{n=0}^{\infty} \left(\frac{x}{3} \right)^n + \frac{1}{4} \sum_{n=0}^{\infty} (-1)^n x^n.$$

4. $\displaystyle\sum_{n=0}^{\infty} \frac{(-1)^n}{(2n+1)(2n+1)!} x^{2n+1}, x \in (-\infty, +\infty)$. 提示：$\sin x = \displaystyle\sum_{n=0}^{\infty} \frac{(-1)^n}{(2n+1)!} x^{2n+1}, x \in (-\infty, +\infty)$，

$$\int_0^x \frac{\sin t}{t} dt = \int_0^x \frac{\sum_{n=0}^{\infty} \frac{(-1)^n}{(2n+1)!} t^{2n+1}}{t} dt = \int_0^x \sum_{n=0}^{\infty} \frac{(-1)^n}{(2n+1)!} t^{2n} \, dt = \sum_{n=0}^{\infty} \frac{(-1)^n}{(2n+1)(2n+1)!} x^{2n+1}.$$

5*. $f(x) = 1 + 2 \displaystyle\sum_{n=1}^{\infty} \frac{(-1)^n}{1-4n^2} x^{2n}$，$\displaystyle\sum_{n=1}^{\infty} \frac{(-1)^n}{1-4n^2} = \frac{1}{2} [f(1) - 1] = \frac{1}{2} \left(\frac{\pi}{2} - 1 \right)$.

提示：$\arctan x = \displaystyle\int_0^x \frac{1}{1+x^2} dx = \int_0^x \sum_{n=0}^{\infty} (-1)^n x^{2n} \, dx = \sum_{n=0}^{\infty} \frac{(-1)^n}{2n+1} x^{2n+1}, x \in [-1,1]$，

$$\frac{1+x^2}{x} \arctan x = (1+x^2) \sum_{n=0}^{\infty} \frac{(-1)^n}{2n+1} x^{2n} = \sum_{n=0}^{\infty} \frac{(-1)^n}{2n+1} x^{2n} + \sum_{n=0}^{\infty} \frac{(-1)^n}{2n+1} x^{2n+2}$$

$$= 1 + \sum_{n=1}^{\infty} \frac{(-1)^n}{2n+1} x^{2n} + \sum_{n=0}^{\infty} \frac{(-1)^n}{2n+1} x^{2n+2} = 1 + \sum_{n=1}^{\infty} \frac{(-1)^n}{2n+1} x^{2n} + \sum_{n=1}^{\infty} \frac{(-1)^{n-1}}{2n-1} x^{2n}$$

$$= 1 + \sum_{n=1}^{\infty} (-1)^{n-1} \left(\frac{1}{2n-1} - \frac{1}{2n+1} \right) x^{2n} = 1 + 2 \sum_{n=1}^{\infty} \frac{(-1)^n}{1-4n^2} x^{2n}.$$

6*. $f(x) = \sum_{n=1}^{\infty} \frac{x^{4n+1}}{4n+1}, x \in (-1,1)$. 提示：

$$f'(x) = \frac{1}{4} \left(\frac{1}{1+x} + \frac{1}{1-x} \right) + \frac{1}{2} \frac{1}{1+x^2} - 1 = \frac{1}{2} \frac{1}{1-x^2} + \frac{1}{2} \frac{1}{1+x^2} - 1 = \frac{1}{1-x^4} - 1 = \sum_{n=1}^{\infty} x^{4n},$$

$$f(x) = \int_0^x f'(x) \mathrm{d}x + f(0) = \int_0^x \sum_{n=1}^{\infty} x^{4n} \mathrm{d}x = \sum_{n=1}^{\infty} \frac{x^{4n+1}}{4n+1}, x \in (-1,1).$$

自测题

1.（1）A;　　　　　（2）D;　　　　　（3）C;　　　　　（4）D;　　　　（5）B.

2.（1）$[-2,2]$;　　　（2）$(-1,3)$;　　　（3）$(-2,2)$;

（4）$u_n = \begin{cases} \dfrac{-1}{n(n-1)}, & n \geq 2 \\ 1, & n = 1 \end{cases}$;　　　　　（5）$p > 1$.

3.（1）收敛. 提示：利用比较审敛法，$\left| \dfrac{\cos^2 n}{n(n+1)} \right| \leq \dfrac{1}{n(n+1)} < \dfrac{1}{n^2}$.

（2）收敛. 提示：利用比值判别法或根值判别法，$\lim\limits_{n \to \infty} \dfrac{\frac{n+1}{e^{n+1}}}{\frac{n}{e^n}} = \lim\limits_{n \to \infty} \dfrac{1+n}{en} = \dfrac{1}{e} < 1.$

（3）收敛. 提示：利用根值审敛法，$\lim\limits_{n \to \infty} \sqrt[n]{n \left(\dfrac{3}{5} \right)^n} = \dfrac{3}{5} < 1.$

（4）$f(x) = \sum_{n=0}^{\infty} \dfrac{1}{4^{n+1}} (x+2)^n, x \in (-6,2)$. 提示：$\dfrac{1}{2-x} = \dfrac{1}{4-(x+2)} = \dfrac{1}{4} \dfrac{1}{1 - \frac{x+2}{4}}.$

（5）收敛半径 $R = \dfrac{1}{3}$, 收敛域 $\left[-\dfrac{1}{3}, \dfrac{1}{3} \right)$.

（6）条件收敛. 提示：$\left| (-1)^{n-1} \dfrac{2n+1}{n(n+1)} \right| = \dfrac{2n+1}{n(n+1)} \sim \dfrac{2}{n}$, $\sum_{n=1}^{\infty} \dfrac{2}{n}$ 发散. 作为交错级数，利用莱布尼茨审敛法可判别原级数收敛.

4.（1）$\dfrac{\pi}{4}$. 提示：令 $S(x) = \sum_{n=0}^{\infty} (-1)^n \dfrac{x^{2n+1}}{2n+1}, x \in (-1,1]$，则

$$S(x) = \int_0^x \left[\sum_{n=0}^{\infty} (-1)^n \left(\dfrac{x^{2n+1}}{2n+1} \right)' \right] \mathrm{d}x = \int_0^x \left[\sum_{n=0}^{\infty} (-1)^n x^{2n} \right] \mathrm{d}x = \int_0^x \dfrac{1}{1+x^2} \mathrm{d}x = \arctan x,$$

$$S(1) = \sum_{n=0}^{\infty} (-1)^n \frac{1}{2n+1} = \arctan 1 = \frac{\pi}{4}.$$

（2）$\sum_{n=1}^{\infty} \frac{n \cdot x^{n-1}}{(n+1)!}, x \in (-\infty, +\infty)$. 提示：由于且 $e^x = \sum_{n=0}^{\infty} \frac{x^n}{n!}, x \in (-\infty, +\infty)$，则

$$\frac{d}{dx} \frac{(e^x - 1)}{x} = \frac{d}{dx} \frac{\left(\sum_{n=0}^{\infty} \frac{x^n}{n!} - 1\right)}{x} = \frac{d}{dx}\left(\sum_{n=1}^{\infty} \frac{x^{n-1}}{n!}\right) = \sum_{n=2}^{\infty} \frac{(n-1) \cdot x^{n-2}}{n!} = \sum_{n=1}^{\infty} \frac{n \cdot x^{n-1}}{(n+1)!},$$

又 $\frac{d}{dx} \frac{(e^x - 1)}{x} = \frac{e^x(x-1)+1}{x^2}$，则 $\sum_{n=1}^{\infty} \frac{n}{(n+1)!}$ 即为 $\left.\frac{d}{dx} \frac{(e^x-1)}{x}\right|_{x=1} = \left.\frac{e^x(x-1)+1}{x^2}\right|_{x=1} = 1.$

5. 提示：先积分，化为一般级数的形式然后再判断.

$$\sum_{n=1}^{\infty} (-1)^n \int_n^{n+1} \frac{1}{2\sqrt{x}} dx = \sum_{n=1}^{\infty} (-1)^n \left[\sqrt{x}\right]_n^{n+1} = \sum_{n=1}^{\infty} (-1)^n \left(\sqrt{n+1} - \sqrt{n}\right) = \sum_{n=1}^{\infty} \frac{(-1)^n}{\sqrt{n+1}+\sqrt{n}}.$$

记 $u_n = \frac{1}{\sqrt{n+1}+\sqrt{n}} \sim \frac{1}{2}\frac{1}{\sqrt{n}}$，因为 $\sum_{n=1}^{\infty} \frac{1}{\sqrt{n}}$ 发散，所以原级数不是绝对收敛.

考虑交错级数 $\sum_{n=1}^{\infty} (-1)^n u_n$，显然 $u_n > u_{n+1}$，且 $\lim_{n \to \infty} u_n = 0$，故原级数收敛，且为条件收敛.

参 考 文 献

陈文灯，2009. 考研数学核心题型[M]. 北京：北京航空航天大学出版社.

龚冬宝，2002. 考研数学典型题[M]. 西安：西安交通大学出版社.

黄松奇，2006. 高等数学习题课教程[M]. 北京：气象出版社.

罗亚平，欧阳梓祥，朱乃谨，等，2003. 数学考研精解（理工类）[M]. 北京：科学出版社.

彭辉，等，2008. 高等数学辅导[M]. 6 版. 济南：山东科学技术出版社.

同济大学数学系，2006. 高等数学[M]. 6 版. 北京：高等教育出版社.

王卫平，2007. 高等数学学习方法与技巧[M]. 郑州：黄河水利出版社.

西北工业大学高等数学教研室，2007. 高等数学学习指导[M]. 北京：科学出版社.

向熙廷，1992. 高等数学疑难精解[M]. 长沙：湖南科学技术出版社.

张弛，徐博，2007. 考研数学复习指南 100 问专题串讲[M]. 北京：中国世界图书出版社.

郑州轻工业学院数学与信息科学系，2009. 高等数学学习指导与同步训练教程[M]. 北京：科学出版社.

周建莹，李正元，2002. 高等数学解题指南[M]. 北京：北京大学出版社.